JN440112

박진호 지음

군사력 건설과 무기체계론

| 제2판 |

이화여자대학교출판문화원

제2판 머리말

무기체계 분야에 관심 갖는 독자 폭이 넓지 않다는 생각을 평소 갖고 있었기 때문에 개정판 제작이 필요하다는 출판사의 연락은 의외의 소식이었다. 그러나 평소 저자의 강의를 듣는 학생들이 난해하게 기술되어 있다고 의견을 준 내용을 볼 때마다, 그리고 낯뜨거운 계산식의 오자 등을 발견할 때마다 늘 부담스러웠다. 그래서 개정의 기회에 수정하여 반영할 것을 고대하고 있었기 때문에 한편으론 대단히 반가운 소식이었다.

이번 제2판이 나오기까지 3년여의 기간에 달라진 점이라면, 북한의 핵미사일 위협이 커졌고 우리의 군사력 건설체계 분야에도 많은 변화가 있었다는 것이다. 무기체계의 유형을 분류할 때 과거에는 지휘통제통신, 감시정찰, 기동, 함정, 항공, 화력, 방호, 기타 무기체계의 8대 무기체계로 분류했는데, 이제는 우주 무기체계와 사이버 무기체계를 추가하여 10대 무기체계로 분류하게 되었다(2021. 5., 방위사업법시행령). 이 책에서 추가된 무기체계를 별도의 장으로 반영하면 좋았겠지만 무기체계로서 전장기능에 어떻게 기여할 것인지는 아직 체계적으로 정리하지 못했다. 특히 차후 우크라이나 전쟁이나 이스라엘-하마스 전쟁에 대한 분석과 평가를 거쳐서 무기체계로서 그 위상이 정리될 것으로 보여, 많이 아쉽지만 다음 기회에 이 부분을 포함하기로 했다.

또 하나 달라진 점은, 과거 국방기본정책서 중심으로 이루어지던 국방기획체계가 이제는 미국처럼 국방전략서를 중심으로 하는 국방기획관리체계로 변화되었다는 것이다. 무엇보다 제4차 산업혁명에 따른 첨단 기술을 무기체계에 신속히 접목하는 군사혁신을 통해, 주변국보다 전투 효과가 높은 군사력을 유지함으로써 억제를 달성하겠다는 군사력 건설의 본질을 추구하는 정책이 등장했다. 이에 따라 국방과학기술혁신촉진법이 2021년 제정되었고, 국방전략서를 기준으로 국방과학기술혁신기본계획을 수립하는 새로운 절차가 국방기획관리기본규정에 반영되면서 군사력 건설 절차에 변화가 발생했다. 아직 이 제도와 조직편성은 초기 단계라 적응기간이 필요하고, 향후 적응과정에도 많은 변화가 예상된다. 따라서 제2장에 간략하게 절차를 소개하는 정도로만 관련 내용을 반영했다.

가능하면 새 학기가 시작되기 전에 제2판을 출간해야 한다는 필요성을 느껴 많은 노력을 기울였음에도 여전히 미흡한 점은 있으리라 생각된다. 그간 국제사회는 두 개의 큰 전쟁을 맞이했고, 제4차 산업혁명의 물결 또한 밀려오고 있어 과거보다 급변하는 국제환경에 놓여 있다. 러시아가 감행한 특별작전의 핵심 전력으로 투입되었던 첨단 전차가 우크라이나 키예프 앞에서 저가의 드론이나 대전차 화기에 의해 무력화되고 무참히 파괴되는 모습을 전 세계가 지켜봤다. 전쟁의 양상이 크게 변화했음은 누구나 인지하는 바이다. 하지만 이런 변화의 큰 배경에 어떤 보이지 않는 손(Invisible Hand)이 작용하고 있는지를 쉽게 분석하기란 어렵다. 당분간 관망을 통해 전쟁의 새로운 역사와 함께 새로운 무기체계의 등장을 지켜볼 시간이 필요하다.

제2판에서는 내용이나 구성상의 변화를 크게 주지 않았다. 과거의 데이터를 부분적으로 최신화하고 어색한 문구나 잘못된 숫자 등을 수정했다. 더 소중한 것은 저자의 강의를 수강하던 이화여자대학교 학생들이 제기한 난독 구절을 일부 찾아 보완할 수 있었던 사항이다. 난독 구절은 어쩌면 저자의 부족한 전달력을 정확히 짚어준 사항이라 더없이 감사하다. 적극적으로 도움을 준 이화원 학생에게 고마운 마음을 전하며, 개정 작업에 힘써주신 이화여자대학교 출판문화원 이혜지 주간님과 이지예 선생님을 비롯한 임직원 여러분께도 감사드린다. 그리고 이 책을 교재로 삼아 지도하고 계시는 여러 교수님께 감사의 말씀을 전하며 향후 많은 질책과 지도를 당부드린다.

2023년 12월
박진호

머리말

"전쟁은 누가 옳은지를 결정하지 않는다.
단지, 누가 살아남았는지를 결정한다."

- 버트런드 러셀(Bertrand Russell) -

북한은 2017년 9월 3일 6차 핵실험까지 10회가 넘는 유엔 안보리 결의안을 무시하면서 핵 미사일 개발을 강행했다. 또한 경제적 · 군사적으로 급부상한 중국도 지역 내 패권 장악을 위해 한반도 주변 정세에 급격한 변화를 초래하고 있다. 이러한 시기에 대한민국은 북한, 중국, 러시아를 연결하는 세력과 미국, 일본 세력 간 충돌을 주시하면서 사활을 건 이익 수호를 위해 노력을 집중해야 할 때다. 이 책에서는 이를 위해 필요한 국가안보 정책 중 군사력 건설 정책 수립의 관점에서 무기체계를 고찰할 수 있는 능력을 향상시키는 것에 중점을 두었다. 군사력 발휘를 위한 전장기능에서의 특성과 원리를 이해하는 데 초점을 맞추어 무기체계에 관한 내용들을 정리했다.

군사력 증강에 대해 이야기하면서 왜 건물을 건축하는 데 사용되는 '건설'이라는 표현을 사용하고 있는지 의문이 들 수 있다. 이는 군사력의 구조적 특성 때문이라고 볼 수 있다. 국가안보를 위해 미래 특정 시기의 전력을 기획하고, 획득하여 배치함으로써 전투력을 발휘할 수 있도록 하는 일련의 군사력 건설과정을 보면, 마치 건축물의 설계도에 맞춰 하나씩 공정을 완성하는 건축과정과 유사성을 찾을 수 있다. 국제환경과 국가의 군사력을 분석해서 적합한 미래 군사전략을 설정하고, 전장기능별로 부족한 능력을 장기간에 걸쳐 구비해나가는 과정으로 미국과 유럽 등에서는 군사력 건설에 건물의 건축과정과 같이 "아키텍처(Architecture)"라는 기법을 적용하여 총체적인 구조를 형성하고자 노력하고 있다.

따라서 일반적으로 "어떻게 무기체계를 이해해야 구조적인 군사력 건설에 기여할 수 있는가?"라는 화두를 갖게 된다. 기존 무기체계와 관련된 서적들 중에는 무기체계를 소개할 목적으로 사전식으로 구성하거나 시사 이슈를 중심으로 정리한 서적들이 있는데 이런 서적은 필요할 때 찾아보는 용도로 적합하기 때문에 현장에서 관련 업무를 수행하는 사람들에게 필요하다. 다른 부류의 경우는 무기공학이라는 명칭으로 특정 무기체계의 특성과 원리만 집중적으로 기술하여 그 성격이 다분히 공학적 특성을 가진다. 이외의 다른 서적은 무기할당(Weaponeering) 등에 중점을 둔 무기체계 효과분석을 중심으로 체계공학적 접근을 시도하는 경우도 있다. 이 역시 체계를 개발하거나 분석하는 전문적인 학술분야로 볼 수 있다. 이러한 무기체계 관련 서적들을 보며 필자는 좀더 다양한 독자층을 아우를 수 있는 융합적 개론서의 필요성을 느끼게 되었다.

무기체계의 소요를 기획하고 계획하는 정책적 영역에서 접근하는 관점과 획득하고 개발하는 영역에서 접근하는 관점, 전장에서 무기체계를 직접 운용하는 영역에서 접근하는 관점에 따라 무기체계를 보는 시각의 차이가 발생할 수 있다. 이러한 차이를 고려해서 이해하고 연구하는 데 도움이 되도록 군사력 건설을 우선 소개하고 이어서 무기체계의 특성과 원리가 이어지도록 작성했다.

이 책은 안보학의 관점에서 접근했기 때문에 국제적 수준의 무기체계를 고찰했으며, 특히 한반도에 직접적인 위협이 되고 있는 북한의 핵미사일 무기체계와 한미동맹의 확장억제전력에 관련된 무기체계를 다루지 않을 수 없었다. 그래서 무기체계 분류 중 미사일과 감시정찰 무기체계에 대한 비중이 커졌다. 2023년 세계 군사비 지출규모에서 세계 1위인 미국은 8,010억 달러(약 1,024조 원)로 2위인 중국의 2,930억 달러(약 374조 원)에 비해 3배 수준이고, 세계 10위로 502억 달러(약 64조 원)인 대한민국에 비해 16배의 군사비를 지출하고 있다. 냉전 이후 미국은 군사분야에 가장 많은 투자를 하면서 발전해왔기 때문에 군사력 건설 방법이나 모든 무기체계에 있어서 첨단임을 부정할 수 없다. 미국의 군사력 건설 분야는 투명하고 공개적이며, 많은 분야에서 선도적인 위치에 있기 때문에 선진화된 분야에 대한 이해를 위해 미국의 군사력 건설체계에 대해 많이 언급했다.

이 책은 총 2부, 12장으로 구성되어 있다. 제1부에서는 군사력 건설과 관련된 전반적 내용을 살펴보고 있는데, 우선 제1장에서는 국가안보 차원에서 무기체계의 의미를 이해할 수 있도록 국가안보와 군사력 그리고 무기체계의 관계를 설명했다. 제2장에서는 군사(軍事) 분야의 양병(養兵), 국방정책에서의 군사력 건설, 즉 전력(戰力)정책과 기획 및 획득체계를 소개하면서 군사력 건설에 기반이 되는 국방과학기술과 연구개발에 대한 내용을 이어서 소개했다. 일반적인 무기체계 서적에서 잘 다루지 않는 전력기획과 획득의 체계개발을 이어주기 위한 과정을 소개하고 있다. 제3장은 전쟁양상의 변천과정과 군사혁신에 따라 무기체계가 발전하는 과정을 살

<이 책의 구성>

장	내용		구분
제1장	국가안보와 무기체계		제1부 군사력 건설
제2장	군사력 건설과 전력정책		
제3장	전쟁양상의 변천과 군사혁신에 따른 미래전 무기체계		
제4장	군사력 건설과 무기체계의 이론적 연계		
제5장	감시정찰 무기체계	첨단전력	제2부 무기체계론
제6장	지휘통제 · 통신무기체계		
제7장	미사일 및 유도무기체계		
제8장	화력무기체계	기반전력	
제9장	기동무기체계(전차 중심)		
제10장	방호무기체계(WMD 중심)		
제11장	함정무기체계(항공모함 중심)		
제12장	항공무기체계		

펴보는 장으로, 먼저 과거 전쟁양상의 변천과 이에 따라 진화되어온 무기체계를 소개한다. 이어서 국가안보 이론이자 국방정책으로서의 군사혁신 추세를 주요 국가를 중심으로 살펴봄으로써 미래전 양상을 예측하고 미래전 무기체계를 살펴보는 장으로 구성했다. 제4장은 이론적으로 군사력 건설과 무기체계가 어떻게 연계되는지를 소개하는 장으로, 군사력 건설에 대한 학술적 접근과 함께 군사능력이 공학적 의미를 갖는 무기체계성능과 어떤 관계가 있는지를 설명했다. 또한 전장기능과 무기체계의 분류와 체계개발의 기본이 되는 무기체계의 작업분할구조(WBS: Work Breakdown System)를 소개하여 이후 무기체계를 이해하는 기초를 제공했다.

이후 제2부에서는 앞에서 소개한 군사력 건설에 필요한 다양한 무기체계를 특성과 원리 중심으로 자세히 살펴보았다. 다만, 모든 무기체계를 사전식으로 나열하지 않아서 단순 제원을 찾아보려는 독자에게는 만족스럽지 않을 수 있다. 그러나 학문적으로 접근하고자 하는 독자의 경우 최단기간 내에 무기체계에 대한 전반적인 연구방법을 이해할 수 있도록 구성했으므로 무기체계를 처음 접하는 학부생이나 대학원에서 관련 분야 연구를 목적으로 하는 경우 활용이 용이하다고 판단된다.

제2부는 무기체계를 주로 다루는데 감시정찰, 지휘통제, 화력, 기동, 방호와 같은 전장기능 분류에 따른 무기체계와 그렇지 않은 무기체계로 구분된다. 전장기능 무기체계는 전장기능과 관련된 특성에 대한 소개를 포함하는 반면 그렇지 못한 무기체계는 체계별 특성을 고려해서

내용을 구성했다. 제5장은 감시정찰 무기체계, 제6장은 지휘통제·통신무기체계, 제7장은 미사일 및 유도무기체계로 구성하여 최근 첨단과학기술의 발전으로 무기체계의 중심적 기능을 수행하는 전장기능 무기체계를 우선 소개했다. 특히 제7장에서는 북한이 개발 중인 핵과 탄도 미사일 관련 내용을 집중적으로 다루었다. 해당 전장기능 무기체계의 주요 특성과 원리 중심으로 소개하면서 발전추세를 포함해서 해당 전장기능 무기체계 전반을 이해하는 데 중점을 두었다. 미사일 및 유도무기체계는 공학적 관점에서 접근하여 육·해·공의 구분으로 인한 중복을 감소시키고 통합적으로 이해를 도왔으며 북한 핵미사일에 대한 이해가 가능하도록 구성했다.

이후 제8장부터 제12장까지는 대한민국 법령체계에 의한 분류체계를 준수했다. 각 장별로 무기체계 특성과 원리 설명을 위한 노력을 많이 기울였다. 제8장은 화력무기체계, 제9장은 기동무기체계를 포함했다. 제9장 기동무기체계는 가장 많은 기능과 특성을 갖춘 전차를 중심으로 특성과 원리를 소개함으로써 다른 기동무기체계의 이해가 용이하도록 했다. 한편 제10장 방호무기체계에서는 화학, 생물학, 방사능 무기체계로부터 작용제가 인체에 작용하는 메커니즘을 중심으로 소개하여 이를 방호하는 무기체계를 수록했다. 방공무기체계는 공학적 특성이 같은 제7장 미사일 무기체계에서 다루었다. 제11장 함정무기체계에서는 대한민국이 보유한 함정 위주로 소개하지 않았고 국가안보론 측면에서 중요한 의미가 있는 항공모함을 중심으로 설명을 전개했다. 제12장 항공무기체계에서는 특성과 원리, 종류를 중심으로 쉽게 정리했다.

이 책에서 필자는 군사력 건설이라는 안보정책에 무기체계라는 공학적 영역이 효과적으로 연결될 수 있도록 구성하려고 노력했다. 보통 독자는 문과와 이과로 스스로를 이분법적으로 구분하는 경향이 있는데 이러한 벽을 넘어서기 위해 이공학적 영역을 사회과학적 관점에서 들여다볼 수 있도록 하는 데 노력을 기울였다.

이제 주요 선진국들은 4차 산업혁명을 통해 군사혁신을 시도하고 이에 따라 무기체계의 발전을 도모하고 있다. 이러한 무기체계의 변화와 적응 노력이 없다면 미래전장은 어른과 갓난아기의 싸움이 될 수도 있다. 상대보다 한 차원 높은 보이지 않는 손(Invisible hand)을 지향하고 있기 때문에 더욱 그렇다. 이런 현상을 염두에 두고 이 책은 현재에 머무르지 않고 함께 진화해야 한다는 생각으로 구성하고 저술했다.

많은 사람들이 매스컴을 통해 핵, 미사일, 항공모함, 잠수함을 접하면서 이것이 무엇이고, 왜 이런 무기체계가 필요한지 잘 알지 못하는 경우가 많았다. 또한 북한이 핵미사일 능력을 고도화하는 시점에 국민들은 한반도에 미군의 사드(THAAD) 배치를 반대하는 시위를 하기도 했다. 시위하는 사람들에게 사드가 무엇인지를 물어보면 정확히 이해하고 있는 사람들은 드

물다. 무기체계는 그저 두렵고 무서운 존재로 느껴지고, 국가의 안전이 무엇으로 지켜지는지 이해하기 어려운 사람들에게 도움을 주고자 부끄럽지만 작은 저술의 동기를 갖게 되었다.

감수를 주저하지 않고 도와주신 명지대학교 최상영 교수님, 국방연구원 김영호 박사님, 고려대학교 김건인 교수님, 국방대학교 국방관리대학원장 이춘주 교수님, 세심한 첨삭을 해주신 국방과학연구소의 이수창 박사님께 깊은 감사를 드리고, 2017년부터 2019년까지 과목을 수강하면서 예기치 않은 상식적인 질문으로 저자의 편견을 바로잡아준 이화여대 학생들에게 감사의 마음을 전한다.

그리고 존경하는 한국국가전략연구원(KRINS) 이상희 전 원장님과 한민구 원장님, 류제승 부원장님, 원태재 교수님, 신영순 센터장님 등 지속적인 연구활동이 가능하도록 지도하고 독려해주신 분들께 깊이 감사드린다. 첫 저서 출간의 용기를 준 육군사관학교 정재민 교수님과 학교장 정진경 장군님께 감사를 드린다. 집필을 착안하는 데 도움을 주신 이화여자대학교 호크마교양대학 최혜원, 김정선 학장님, 최유리 교수님, 늘 격려와 조언을 아끼지 않으신 소병수, 황규호, 민병원, 이향숙, 안선희 교수님과 김은미 전 대학원장님, 동료 정해원 교수님 그리고 최대석 부총장님과 많은 분들께 감사드린다. 특히 여성 인력의 국방 및 안보 분야 진출에 깊은 관심을 갖고 어려운 시간과 장소에 함께하시며 그들의 밝은 앞날을 기원해주신 김혜숙 총장님께 깊은 감사를 드린다.

끝으로 많이 부족한 저자를 세심하게 도와주신 이화여자대학교출판문화원의 민지영 선생님과 이혜지 선생님께 감사드리고, 집필하는 기간 동안 성원을 아끼지 않았던 아내 서원금 여사와 딸 지영, 아들 정재에게 감사의 마음을 전한다.

박진호

차례

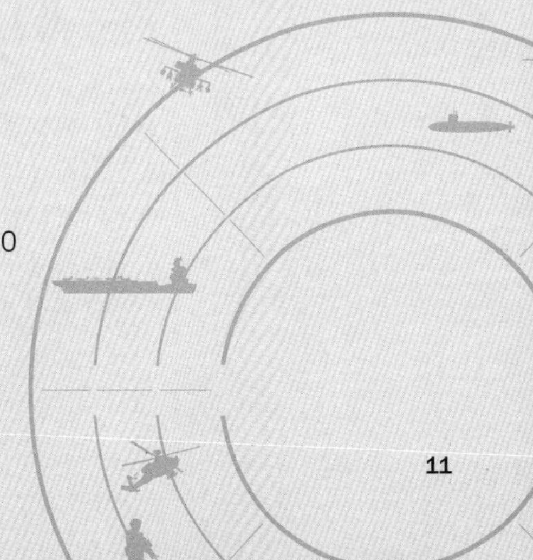

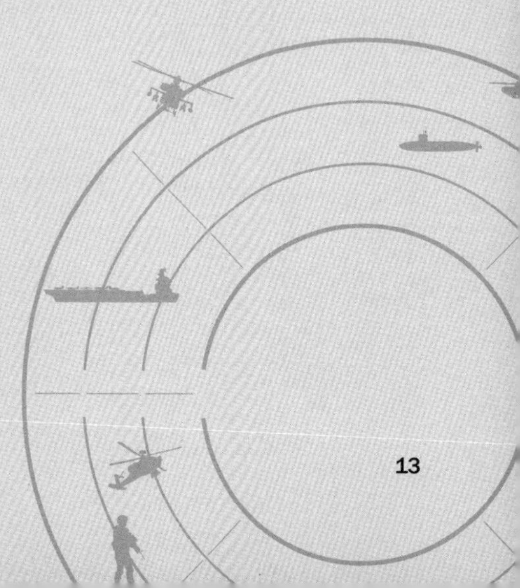

제 1 부

군사력 건설

제 1 장

국가안보와 무기체계

1. 무기체계에 대한 일반적 인식

우리는 매스컴을 통해 무기체계와 관련된 정보를 많이 접하고 있음에도 불구하고 정확하게 이해하지 못하고 있다. 예를 들어 북한 핵·미사일이 얼마나 우리에게 위협이 되는지 구체적으로 알지 못하고 우리 자체 능력으로 방어임무를 적정하게 수행할 수 있는지에 대해 의문을 갖는다.

과거 주한미군의 사드(THAAD) 배치 문제를 매스컴을 통해 매일 접하면서 배치되면 우리에게 해롭다거나 중국을 훤히 들여다볼 수 있는 체계라든가 막연히 여론에 따르는 감성적 느낌만으로 무기체계를 이해하려는 사람들도 많았다. 특히 정책을 수행하는 사람들조차 체계적인 이해가 부족하다. 간혹 인터넷을 검색하거나 무기체계 관련 서적을 찾아보면 알 수 없는 많은 제원과 그림에 질려서 무기체계에 대한 지식을 넓히려는 노력을 쉽게 접어버린다. 더 깊이 관심 갖고 싶지 않은 지식의 한 영역으로 생각하거나 국가안보는 군인만의 영역이고 미국이 나라를 지켜줄 것이라고 생각하는 경우가 많다.

무기체계를 표현하는 제원의 의미가 무엇인지 모르거나, 유사한 무기체계를 비교하여 어떤 것이 더 적합하거나 좋은 무기체계인지 비교하지 못하고, 무기체계의 단가나 그 배치 및 전력화 시기에 대한 의미를 알지 못하여 국가안보에 있어서 중요한 한 축을 여론의 흐름에 의존하려는 성향이 많다.

이와 같은 환경하에서 국민의 생존을 보장하는 국가안보의 중요성에 대해 국민의 이해를 구하고 공감을 형성하는 데 많은 어려움이 발생하고 있다. THAAD의 한반도 배치와 관련하여 발생한 여러 가지 논란은 이와 같은 대중적 성향을 보여주는데, 일반인을 상대로 하는 국가안보 및 무기체계와 관련된 체계적인 지식의 소개가 부족하고 단편적이다 보니 정치적 목적에 따라 대중의 의견이 좌우되는 현상이 발생되기도 했다.

기존 교재를 살펴보면 일반 교재는 사전식 구성으로 찾아보기 쉽게 되어 있는 특징이 있기는 하지만 무기체계의 특성이나 원리를 통해 전장에서 갖는 의미를 명확히 제공하고 있지 못한 문제가 있고, 일부 책자는 지나치게 특정 원리 중심으로 심화되어 있어 일반인이 부담을 느낄 수 있게 되어 있다. 따라서 저자는 이런 무기체계에 대한 대중적 환경과 잠재적인 요구를 동시에 충족할 수 있도록 주요 무기체계의 특성(Attributes)과 원리(Principles) 중심으로 소개함으로써 대중매체를 통해 어떤 무기체계의 제원과 형상을 접하더라도 비교분석하고, 응용하여 판단할 수 있는 능력을 갖추는 데 중점을 두고 저술했다. 무기체계의 경우 전장에서 운용되는 다양한 기능 분야별로 요구되는 특성을 정의하고 발전시키고 있는데, 이러한 특성에 대한 이해를 선행한 후 무기체계를 조망함으로써 보다 체계적이고 합리적인 시각을 갖게 될 수 있다고 보았다.

우선 "무기체계"라 하면 "방산비리"와 연관시켜서 부정적인 인식을 먼저 갖는 경우가 많다. 무기체계를 궁극적으로 사용하는 자는 유사시 전장에서 자신의 생명을 바쳐 싸워야 하는 우리 군의 전투원임을 이해하고, 정부는 군이 요구하는 무기체계를 원활하게 공급하며, 우리 군은 이렇게 획득한 첨단 무기체계를 적절히 유지하고 유사시 활용하여 국민에게 성공적인 안보 서비스를 제공할 수 있다는 점을 올바르게 이해시키기 위해 1부에 군사력 건설을 반영했다.

이와 같은 국민과 정부 및 군, 공급자인 방위산업체의 관계를 올바르게 이해함으로써 무기체계 획득에 대한 편견을 제거할 수 있으며 군, 정부, 방위산업체의 한 국민으로서 올바른 역할을 할 수 있다. 그리고 우리가 개발하거나 도입하는 무기체계의 소중함을 인식하여 사명감을 갖고 획득하고 사용하는 역할을 담당할 때 막연히 비리의 온상이라는 편견을 깨뜨릴 수 있다. 따라서 국민 스스로가 국가안보의 주역이 될 수 있도록 무기체계 획득절차에 대한 소개도 포함했다.

내용을 전개함에 있어서 무기체계 분류는 중요하지만 세계적으로 분류체계가 다양하기 때문에 현행 대한민국의 법령을 기준으로 최신 무기체계에 비중을 두고 이해할 수 있도록 제2부는 첨단전력과 기반전력으로 구분했다.

2. 국가안보와 군사력

무기체계를 다루기 전에 국가안보를 먼저 살펴볼 필요가 있다. 그 이유는 어느 나라든 무기체계를 보유하는 주체는 국가이고, 국가가 주체가 되어 국민의 세금을 집행하여 무기체계를 획득하기 때문이다. 국가의 구성요소인 영토, 국민, 주권을 보호하여 국가의 안전을 보장할 수 있도록 합법적인 절차에 의한 권한을 부여하기 위함이다. 따라서 인명을 살상하거나 보호할 수 있는 무기체계를 합법적인 절차에 의거 국가가 획득하여 보유하고 있고 주변국보다 나은 무기체계를 갖고자 부단한 노력을 하고 있다.

이런 현상에 대한 이해를 돕기 위해 국가안보와 무기체계의 관계를 먼저 알아보아야 한다. 우선 국가안보의 목적은 자국의 독립과 안전을 유지하고 지속적인 번영을 위해 국가이익을 추구하는 것이다. 이렇게 자국의 독립과 안전을 보장하기 위해 국가의 힘, 즉 국력이 필요하다. 국력은 국가의 모든 자원을 이용해서 타국의 공격적인 행동이나 자국에 불리한 정책의 변화를 초래할 수 있는 능력을 의미한다. 국력의 구성요소는 영토, 인구, 군사력, 경제력, 정치력 등이며, 그 능력은 국가별로 많은 차이가 있다.

각국이 얻는 국가이익은 이러한 국력의 강약에 따라 차이가 발생할 수 있고, 자국의 생존과 발언권이 강화되며 안정유지와 번영이 가능하므로, 국력을 강화해야 국가안보를 더욱 튼튼히 할 수 있다.

이렇게 국가안보에 있어 국가를 유지하고 확장시키는 가장 기본적인 수단인 군사력의 역할과 기능을 살펴보면 과거에 군사력은 영토나 경제력을 얻기 위한 침략의 수단으로 활용하기도 했다. 또한 침략으로부터 영토와 인구, 경제력과 주권을 보호하기 위해 사용하기도 했다. 침략을 하지 않고 타국의 정책 방침, 역할, 의도, 행위를 억제하는 수단도 그 역할이다.

이러한 역할을 수행하는 군사력 기능은 공격, 방어, 억제, 강압, 과시 크게 5

가지로 구분된다. 그중 공격기능은 군사력을 직접 사용하여 적을 파괴하고 상황을 변경시키는 것이고, 방어기능은 적 공격을 격퇴하거나 피해를 최소화시키고 공격에 대응하는 것이며, 억제 기능은 적대행위 시 응징을 하겠다고 위협하여 전쟁을 방지하는 기능이다. 강압기능은 실제 군사력을 전개하거나 대규모의 군사력을 동원하고 전면전을 불사하겠다는 협박 등을 통해 타국의 정책방향을 전환시키는 기능이다. 과시기능은 군사연습이나 퍼레이드 등을 통해 군사력의 강력함을 과시하여 국가위상을 제고시킴으로써 타국의 정책방향에 영향을 미치는 기능이다.

국가안보에 있어서 군사력은 일반적으로 국제체제의 무정부성으로 인해 국가의 행위는 외부 위협으로부터 자기방어와 생존을 지향하고 자력구제의 특징을 갖고 있으며 타국과 대등하거나 우세한 수준의 군사력을 유지하려는 성향을 갖고 있다.

따라서 하나의 국가가 위협을 과도하게 인식할 경우 안보불안을 느끼고 군사력을 강화하면 상대국은 증강된 인접 국가의 군사력에 다시 위협을 느끼고 안보불안에 따른 군사력 강화를 시도함으로써 안보불안에 따른 군사력을 증강시켜 악순환하는 '안보 딜레마'가 발생한다.

이와 같은 안보 딜레마는 단일 국가 관점에서는 국가자원 투자 불균형을 초래한다. 국민의 복지나 경제 등 안보 이외 분야에 국가재원의 균형 배분을 저해하기 때문에 국력 중에 경제력이나 인구 등의 감소를 초래하여 국력이 약화되는 문제가 발생하는데 이것을 '국방 딜레마'라고 한다. 이런 국방 딜레마가 발생 가능하여 무제한적인 국가재원 투입이 제한된다. 따라서 이러한 딜레마를 해소하기 위해 공통의 위협이나 이해관계국 간 동맹이나 다자협력체계를 통해 국방 딜레마로 인한 문제점을 극복하는 정책을 추진하기도 한다. 따라서 군사력 건설이나 강화는 국가 차원에서 균형 있게 관리되어야 하며 무기체계 연구개발과 획득 등 군사력 건설은 국가 차원에서 효율성과 경제성을 고려하지 않을 수 없다.

3. 군사력과 무기체계

'군사력(Military Power : 軍事力)'을 합참 군사용어사전에서는 "국가의 안전보장을 위한 직접적이며 실질적인 국력의 일부로서 군사작전을 수행할 수 있는 군사적인 능력과 역량"이라 정의하고 있다.

<표 1-1> 남·북한 군사력 비교

군별	남한	구 분	북한
계	50/310만 여	총병력 / 예비병력 (명)	128/762만 여
육군	12	군단 급 (개) * 해병대 포함	15
	36/32	사단(개)/여단(독립) (개) * 해병대 포함	84/117
	2,200여	전차 (대) * 해병대 포함	4,300여
	3,600여	장갑차 (대) * 해병대 포함	2,600여
	5,600여	야포 (대) * 해병대 포함	8,800여
	310여	다련장/방사포 (문)	5,500여
	60여	지대지유도무기발사대 (기)	100여 기
해군	90여	전투함정 (척)	420여
	10여	상륙함정 (척)	250여
	10여	기뢰전 함정 (척)	20여
	10여	잠수함정 (척)	70여
공군	410여	전투임무기 (대)	810여
	70여	정찰·감시통제기 (대)	30여
	50여	공중기동기 (대)	350여
	190여	훈련기 (대)	80여
	700여	헬기 (대)	290여

『2022 국방백서』[1]에는 남북한 군사력을 〈표 1-1〉과 같이 비교하고 있고, 미국 헤리티지재단의 『U.S. Military Power』에서는 육·해·공군전력과 핵전력을 포함하고 있다.

따라서 군사력은 주로 부대와 무기체계 등을 의미한다고 볼 수 있는데, 앞의

1 대한민국 국방부, 『2022 국방백서』, 2022, p. 334.

<그림 1-1>
군사력을 발휘하는 전투발전요소

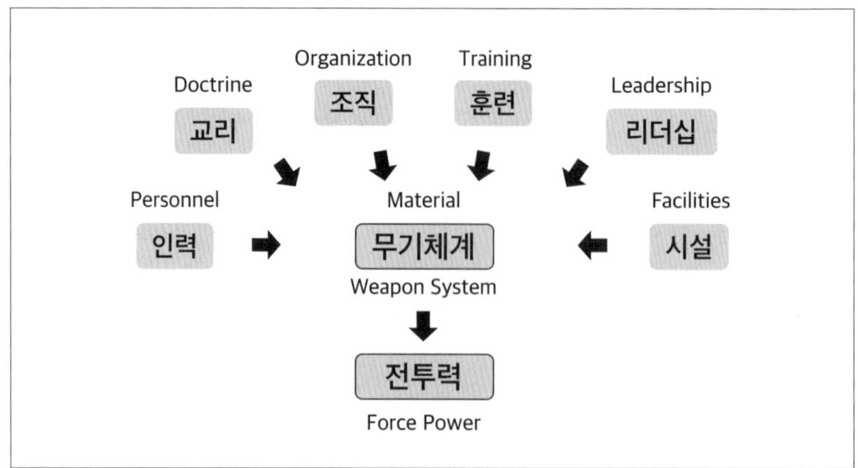

용어사전의 풀이에서처럼 능력과 역량을 발휘하기 위해서는 무기체계를 사용할 수 있는 인력(Personnel)이 있어야 체계적으로 조직된 부대를 구성할 수 있다.

이렇게 구성된 부대가 전투력을 발휘하려면 훈련(Training)되어야 하고 운용에 관한 교리(Doctrine)가 준비되어야 한다. 그리고 무기체계를 운용하는 조직(Organization)이 적절한 시기와 상황에 사용될 수 있도록 지휘자, 지휘관의 적절한 리더십(Leadership)이 필요하다. 어떤 무기체계는 관련된 시설(Facilities)이 필요하기도 하다. 이러한 것들을 전투발전(Combat Development)요소라고 한다. 즉, 부대 없이 무기체계만으로 전투력을 발휘할 수 없고, 숙달되지 않은 병력만으로도 전투력을 발휘할 수 없으며, 전장에서 군사적 기능을 발휘할 수 있도록 운용할 수 있는 요소가 갖추어져야 군사력을 발휘할 수 있다.

이러한 이유로 무기체계를 개발하여 시험평가가 완료되어도 완성된 규격을 이용하여 제품을 생산하고 생산된 무기로 전투력을 발휘할 수 있는 부대에 배치가 완료되고, 준비된 교리에 맞도록 훈련시켜서 조직적인 능력을 발휘할 수 있도록 부대를 편성해서 전투수행능력을 갖춘 상태가 되어야 비로소 전력화 배치(Deployment)되었다고 표현할 수 있다.

제2장

군사력 건설과 전력정책

1. 군사력 건설

'군사력 건설(軍事力 建設)'이라는 표현은 일반인들이 생소하게 느낄 수 있다. 여기서 '군사(軍事)'는 군사력을 키우는 '양병(養兵)'과 군사력을 운용하는 '용병(用兵)' 중에 양병에 해당하는 활동을 의미하며 앞에 설명한 군사력 발휘를 위해 필요한 전투발전요소, 즉 인력, 교리, 조직, 훈련, 리더십, 시설 등을 포함한 무기체계 모두를 완비하는 활동을 '양병' 혹은 '군사력 건설'이라고 표현할 수 있다. 통상 각 군에서는 '전투발전(Combat Development)', 국방부나 합참에서는 '군사력 건설'이라는 표현을 사용하며 미군의 전력기획(Force Planning)을 같은 개념으로 볼 수 있다. 이 용어는 "군사능력을 창조하고 유지하는 것과 관련되고 그것은 군사 및 지원부서의 책임이며 군사 및 지원부서의 행정적 통제하에 운용되어야 한다."고 설명되어 있다.[1]

군사력 건설의 기원을 찾기에는 어려운 부분이 있지만 군사력 건설에 관한 요소들을 정책으로부터 찾을 수 있다. 먼저 선진국이면서 공개적인 정책을 추진하는 미국의 정책에서 군사력 건설은 다음과 같다.

군사력 건설은 〈그림 2-1〉[2]과 같이 국가의 이익과 목표로부터 "무엇을 할 것

---

1 http://www.thefreedictionary.com/force+planning

2 P. H. Liotta & Richmond M. Lloyd, "From Here to There: The Strategy and Force

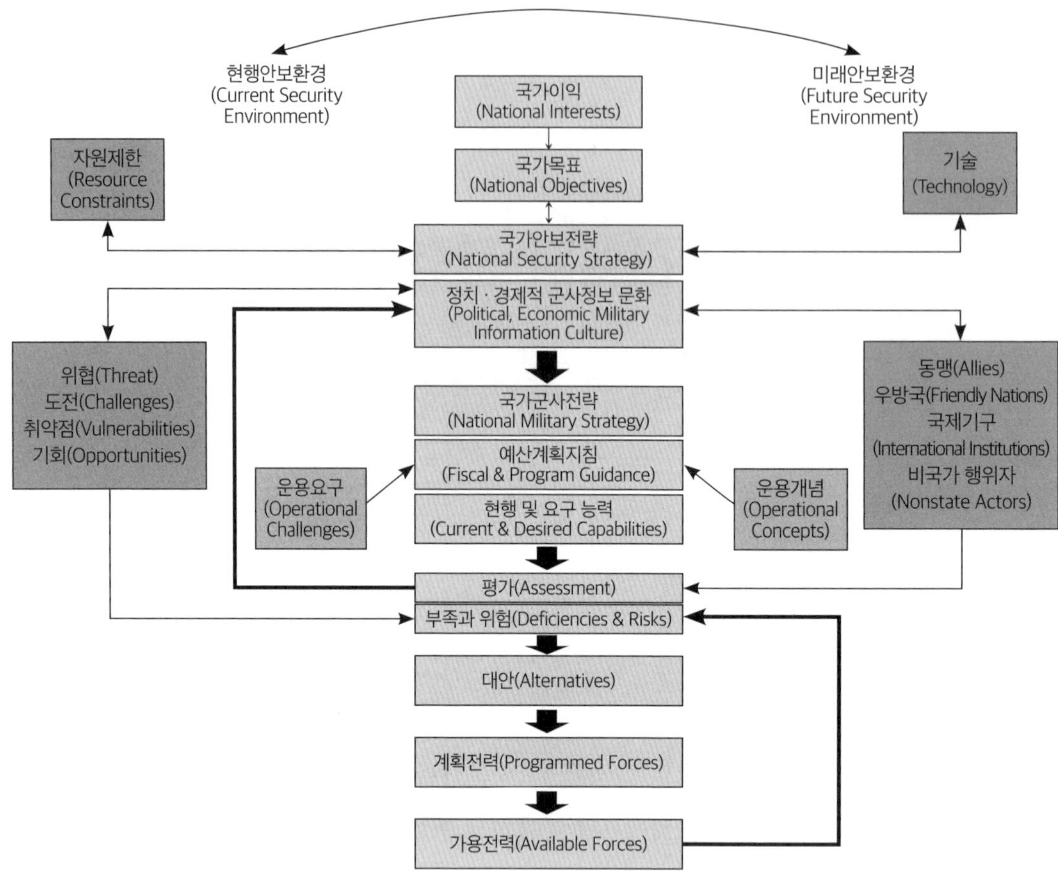

<그림 2-1>
미국의 군사력 건설체계

인가?"를 찾고, "과학기술"과 "재원의 한계"를 고려해서 "어떻게 할 것인가?"라는 국가안보전략을 수립한다. 이때 정치, 경제, 군사, 정보, 문화 측면에서 위협과 취약성, 도전과 기회를 고려하고 동맹, 우방국, 국제기구, 비국가 행위자 등을 고려한다. 이때 "무엇을 발전시키고, 무엇이 가용한지"를 판단해서 국가 군사전략서(NMS : National Military Strategy)와 국방예산 및 중기계획 지침, 현재 능력과 요구되는 능력을 작성한다. 그리고 "불일치 요소 식별"을 위해 부족한 능력과 위험요소를 도출하는 "평가"를 수행하고 그 결과 "무엇을 할 것인지"를 찾아내어 전력을 계획하는 절차로 되어 있다.

이와 같은 군사력 건설은 단기간의 계획이나 정책으로 구현할 수 없다. 그리

Planning Framework", *Naval War College Review*, Spring 2005, Vol. 58, No. 2, p. 133.

고 냉전기부터 주요 군사력 건설정책을 살펴보면 핵무기가 근간이 되고 있다. 1950년대부터 핵무기를 군사력의 중요 무기체계로 발전시키고 있다. 이후에 설명하는 전력정책이 특정 시기의 상황에 부합되는 국가의 정책적 특성을 갖는 반면, 군사력 건설은 비교적 장기적인 목표와 전망하에 연차적인 정책을 통해 군사력을 구축하는 체계로 구분해볼 수 있다.

핵무기는 제2차 세계대전 말기 태평양전쟁에서 치열한 일본군의 저항으로부터 종전을 이끌어내기까지 너무 많은 미국 청년들의 희생이 요구됨을 인지한 미국에 의해 불가피하게 개발되었다. 미국은 단 2발을 사용해서 세계를 제패하려던 일본제국으로부터 항복을 받아냈다. 이후 미 · 소 간 군비경쟁을 통해 걷잡을 수 없을 정도로 발전하여 전 세계 인류를 멸망시킬 수 있는 정도의 핵무기를 인류가 보유하게 되었다.[3]

2. 미국의 군사력 건설정책의 변화

냉전기 전 · 후 미국의 공개된 전력기획체계는 〈표 2-1〉과 같다. 1953년 10월 미국의 안전보장회의 산물인 국가안보실(NSC : National Security Council) 162-2에서는 대량보복전략(massive retaliation strategy)을 수립했다. 이때 핵무기를 사용하지 않는 제2차 세계대전과 같은 전면전쟁이나 대규모 제한전쟁에 국가재원을 투입할 필요가 없다고 판단함으로써 핵전력에 전적으로 의존한 군사력 건설정책을 채택했다. 이후 전략폭격기만으로 임무를 완수할 수 없으므로 육 · 해군도 함께 핵전력을 갖추고 전면전이나 제한 전쟁을 불문하고 통상적 무기를 사용한다는 개념인 뉴룩(New Look) 정책이 등장했다. 이어 소련은 1957년 ICBM을 먼저 시험 발사하면서 미 · 소 간 핵 군비경쟁이 시작되었다. 미국은 당시 최강대국이었으며 능력을 기반으로 하는 전력기획체계를 갖고 있었으나 이후 미 · 소 군비경쟁 과정에서는 위협기반의 전력기획을 추진했다.

이와 같이 핵억제전략의 변화와 군사력 건설은 병행했음을 알 수 있다. 즉, 국가안보 정책과 군사전략은 밀접한 관계를 갖고 군사력 건설정책을 선도한다

3 John F. Troxell, *Force Planning in an Era of Uncertainty : Two MRCs as a Force Sizing Framework*, 1997, p. 3.

구 분	전략	시나리오(중점)	선도방법	지원노력
1950년 Eisenhower	New Look (핵전쟁)	소련과 전략핵 전쟁	능력기반 (자원 가변)	
1960년 Kennedy Johnson	유연반응전략 (2와½ 전쟁)	통합 공산주의 위협 • 소련에 대한 중앙유럽 • 중국에 대한 아시아 • 우발상황 감소	위협기반	개입작전의 특수한 능력
1970년 Nixon/Ford Carter	1과 ½ 전쟁	• 소련에 대한 중앙유럽 • 우발상황 감소	위협기반	신속전개능력 (RDJTF)
1980년 Reagan	수평적 확산	• 소련과 광범위한 전쟁 • 소련의 이란 침공에 대한 제재	위협기반	신속전개능력의 지속적 발전

구 분	목 적	전쟁 수행방법	전력 결정	총전력 요구
위협기반	적 격퇴	시나리오 (우발계획 추정)	워게임 (정적 및 동적 모델링)	요구되는 우발계획 수
능력기반 : 자원에 중점	비용기반 최적화	다양한 측면과 불확실한 위협	군사결정 (입력에 중점)	능력의 적합하고 절절한 혼합
임무에 중점	요구되는 군사목표 완수	일반적 군사임무	군사결정 (출력에 중점)	임무완수를 위한 전력규모

<표 2-1>
냉전기 및 탈냉전기 전력 기획

고 볼 수 있다. 물론 과학기술의 발달이 새로운 전략을 선도할 수도 있으며 이것으로 인해 군사전략과 군사력 건설은 병행한다고 볼 수 있다.

〈그림 2-2〉[4]는 핵무기가 등장해서부터 최근까지 미국의 핵억제전략과 이에 따른 군사력 건설정책의 변천과정을 도식화한 내용이다. 최초 상호확증파괴전략(MAD : Mutual Assured Destruction)부터 시작하여 전략방위구상(SDI : Strategic Defense Initiative) 정책이 등장했고 이라크전과 9.11테러를 거쳐 신삼축(New

<그림 2-2>
미국의 핵억제 전략 및 전력정책의 변화

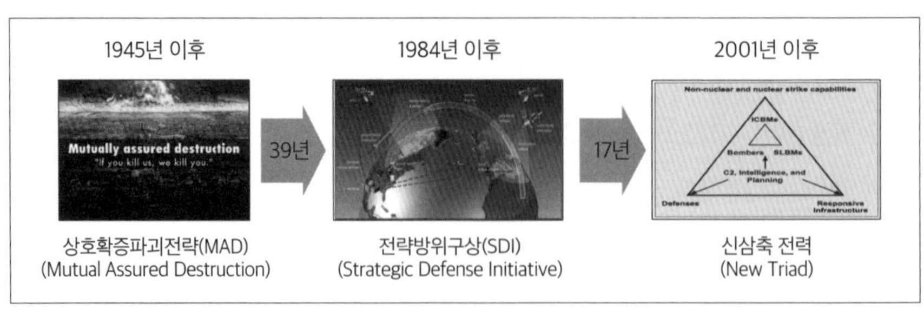

4 박진호, "도약적 우위능력 확보를 위한 미래전력 소요창출 방향 연구", 『2016년 육군전투발전: 미래전 승리를 위한 육군의 전투발전방향』, 육군교육사령부/한국국가전략연구원, 2016.

Triad) 정책으로 진화했다. 핵전략의 변화에는 항상 새로운 전력, 즉 보다 획기적인 무기체계의 소요가 반영되어 진화해왔다.

상호확증파괴전략(MAD)은 〈그림 2-3〉[5]과 같이 대륙간탄도미사일(ICBM : Intercontinental Ballistic Missile), 잠수함발사탄도미사일(SLBM : Submarine Launched Ballistic Missile), 전략폭격기(Bomber) 3개 플랫폼을 기반으로 하는 무기체계로 구성되어 있다. 이와 같은 3개 무기체계를 중심으로 보복능력을 향상시키기 위해 많은 노력을 해왔다. 미국은 최초 전략폭격기를 개발한 이후 소련은 ICBM을 개발하고 미국은 사일로형으로 개발하고 소련은 이동형으로 개발하여 생존성을 향상시켰고 탄두를 다탄두화하고 작전 효율성을 향상시켰다. 병행해서 고도의 은닉성을 갖고 있는 잠수함을 이용하여 응징보복이 가능한 SLBM을 발전시켜왔다.

최초 미국이 일본에 사용한 핵무기는 KT급의 원자폭탄이지만 3축 전력에 운용되는 무기체계는 MT급의 수소폭탄으로 구성되어 전략표적에 대한 운용이 가능하다.

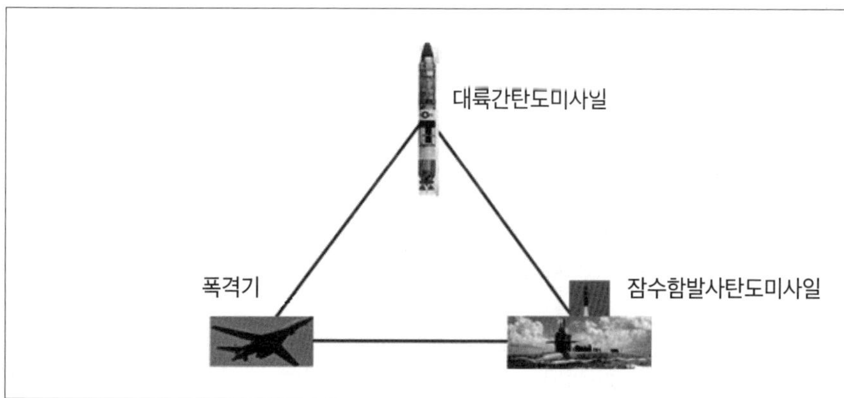

<그림 2-3>
3축 전력(Triad)

1950년대 이후 미·소 간의 첨예한 핵무기에 의한 군비경쟁 과정을 탄두재고량의 변화량을 통해 보면 〈그림 2-4〉[6]와 같이 미국의 핵 재고량이 높았던 반

5 http://edition.cnn.com/2016/09/12/politics/us-air-force-bombers-korea/index.html,https://fas.org/nuke/guide/usa/slbm/c-4.htm

6 Hans M. Kristensen & Robert S. Norris, *Global nuclear weapons inventories, 1945-2013*, Bulletin of the Atomic Scientists, p. 78.

면 1978년에 이르러서는 소련이 미국의 핵 재고량을 초과하여 양적 우세를 달성하게 되었다. 이후 지속적으로 양적 우세를 달성하던 소련의 1980년도 핵탄두 재고량은 약 45,000발에 이르게 되어 전 지구를 멸망시키고도 남을 정도의 핵탄두를 보유하게 된다. 이때부터 미국의 근심이 커졌고 이를 극복하기 위해 등장한 전략이 전략방위구상(SDI)이다.

<그림 2-4>
미·소 핵탄두 재고량 변화추이

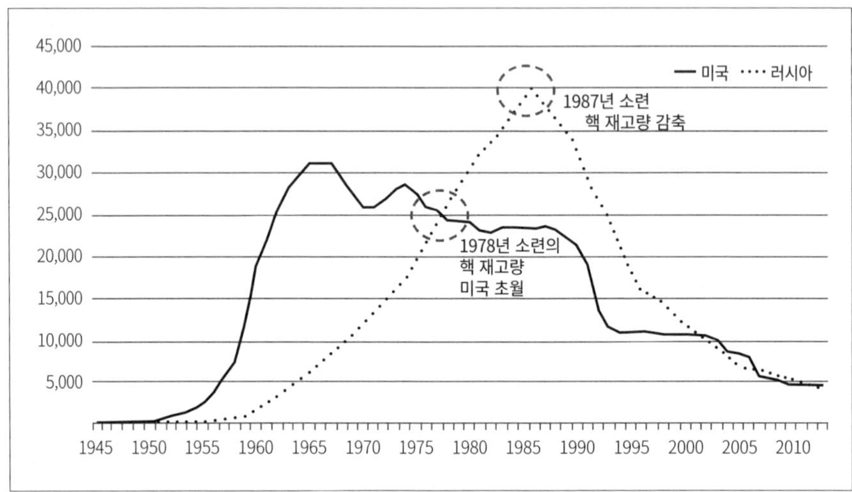

이때 등장하는 전략방위구상은 미 · 소 간의 군비경쟁을 종식시키는 데 크게 기여했다. 이 전략은 1983년 미국의 레이건 대통령이 SDI, 즉 일명 "Star Wars" 라는 전력정책을 제시하면서 시작되었다. 1987년도에는 소련이 체제전환과 핵탄두 재고량 감축 협상에 응하게 되었는데 이러한 현상은 미국의 강력한 SDI 정책에 따른 것임을 알 수 있다.

이렇게 심각한 핵 군비경쟁 상황하에 1983년 미국 레이건 대통령은 상호확증파괴전략(MAD)과 같은 미친 핵전략을 종식할 수 있는 새로운 비전을 제시하면서 핵 억제전략의 전환을 유도함에 따라 소련은 그동안 핵무기의 양적 증강만으로 미국을 선도하려던 정책의 무모함을 자각하게 되었다.

SDI는 〈그림 2-5〉[7]와 같이 소련의 탄도미사일 공격에 대해 단계별로 1단계 부스트 단계와 2단계 부스트 이후 단계의 탑재체 형태는 우주 위성에 의한 탐

7 https://missilethreat.csis.org/missile-defense-20201

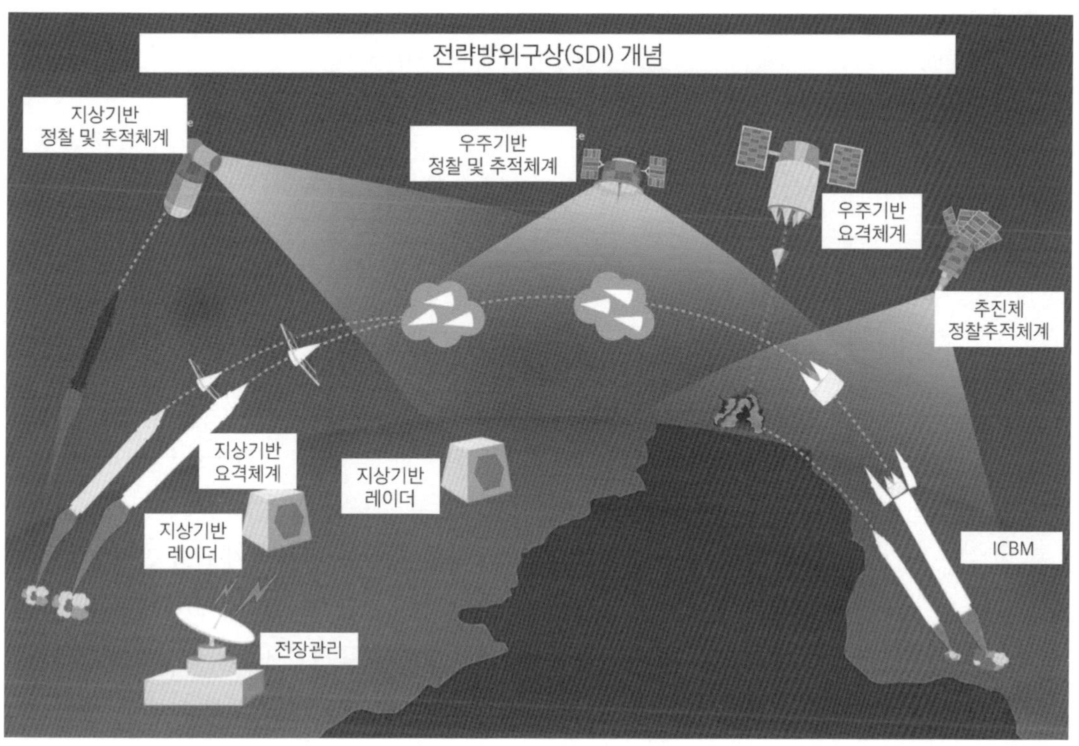

<그림 2-5>
전략방위구상(SDI)

시 및 요격을 수행한다. 이후 탐재체와 기만체로 장거리 비행하여 재진입하는 3단계에 센서와 지상기반 요격체계에 의해 격추시킨다는 개념으로 레이저, 집속에너지 무기와 비핵 미사일 등 상상할 수 있는 모든 비핵 무기체계를 포함하여 구상했다.

종전의 방식대로 미국과 같은 핵 억제능력을 구축하려고 SDI를 구현할 수 있을 정도의 방대한 과학 기술력을 갖추려면 경제적 성장을 통한 국력 발전이 필요하다는 소련의 인식에 따라 경제적 증강을 위한 체제전환을 시도하게 되었고 이로 인해 냉전 종식에 도달하게 되었다고 이해할 수 있다.

미국의 SDI는 30년이 지난 현재도 첨단과학기술을 적용하여 개발을 진행 중이다. 당시 비전이 원대한 목표를 갖고 추진되어 구현이 어려운 체계들이 많았다. 그중 일부는 많은 진척이 있어서 실전 배치 중에 있다. 그러나 러시아와 중국도 기술을 자체 개발하여 상당한 수준에 도달했다.

한편 2001년 미국은 이라크전쟁 분석결과와 9.11테러 등을 경험한 이후 2001년도 미국의 핵 태세보고서(NPR : Nuclear Preparation Review)에 의한 현실

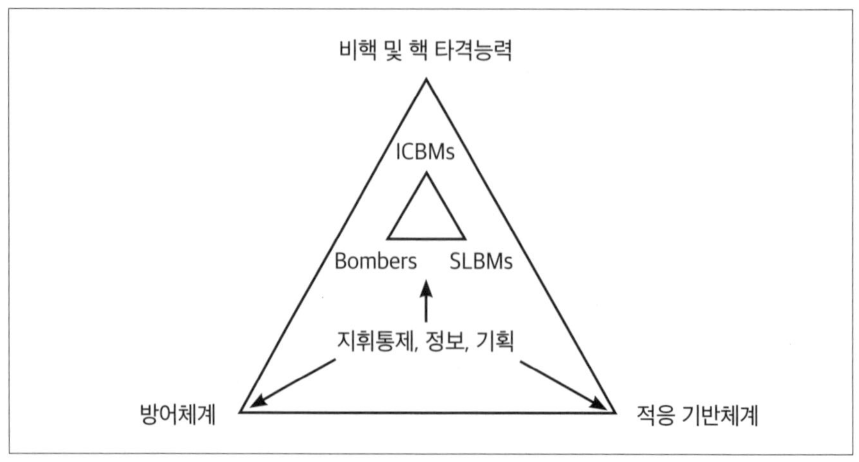

<그림 2-6>
미국의 신삼축(New Triad)체계

진단을 통해 이와 같은 전략방위구상을 포함한 미국의 새로운 전력정책이 등장한다. 그것이 바로 〈그림 2-6〉[8]과 같은 신삼축(New-Triad)체계이다. 〈그림 2-6〉 상단의 한 축은 기존 ICBM, SLBM, 전략폭격기 3축의 핵전력에 추가하여 비핵 정밀타격능력(Non-nuclear strike capabilities)이 추가되고 다른 한 축은 SDI를 모체로 하는 방어체계로 구성된다.

그 중심에 C2와 정보감시정찰체계(ISR: Intelligence, Surveillance & Reconnaissance)가 결합된 복합적인 체계가 있다. 또 다른 한 축은 적응적 기반체계로 무기체계, 전력(戰力), 또는 국가 연구개발 및 생산능력 등을 의미하는데 국가적인 방산 및 연구개발 역량으로 다른 2개 축의 타격과 방어를 위한 무기체계와 중심에 위치한 감시정찰 지휘통제체계를 연구개발하고 생산할 수 있는 국가적 역량을 의미한다. 그리고 중심에 기획(Planning)이 존재하는데 이 모든 체계를 기획하여 혁신적으로 이끌어가는 주체를 의미하고 통상 합동 기획 및 계획체계인데 제도적으로는 합동능력통합개발체계(JCIDS : Joint Capabilities Integration Development System)로 능력 중심의 합동기획체계를 의미하며 공격 및 방어체계 간 합동성과 상호운용성을 강조하고 있다.

8 Michael J. Frankel, James Scouras, George W. Ullrich, *The New Triad Diffusion Illusion, and Confusion in the Nuclear Mission*, Johns Hopkins Applied Physics Laboratory, 2009, p. 4.

3. 전력정책

『2018 국방백서』에서 "군사전략은 국가안보전략과 국방정책을 군사적 차원에서 구현하기 위해 군사전략 목표를 설정하고 이를 달성하기 위한 군사력 운용 개념과 군사력 건설 방향을 구체화하고 있으며, 군사전략 목표는 북한의 위협과 잠재적 위협 및 비군사적 위협에 동시에 대비하는 것으로 외부 도발과 침략을 억제하고, 실패 시 '최단 시간 내 최소피해'로 전쟁에서 조기에 종전한다." 라고 되어 있다. 여기서 "군사력 건설 목표는 북한 및 잠재적 위협을 포함한 전방위 안보위협에 유연하게 대응 가능한 군사력을 건설하여 전시작전통제권 전환을 위한 지휘구조, 부대구조, 병력구조, 전력구조 개편을 통해 대한민국 주도의 연합작전 수행능력을 구비하는 것이다. 또한 사이버 · 우주 위협에 효과적으로 대응 가능한 능력과 작전수행체계를 구축하고 테러, 국제범죄, 재해 · 재난 등 비군사적 위협에 대응하기 위한 군사지원체계를 보강한다."고 되어 있다.[9]

일반적으로 전력정책 수립은 이와 같은 군사력 건설 목표 설정부터 시작된다. 국가별로 국가가 지향하고 있는 전력정책은 국가안보전략에서부터 도출된다. 국가안보전략은 국가의 이익이나 가치를 보호하기 위해 외부의 위협과 기회, 내부적인 강점과 약점을 분석하여 전략적 대안을 도출하고 이 전략적 대안에 따라 군사력을 증강시키고 보강하는 군사력 건설 목표를 갖게 된다.

1) 미국의 전력정책

한편 미국의 전력정책은 〈그림 2-6〉과 같이 기본적으로 핵전력을 중심으로 하는 전략적 타격전력과 비핵타격전력, 그리고 대탄도 방어전력과 이 체계들을 운용할 수 있는 정보 및 지휘통제전력을 중심으로 발전시켜왔다. 그리고 이런 제반 무기체계와 연구개발 생산기반을 연계하여 체계적으로 발전시켜서 상대적인 우위를 점유할 수 있는 기획체계를 포함하여 전력정책 요소로 포함하고 있다. 이때 공격전력은 ICBM, SLBM, 전략폭격기에 비핵 타격능력을 추가하고 있다. 방어전력의 경우는 1984년의 전략방위구상(SDI)에서 시작되어 최

9 대한민국 국방부, 『2018 국방백서』, 2018, p. 36.

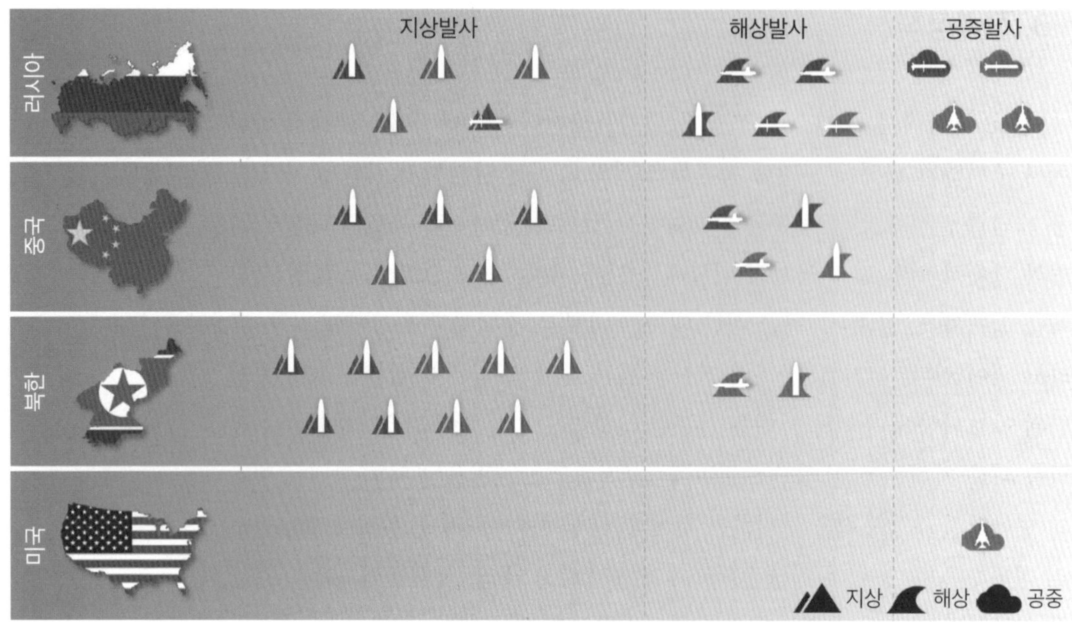

<그림 2-7>
2010년 이후 러·중·북의 핵 투발체계 개발 및 전력화 현황

근 종말고고도지역방어체계 등을 포함하는 핵미사일 위협에 대비한 방어체계를 의미한다. 또 다른 축은 환경변화에 적응이 가능한 기반체계로 연구개발 및 생산체계를 포함하고 있다.

〈그림 2-7〉과 같이 미국의 2018핵태세보고서에 의하면 중국이나 러시아와 심지어 북한조차 미국의 전력정책과 같은 군사력 건설을 추진하고 있다. 러시아와 중국은 핵탄두만 제외하고 3축에 해당되는 전력개발을 위해 부단히 노력하고 있다. 북한의 경우는 이미 거론된 바와 같이 지대지 탄도미사일을 우선 개발하고 병행하여 SLBM을 꾸준히 개발해왔다. 그뿐만 아니라 최근 외부적으로 노출되고 있는 것은 항공기 자체 개발을 위해 지속적인 노력을 집중하고 있다는 점이다.[10] 북한은 경제적 여건에 따라 비용 대 효과를 고려해서 상대적으로 비용이 적게 소요되는 지대지전력을 우선 개발하고, 이어 은닉성이 뛰어난 잠수함에 의한 응징 보복력의 우선 구축을 시도하고 있다.

더욱이 정찰위성과 위치, 항법, 시간(PNT)을 보장하려고 군사용 인공위성까지 개발 노력을 하고 있다. 다음 단계에 추진이 예상되는 것은 전투기 등 군용

10 US Office of the Secretary of Defense, *2018 Nuclear Posture Review*, p. 8.

항공기 개발이다. 따라서 군사력 건설 방향은 비용 대 효과를 고려해서 군사력을 구축하고 있다고 볼 수 있다.

2) 대한민국의 전력정책

대한민국은 2016년도에 유사한 개념으로 다음처럼 한국형 삼축체계를 제시한 바 있다. 킬체인(Kill-Chain), 한국형 미사일방어체계(KAMD : Korea Air and Missile Defense), 한국형대량응징보복(KMPR : Korea Massive Punishment and Retaliation)[11]으로 미국과 유사하게 공격 축과 방어 축을 갖는 측면에서 유사하지만 연구개발 및 방산기반체계를 한 축으로 하는 부분은 부재하며 중심에 위치한 감시정찰 및 지휘통제 기능이 킬체인과 한국형 미사일 방어체계에 각각 내포된다는 차이가 있다.

근본적으로 미국은 핵에 의한 삼축(TRIAD)을 핵심으로 하는 전력정책을 추구하고 있지만 우리나라는 비핵 수단만으로 하는 전력정책을 추구하고 있기 때문에 핵 보유를 지향하는 북한이나 잠재적국을 상대하기에는 능력의 격차가 발생할 수밖에 없다. 그리고 연구개발 및 생산기반체계나 기획체계에 관한 정책이 명시된 것은 없지만 '국방개혁' 정책을 통해 지속적인 혁신을 추구하고 있다.

우리의 군사력 건설정책은 북한 위협에 기인하고 있는데 북한의 위협을 고찰하기 위해 군사력을 비교해보면 앞의 〈표 1-1〉의 『2018 국방백서』처럼 양적인 면에서 북한은 육·해·공군의 모든 분야에서 월등함을 확인할 수 있다. 지대지나 잠대지 미사일 등은 우리의 정보능력을 벗어나서 현저하게 발전되어 있다. 또한 북한의 핵무기, 즉 핵탄두는 이미 다양한 투발수단에 의한 운용이 가능하도록 개발되어 있다. 2016년 9월 9일 5차 핵실험 이후 공식적으로 "표준화, 규격화"를 선언함으로써 '연구개발' 단계에서 '대량생산' 단계로 진입했음을 선언한 바 있다.

군사력 요소는 부대·병력·무기체계 등으로 구성된다. 북한은 병력 및 지상군 부대, 전차·화포 등 재래식 무기가 양적으로 우세하며, 핵탄두 전력화가 예

---

11 http://www.mnd.go.kr/

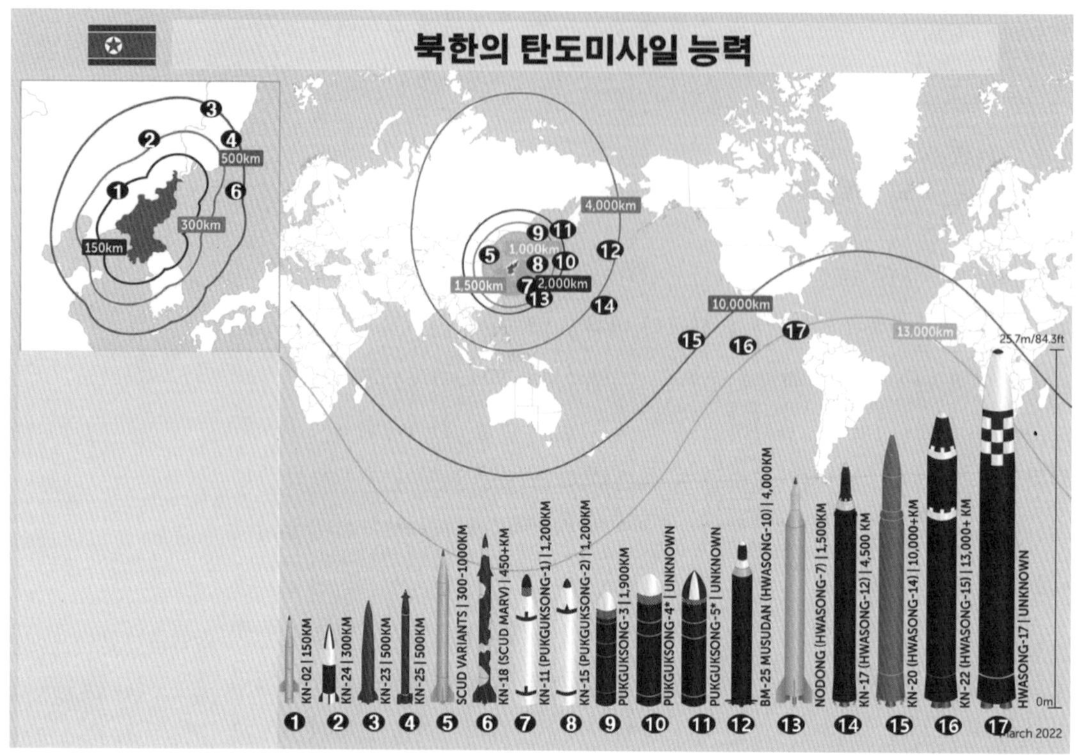

<그림 2-8>
북한의 핵투발 능력

상되고 2016년 9월 9일 표준화, 규격화 선언, 2018년부터 양산이 가능할 것으로 판단되며 기타 다양한 무기체계도 개발 중이다. SLBM 개발로 응징 보복력을 강화하고 ASM(Anti-Ship Missile) 개발로 미국 항공모함에 대응하겠다는 생각과 의지를 표현하고 있다. 또한 최근 저가 드론 침투정찰을 시도하는 등 군사적 우위를 유지하기 위해 다양한 노력을 기울이고 있다.

〈그림 2-8〉[12]을 통해 북한의 핵 투발 능력과 의도를 분석해보면 ①, ②, ③, ④는 한반도 지역 내 표적에 대한 타격능력을 갖추고 있다. ⑤, ⑥, ⑦은 오키나와에 전개하는 미군전력에 대응하여 타격능력을 갖추었다고 평가하고 있다. ⑧, ⑨는 괌에 전개하는 미군전력에 대응하는 타격능력을 갖추기 위함이고 ⑩, ⑪은 미 본토를 타격할 수 있는 능력을 갖추었다고 볼 수 있다.

최근 2017년 9월에 발사한 화성-14는 고각발사를 통해 재진입 속도를 마하

12 https://missilethreat.csis.org/wp-content/uploads/2018/06/2022_NorthKorean_MissileMap-scaled.jpg

25에 근접하도록 시험하여 ICBM 개발에 성공했음을 강조하고 있다. 이러한 탄도탄 능력의 전술적 효과를 향상시키기 위해 종전 액체추진제를 고체추진제로 대체하거나 차량 및 사일로형을 궤도형이나 차량화로 전환하여 우리의 감시정찰능력을 무력화하기 위해 부단히 노력하고 있다.

이런 북한의 전력화 노력에 대응하기 위해 대한민국은 〈그림 2-9〉[13]와 같이 북한 탄도탄 위협을 사전에 공격 가능한 킬체인(Kill-Chain)전력, 북한 탄도탄이 발사되면 공중에서 방어하는 한국형 미사일방어(KAMD)전력, 북한 핵미사일이 남한에 투하된 경우 응징 보복하는 한국형 대량응징보복(KMPR)전력을 증강하여 대비하는 한국형 구축체계 전력정책을 수립했다가 킬체인과 대량응징보복 전력을 거부적 억제와 응징적 억제 전략적 개념 하에 통합·조정하여 추진할 것을 검토하기도 했다. 킬체인 전력은 6개 주요 무기체계로 구성되고 한국형미사일방어 전력도 6개의 탄도미사일 방어무기체계로 구성되며 대량응징보복전력은 6개의 무기체계 및 부대로 구성되어 있다. 3개의 대응개념을 기준으로 구성한 전력정책이지만 실제로 미군의 신삼축 중에 핵탄두를 장착한 공격전력, ICBM, SLBM, 전략폭격기를 제외한 정밀타격전력, 미사일 방어체계, 연구개발 및 방산기반체계와 내부에 감시정찰 및 지휘통제체계 전력을 고려해보면 유사성을 찾을 수 있다. 북한조차도 추구하고 있는 핵3축체계에서 항공기를 제외하고 나머지를 완성시키고 있는 모습을 보면 결국 북한도 미국의 전력정책을 모방하고 있음을 알 수 있다.

대한민국의 3축 전력정책은 운영개념을 포함하고 있어서 상이하게 보일 수 있지만 결국 미국의 신삼축체계를 통해 선진 첨단과학 기술 군을 지향하는 미국과 같은 추세를 갖고 있음을 알 수 있다. 다만, 전력 자체에 운영개념을 포함하고 있다는 점이 차이가 난다. 그 차이는 체계 간의 연결에 주안을 두어 지휘통제체계의 목표 설정에 영향을 줄 수 있다고 본다.

---

13 대한민국 국방부, 『2016 국방백서』, p. 59~61.

<그림 2-9>
한국형 삼축체계

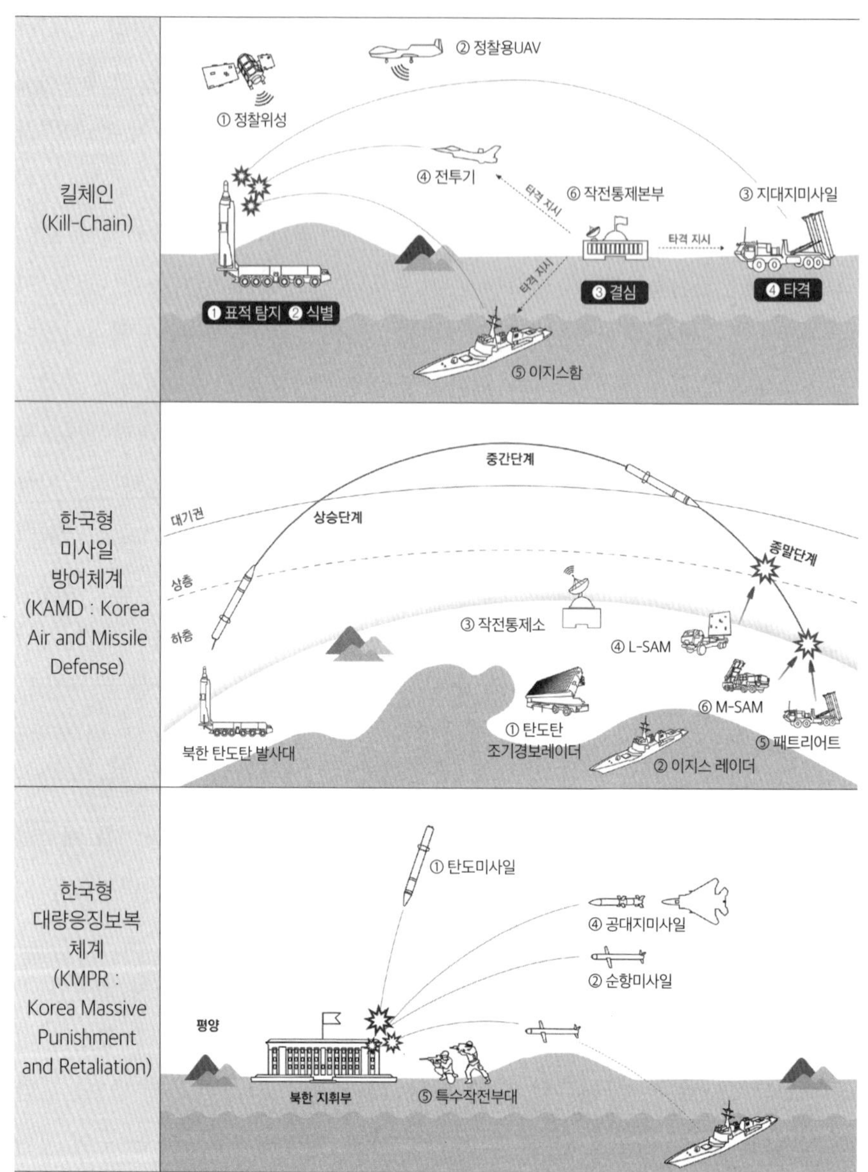

4. 전력소요 기획 및 획득체계

대한민국의 군사력 건설을 위한 무기체계 획득은 〈그림 2-10〉과 같이 3개의 상이한 분야로 구성되어 있다. 무기체계를 획득하기 위해서는 무기체계의 필

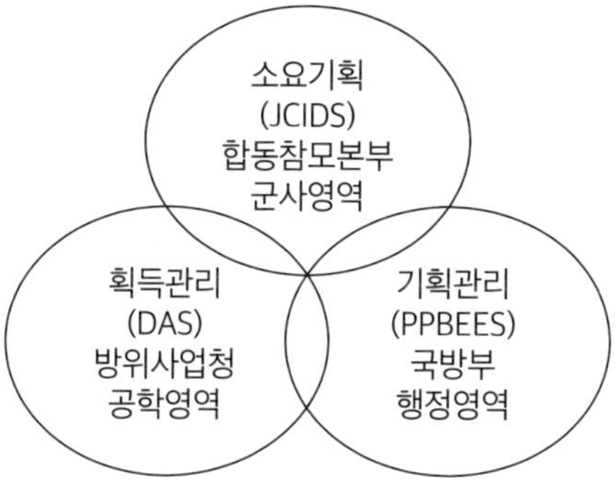

<그림 2-10>
군사력 건설을 위한 업무 영역

요성을 느끼는 군, 즉 소요군의 대표기관인 합동참모본부가 군사적인 차원에서 무기체계의 소요를 제기하고 결정한다.

이때 정부 주관기관인 국방부에서는 국가재정계획을 기초로 가용한 국방재원을 5개년 범위 내 전력투자비의 성격을 갖는 방위력개선비의 비중을 정책적으로 결정하고 이 범위 내에서 소요군의 요구를 가장 적정하게 충족하는 수준을 고려하여 5개년 단위 중기계획을 수립한다. 이렇게 군의 소요와 국방재원 범위 내 결정된 무기체계를 방위사업청에서는 사업화하여 연구개발이나 구매 등의 방법으로 획득하는 절차를 수행한다. 무기체계를 획득 관리하는 영역은 일반적으로 연구개발 관리나 구매사업 관리 등의 활동으로, 업무수행을 위해서는 공학적 역량이 요구된다. 획득관리 업무가 종전 국방부에서 통합 수행하던 분야를 별도 외청으로 분리함에 따라 투명성과 전문성을 강조하고 있으나 효율성 및 전문성의 문제는 의문시되고 있다. 대한민국은 오랜 기간 동안 미국의 제도를 연구하여 첨단 전력기획 및 획득체계를 갖고 있다고 자부하고 있다. 그런 우리의 현행 제도와 미국의 현행 전력기획 및 획득체계를 각각 알아본다.

1) 대한민국

(1) 전력소요 기획체계

대한민국 전력소요 기획체계는 〈그림 2-11〉[14]과 같은 절차를 통해 수행하고 있다. 국방정책과 군사전략으로부터 합참의 합동개념이 형성되고 이를 기초로

14 국방부훈령 제845호(2023.9.25.)「국방 전력발전업무 훈령」, 별표 #3. 국방전력발전업무 절차도 5.무기체계 소요기획 절차도, p. 296.

<그림 2-11>
전력기획 절차

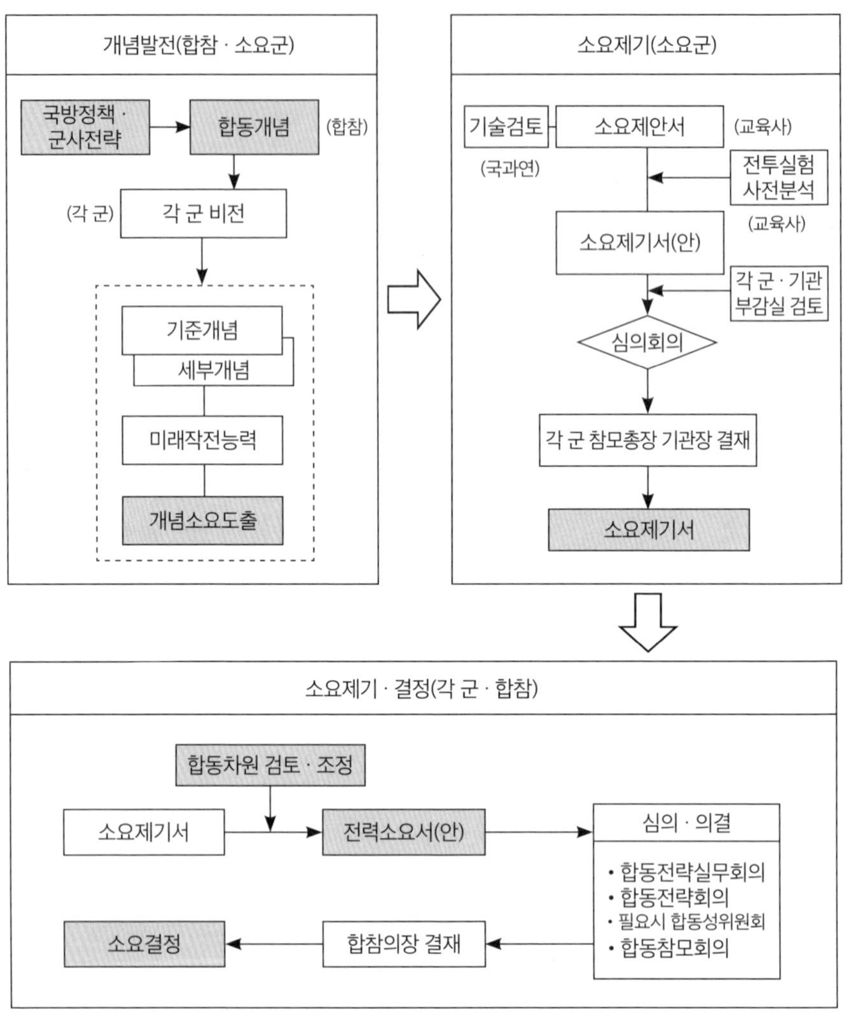

각 군의 비전을 수립하면 기준개념과 세부개념을 도출하는 등 개념발전과정을 통해 미래에 필요한 작전운영능력을 도출한다. 소요 군에서 분석과 실험을 거쳐 문서형태로 군사력 건설에 필요한 무기체계 등 전투력에 필요한 소요를 제기하게 된다.

이 중에 먼저 군이 무기체계 소요를 결정하는 합동전략기획체계를 보면 〈그림 2-12〉와 같이 국가안보전략서를 근거로 국가안보전략지침을 받아 국방부에서는 국방정보판단 결과를 토대로 국방전략서를 작성하고 국방정책기조와 국방개혁기본계획의 군사력 건설 방향과 국방정보판단서에 의한 중·장기정세전망 위협평가를 통해 합동군사전략서(JMS : Joint Military Strategy)를 완성하

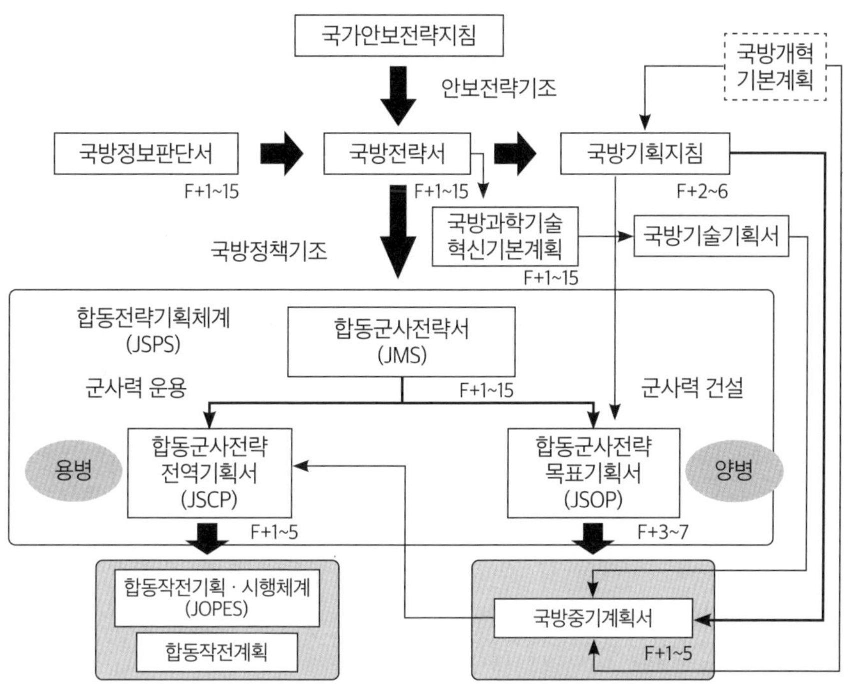

<그림 2-12>
합동전략기획체계

게 된다.[15]

합참에서 작성하는 합동군사전략서(JMS)는 군사력 운용에 관한 방향을 제공하는 합동전략전역기획서(JSCP : Joint Strategy Capability Plan)를 작성하고 군사력 건설 최상위 문서인 합동전략목표기획서(JSOP : Joint Strategic Objective Plan)를 각각 작성한다.

현재 합동군사전략전역기획서는 F+1~F+5년에 계획이 된다. 여기서 'F'는 회계연도(Financial year)를 의미한다. 합동전략목표기획서(JSOP)는 국방중기계획서의 근거가 된다. 합동전략능력기획서는 작전계획 수립의 근간이 되며 합동작전기획체계를 구성한다.

한편, 군사력 건설 측면에서 국방부는 국방전략서를 기초로 국방과학기술혁신기본계획을 수립하고, 국방중기계획의 가이드라인이 되는 국방기획지침을 수립한다. 이때 합참은 합동군사전략서를 기초로 국방기획지침을 반영하여 양병의 근간이 되는 합동군사전략목표기획서를 완성한다. 이 합동전략목표기획

15 국방부훈령 제2627호(2022. 2. 3).『국방기획관리기본훈령』, 제38조 문서간의 상호관계.

서는 F+3~F+7 중기대상 기간의 전력 소요와 이후 장기 전력 소요를 반영한다.

군사력 건설은 합동전략목표기획서부터 무기체계와 부대를 기준으로 5개년간의 국가재정계획을 기준으로 중기계획을 수립하게 되는데 국방중기계획은 연동계획으로 매년 대상기간에 최신화를 한다. 이때 국가재정운용계획[16]의 한정된 재원 범위 내 계획이 수립되도록 다양한 분석과정이 수행된다.

합동전략기획체계에 의해 결정된 군사적 관점의 무기체계 소요는 기획 소요가 되며 국가재정계획을 고려하여 결정된 군사적 무기체계 소요를 증강목표라고 한다. 이렇게 결정된 증강목표가 중기대상기간의 군사력 건설 목표가 되어 국방중기계획의 투자비 성격을 갖는 방위력개선비에 반영이 된다.

(2) 획득체계

대한민국의 무기체계는 〈그림 2-13〉과 같은 절차를 통해 전력발전 업무를 수행한다.[17] 무기체계의 소요가 합참에 의해 결정이 되면 방위사업청에서 획득방법과 획득전략을 결정하는데 크게 연구개발과 구매로 구분해서 선택하게 된다. 이때 사업방법이 결정되면 국방중기계획에 반영할 수 있게 된다. 획득방법 중 연구개발에는 체계연구개발을 중심으로 기술협력생산방법도 있고, 체계연구개발을 위해 핵심기술연구개발을 병행하거나 선행한 핵심기술연구개발 결과를 활용할 수도 있다. 체계연구개발은 개발 주체가 탐색개발을 통해 작전운용성능을 확정하고, 체계연구개발을 소요 군이나 방위사업청이 동의하여 체계개발을 수행하여 시험평가를 거쳐 초도생산을 하게 된다. 체계개발 주체는 전략무기 등에 대해 통상 국방과학연구소가 되고, 기타 일반적인 무기체계는 연구개발 능력을 갖춘 방위산업체가 되기도 한다. 구매는 국내 및 국외 구매방법이 있고, 가능한 경우 임차도 하나의 사업방법으로 선택이 가능하다. 연구개발과 차이가 나는 것은 시험평가를 거쳐서 기종을 결정하는 과정을 거친다. 연구개발이나 구매로 사업을 추진하여 획득하면 소량을 생산하여 야전운용시험(FT) 결과 결함이 발생하면 이것을 보완하여 후속양산을 추진한다. 이때 이어서 전력화평가를 통해 무기체계를 구성하는 교리, 조직, 훈련체계, 리더

---

16 기획재정부, 『2016~2020년 국가재정운용계획』, 2016, p. 158~166.

17 국방부훈령 제845호(2023. 9. 25) 「국방 전력발전업무 훈령」, 별표 #3. 국방전력발전업무 절차도 1. 총괄 절차도, p. 294.

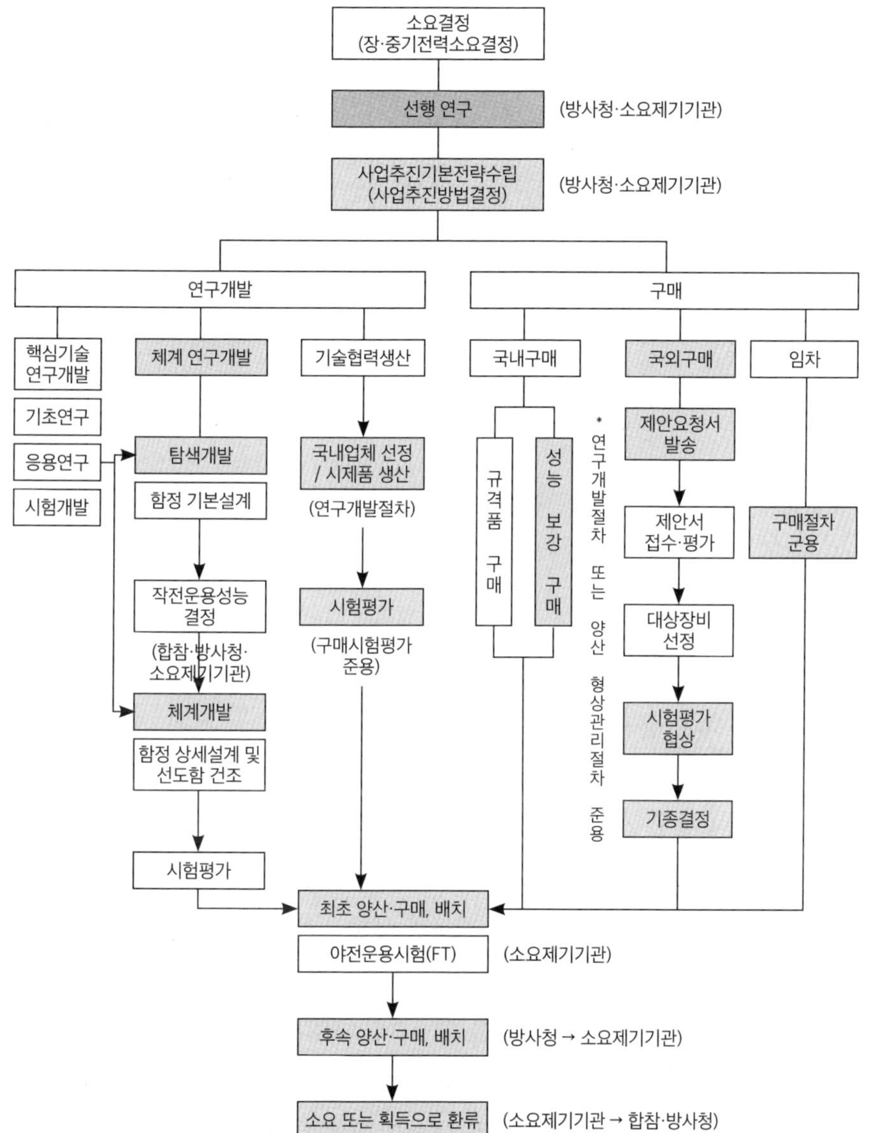

<그림 2-13>
전력발전업무 절차

십, 인력, 시설 등에 의한 전투력발휘의 완전성을 확인한 후에 전력화 및 배치(Deployment)했다고 표현한다.

여기서 방위력개선비의 계획은 방위사업법에 의거 국방부에서 수립하되 예산편성과 집행에 대해서는 방위사업청에서 수행한다.

국방중기계획은 방위력개선비와 전력운영비 간에 일정한 비율을 유지하는데 정책적 결정에 의해 비율이 조정되기도 한다. 국가재정운영계획의 기반이

<그림 2-14>
무기체계 획득절차

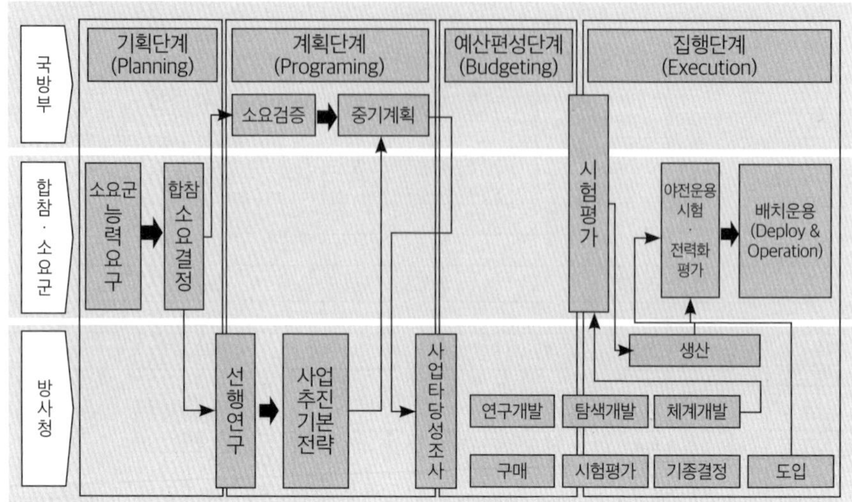

되는 국방중기계획은 오랜 역사를 갖고 있으며 여타 정부 부처와 달리 합동 전략기획체계와 군사력 건설체계는 연계성을 갖고 있기 때문에 계획의 합리성 보장이 용이하다. 물론 미래를 예측하는 부분이 있어서 지속적으로 보완해야 하는 문제점은 존재하지만 연동계획에 의해 매년 최신화를 통해 예산과 연계되는 체계를 갖고 있기 때문에 극복이 가능하다.

이와 같은 기획 · 계획체계에 따라 〈그림 2-14〉와 같이 방위사업청에서는 사업을 수행한다. 합참에서 소요를 결정하면 선행연구에 착수한다.

선행연구를 통해 방위사업청에서는 연구개발이나 구매 등 사업추진 방법을 결정하기 위한 사업추진 기본전략을 수립한다. 사업추진 기본전략이 수립되면 이것을 토대로 소요되는 비용을 분석하여 중기계획에 반영한다. 이후 사업별 사업 준비도를 중심으로 사업타당성 조사를 수행한 후 연구개발 또는 구매 방법으로 추진하게 된다. 이때 연구개발은 탐색개발, 체계개발을 통해서 소요군의 시험평가와 야전운용시험을 거쳐서 본격적인 생산을 수행한다. 구매방식에 의해 획득하기로 결정된 사업은 대상기종에 대한 시험평가를 거쳐 기종을 결정하여 도입한다. 획득 추진 간 소요군은 전력화평가를 거쳐 인력, 조직, 교리, 훈련체계, 리더십, 시설까지 완전하게 구축함으로써 전투력을 발휘할 수 있는 전력이 건설된다.

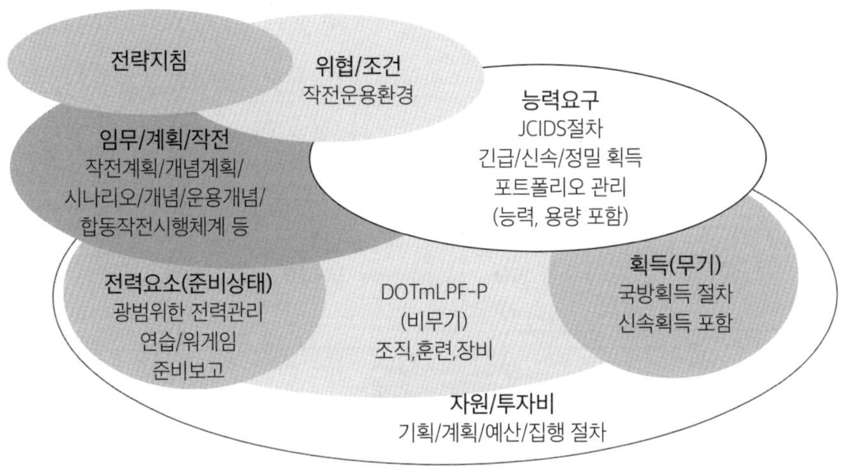

<그림 2-15>
상호작용 절차

2) 미국의 기획 및 획득체계

미국의 경우 〈그림 2-15〉와 같이 소요기획체계는 합동능력통합개발체계(JCIDS)에서, 획득체계(DAS)와 기획·계획·예산·집행체계는 비용 대 효과를 분석하여 소요군이 요구하는 능력에 대한 대안을 제공한다.

이런 체계들은 전투원을 위한 적시적인 능력격차와 위험, 예산편성, 개발, 배치, 유지를 위한 결정, 검증, 능력의 우선순위를 선정하기 위한 수단을 제공한다. 3개의 체계는 보다 확고한 결심과 외부적인 결함이나 권고가 불필요하게 다른 체계와 연계성을 갖춰야 한다고 제시하고 있다.[18] 이와 같은 과정을 통해 제출된 군 전력소요제기서를 합참이 접수하면 합동 차원의 검토 조정과정을 통해 전력소요서(안)를 심의의결하고 합참의장 결재를 거쳐 합참의 군사력 건설소요로 최종 결정한다. 이 단계는 미래전에 대비하여 싸우는 방법만을 고려한 순수한 군사력 건설 소요로 목표기간까지의 가용재원을 고려하지 않은 상태라고 볼 수 있다. 따라서 가용재원을 고려하여 재원 범위 내 군사력 건설소요를 조정하는 과정이 추가로 필요하다.

미국의 전력소요기획은 〈그림 2-16〉과 같이 JCIDS절차를 적용하고 있다. 과

18 CJCSI 5123.01H, *Charter of The Jont Requriements Oversight Council(JROC) and Implementation of The Joint Capabilities Integration and Development System(JCIDS)*, 31 August 2018, p. D-4.

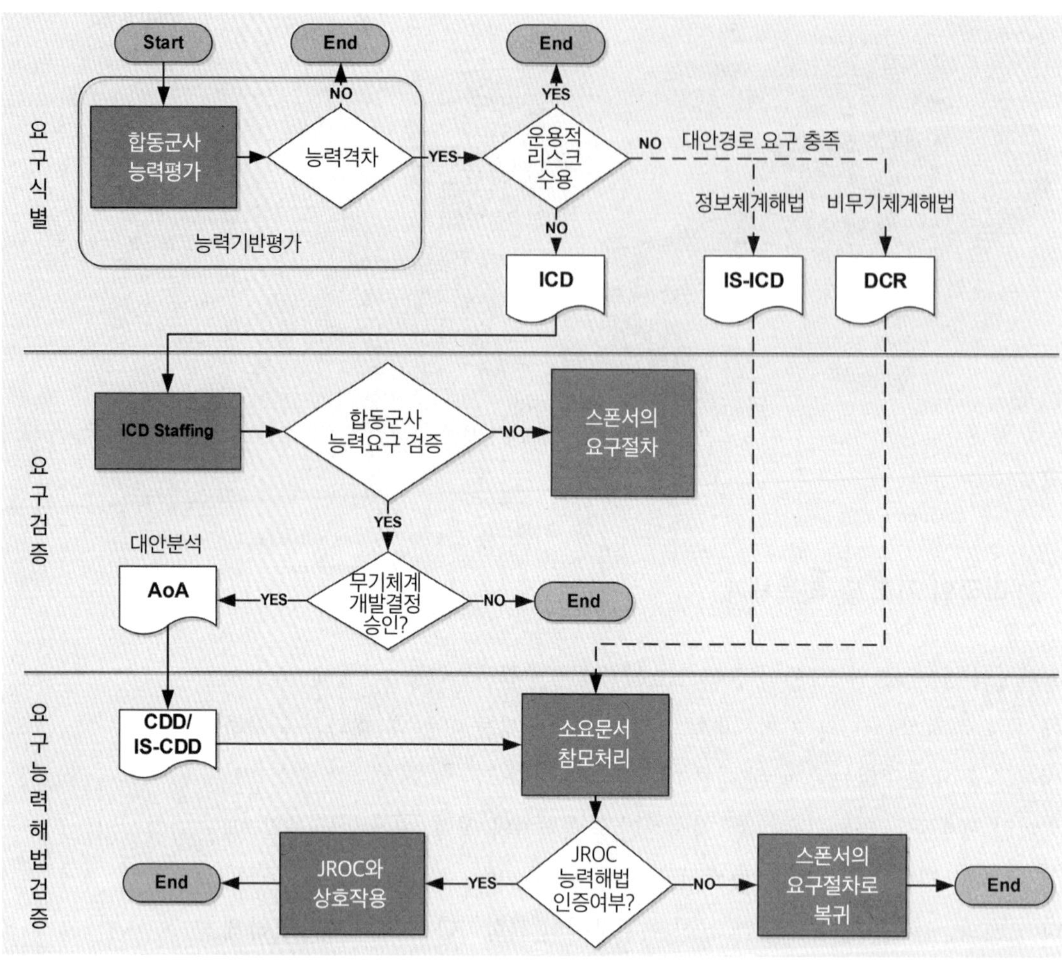

<그림 2-16>
미 합동능력통합개발체계

정은 소요정의(Requirement Identification)단계, 소요검증(Requirement Validation)단계, 능력검증(Capabilities Validation)단계로 구분하고 있다.[19]

우선적으로 능력기반 평가(Capability Based Assessment)로 예상되는 미래 전장의 현 전투력 대비 부족한 능력을 식별한다.

그 능력의 격차, 즉 부족한 능력으로 인해 작전운용상의 위험을 감수할 수 없다면 우선 무기가 아닌 전투발전요소인 교리, 조직, 훈련, 리더십, 인력, 시설 등 무기체계가 아닌 비물자적 대안 소요가 존재한다면 여기에 필요한 소요서(DCR : Doctrine, Organization, Training, materiel, Leadership and Education, Personnel,

19 JCIDS Manual, *Manual for the Operation of The Joint Capabilities Integration and Development System*, 31 August 2018, p. A-A-2.

Facilities, and Policy (DOTmLPF-P) Change Recommendation)를 작성한다.

그러나 정보체계(IS : Information System)를 구축해서 부족한 능력을 해결할 수 있다면 정보체계 초기능력서(IS-ICD)를 작성한다. 이러한 비무기체계나 정보체계로 극복할 수 없는 부족능력이 존재한다면 비로소 무기체계에 대한 능력요구를 수행한다. 제일 먼저 개략적인 요구능력을 도출하여 초기능력요구서(ICD : Initial Capability Document)를 작성하여 제출한다. 합동참모부 검토와 합동소요조정위원회(JROC)에서 초기능력서(ICD)의 검토와 조정을 통해 무기체계개발결정(MDD : Materiel Development Decision)이 된다. 이후 획득을 위한 대안분석(AOA : Analysis of Alternatives)을 수행한다. 대안분석 이후 단계에는 능력개발문서(CDD : Capability Development Document)와 정보체계 능력개발문서(IS-CDD)를 함께 참모부와 합동소요조정위원회의 검토를 거쳐 개발 가능한 문서로 정착하고 지속적으로 개발 관리한다.

미국의 획득체계는 〈그림 2-17〉과 같이 소요 관련 문서가 생산 및 결정단계에서 획득단계를 수행한다. 국방획득체계(DAS : Defense Acquisition System)에서는 전력기획단계에서 초기능력문서(ICD)를 접수하면 물자적 해법분석, 즉 전투발전요소(DOTLMPF)에 대한 분석 중 M(Material)의 소요가 식별되어 무기체계

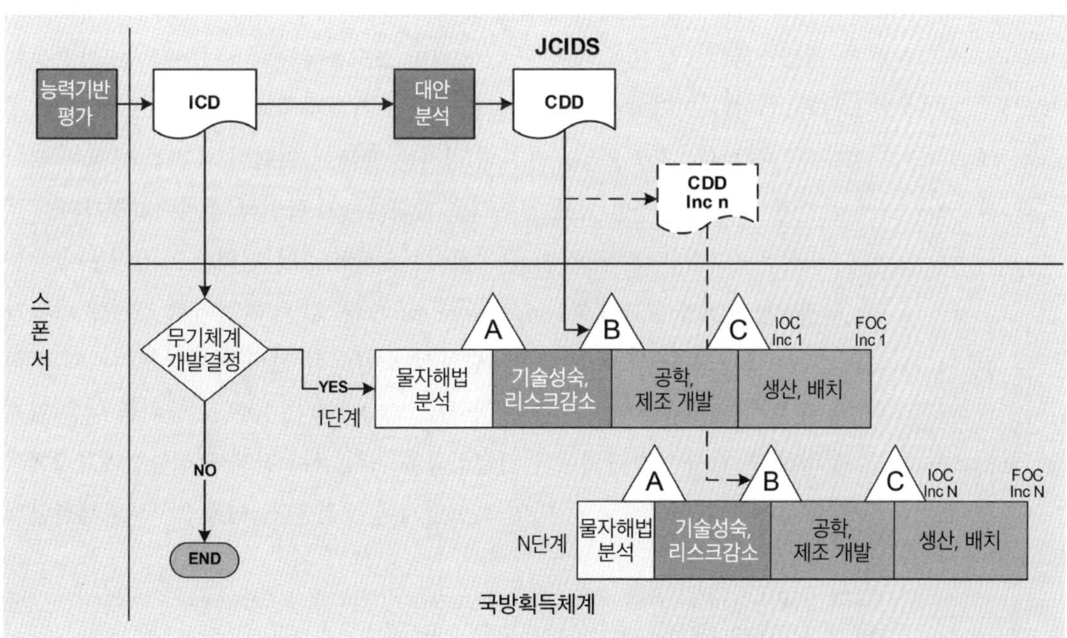

<그림 2-17>
무기체계 획득절차

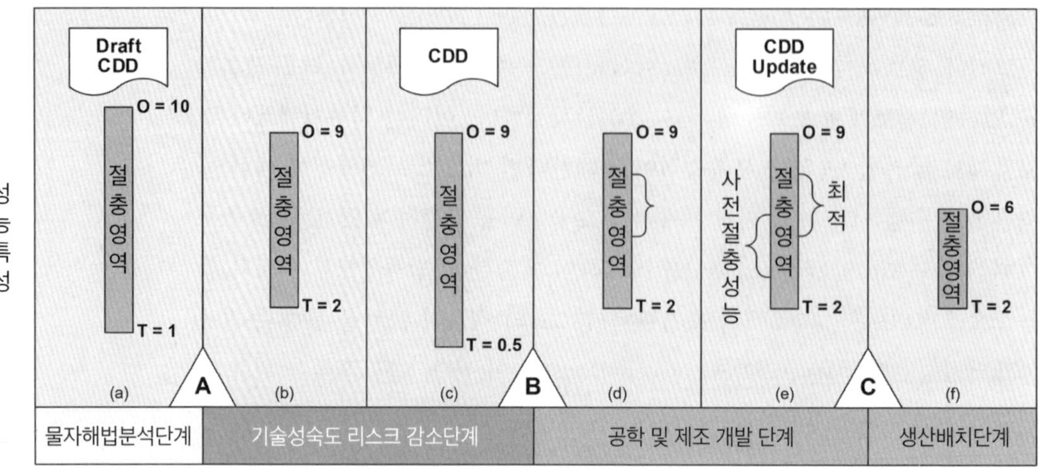

<그림 2-18>
전력기획과 획득절차 수행 간 성능특성의 진화

중심의 분석을 착수한다.

여기서 물자(Material)는 무기체계를 의미한다. 무기체계 획득을 위한 대안분석(AOA)을 실시하고 그 결과를 접수해서 마일스톤 A에 진입한다. 이때 획득단계는 기술성숙도와 체계개발의 위험감소단계에 진입하게 된다. 이후 전력기획단계의 능력개발문서(CDD)를 접수하고 기술성숙도와 위험감소를 거쳐 마일스톤B에 진입하여 공학과 제조개발단계를 수행하고 필요시 능력개발문서(CDD)를 갱신하여 마일스톤C에 진입한다.

마일스톤C는 생산과 배치 단계가 되며 초도운용능력(IOC) 평가는 야전운용시험(FT)이나 전력화평가와 유사 형태로 무기체계나 전투발전요소에 대한 평가를 수행한다. 최종운용능력(FOC)평가는 계획된 전력이 완전히 야전에 배치된 이후 최초에 설정한 목표 전투력을 발휘하는지 확인하는 전력화평가다.

미국은 〈그림 2-18〉과 같이 중기전력소요서와 같은 전력소요 기획문서로 능력개발문서에서 성능특성(Performance Attribute) 값을 최적치로 조정해 나아가는 과정을 거친다.[20] 최초 능력개발문서 초안에서 전력화 대상무기체계의 성능의 한계(T : Threshold)값은 1로 목표(O : Object)값은 10으로 범위를 여유 있게 설정한 후 체계 개발단계에서 기술성숙과 위험 감소 단계에 성능한계를 2에서 0.5로, 성능 목표를 9로 각 마일스톤 단계에 결정한다. 이후 공학 및 생산단계

20 JCIDS Manual, *Manual for The Operation of The Joint Capabilities Integration and Development System*, 31 August 2018, p. B-G-8.

에서 사후 절충성능과 최적치를 고려해서 목표치는 6, 한계치는 2로 결정하여 생산에 착수하며, 이런 절충과정을 통해 최초 설정했던 성능의 범위 내에서 개발을 완료할 수 있게 된다.

5. 국방과학기술과 연구개발

4차 산업혁명에 따라 미래의 전쟁은 일반적으로 첨단의 정보전과 네트워크 중심전으로 예측하고 있다. 동아시아에서는 미국과 중국을 중심으로 러시아, 일본 등 주변국에서도 패권을 장악하기 위해 군사혁신을 통한 군사력 건설에 노력을 기울이고 있다. 이와 같은 군사력에 로봇, 빅 데이터, 자율화, 소형화, 무인화 등 첨단 신기술의 적용을 시도하고 있다. 군에서는 이렇게 다양한 군사적 요소를 연결하여 최적 의사결정을 지원하고 적시적인 타격을 결심하도록 전장환경을 효과적으로 운영하면서 특히 북한의 핵, 미사일 체계에 대비한 한국형 3축체계 구축을 추진하고 있다. 이러한 체계의 연구개발을 위해 핵심기술 확보를 우선해야 하나 대한민국 국방과학기술 수준과 연구개발 예산의 한계로 상당 부분을 수입에 의존하고 있다. 따라서 국가 차원에서 국방 연구개발에 더욱 관심을 갖고 추진하고 있다.

지휘통제 · 통신무기체계는 전투력을 갖춘 부대가 전장에서 운용을 계획하고, 지시하며, 통제하는 데 필요한 응용 프로그램이나 통신체계 등에 관련된 기술로 구성된다. 따라서 주로 적시 정확한 의사결정을 지원하기 위해 노력을 집중하고 있다. 그 예로 지휘, 표적식별, 정밀타격을 가능하게 하는 전력인 "초지능화와 다계층통합 및 항재밍 초고속화 분야에서의 기술개발이 활발히 추진되고 있다"[21]고 한다.

감시정찰 무기체계는 지 · 해 · 공 · 수중 · 우주의 전략적 · 전술적 표적과 전장환경에 대한 영상, 음향, 통신, 전자 신호 등의 첩보를 수집하고 정보를 생산하여 제공하는 무기체계로 먼저 보고, 먼저 결심하고, 먼저 타격하기 위해 성능을 향상시키고, 실시간 징후를 감시하는 등 지능화 기술을 개발하여 다양한 상황

21 김찬수, "선진국 및 국내 국방과학기술 개발 동향", 『과학기술정책』, 27(11), 2017, p. 25.

하에서도 표적 탐지와 식별 등 다수의 정보처리기술을 극대화하여 전술상황에 등장하는 여러 표적을 획득하기 위한 기술개발 노력을 하고 있다.

화력무기체계는 주로 적 종심에 위치한 핵심표적에 대해 정밀타격기능을 수행하는 데 사용되는 무기체계 위주로 발전되고 있으며, 적 전투수행능력을 파괴하고 마비시키는 무기체계다. 현재 발전추세는 동시다발적인 정밀타격을 통해 적 중심 마비 효과를 달성할 수 있도록 발사속도를 더욱 향상시키고, 사거리를 연장시키며, 위력을 더욱 강화하고, 정밀성을 더욱 향상시키는 기술을 개발하여 네트워크를 이용한 동시·통합적인 운용이 가능하도록 기술개발을 추구하고 있다.

미래전에서 무인체계는 유인체계에서의 인명피해를 최소화하거나, 병력이 기피하는 임무, 그리고 정책적으로 운용인력을 절감하여 전장의 운용성 및 전투 효율성을 향상하도록 자율화 및 소형화하고 있다. UAV 등 무인기 체계는 전장환경에 운영이 적합하도록, 장기체공, 실시간에 영상정보획득, 타격, 피해평가가 가능하도록 자율화, 대형 고성능화, 소형 다양화 기술 위주로 개발되고 있다.[22]

정부의 국방과학기술은 "첨단·핵심무기체계를 독자적으로 개발하여 군 전력 증강 및 국가 경제에 기여하는 동시에 국방 기술력 기반을 확충하는 것을 전략목표로 하고 있다. 이를 달성하기 위해 무기체계 분야별 요구되는 능력 확보를 위한 국방과학기술개발을 추진하고 있고, 2017년도에는 북한의 핵미사일 등 대량살상무기(WMD) 위협에 대비하기 위한 3축 전력 유지 발전 등 핵심 전력 강화를 위한 중고도 무인기, 군 정찰위성, 종말단계 상층방어체계 등 관련 기술기획을 중점 추진했으며, 핵심기술기획서를 기반으로 국방 연구개발 전략을 구현하기 위해 하향식 핵심기술 기획과 상향식 기술 소요 공모를 병행하고 있다."[23]라고 국방기술품질원 김찬수 전략기획팀장은 주장하고 있다.

정부는 통상 합참에서 무기체계의 소요가 결정되었거나 소요가 예상되는 체계 중 국내 개발이 예상되는 무기체계에 관련된 핵심기술을 사전에 획득할 수 있도록 응용연구나 시험개발 과제를 도출한다. 그러나 기술발전 속도가 빨라서 기술이 선도하게 될 미래전 무기체계는 "창의적인 기초연구나 집중 육성이

---

22 위의 책, p. 28.

23 위의 책, p. 30.

필요한 선도형 핵심기술 기획을 추진하고 있다. 따라서 4차 산업혁명기술과 관련된 로봇, 자율시스템, 소형화, 빅 데이터 및 무인화 등의 신기술도 국방 분야에 적용할 수 있도록 관련 과제 기획 또한 적극 추진하고 있다. 국방 핵심기술 연구개발에 필요한 예산이 부족하여 그 한계를 극복하기 위해 민간의 연구개발 역량을 적극 활용하도록 개방형 핵심기술기획도 독려하고 있다."[24]고 한 바 있다.

정부에서는 산·학·연이 주관하는 사업을 확대하기 위하여 민간 역량을 국방분야에 보다 적극 활용할 수 있도록 핵심기술과 소프트웨어에 대한 과제를 소요기획단계부터 민간 전문가들의 참여를 확대하고 있다. 무기체계 분야별 첨단핵심기술 확보를 위해 단기적으로는 도약적 우위 전력과 북한의 핵미사일 위협에 대비한 3축 전력과 관련된 핵심기술을 우선적으로 핵심기술기획서에 반영하고, 중장기적으로는 집중 육성이 필요한 중점 투자분야를 선정해서 전략적으로 추진하고 있다.

24 위의 책, p. 30.

연습문제

1. 군사력 건설을 위해 행정적 영역을 담당하는 국방부, 군사적 영역을 담당하는 합동참모본부, 공학적 및 사업관리를 담당하는 방위사업청은 각각 어떤 행정적 절차로 3개의 상이한 특성을 갖는 기관 간의 업무를 협조하고 있는가?

2. 우리가 알고 있는 미사일, 레이더, 소총 등 다양한 무기체계가 전장에서 운용되고 있다. 이러한 무기체계를 운용하여 실질적인 전투력을 발휘하는 데 필요한 요소는?

3. 국가안전 보장을 위해 무엇보다 국력이 강해야 하는데 국력의 구성요소 중 군사력의 역할과 기능을 설명하라.

4. 북한은 2016년 9월 9일 5차 핵실험을 강행하고 핵무기의 표준화, 규격화를 선포했고, 지난 2017년 9월 3일 6차 핵실험을 했다. 각 핵실험별 의미와 이에 따른 대한민국의 대응개념과 군사력 건설을 위한 전력정책에는 어떤 것이 있는가?

제3장

전쟁양상의 변천과 군사혁신에 따른 미래전 무기체계

1. 전쟁양상의 변천

1) 전쟁양상 변화에 대한 다양한 주장

전쟁양상 변천과정에 대해서는 여러 학자들이 다양하게 설명하고 있다. 두푸이(Trevor N. Dupuy)는 무기체계의 발전추세에 따라 근력의 시대, 화학의 시대, 기술발전의 시대 등으로 분류했다. 퀸시 라이트(Quincy Wright)는 전쟁의 역사를 동물, 원시인, 문명인, 현대전쟁의 4단계로 구분했고, 맥닐(William H. McNeill)은 전쟁을 산업화 측면에서 조명했으며, 루퍼트 스미스(Rupert Smith)는 산업전쟁, 냉전, 민간전쟁의 패러다임의 변화로, 맥스 부트(Max Boot)는 화약혁명, 산업혁명, 정보혁명에 의한 변화로 접근했다. 마틴 반 크레벨트(Martin van Creveld)는 과학기술의 변천에 따라 도구, 기계, 시스템, 자동화 시대로 전쟁양상의 변화를 분석했다. 육군사관학교에서는 전쟁양상을 무기체계와 전술의 연계성을 중심으로 〈표 3-1〉과 같이 분류하고 있다.[1]

1 정동윤 외, 『무기체계학』, 청문각, 2014, p.19.

<표 3-1>
무기체계와 전술의 변천 과정

전쟁	무기체계	전술
고대전쟁	제1기 공격용 : 창·칼·화살·투석기 방어용 : 갑주·방패	집단전투, 종대대형
중세전쟁	제2기 화승총·화포	선전투(1차원), 횡대대형 3병전술(보·포·기병 협동작전)
근대전쟁	총검	종대대형, 내선작전
	철도·전신	외선작전
현대전쟁	제3기 기관총·야포	2차원 평면전투, 후티어(Hutier) 돌파전술, 구로(Gouraud) 종심방어
	전차·항공기·잠수함	전격전, 입체전투(3차원)
	제4기 핵폭탄	냉전
	전자무기·회전익항공기	비정규전
	정밀유도무기	공세이전

2) 전쟁양상의 재정립

〈표 3-1〉과 같은 변화과정 중에 전술을 구사하는 공간을 1차원, 2차원, 3차원으로 접근하는 것은 대단히 중요하다. 이러한 공간(Space)의 개념을 갖고 현상을 보면 전쟁양상이 획기적으로 변화하는 것은 새로운 공간에서 전쟁을 수행할 때 나타났다는 것을 알 수 있다. 현대전에서 모든 작전은 지휘통제체계를 이용하기 때문에 작전을 계획하고 수행하는 지휘소 요원에게 전장을 인식시키는 공간은 중요한 의미를 갖는다. 이러한 공간의 의미를 갖고 공통상황도(COP : Common Operational Picture)를 설계했다. 따라서 평면적 상황도를 갖고 지휘관 참모가 활동하던 시대가 지나서 시간의 흐름을 반영하여 TOT(Time on Target)를 표현함으로써 4차원에 대한 인식을 함께할 수 있고 나아가 결심노드를 함께하면서 적시에 결심노드를 마비, 기만, 파괴하려는 노력을 기울이는 것이 현대전 내지 미래전이 지향하는 방향이다. 따라서 〈그림 3-1〉과 같이 전쟁양상은 공간, 전장, 무기체계, 전술, 교리가 변화시킨다. 여기서 표현하고 있는 '공간'은 영어로 'Space', 즉 전쟁이 벌어지는 '영역', 'Domain'으로도 표현이 가능하다. 그 영역은 물리적으로 1차원적 공간이 될 수도 있고, 2차원적인 공간, 3차원적인 공간, 4차원적인 공간 등이 될 수 있다.

먼저 1차원 공간에서 전쟁양상은 선형으로 정지, 전진, 후퇴 등 기동 상태가

공간	1차원 공간	2차원 공간	3차원 공간	4차원 공간	새로운 공간
전장	선형 전장	평면 전장	입체 전장	시 · 공간 전장	사이버 전장
무기체계	창과 방패	기병, 전차	화포 · 미사일 · 항공기 · 잠수함	감시정찰 지휘통제체계	사이버 공격 · 방어 무기체계 핵무기, 심리전 수단
전술	대형전술	우회, 종심기동전	종심화력전	NCW	사이버전, 심리전, 분란전, 핵전
교리		신속결정작전			
			효과기반작전		
					전략적 억제, 4세대전쟁

<그림 3-1> 전쟁양상의 변화

존재하여 단순히 근력에 의해서만 그 상태를 변화시키려고 했다. 따라서 창과 방패라는 단순한 무기로 찔러서 적을 무력화하거나 방패로 창을 막아내고 버티는 일직선상의 전장이 형성되었다. 이와 같은 일선형적 전투기술을 발전시켜서 다수병력에 적용한 대형전술이 등장하여, 근력을 가진 병력이 대형을 갖추고 다수의 힘을 모아 충격력으로 밀고 밀리는 일선형적 전투를 수행했던 시대이다.

2차원 공간에서 전쟁양상은 평면적 특성을 갖고 있어 1차원 일선형 전투를 수행하는 전장에서 강한 곳은 피하고 약한 곳으로 우회하여 종심에 위치한 목표를 확보하는 기동전술이 등장한다. 이때 몽고의 기병부대나 제2차 세계대전 시 전차부대 운용을 보면 대규모 기동성이 높은 부대를 전선에 고착시켜 밀고 당기는 전쟁이 아니고 측 후방으로 취약한 전선을 돌파나 우회하여 종심 깊게 신속히 대규모 기동으로 적 중심을 공격하여 전쟁을 조기 종결하는 방법의 전쟁을 기획하여 전쟁양상을 변화시켰다. 이때 발생된 기동전 교리는 이후 3차원 전장이나 4차원 전장에서도 신속결정작전(RDO : Rapid Decision Operation) 교리에 적용되고 있다. 새로운 차원의 전쟁에서도 신속한 기동으로 적이 결심하여 대비하기 전에 목표를 확보하거나 달성하는 전쟁의 방식이 주로 꾸준히 수행되고 있다.

3차원 공간에서 전쟁은 입체 전장으로 평면상에서 전선을 형성한 부대나 종심기동부대 이외에 강력하고 다양한 화포나, 미사일, 전투기 등에 의한 종심표적 타격과 잠수함에 의한 수중 기동을 통한 기습적인 미사일 타격으로 종심표적 타격이나 확보 전술이 등장함에 따라 종전에 종심기동전 중심의 전쟁양상의 변화를 초래했다. 이때 기여하는 주요 무기체계는 화포, 미사일, 전투기, 잠수함 등이다.

4차원 공간에서 전쟁양상은 분산된 전투수단을 시간과 공간에 의한 집중을 통해 전투효과를 달성하는 형태로 주로 감시정찰전력과 지휘통제체계의 발달로 가능해졌으며, 3차원 공간에 사용되는 미사일, 전투기 등을 동시에 표적에 집중하면서 접촉된 부대와 마찰 없이 전쟁의 목표를 달성하는 등, 큰 효과를 달성할 수 있다는 강점이 있다. 이러한 전쟁이 네트워크중심전(NCW) 교리로 발전했다. 효과기반작전(EBO : Effects-Based Operations)은 3차원 전장에서 화포, 미사일, 전투기 등 화력기능이 강력하게 발전함에 따라 등장한 교리지만 4차원 전장과 새로운 전장에서도 화력수단의 효과적인 운용은 궁극적으로 지향하는 목표가 같아서, 동일하게 발전하고 있으며 새로운 교리는 물리적, 비물리적 타격으로 인한 적대국의 건전한 지휘통제기능을 효과적으로 마비시키거나 보호하는 방식으로 진화하고 있다.

이후의 전쟁양상은 심리적 공간으로 이해할 수 있다. 제2차 세계대전 이후 등장한 핵무기는 보유만으로도 전쟁을 회피할 수 있는 강력한 수단이 되고 있다. 제2차 세계대전 이후 핵무기를 보유한 국가는 직접적인 전쟁에 휘말린 적이 없다. 그리고 사이버전, 분란전 혹은 심리전의 형태로 상대국의 전쟁상황에 대한 인식이나 의지를 마비시켜서 효과적인 군사 대응을 하지 못하게 함으로써 자국의 정치적 목적을 달성하는 형태로 진화하고 있다. 교리는 핵무기에 의한 억제전략이나 사이버전 및 심리전, 분란전 등 4세대 전쟁 수행 교리로 발전하고 있다.

2. 전쟁양상을 변화시킨 무기체계

1) 창과 방패

인류 최초의 전쟁은 근력 중심의 격투에서 창과 방패라는 도구를 개발하여

<그림 3-2>
창과 방패에 의한 대형 전술

수단을 이용한 전쟁으로 이어졌다. 이때 땅과 곡식을 지키기 위해 지역을 보호하는 형태로 방어를 수행하는 측면에서는 지형을 양보할 수 없고 공자 입장에서는 곡식이 있는 지형으로 나아가야 하는 상황이 되어 밀고 당기는 일선형의 전투를 수행했다. 이후 개인이 아니고 종족 단위로 다수 인원이 〈그림 3-2〉와 같은 대형을 중심으로 하는 전쟁을 수행했다. 이것이 1차원 공간, 즉 직선을 기준으로 밀고 당기는 충격력에 의한 전투나 창칼과 방패에 의한 근접전투 중심의 전쟁이다. [2,3]

역사가 존재하는 고대 그리스, 로마 전쟁을 살펴보면 〈그림 3-3〉[4,5,6]과 같은 전쟁사례를 찾을 수 있다. 로마군의 대형은 1개의 센추리아(Centuria)는 80명의 병사로 편성되고 그 상급제대인 코호트(Cohort)는 6개 센추리아로 편성된다. 그 상급제대인 레지온(Legion)은 6개 코호트로 편성되어 약 4,800명의 병사가 편성되며 거기에 경보병(Light Troops), 기병(Cavalry), 예비로 편성되어 약 5,500명 정도의 병사로 구성되었다. 그런데 이때 기병의 역할은 창을 사용하는 대형 내부에 위치한 병사들의 측방을 보호하는 정도의 임무만 수행했다. BC 490년 그리스와 페르시아의 마라톤 전투에서 지형여건을 활용하여 창과 방패로 무장하고 대형전술을 이용하여 포위를 달성한 성공적인 전투였다. 기원전 333년 이수스 전투는 마케도니아 알렉산더 대왕이 페르시아를 약 4:1의 수적 열세에도 불구하고 공격하여 격퇴시킨 전투로 기병대를 직접 지휘하여 대형

---

2 https://en.wikipedia.org/wiki/Sarissa

3 https://www.historynet.com/macedonian-sarissa-spartan-hunting-spear-of-philip-ii.htm

4 https://upload.wikimedia.org/wikipedia/commons/1/1f/Legion_Task_ORG.png

5 https://ko.wikipedia.org/wiki/%EC%9D%B4%EC%86%8C%EC%8A%A4_%EC%A0%84%ED%88%AC#/media/파일:Battle_issus_decisive.png

6 https://www.westpoint.edu/academics/academic-departments/history/ancient-war

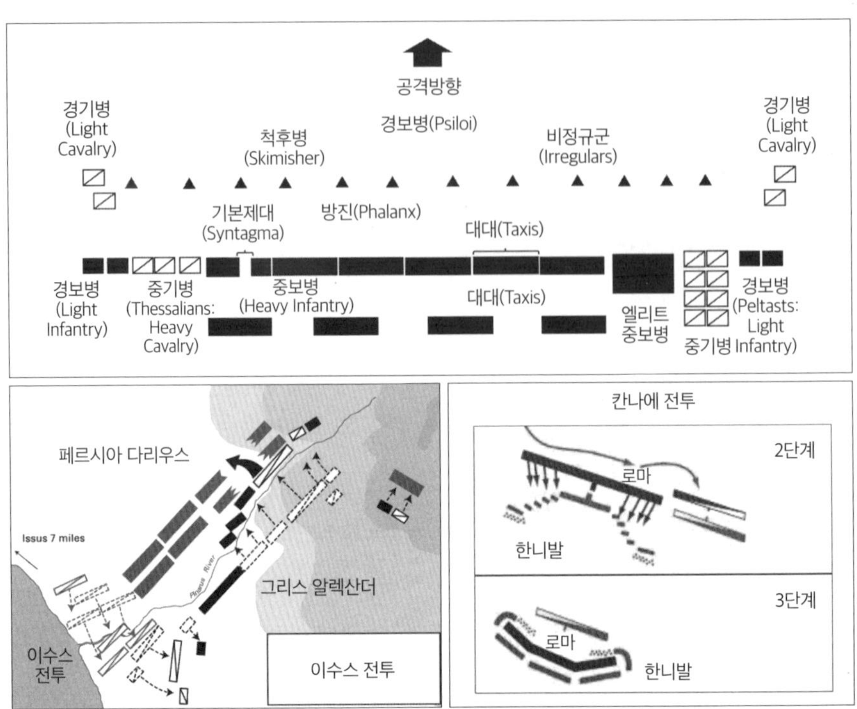

<그림 3-3>
충격력을 위한 대형전술과 기동전의 태동

의 우측을 공격하고 잔여 기병은 좌측에 배치하고 중앙에 팔랑스를 배치했다. 팔랑스는 고대 그리스에 사용했던 전투대형으로, 현대에 들어 이 이름을 사용하는 무기체계가 등장했지만 여기서는 전투대형을 의미한다. 페르시아의 좌측을 돌파하여 후미와 우익을 공격하는 포위 섬멸작전을 성공시켰다. 칸네 전투에서 로마는 주력인 중장보병을 중심으로 대형을 전개했고, 카르타고 한니발은 경보병과 중장보병으로 정면에서 지연전을 통해 적 주력을 유인하고 동시에 우세한 기병대로 로마군의 측면을 보호하는 기병을 단시간에 격퇴하자 양익으로 펼쳐진 용병대를 패주 신호로 착각하고 예비를 투입한 로마군을 좌우 기병대로 포위한 카르타고군은 수적 열세에도 불구하고 포위섬멸을 달성한다.

2) 전차

말[馬]을 탄 병력이 대형을 갖춘 적을 우회하여 후방 종심을 공격하는 기술이 발전하기 시작했고 몽고의 경우 뛰어난 기마전술을 이용하여 유럽대륙을 공

<그림 3-4>
전차의 등장

포에 몰아넣었다. 당시 1차원 공간의 전투만 구상하던 유럽지역의 군사들로서는 새로운 차원의 전쟁을 강요당했기 때문에 몽고군은 '보이지 않는 손(Invisible Hand)'처럼 느껴져 공포심이 배가되었다.

이후 제2차 세계대전에서는 마지노선을 설치하고 1차원적 방어를 시도하던 프랑스군에 대해 독일군이 〈그림 3-4〉와 같은 전차를 이용한 전격전으로 우회, 종심기동에 의한 새로운 전술을 적용함에 따라 전쟁양상을 변화시켰다.[7] 전차 중심의 전격전은 폭격기로 적의 항공세력과 지휘통제체계 등을 자난하고 공수부대를 적지종심지역에 투입하여 주요 통로를 확보 후, 전선 후방에서 포병 화력을 집중하고, 전차 중심의 기갑사단으로 적 방어선을 돌파하고 공중기동부대와 연결했다. 첨단 기갑부대가 공격할 때 보병사단은 후방에 잔류한 잔적을 격멸하고 도시를 점령했다. 기동의 주체가 보병과 기병에서 전차, 장갑차, 항공기로 변경되었다. 여기서 등장하는 대규모 전차부대는 제1차 세계대전 때 구상했던 슐리펜 계획과 같은 종심기동 전술교리를 적용하여 적을 마비시킴으로써 프랑스군에게는 '보이지 않는 손'의 효과를 달성할 수 있었던 것이다.

3) 화포와 미사일

현존 기록으로 가장 오래된 화포는 영국 월터 드 마일미트가 1326년 발표한

7 https://commons.wikimedia.org/wiki/File:PzKpfwIIBack.jpg

<그림 3-5>
화포

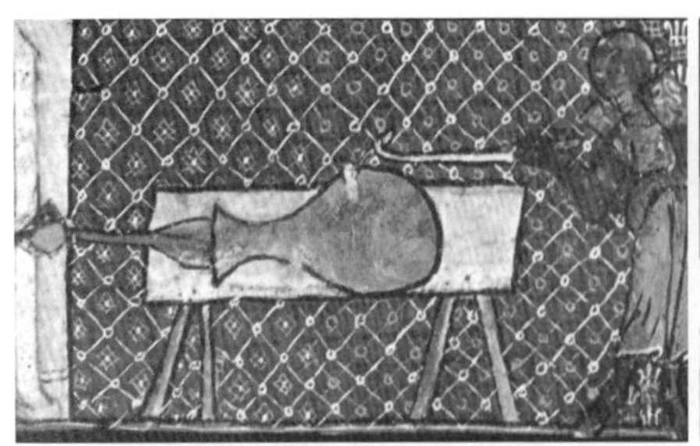
1326년 논문 삽화의 유럽최초 대포

1593년 임진왜란 행주대첩 화차

1592년 임진왜란 경주 수복 시 비격진천뢰

1942년 제2차 세계대전 독일 열차포

논문 삽화로 확인된 다음의 〈그림 3-5〉처럼 좌측 첫째 사진과 같이 긴 책상위에 석궁 같은 형태로 포수가 달군 막대를 점화 구멍을 통해 화약에 불을 붙여 발사하는 방식인데 무게 410kg, 길이 135cm, 직경 90cm, 포구직경 40cm 정도 된다. 사거리는 대략 180m 정도로 추정되며 명중률은 낮고 피아 모두에게 피해를 주었던 것으로 추정된다.[8]

우리는 1593년 임진왜란 행주대첩에서 권율장군이 이끄는 9천여 명의 관군과 의병으로 3만여 명의 왜군을 격퇴시킬 당시 〈그림 3-5〉의 조선군의 화차[9]와 1592년 박진이 개발하여 경주 수복 시 사용한 비격진천뢰[10]가 전승에 기여했다.

〈그림 3-5〉에 있는 1942년 2월 독일의 열차포 부대가 크림반도로 이동하여 세바스토폴 포위 공격에 투입되었다.[11] 5월부터 발사 준비하여 25km에 위치

8 https://www.laculturegenerale.com/11-inventions-ont-change-monde/
9 https://upload.wikimedia.org/wikipedia/commons/9/9a/Hwacha-Shinkigeon_Style2.jpg
10 https://ko.wikipedia.org/wiki/%EB%B9%84%EA%B2%A9%EC%A7%84%EC%B2%9C%EB%A2%B0
11 https://en.wikipedia.org/wiki/Railway_gun#/media/File:French_Railway_Gun_27627u.jpg

<그림 3-6>
미사일 및 정밀유도무기

한 해안포와 스탈린 및 몰로토프 요새, 세베르나야 만의 수중 지하 10m 강화 콘크리트 저장고 등을 공격한 결과 저장고가 파괴되고 정박 중인 선박을 격침시켰다. 시베리아 및 막심 고리키 요새와 그 내부 해안포 등 총 3만 톤의 포탄을 사격하여 도시를 초토화시켰으나 48발을 사격한 이후 포신이 마모되어 사용이 불가능하게 되었다. 화포는 정확한 시점을 알 수 없을 정도로 오랜 기간 성능을 향상시켜왔으며 최근 우리는 155mm 구경을 갖는 K-9 자주포를 개발하고 효과적인 운용을 위해 각종 전투지휘체계를 발전시켜 전력화하고 있다.

이후 장거리 주요 표적에 대한 타격을 위해 〈그림 3-6〉과 같이 지상, 해상, 수중, 공중 등 다양한 플랫폼에서 발사되는 미사일 개발에 더욱 노력을 기울이게 되었다.[12]

현대전에서 미사일은 핵심무기체계로 그 원조는 1943년 제2차 세계대전 중 독일에서 V-1이라는 현재의 순항미사일을 최초로 개발하면서 시작되었다. 작전반경은 약 240km로 램프에서 발사하거나 개조된 폭격기에서 투하하는 형

12 https://missilethreat.csis.org/missile/jassm/, https://missilethreat.csis.org/missile/harpoon/, https://missilethreat.csis.org/missile minuteman-ii/, https://missilethreat.csis.org/missile/mgm-31b-pershing-2/, https://missilethreat.csis.org/missile/atacms/

태였다. 내장된 비행거리 기록장치와 관성항법장치에 의한 비교를 통해 유도되어 표적을 급강하 공격하는 형태로 1944년 6월부터 영국에 1만 발 이상을 사격했으나 그중 3,531발만 실제 피해를 입혔다. 나머지 V-1은 고장이나, 요격되어 추락했으며 공격으로 인한 사망자는 6,184명이고 18,000명이 부상을 당했다. 상대적으로 저렴한 비용과 영국 공군 운용을 제한하는 효과를 달성할 수 있었다. 따라서 항공폭격을 하는 경우 지역폭격을 선호하여 융단폭격으로 지역을 초토화하는 전술을 구사하다가 월남전에서 베트남 민간인이 미군에게 학살당하는 장면이 언론매체를 통해 전파되면서 반전여론에 영향을 미쳤다. 이때 목표물만을 파괴하는 정밀폭격 능력이 요구되어 Paveway LGB(Laser Guided Bomb)가 개발되었는데 레이저로 표적을 조준한 상태에서 폭탄을 투하하여 유도하는 체계로 되어 있다. 현대전에 진입하면서 미사일을 포함한 정밀유도무기(PGM : Precision Guided Missile)의 비중이 〈표 3-2〉와 같이 점차로 증대되었다.

<표 3-2>
현대전에 사용된 PGM 비율

전쟁	걸프('90~'91)	코소보('99.3~6)	아프간('01~'14)	이라크('03~'11)
PGM 비율	7%	35%	56%	68%

제2차 세계대전 당시 취약했던 명중 정확도가 점차 향상되어 그 비중이 걸프전부터 이라크전까지 점진적으로 증가되면서 효과기반작전을 지향하고 있다. 미사일 유도기술이 과학기술 발전과 함께 고도로 정밀화됨에 따라 그동안 교리적으로 추구하던 효과기반작전이 점차 가능하게 되었다. 현대전 기간 중에 선을 보인 탄도미사일과 순항미사일은 그 정확도가 증가하여 미사일 운용량에 비해 높은 성과를 달성했다.

4) 항공기

현대전에서 항공기의 등장은 3차원 전쟁의 진수를 보여주었다. 인간이 최초로 하늘을 날게 된 것은 1783년 열기구가 발명 되면서부터다. 이때부터 사람들은 하늘을 날 수 있다는 희망을 갖게 되었다. 동력을 이용한 비행기는 1903년 라이트 형제가 발명했는데 첫 비행은 불과 12초간 이루어졌다. 군사적으로 사용된 것은 제1차 세계대전에서 최초로 정찰과 포병관측 목적으로 사용되었고 이후 권총, 소총, 기관총 등을 항공기에 설치하여 원시적인 형태의 공중전을 수행하기도 했다. 그뿐만 아니라 수류탄이나 폭탄을 달고 적 지역을 폭격하기도 하고 심지어 적의 도시에 폭격을 통해 충격을 주기도 했다. 제2차 세계대전에서는 방공무기가 있었지만 높은 고도에서 고속으로 나는 항공기를 대공포로 요격하기 어렵기 때문에 주로 전투기를 이용하여 방공임무를 수행했다. 폭격기는 산업시설과 도시를 폭격하는 것이 주요 임무였으며 다량의 폭탄을 탑재해야 하므로 전투기보다 더 크고 둔중했다. 따라서 폭격기 자체만으로는 적 전투기에 피격당할 위험이 컸기 때문에 항상 호위전투기를 대동하고 작전을 수행했다. 당시 제트 전투기들이 기관총을 주무기로 사용했는데 1958년도 대만 금문도 상공에서 중공의 Mig-17과 대만의 F-86세이버 전투기 간 교전에서 공대공 미사일을 장착한 F-86에 의해 29대의 Mig-17이 격추되었으며 F-86에 대한 피해는 전무했다. 그러나 베트남전에서 미국의 F-4팬텀은 기관총 없이 공대공 미사일 위주로 장착하여 기관총을 장착하고 기동성이 상대적으로 좋은 MIG-21로 제한된 수량의 미사일 사격을 회피하고 기관총 사격을 가하는 MIG기와 최악의 공중전을 수행하기도 했다. 방공무기의 발달로 U-2가 피격당하자 SR-71 신형 정찰기 개발과 병행하여 F-117A스텔스 전폭기를 개발했다. 1984년도에 생산하여 6년 후 걸프전에 실전 투입하여 역량을 발휘했다. 사막의 폭풍작전 동안에 40여 대로 이라크 주요 표적의 80% 이상을 파괴했고 미군이 설정한 중요 목표물의 40% 이상을 파괴했다. 그동안 1대도 격추되지 않았고 1발의 총알을 맞지도 않아 그 능력을 인정받았다. 코소보작전에 투입된 F-117A 1대가 적 대공화기에 격추당한 사례가 있는데 내부 무기격실을 개방하면 레이더 전자파가 반사되어 감지되어 격추당했다는 추정을 한 적이 있었으나 그 이후 피격된 F-117A는 없었다. 그러나 2008년부터 F-117A를 도태시키고 B-2, F-22 등 새로운 스텔스기가 등장했다. 항공기의 다양한 무장능력은 공중공격능력을 급격하게 발전시켰다.[13] 전반적으로 항공기는 꾸준한 발전을 지속하고 있고 항공력이 우세하지 못하면 3차원 전쟁 수행이 곤란한 상황이 되었다.

13 https://www.aereo.jor.br/wp-content/uploads/2009/10/Super-Hornet-Weapons.jpg

5) 잠수함

잠수함은 수중, 즉 3차원 공간에서 전투를 수행할 수 있는 무기체계로 수중에서 물체를 탐지할 수 있는 기술개발 한계로 인해 수중에서 탐지가 어려움에 따라 뛰어난 은닉성을 갖고 있는 무기체계로 약 50m에서 170m가 되는 크기를 갖고 있다. 일반적으로 추진동력에는 디젤엔진을 많이 사용하는 편이지만 전략탄도미사일을 탑재하는 잠수함은 원자력 엔진을 사용하여 약 6개월 정도 잠항능력을 갖추고 있다. 잠수함은 기본적으로 어뢰로 함정을 공격하는 기능을 갖고 있으며 차차 잠대지 미사일을 탑재하여 수중에서 지상표적을 공격할 수 있는 능력을 갖추게 되었다. 이같이 장시간 잠항에 따른 은닉성과 지상표적 공격능력을 갖춘 잠수함은 3차원 전력의 의미 이상으로 생존하여 응징보복하는 대표적인 전략무기체계이다.

6) 감시정찰 및 지휘통제무기체계

네트워크중심전(NCW)은 분산 배치된 모든 전투요소를 네트워크로 연결함으로써 취약성을 감소시키면서도 화력을 적시에 집중하여 동시성과 통합성을 달성하는 전쟁양상을 의미한다. 정보기술이 이와 같은 전쟁양상을 가능케 했다. 미국과 연합군은 시리아 공격을 수행할 때 네트워크 중심전 수행능력을 갖추었기 때문에 항공기, 구축함, 잠수함 등에서 토마호크 순항미사일을 레바논에 있는 표적에 대해 효과적으로 운용을 할 수 있었다.[14] 더욱이 감시정찰 정보를 네트워크 중심으로 수집하여 적시에 순항미사일을 사격하여 표적을 제압할 수 있었기 때문인데 감시정찰정보(ISR : Intelligence, Surveillance and Reconnaissance)전력은 정확하게 적상황을 파악하고 적시에 통합된 작전수행이 가능하게 해준다. 즉, 생존을 위해서 혹은 다양한 작전을 위해 분산되어 배치된 무기체계를 동시에 표적에 집중하는 TOT(Time on Target)가 가능하게 해준다. 종전에는 전투력을 필요한 시간에 집중하기 어려워 기동부대를 특정 목표에 집중하기 위해 지상에서 신속한 종심 기동에 전적으로 의존하여 결정적인

---

14 https://news.v.daum.net/v/20130830024243454?f=p

작전을 수행했으나, 첨단 C4ISR전력은 요망하는 효과 달성을 위해 분산 배치된 전력을 요구하는 시간에 요구되는 지점에 타격할 수 있는 능력을 갖추게 되어 동일한 집중의 효과를 달성할 수 있게 되었다.

7) 핵무기

핵무기의 경우 잘 알려진 바와 같이 제2차 세계대전 중 일본의 히로시마와 나가사키에 투하된 2발의 원자폭탄이 전장에 사용된 최초이자 마지막 핵무기였다. 1945년 8월 6일 히로시마에 투하된 최초 원자폭탄은 포신형 60kg의 우라늄 235를 탑재한 폭탄 리틀보이로 TNT 기준 약 13KT 위력을 가졌다. 측풍으로 인해 최초 조준점(아이오이 교량)에서 240m 정도 이격된 히로시마 외과병원의 580m 상공에서 폭발하여 1.6km 반경 이내 모든 물체를 파괴하고 11km^2 범위에 화재를 발생시켰다. 도시의 12km^{2}가 파괴되어 건물의 약 70%가 파괴되었다. 히로시마 인구 중 약 7~8만 명, 약 30%가 원폭 투하 시 즉사하고 7만여 명이 부상당했다. 이어 8월 9일 나가사키에 투하된 팻맨은 6.4kg의 플루토늄 239 폭탄인데 TNT 약 21KT의 위력으로 미쓰비시 어뢰 생산 공장 사이에 투하되었다. 본래 타격지점에서 북·서쪽으로 거의 3킬로미터 떨어진 우라카미 계곡에 투하되어 나가사키 주요 지역은 높은 지형에 의한 차단으로 피해가 적었다. 폭발지점 순간온도는 3,900℃, 마하 0.8의 후폭풍이 발생했다. 약 4만~7만 5천 명이 즉사했다.[15]

일본 천황이 8월 12일 항복 의사를 밝힌 후 8월 14일 연합군 측에 항복 의사를 전달하고 방송했으며 포츠담선언에 서명할 것을 수락함으로써 9월 2일 서명식을 가졌다.[16] 이와 같이 원자폭탄은 단 2발만으로도 방대한 세력과 기세를 한 번에 항복 받을 수 있는 무기체계이다. 이러한 무기체계의 등장은 종전의 전쟁을 구상하던 전략과 전술의 막대한 변화를 초래하게 되었다. 보이지 않는 역학관계를 형성하고 새로운 국제질서를 탄생시켰다. 그 의미는 실제 전쟁에 사용하지 않고 보유 자체만으로도 전쟁을 억제할 수 있는 효과를 갖게 된 것이다. 최초 항공기에서 투하하는 폭탄형태의 투발체계에서 지대지미사일 형태인

---

15 https://ko.wikipedia.org/ 히로시마·나가사키 원자폭탄 투하 검색

16 중앙일보, "70년 전 히로히토 일왕 항복 선언 방송 들어보니……"(수정입력 2015.08.03 00:10)

대륙간 탄도미사일과 잠수함에서 발사하는 잠수함발사 탄도미사일을 포함하는 3축으로 발전했고 냉전시기 미국과 소련 간의 군비경쟁을 통해 3축은 고도로 발전하여 현대 핵전략은 억제전략의 근간을 이루고 있다.

3. 군사혁신에 따른 미래전 양상

'미래전은 어떻게 이루어질 것인가?'라는 의문에 답하기 위해서는 현재 주요 국가들이 어떻게 변화하고 개선하려고 하는지를 알아보는 것이 중요하다. 군사혁신은 〈그림 3-7〉과 같이 군사과학기술이 발전하면, 그 기술을 이용하여 무기체계의 혁신을 달성한다. 여기에 따라 조직편성에 변화가 발생하고, 새로운 작전운영개념의 혁신이 이루어짐으로써 전투효과를 극대화하게 되어 전쟁이 발발하면 전승을 보장하는 관계성을 갖고 있기 때문에 이런 연계성에 주목하여 연구를 하고 있다. 군사혁신 개념은 군사기술혁명에 대한 논의의 연장선상에 있다고 평가하고 있다. 이러한 주장은 1970~1980년대에 이스라엘의 크레벨드 혹은 구소련의 슬립첸코와 같은 군사이론가들에 의해 처음으로 제기되어 새로운 지휘통제체계와 장거리정밀유도무기를 효과적으로 결합하고, 하나의 정찰-타격 복합체계를 형성하며, 종래의 전쟁방식을 구식으로 만들어 전쟁이 발발하면 혁신을 주도한 국가가 압도적으로 우위를 달성하려는 노력이었다.

이러한 노력이 최근 들어 많은 관심을 모으게 되는 이유는 과학기술의 발달이 급속해짐에 따라 국가별 군사혁신 경쟁이 더욱 커지기 때문이다. 4차 산업혁명은 지금까지 상상하지 못했던 전쟁상황이 조성될 수 있어서 더욱 중요한 의미를 갖는다고 할 수 있다. 새로운 무기체계가 개발되면 과거에 불가능했던

<그림 3-7>
군사변혁 패러다임

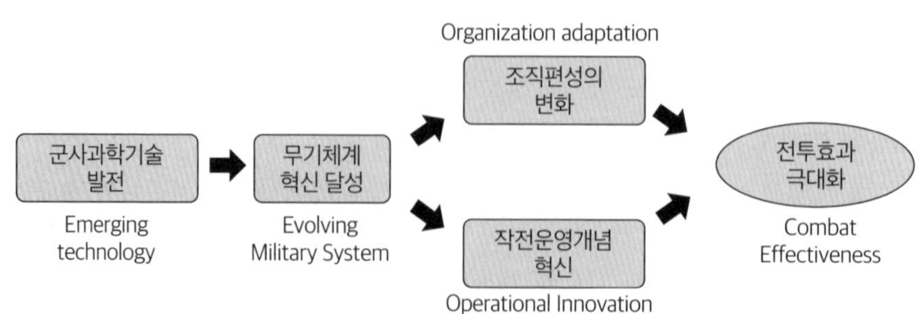

작전개념을 구현할 수 있게 되고, 핵무기의 등장은 기존의 전쟁개념을 단절시켰다. 그뿐만 아니라 정보기술 혁명에 의한 디지털 전쟁개념을 등장시켰다. 이처럼 군사과학기술의 발전은 전쟁환경 변혁의 주요 원인이 되었다. 이렇게 과학기술의 발전이 전쟁양상의 변화에 미치는 영향 분석에 관한 연구는 이스라엘 군사 이론가인 마틴 반 크레벨드(Martin Levi van Creveld)가 과학기술적 측면에서 문명의 발달을 4단계로 구분하고 단계별 전쟁양상의 변화를 거시적으로 개관한 부분에 잘 나타나 있다. 제1단계는 도구의 시대(the Age of Tools)로 선사시대부터 AD 15C까지 돌, 청동, 철 등을 이용한 도구를 인력과 동물 근육 에너지를 무기로 사용하여 백병전 형태의 전술을 구사하던 단계로 구분했다. 제2단계는 기계의 시대(the Age of Machine)로 AD 15C 르네상스시대부터 1830년 산업혁명 완료시기까지 화약·총포의 발명과 기계의 힘으로 대량생산에 따라 사회적으로는 근대적 국민국가가 탄생하고, 프랑스 혁명으로 시민군이 탄생한 시대다. 보병·포병·기병 등 제병종의 통합이 이루어지고 군단과 일반참모제도가 등장하고, 징병에 의한 대규모 시민군을 조직하며, 군수지원체계가 정립되고 전쟁방식에 대변혁이 일어난 단계다. 제3단계는 시스템의 시대(the Age of Systems)로 1830년부터 1945년 제2차 세계대전 종전 시까지로 철도와 전신으로 사회가 통합되고, 기술혁신으로 기계화가 이루어지며, 항공기, 규합이 발전하여 전술적으로 지상, 해상, 공중에서 입체적인 군사작전이 가능한 단계로 구분했다. 제4단계 자동화 시대(the Age of Automation)는 1945년부터 현재까지로 핵무기가 출현하고 사회는 인간의 생산활동이 컴퓨터에 의해 수행·통제되어, 모든 전쟁에서 다양한 기능들이 컴퓨터로 종합되고 정확성이 증가한 단계로 구분했다. 한편 러시아 블라디미르 슬립첸코(Vladimir I. Slipchenko) 장군은 인류사의 전쟁양상을 무기체계 변화에 따라 크레벨드의 1단계와 4단계를 좀 더 세분화하여 6가지 형태로 대별하여 제시했다. 사회·경제적 환경에 따라 추구하는 가치가 결정되고, 가치를 쟁취하기 위한 무력충돌로 전쟁발생 시 사회·경제적 환경은 전쟁발생 원인과 수단에 영향을 미친다고 했다. 지식과 정보가 중심이 되는 사회로 전망하며, 토플러는 정보혁명에 따른 제3의 물결에 따른 정보화 사회로, 다니엘 벨은 기술혁명에 따른 지능화 사회로, 피터 드러커는 경영혁명에 따른 신지식 사회로, 폴 케네디는 신산업혁명에 따른 후기산업 사회로 선언하여 정보혁명시대의 현재와 미래 사회적, 경제적 환경으로 전망했다.

미래 사회학자의 공통적 견해를 보면, 21세기는 정보통신기술 혁신에 의한 정보화 사회, 지식과 정보가 핵심이고 계층적 구조가 약화되며 국가경계가 붕괴되어 9.11테러처럼 범지구 네트워크에 의한 공격이 가능하다. 계층적 조직의 효율성이 저하되어 도태되고 다원적 소규모 분권화 조직이 증가하고 있다. 경제적 측면에서 지식정보화 사회가 도래되어 탈 대량화 · 집중화 · 세계화 현상이 가속된다고 보았다. 정치적 측면에서는 탈 이데올로기, 국가권력의 약화, 다원화, 분권화, 개인화가 심화되고 있다고 보았다. 제3의 물결에서 전쟁양상은 전장상황과 표적정보 타격체계에 전송능력을 갖춰, 피해판정결과 추가공격을 판단하는 등, 데이터와 정밀타격전력을 결합, 타격임무를 수행함으로써 지식이 파괴의 핵심자원이 되어 전쟁 승 · 패의 결정요인이 될 것으로 보았다. 정밀유도무기로 인해 전쟁지휘부나 핵심시설 선별타격이 가능하고, 아프간전에서는 걸프전 대비 폭탄 사용량이 현저히 감소했다. 정밀유도무기가 8%에서 56%의 비중이 증가되어 파괴의 탈 대량화를 달성했다. 미래 무기체계나 장비활용을 위해서는 지식전사가 될 수 있는 적합한 교육훈련이 필요하다. 전장가시화와 정보공유를 통해 작전수행의 기민성과 빠른 템포를 갖게 되었고, 소규모 분산운용이 필요하며 다점다방면에 대해 집중 공격하는 비선형 스와밍전 능력을 보유하여 규모는 작지만, 독립적이면서 융통성이 향상된 군 조직을 갖게 될 것이다. 또한 각종 전투력을 발휘하는 단일시스템을 관리하기 위한 의사결정에 대한 상대적인 속도가 증가되었다. 이러한 군사혁신의 일반적인 추세와 함께 대한민국 주변의 주요 선진국의 군사혁신 추세를 통해 미래전 양상을 예측해 볼 수 있다.

4. 주요 국가의 군사혁신 추세

1) 미국

(1) 6대 작전목표의 설정

미국은 네트워크중심전하에서의 합동성 강화를 통한 효과중심작전수행능력을 추구하고 있다. 2001년 9월 1일 미국 뉴욕의 110층짜리 세계무역센터

건물에서 민간항공기 납치 자살테러 사건이 발생한 이후 미국방성에서 국가안보전략 변경시 혹은 주기적으로 작성하는 4년 주기 국방검토보고서(QDR: Quadrennial Defense Review)에서 군사혁신의 획기적인 변화를 시도하기 위해 다음과 같은 6대 작전목표를 설정하여 효과적이고 지속적인 군사변혁 추진 중심축을 제시했다. 첫째, 국방차원에서 핵심작전기지를 보호하는 목표는 중요한 군사기지의 생존성에 완전성을 기한다는 능력목표의 설정이다. 둘째, 적 대량살상무기와 운반수단을 파괴하는 것은 위협 대상국 중에 이러한 요소를 표적화하고 타격능력을 갖춘다는 개념으로 능력기반 획득에 있어서 중요한 목표를 제공한다. 셋째, 미국 군사력의 접근 및 이용이 거부된 상황하에서도 장거리 투사능력을 확보한다는 의미는 전 세계 어디든 전력의 투사능력을 갖춘다는 목표가 된다. 넷째, 테러를 포함한 어떤 위협요소도 감시정찰 및 타격능력을 갖추어 은신할 수 없도록 하는 능력을 의미한다. 다섯째, 네트워크중심전 수행이 가능하도록 감시정찰 및 지휘통제 무기체계와 타격 무기체계의 상호운용성을 보장한다는 목표를 의미한다. 여섯째, 우주체계 능력과 우주자산의 생존성은 위성 등 우주 플랫폼을 이용한 탄도미사일 격추체계 등을 보호하고 GPS 등 정밀타격체계에 제공되는 우주기반 PNT(Positioning, Navigation & Timing)체계가 위협 대상국이 교란, 파괴 등을 하지 못하도록 생존성을 보장하는 능력을 선정했다.

(2) 6대 작전목표 달성을 위한 4대 중점사항

첫째는 합동작전능력 강화에 두었다. 합동개념과 구상을 개발하고, 합동성과 상호운용성을 강화하기 위해 먼저 상비합동군본부(SJFHQ : Standing Joint Force Headquarters)의 구성을 위한 표준작전절차를 수립한다. 합동군은 지상, 해상, 공중 등에서 진행되는 작전상황에 대한 공통적 인식을 공유할 수 있도록 공통작전상황도(COP)를 개발한다. 또한 감시타격체계를 개발하고 C4ISR체계와 연동된 합동작전계획을 수립하고, 연합훈련을 강화하는 데 중점을 두었다. 신속결정작전(RDO)과 효과기반작전(EBO)이 가능하도록 네트워크중심작전환경(NCOE : Network Centric Operational Environment)을 조성함으로써 네트워크중심전(NCW)을 준비하는 데 중점을 두고자 했다. 둘째는 정보우위의 확보 및 활용이다. 정보우위를 확보하고 활용한다는 중점에는 적이 보유한 중요정보자산에 대해 식별하고 판독하기 위한 정보체계를 구축하고, 신속결정작전(RDO)과 효과기반작전(EBO)을 위해 정보우위의 작전을 수행한다는 중점이다. 셋째는 변혁지원을 위한 전투실험 및 합동실험을 통한 정책결정이다. 군사혁신 등 변혁을 지원하기 위한 전투실험이나 합동실험으로 정책을 결정하는 방법론을 제기하고 있다.

넷째는 제도와 절차를 보완·발전시켜서 군사변혁능력을 개발하는 것이다. 제도와 절차를 보완하고 발전시켜 군사변혁 목표에서 지향하는 능력을 개발할 수 있도록 하는 개념으로 신삼축체계를 총괄하는 제도와 절차개선을 예고하고 있다.

(3) 1차 상쇄전략

미국에서 국방전략을 수립한 것은 1953년 아이젠하워의 New Look 정책에 소련 재래식 전력의 양적 우위 상황과 미군 병력 감축 상황에 대비하여 핵 탄도미사일, 전략핵잠수함, 전략핵폭격기 3축(Triad)으로 군사적 우위를 달성한다는 전략으로 제2차 세계대전과 한국전쟁을 마친 후 냉전체제 하의 억제전략이다.

(4) 2차 상쇄전략

1970년대 브라운 장관 주도하에 소련 핵능력의 양적 우위 달성 노력에 대응하여 첨단과학기술 능력으로 우위를 달성하겠다는 전략이다. 베트남 전쟁 이후 국방비 지출은 감소했다. 바르샤바조약 군의 규모는 NATO군보다 3배 커서 미 국방부는 이에 상응하는 부대확장이 필요하나 재원이 부족하여 미국에 대한 적성국의 우위를 상쇄하고 유럽에서 억제력의 안정을 회복하기 위한 기술적 수단을 도출한 것이 "상쇄(Offset)전략"이다. 새로운 정보 및 감시정찰 플랫폼, 정밀유도무기체계 개선, 스텔스기술, 우주기반 군사통신·항법을 강조했다. 이런 계기는 DARPA의 부품기술 및 체계에 대한 장기 연구개발계획에 반영되어 추진했다. 이때 전력화된 주요 무기체계는 E-2, F-117 스텔스전투기와 그 부수장비, 첨단정밀유도탄약, GPS 및 위치정보체계를 통해 감시할 수 있는 AWACS도 반영되었다. 정찰, 통신, 전장관리 기능은 미군이 소련군에게 상쇄(Offset)전략 기술을 사용한 적이 없었으나, 사막의 폭풍작전 동안 미군이 쿠웨이트에서 이라크 군을 축출하는 데 직접적으로 기여했다. 일부 역사가와 군사

분석가들은 이와 같은 냉전 하 상쇄전략을 새로운 "미국의 전쟁방식"의 기원으로 인식하고 있다. 미국의 군사혁신이 새로운 갈등과 하이브리드 전쟁 시대로 방향을 전환시켰다고 평가하고 있다.

(5) 3차 상쇄전략

2014년 척 헤이글 장관이 제안한 강점을 이용하여 위협에 대응하는 비대칭 전략이며 국방혁신의 일환으로 억제전력을 대체하는 첨단민간기술을 적용하여 우위를 달성하는 전략이다. 2014년도 당시에 식별된 미국의 강점분야는 무인작전, 신장된 항공작전(Extended-Range Air Operations) 범위, 저피탐 항공작전(Low-Observable Air Operations), 수중전(Undersea Warfare), 복합체계공학과 통합(Complex Systems Engineering and Integration)이라고 할 수 있었으나 2017년도에는 과학기술 등의 발달에 따라 변경된 강점분야 핵심기술을 〈그림 3-8〉과 같이 식별했다. 이것은 앞의 〈그림 3-7〉과 같은 전형적인 군사변혁 패러다임을 갖추었다.

첫째, 우주체계나 미사일에 대해 사이버, 전자 피격 시 해결책을 빛과 같은 속도로 신속하게 제공할 수 있는 자율학습체계(Autonomous Learning Systems)다. 둘째, 컴퓨터의 전술적 태도와 결합된 인간의 전략적 지도가 압도하고 인

- 자율학습체계(Autonomous Learning Systems)
- 인간-기계 협업 결심(Human-Machine Collaborative Decision Making)
- 인간지원작전(Assisted Human Operations)
- 선진 유무인체계 운용(Advanced Manned-Unmanned System Operations)
- 네트워크 가능, 사이버와 전자전 대응능력 보유, 자율무기와 고속무기(Network Enabled, Cyber and EW Hardened, Autonomous Weapons and High Speed Weapons)

센서격자 (Sensor Grid)	지휘통제격자 (C4I Grid)	효과격자 (Effects Grid)	군수지원 격자 (Logistics and Support Grid)
운용적 · 조직적 구조(Operational and Organization Constructs)			

- 다중영역 전장에서 전투 수행(Wage multi-domain battle)
- 교차영역의 화력 이용(Exploit cross domain fires)
- 적의 결심주기 내에 진입(Get inside adversary decision cycle)
- 분산된 은폐지역과 속도를 이용(Leverage dispersal sanctuary and speed)
- 동시사격의 경쟁에서 우위 점유(Regain edge in salvo competition)

<그림 3-8>
3차 상쇄전략 개념

<표 3-3>

미 3차 상쇄전략(Offset Strategy) 군사변혁 적용 사례로서 RAS Strategy

목표	지상·공중 로봇·자동화체계 능력을 육군 조직에 통합
도전요인	• 적 행동 속도 증가와 이에 따른 감시범위의 확장 • 적에 의해 사용되는 로봇 및 무인체계 증가 • 혼잡한 도시환경에서 통신제한
UGS, UAS 기술개발 · 전력화 시 능력목표	• 상황인식 증강 • 병사들의 물리적, 인지적 부하 경감 • 부대의 신장된 분배체계, 처리량, 효율성 유지 • 이동과 기동의 증진, 부대 방호
국방성 차원의 기대효과	• 위험지역에서 전투원의 숫자 감소 • 시간이 결정적인 작전에서 결심 속도의 향상 • 인간이 불가능한 임무를 수행
핵심기술	• 자율성(Autonomy) • 인공지능(Artificial Intelligence) • 공통통제(Common Control)
방법	• 우선순위 : 지율화, AI, 공통통제 기술개발에 노력집중 • 중장기적으로 분대 급부터 여단 급까지 적용 • 혁신은 특정작전과 전술적 이슈를 기술로 해결 시 달성, 기술만으로 혁신 달성 불가
수단	• 시간, 예산, 조직의 자원 조정을 통해 달성

간과 기계의 협업을 통해 의사결정 시간을 단축하는 것으로 F-35 JSF는 단순한 전투기에 불과하지만, 방대한 데이터 통합분석과 조종사 헬멧에 제공하는 비행센서 역할을 수행하는 등의 인간과 기계의 의사결정협업(Human-Machine Collaborative Decision-Making)기술이다. 셋째, F-16으로는 불가능하지만 5세대 전투기 F-35는 인간의 작전을 기계가 지원하는 체계로 전환이 가능하고 더욱 신속하도록 해주는 인간운용지원(Assisted Human Operations)을 위한 기술이다. 넷째, 선진화된 인간과 무인체계의 운용체계(Advanced Manned-Unmanned Systems)이다. 다섯째, 네트워크화된 자율무기체계와 고속탄(Network-Enabled Autonomous Weapons and High-Speed Projectiles)에 관련된 기술이다.[17] 〈그림 3-8〉과 같이 3차 상쇄전략의 이점을 군사분야에 적용할 때 필요한 성공조건을 강조하고 있다. 먼저 새로운 운영개념의 변화가 이루어져야 하고, 제도적 관성을 극복해서 포용해야 하며, 민간의 문화적인 특성을 적용하고, 의사결정절차의 신속성이 향상되어야 된다고 제시했다. 제3차 상쇄전략의 개념은[18] SWOT

17 Jesse Ellman, Lisa Samp, Gabriel Coll, *Assessing the Third Offset Strategy*, CSIS, March, 2017, pp. 2~5.

18 https://www.csis.org/events/assessing-third-offset-strategy

분석을 통해 수립한 전략이다. 즉, 내외부 상황 변화를 분석한 결과 새로운 전략이 등장했으며, 인공지능 등 첨단기술의 급속한 발전에 따라 절대우위를 점유하기 위한 전략 대안이며, 미군의 강점요인을 이용해서 잠재적 미래 영역교차시너지(CDS : Cross Domain Synergy)에 대비하는 전략이다. 일부 미국에서 포기한 전략으로 알려져 있으나 〈표 3-3〉과 같은 RAS Strategy 등을 통해 지속적으로 추진하고 있다.[19] 인공지능과 빅데이터, 무인체계 기술 등을 적용해서 위협에 대비한 상쇄전략 적용 가능성평가를 필요로 하고 있다.

2) 러시아

러시아는 2,000년도 푸틴이 강한 러시아에 부합된 군사변혁을 추진하면서 국가안보의 목적을 러시아의 생존과 미래에 긍정적인 외적 기회를 조성하고, 러시아와 동맹국의 안보와 국익에 대한 현재 및 잠재 위협에 대비하는 것에 두었다. 그래서 군사공격을 예방하는 방어적 성격의 정책을 추진했다. 그러나 핵위협을 받을 경우에는 핵 선제공격도 허용하는 것으로 했고 신속대응을 위한 전략타격체계와 해외 투사능력을 발전시키고, 핵 억제력을 보전하되 재래식 첨단전력을 우선 유용하며, 전력의 배치를 "선"의 개념에서 "거점"의 개념으로 전환하고, 우주에 기반을 둔 미래 항공우주전에 대비하는 정책을 추진했다. 이후 2008년도 메드베데프 개혁안에 의해 2001~2012년까지의 군 개혁을 추진했다. 먼저 부대개편은 육군과 해군, 항공우주군, 공수, 전략로켓 군으로 통합하여 편성하고 6개 로켓군을 3개 군으로 통합하고 첨단무기로 전력화하고 슬림화해서 전략군과 항공우주군을 개편했다. 최초 8개 군관구에서 2010년 6개 군관구로 통합하고 다시 4개 군관구로 통합했다. 즉, 모스크바, 레닌그라드, 볼가-우랄, 북카프카스, 시리아, 극동의 6개 군관구를 서부, 남부, 중부, 동부 4개 군관구로 재편성했다. 병력은 35만 명을 감축하고 목표연도 2012년에 총 100만 명 수준을 유지하는 것으로 했고 네트워크중심전 대비 정찰-타격체계를 정비하고 핵 억제력을 보강했다. 한편 무기체계는 미국과 같이 New-Triad를 위해 정밀타격무기체계를 개발하는데 이것은 2011년 10월부터 GLONASS가 전력화되어

---

19 U.S. Army Training and Doctrine Command, *The U.S. Army Robotic and Autonomous Systems Strategy*, 2017.

위치정보를 제공하고 정밀화의 기반을 마련했기 때문에 극초음속순항미사일 X-22M과 정밀탄도미사일 Iskander, 공대지유도폭탄 등을 개발했다. 또한 핵억제 전력의 성능개량 Topol-M을 개발하고 전력화했으며, 재래식 무기의 경우 경제적인 능력을 고려해서 Prototype까지만 개발하여 양산능력만을 구비하고 전투준비태세만 갖추고 있다가 유사시가 아니면 국가재정을 고려해서 전력화하지 않는 방식을 적용했다. 예를 들어 Su-35시제기는 시연까지, Su-37은 초도비행에 성공한 이후 양산은 하지 않고 있다. 러시아의 안보전략은 아태지역에서 실리를 확보하고 영향력을 확대하는 전략이다. 그루지아와 러시아가 지원하는 남오세아티아 간의 전쟁에서 영역교차시너지(CDS) 효과를 달성하기 위해 사이버전과 지상 및 공중작전을 효과적으로 통합하여 운용한 바 있다.[20]

3) 중국

중국은 도약식 발전전략과 비대칭적 군사변혁을 추구하고 있다. 2006년 국방백서에서는 과거 첨단기술 조건하 국부전쟁에서 정보화 조건하 국부전쟁으로 전환하면서 〈표 3-4〉와 같이 미국의 군사변혁과 상이한 추진전략을 수립했다.

<표 3-4>
미국과 중국 군사변혁 구조의 차이점

구분	미국	중국
추진동기	월남전, 냉전 후 주도적 지위	미국 군사변혁 결과에 방어적 대응
추동모델	기술→무기→교리 · 훈련 · 조직	기술, 무기 성숙 전 전략적 지도 사상 선도, 군사영역 변혁 후속
시점수준	고도의 기계화 → 정보화 순차 진입	미흡한 기계화 → 정보화 진입 * 시행착오 최소화, 서방 성과 흡수
추진방식	개척식, 탐색식	후발 주자로 도약식 추진

정보화 조건하 적극방어를 지향하면서 적의 약점을 겨냥한 비대칭 전략을 구사하고, 군사위성통신 연동 통합C4I체계를 구축하여 군구별 육군 · 해군 · 공군 통신을 운용하고 있다. 중국은 미국의 네트워크중심전에 대비해서 손자병법에 있는 "이약전강(以弱戰强)", 즉 약한 것으로 강한 것을 상대로 싸우고, "피실격허(避實擊虛)" 실한 것은 피하고 허한 곳을 공격하는 비대칭전 개념의 점혈

20 USJSJFD, *Planner's Guide: Cross-Domain Synergy in Joint Operations*, 2016, p.4.

(點穴)전쟁 능력을 갖도록 추진했다. 정보전자전 전력과 디지털 전사, 사이버 공격무기, 위성요격수단의 개발, 해커부대 창설, 전략정보전 부대 운영, 대위성무기체계 고에너지레이저(HEL : High Energy Laser), 전자펄스(EMP : Electronic Magnetic Pulse), 고출력자장(HPM : High Power Magnetic) 무기체계의 획득을 추진하여 적대국의 정보통신위성체계, 지휘통제 및 무기체계, 병참교란, 마비 전력을 갖추고자 노력하고 있다. 중국은 사이버전에서 컴퓨터 바이러스를 상대국 네트워크에 침투시킬 수 있는 능력에 관심을 갖고, ECM, 논리폭탄 등을 사용해서 사이버 공격 및 정보교환 능력을 배양했다. 그리고 정보화부대를 창설하고 전자전 특수부대를 육성하고, 전자교란과 전자폭격무기를 연구하고 있다. 이를 통해 중국군은 기동화, 모듈화를 달성하며, 치사성을 향상시키고, 전장에서 싸워 이기는 군으로 개혁을 추구하고 있다.

4) 주요 국가의 군사혁신 추세

주요 국가의 전력구조 발전추세를 종합해보면 미래전 양상 예측이 가능하다. 미국은 위협 중심에서 능력 중심으로 전력기획체계를 전환하는데 이것은 다분히 단순한 위협과 취약점만 대비하는 것보다 SWOT 분석을 통한 기회와 강점을 고려한 전략적 대안 도출임을 이해할 수 있다. 그 대안으로 핵심작전기지 보호, WMD와 운반수단의 파괴, 장거리 투사능력 확보, 광범위한 지역에 대한 지속 감시정찰 및 정밀타격으로 적의 은신처 거부, NCW대비 상호운용성 중심의 C4ISR설계, 우주체계 능력과 생존성 향상을 추구하고 있다. 그리고 합동작전능력을 강화하고 정보우위를 확보 및 활용하며 개혁지원을 위한 실험을 추구한다. 4차 산업혁명과 관련된 기술을 군사변혁에 적용하는 RAS 전략 등을 추구하고 있다. 중국은 미국을 의식하여 도약식 발전전략과 비대칭 전력구조의 변혁을 추구하고 있다. 미국 군사변혁의 후발주자로서 적의 약점을 기회로 이용하는 비대칭 전략(Offset- Strategy)을 선택했으며, 군사위성통신과 군구별 육군, 해군, 공군의 통합 연동 C4I체계를 구축하는 도약식 추진전략을 수립했다. 미국의 네트워크중심전에 대비한 손자병법의 비대칭전 개념인 점혈(點穴) 전쟁을 추진하고 있고, 정보통신위성체계와 지휘통제 무기체계, 병참 교란, 마비 전력을 확보하고 논리폭탄을 사용해서 사이버 공격 및 정보교환 능력을 배양하고 정보화 부대를 창설하여 전자전 특수부대를 육성하며, 전자교란과 폭격무기를 연구개발하여 사이버전에서 컴퓨터 바이러스를 상대국 네트워크에 침투시켜 ECM 능력을 갖추는 데 관심을 갖고 있다. 러시아는 강한 러시아에 부합된 전력구조변혁을 추진하고 있다. 먼저 신속대응 전략타격체계의 해외 투사력과 핵 억제력을 보전하고, 첨단전력을 우선적으로 운용하는 등 전력배치를 "선"의 개념에서 "거점" 개념으로 전환하고 군사공격을 예방하는 방어전략을 천명하고 있다. 2001년부터 2012년까지의 군 개혁을 추진하는 2008년도 메드베데프 개혁안에는 육 · 해 · 항공우주 · 공수 · 전략로켓군의 5개군으로 통합편성하고 6개의 로켓군을 3개 군으로 통합하고, 첨단무기로 전력화하고 슬림화했다. 2010년 전 8개 군관구를 6개로 통합했다가 4개 군관구로 통합을 추진하고, 네트워크중심전 대비 정찰 및 타격체계의 정비와 핵 억제력을 보강했다. New-Triad의 정밀타격 무기체계 개발을 위해 극초음속 순항미사일, 이스칸더, 공대지유도탄, 핵 억제전력 성능개량, Topol-M 개발 및 전력화를 추진하면서 재래식 무기는 개발까지만 추진하고 양산능력만 갖추어 생산은 하지 않고 새로운 무기를 이어서 개발하는 군사력 건설 체계를 지향하고 있다. 그리고 영역통합교차(CDS) 효과 달성을 위해 사이버, 지상, 공중작전을 통합 운용하는 노력을 지향하고 있다.

5. 미래전 양상과 무기체계

1) 전쟁의 진화와 발전

주요 국가들의 군사혁신 추세를 종합해볼 때 미래전 양상은 영역교차통합(CDS) 효과 달성을 지향하기 위해 다양한 영역의 전투력을 연계시키고 효과를 극대화하는 방향으로 전투력을 운용하고 미래전 상황을 주도하려 할 것이다. 여기서 영역은 일반적으로 지상, 해상, 공중이라는 공간을 더욱 확장해서 사이버도메인, 심리전도메인, 전자도메인, 우주도메인 등 전장이 이루어지는 다양한 영역을 구상할 수 있다. 항상 새로운 도메인에서 전장이 진행될 것으로 예측하고 있다. 한때 사이버전, 네트워크전, 전자전, 정밀교전, 로봇전, 우

<그림 3-9>
미래전 양상과 공간

주전, 비대칭전 등으로 구분하기도 했지만 개념적으로 영역의 중복성이 있어서 적절한 구분으로 보기에는 어려움이 있다. 예를 들어 사이버전과 네트워크전은 유사한 것 같지만, 도메인 차원에서 접근하면 차이를 식별할 수 있다. 그래서 공간측면에서 구분해보면 사이버공간이 하나의 도메인으로 접근이 가능하고, 전자전은 전자파 스펙트럼 공간 역시 도메인으로 접근 가능하다. 우주공간을 영역으로 보는 관점보다 GPS 위성에 의한 위치항법시간(PNT : Positioning Navigation Timing)에 대한 교란과 방어에 의해 새로운 전장영역으로 등장했다. 그런데 정밀교전은 기존 전쟁방식에서 과학기술의 정밀성과 지식정보의 발달로 인하여 네트워크중심전에서 이미 그 영역을 함께 해왔다. 따라서 이와 같은 혼동을 방지하기 위해 〈그림 3-9〉[21]와 같이 과거부터 진화하여 미래를 향해 발전하는 공간을 가시화해보았다.

앞의 제2절에서와 같이 군사혁신 이론가들의 주장과는 달리 영역으로 분석했다. 전쟁이 빈번했던 지역에서는 기존의 영역을 뛰어넘어 새로운 영역에서 주도권을 장악하기 위해 많은 노력을 기울였다. 근력으로 창과 방패에 의존하여 대형을 갖추고 정면으로 밀어붙이는 전술로 승패를 가르던 시대는 1차원 공간에서 힘을 집중하기 위해 연구하고 전술을 발전시켰다. 이때 기병을 이용해서 우회나 포위 등 기동전에 의한 새로운 전술을 구상한 전쟁이 승리를 달성할

21 박진호, "첨단 과학기술을 적용한 군사력 건설 방법론",『제6회 미래 지상군 발전 국제심포지움, 육군의 미래 군사력 건설, 첨단과학기술군』, 2020. 11. 19., p. 108.

수 있었다. 즉, 2차원 공간을 구상하고 새로운 영역의 전술이 발전하기 시작했다. 이어서 포병이 등장하고, 항공기, 잠수함의 출현에 따라 3차원을 이용한 종심공격작전이 전장에서 결정적인 작전이 되었다. 다음 네트워크중심 작전환경이 조성됨에 따라 특정 시간에 분산 배치된 화력을 집중하여 종심표적을 효과적으로 타격하여 작전목적을 달성하는 4차원공간에서의 전쟁이 가능해졌다. 이 영역에서 네트워크전과 정밀교전의 공통영역이라고 볼 수 있다. 다음 5차원 공간은 4차원까지의 공간 이외의 영역으로 사이버 공간이나 전자전 공간, 억제를 위한 심리전 공간 등의 새로운 영역으로 볼 수 있다. 예를 들어 핵무기를 보유하더라도 사용을 위한 결심이나 정보획득이 되지 못하도록 지휘통제 노드에 대한 사이버 공격이나 주요 정보체계나 결심권자가 존재하는 지휘소를 기준으로 물리적, 비물리적인 타격을 통해 차단하도록 인지도메인에서 다양한 방안을 강구할 수 있을 것이다. 이런 영역을 5차원 공간, 즉 인지공간(Cognitive Space)으로 정의할 수 있다. 궁극적으로 전쟁양상은 〈그림 3-9〉와 같이 1차원 공간에서 싸우던 시대에 2차원 공간을 효과적으로 운용하는 군대가 등장하면 승리하고 2차원 공간에서만 구상하던 시대에 3차원의 교리로 전승을 달성할 수 있었으며 3차원 전장에서 4차원을 지향하고 지금은 심리적으로 결심권자가 결심하지 못하거나 지휘하지 못하게 함으로써 전승하고자 하는 5차원적 노력을 기울이고 있다. 즉, 전쟁양상은 인류가 존재하는 한 전쟁에서 승리를 하기 위해 한 차원 높은 시도를 지속하므로 부단히 진화와 발전이 이루어지고 있다는 것이다.

2) 영역교차통합(CDS)에 의한 전쟁사례

미래전에서 교차영역통합(CDS) 달성 예를 들면 1차원 근력에 의한 선형적 전투를 수행할 때 2차원 우회 및 포위 기동의 전쟁기술을 적용하고, 3차원 공중으로 드론 등을 운용해서 공격을 하고, 4차원 동시다발적 전력의 통합을 달성하며, 5차원 상대편의 상황판단을 교란시킨다면 근력만으로도 지휘통제가 제한되는 상대를 충분히 극복할 수 있다. 혹은 2차원 전쟁을 수행할 때, 3차원, 4차원, 5차원의 공간이나 도메인을 이용한 전쟁을 통합하면 보다 쉽게 작전효과를 달성할 수 있다. 이와 같은 전쟁을 수행한 사례는 그루지아와 러시아가 지원한 남오세아티아와의 전쟁에서 교차영역통합(Cross Domain Synergy) 효과 달

<그림 3-10>
그루지아와 남오세아티아 지역 전쟁에서 교차영역 통합(CDS) 효과

성을 시도한 데서 찾을 수 있다. 2008년 〈그림 3-10〉과 같이 러시아, 사이버전과 지상과 공중작전을 효과적으로 통합운용했던 사례가 있다. 8월 8일 그루지아군의 포격으로 평화유지군 중 러시아군 18명이 사망하고 35명이 부상을 당했다.[22] 러시아군 제58군 제135 차량화연대의 즉각적인 반격으로 인해 러시아군과 조지아군은 남오세아티아 수도로 진출함으로써 교전이 시작되었다. 러시아 푸틴은 베이징 올림픽 개회식장에서 조지 W. 부시 대통령에게 전쟁이 발생했음을 전달했다. 교전 초 러시아 투입 병력 수는 주둔 중이던 그루지아군과 별 차이가 없었음에도 불구하고, 전쟁 결과 그루지아가 참패했다. 러시아는 먼저 기민한 공중·기갑·해상 전력으로 3차원 공간에서 우세한 전투를 수행하여 10일 수도를 장악 후 공격 기세를 유지하여 그루지아 국경 넘어 12일 고리(Gori)에 제76근위 공중강습사단을 투입함으로써 후퇴하는 그루지아군의 퇴로를 차단했다.

동시에 러시아는 압하지아로 대규모 공격을 감행함에 따라 그루지아군은 저항 없이 퇴각했다. 이때 전쟁 초기부터 그루지아의 인터넷이 표적이 되었는데, 러시아 사이버전 부대가 민병대로 위장하여 대규모 해킹과 디도스 공격을 함으로써 인터넷망을 마비시켰다. 러시아 사이버 공격활동은 군사작전 발발 수

22 USJSJFD, *Planner's Guide: Cross-Domain Synergy in Joint Operations*, 2016, p. 4.

주 전부터 시작되었다. 사이버 자위대로 위장한 러시아 정보부대는 중요한 장소에 대한 정찰을 실시하고 전역작전에 유용한 정보수집을 위해 그루지아군과 정부 네트워크에 침입했다가, 그루지아 사이버 표적에 대한 공격을 감행하여 군부대 및 정부 정보유통을 방해하는 목표를 달성했다. 이후 러시아 사이버부대는 정부 및 뉴스 웹사이트를 분산서비스 거부 공격한 후 공중공격을 감행하는 등, 사이버 공간에 대한 공격에 따라 그루지아의 군사작전 결정주기가 정상적인 작전수행을 어렵게 만들었다. 그 가운데 러시아는 그루지아의 가장 중요한 자산인 바쿠-세이한(Baku-Ceyhan) 송유관과 관련 기반시설을 공격하지 않음으로써 향후 그루지아가 전쟁 조기종결이라는 정치적 선택을 할 수 있도록 여건을 조성했다. 압도적인 러시아 공군력과 여러 전선에 대한 무장세력의 공격, 해안선에 대한 수륙양용 공격 등으로 인해 그루지아 군사작전 대응능력이 상실되었다. 따라서 그루지아는 전략적 의사소통으로 러시아의 침략행위에 대한 국제적 여론을 유리하게 조성하려고 했으나 러시아의 통합된 군사작전, 외교, 전략공보 노력을 극복하지 못했다. 공중공간에서는 이스라엘에서 개량한 Su-25 소량을 보유한 그루지아군은 개전 초기부터 상대가 되지 않는 러시아군 전투기에 의해 제공권이 장악되어 지상부대가 일방적인 학살을 당하는 형국이 되었다. 러시아 공격헬기가 그루지아 상공에서 자유롭게 로켓과 기총 사격에 그루지아군 경장갑차나 차량은 대부분 노출된 상부가 파괴되었다. 러시아군은 Su-25와 MI-24를 동원하여 그루지아 군의 기갑부대를 섬멸했으며, 전략폭격기 Tu-22M으로 수도에 위치한 대통령궁과 주요 군사지역의 공군기지를 폭격하여 그루지아 내각은 구 소련에 구축한 벙커를 사용했다. 러시아 흑해함대의 해상봉쇄로 제해권까지 장악했다. 러시아 해군 소속 호위함 한 척이 함대함 미사일로 대부분 고속정 수준의 소형 함정을 보유한 그루지아 해군 함정을 유린했다. 러시아군은 수도로 향하는 고속도로를 장악했고, 그루지아군의 전 해상전력인 미사일 고속정 5척이 해상봉쇄를 돌파하려다가 북해함대 프리깃함에 의해 2대가 격침되고 철수했다. 전쟁교훈은 사이버 공간에서 그루지아를 완전히 장악하여 3차원 공간에서 러시아의 공격에 저항할 수 없도록 상황을 조성하여 영역교차(CDS) 성과를 달성했다.[23]

23 Ibid., p. 4.

3) 미래전 양상변화에 따른 새로운 무기체계

미래전 양상은 구축된 무기체계를 덮어놓고 새로운 무기체계 전쟁을 수행하는 것이 아니고 이미 전력화된 무기체계의 기반 위에 새로운 무기체계가 추가되어 새로운 전쟁양상을 이끌어낸다고 볼 수 있다. 그래서 미래전은 점점 복잡한 양상으로 전개될 것이다. 마치 사회가 새로운 기술과 문화로 인하여 복잡해지는 것과 같이 이해할 수 있다. 따라서 현재까지의 무기체계 중 가장 위력이 큰 핵무기를 중심으로 많은 비핵무기들이 첨단화되고 있고, 4차 산업혁명에 따른 첨단과학기술이 전쟁하는 방법에 영향을 미칠 것이다. 미국과 러시아 등 핵 보유 주요 선진국들의 군사혁신 추세로 볼 때 핵을 중심으로 하는 New-Triad 정책을 지속적으로 추진할 것으로 보인다. 공격전력은 종전 핵투발 수단을 사용할 수 없는 상태에서 점점 사용이 가능하도록 실용적인 타격의 정밀화를 시도하고 있다. 북한은 액체추진제를 고체추진제로, 차륜형 이동형 수직발사대(TEL: Transporter-Erector Launcher)를 궤도형 TEL로 성능개량을 시도하여 대한민국 Kill-Chain의 감시정찰자산으로부터 회피를 시도함으로써 실전 가능성을 증대시키고 있다. 그리고 러시아는 원자력추진 극초음속 순항미사일로 전 세계 어디든 타격할 수 있는 광역타격(Global Strike)을 추구하고 있다. 그리고 무엇보다도 주요 핵 보유국가들은 신삼축(New-Triad)의 방어전력이 과학기술의 발달로 인하여 보다 첨단화되는데, 이런 무기체계를 '첨단정밀교전 무기체계'라고 한다. 다음은 '무인체계와 미래병사체계'를 들 수 있는데 이것은 문화적으로 인권의 중요성이 증대됨에 따라 위험지역에서 전투원 숫자를 감소시키거나 인간이 불가능한 임무를 수행하기 위해 추진하는 무기체계로 무인화와 미래병사체계가 연계성을 갖고 추진될 것으로 보인다. '사이버전 무기체계'는 사이버전 공간에서 컴퓨터체계, 데이터, 통신망 등을 교란, 마비, 무력화시켜 적 사이버체계를 파괴하고, 아군 사이버체계를 방호하는 체계를 의미한다.[24] 무인체계의 발달로 핵전쟁에 따른 부수적 피해, 즉 무차별한 인명살상 없이 작전목적을 달성하려는 노력은 대단히 중요하다. 이렇게 부수적인 피해 없이 작전목적 달성을 위한 '비살상무기체계'가 출현되고 있다. 주요 선진국의 군사혁신 추세와 미

24 배달형, 『정보작전의 이해』, 국방연구원, 2003, p. 71.

래전 양상을 종합적으로 분석해본 결과 미래전장에서 운용이 예상되는 무기체계는 첨단정밀교전 무기체계, 무인체계와 미래병사체계, 사이버전 무기체계, 비살상무기체계로 구분해볼 수 있겠다.

4) 첨단정밀교전 무기체계

(1) 개요

첨단정밀교전무기체계는 신삼축(New-Triad) 중 공격과 방어무기체계로 구성되는데 공격무기체계는 정밀타격 비핵미사일에 중점을 두고 발전하고 있다. 공격무기체계에서는 〈그림 3-11〉과 같이 정보체계기술의 첨단화와 4차 산업혁명을 통해 복합체계(System of Systems)가 가능하도록 하는데 첨단지휘통제체계에 의해 압도적인 전장감시가 가능해진다. 정밀타격체계는 첨단지휘통제체계에 의해 적시 적절한 임무할당이 가능해진다. 그리고 정밀타격체계에 대한 적절한 전장감시를 통해 적시 적절한 전장피해평가가 가능해져서 표적처리를 보다 정교하고, 정확하고, 적시적으로 적절하게 수행할 수 있도록 한다. 이러한 체계들은 다음 제5장 감시정찰, 제6장 지휘통제, 제7장 미사일 무기체계를 통해 소개한다.

대부분 유도무기라 관성항법장치가 정교해지고 있어서 단독으로 GPS교란에 대비해서 더욱더 정밀성을 갖추기 위한 기술이 진화하고 있다. 한편 INS/GPS에 의한 복합항법 무기체계는 GPS항재밍을 위한 노력 역시 지속되고 있다. 한

<그림 3-11>
새로운 시스템 복합체계

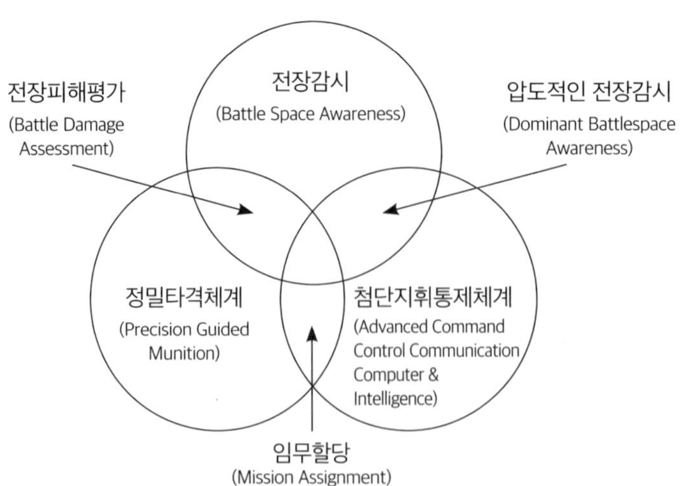

편 방어무기체계는 탄도미사일과 극초음속 순항미사일 등에 대응할 수 있는 고속무기체계(High Speed Weapon)가 절실하다. 현재까지 개발수준이 가장 높은 무기체계는 에너지집속무기(DEW : Directed-Energy Weapon) 중 레이저 무기체계로 다양한 용도에 부합되게 발전되고 있다.

(2) 레이저무기체계

① 체계분류와 운영개념

레이저(LASER : Light Amplification by Stimulated Emission of Radiation)무기체계는 미사일, 위성, 항공기 등 다양한 장비표적에 광속으로 수초 간 레이저광의 조사(照射: Illuminate)를 통해 표적의 기능을 파괴하고 무력화시키는 무기체계다. 미사일이나 화포와 달리 신속하게 재조준하여 다수의 표적과 동시 교전이 가능한 특성을 갖고 있다.

플랫폼에 따라 지상배치 레이저, 함정 탑재 레이저, 항공기 탑재 레이저, 위성 탑재 레이저 4가지로 구분할 수 있다. 이와 같은 개념은 1980년대 미국 전략방위구상(SDI : Strategic Defense Initiative)에서 체계적이고 구체적으로 등장하여 당시 구상을 기준으로 많은 기술과 체계가 개발되었다.

그중 지상배치 레이저는 단거리유도탄, 로켓, 소형 항공기 등 소형표적을 격추하는 체계로 400KW급을 미국이나 이스라엘이 개발 완료했다. 〈표 3-5〉처럼 이런 무기체계를 전술 고에너지 레이저(THEL : Tactical High Energy Laser)라 한다. 탄도미사일 종말단계에 사용이 될 수 있다. 이와 같은 전술 고에너지 레이저가 이동형으로도 개발되었다. 그리고 지상에 배치하여 위성을 표적으로 하는 대위성 지상배치 레이저(ASAT GBL : Anti-Satellite Ground Based Laser)가 있다.

지상배치 전술 고에너지 레이저는 비행시간이 약 30초 정도 되는 공중이동표적을 레이더가 탐지하여 이동정보를 획득하면 표적정보를 적외선 센서가 있

구분	형태	출력	플랫폼	표적	사거리
THEL	DF	수백KW	지상	로켓, 포탄	10km
ASAT GBL	COIL, 자유전자	수MW	지상	저궤도위성 위성통신	약 2,000km

<표 3-5>
지상 레이저 무기체계 종류와 특성

구분	2017년	2022년	2025년 이후
레이저빔 출력	60~100kW	300~500KW	1MW
능력	UAV, ASCM 대응	ASCM 대응	완전한 BMD
요구전력/무게	400KW 이하/68톤	2.5MW 이하/560톤	10~20MW/1,400톤 이하
TRL	5	4	2~3

<그림 3-12>
함정탑재 초고출력 레이저 특성

는 조준추적장치로 개략 추적하고, 고체레이저로 조명하여 정밀추적한다. 정밀추적한 표적에 고에너지 레이저로 2~3초간 표적 탄두부분을 조사하여 로켓을 파괴한다. 표적획득, 확인, 추적조준, 레이저 조사까지 총 소요시간은 10초 이내로 개발 중이다. 대기 중 산란·흡수가 가장 큰 제한사항이 된다.

함정탑재 초고출력 레이저 무기는 〈그림 3-12〉[25]와 같이 순항미사일을 파괴할 수 있는 300~500km의 레이저빔 출력이 2.5MW 이하 560톤 이하로 TRL 4 수준이다. 여기서 TRL은 기술성숙도를 표현하는 기술준비수준(Technical Readiness Level)으로 1970년대 NASA에서 개발된 체계개발 단계 기술의 성숙도를 추정하는 방법이고 9개 등급으로 구분된다. TRL을 사용하면 여러 유형의 기술에 대해 성숙도를 균일하게 인식할 수 있다. 2025년 이후에는 레이저빔 출력은 1MW 이상이라 완전한 탄도미사일 격추가 가능하다. 이 정도 출력을 위해서 요구되는 전력은 10~20MW의 전력이 필요하고, 무기체계로 운용하기 위해서는 1,400톤 이하로 경량화되어야 한다.

항공기 탑재 레이저 무기체계는 항공기 탑재 레이저(ABL : AirBorne Laser), 첨단전술레이저(ATL : Advanced Tactical Laser), 전투기 탑재 THEL로 분류되며 각 체계의 특성은 〈표 3-6〉과 같다. ABL은 화학산소이온레이저(COIL : Chemical

<표 3-6>
항공기 탑재 레이저 무기체계 종류와 특성

구분	형태	출력(목표)	탑재기	표적	유효사거리
ABL	COIL	1MW(3MW)	대형수송기	유도탄, 미사일	500~700km
ATL	SE-COIL	20KW(75KW)	수송기	지상차량, 통신장치	16km이하
전투기 탑재 THEL	고체	10KW(100KW)	전투기/폭격기	유도탄, 항공기	10km이상

25 DoD HEL-JTO, *Recent Developments and Current Projects in HEL Technology*, 2012, p.35.

Oxygen Iodine Laser) 또는 적외선화학레이저라고도 표현하면, 현재 개발수준은 1MW급인데 3MW가 목표이고 유효사거리는 500~700km 수준이다. 표적은 유도탄이나 미사일 표적으로 대형수송기라야 탑재가 가능하다. ATL은 수송기에 탑재 가능한 크기로 약 20KW 정도 출력으로 16km 이하 거리의 지상 차량이나 통신장치 등의 표적을 파괴할 수 있는 수준으로 개발되었고, 출력을 75KW까지 달성해야 전장에서 활용에 제한이 적다. 전투기 탑재 THEL은 항공기나 유도탄을 격추하기 위해 약 10KW 정도 출력으로 10km 정도까지 사격하여 파괴할 수 있다.

② 체계특성

레이저가 갖는 물리학적 특성은 거의 단일 파장 또는 단일 주파수의 빛으로 〈그림 3-13〉과 같이 태양광은 분광기를 통과하면, 다양한 색의 스펙트럼이 나타나는 반면 레이저광은 분광기를 통과하면 단일색(단일주파수) 광선만 나타나는 단색성(Monochromaticity)을 갖고 있다.[26]

〈그림 3-14〉와 같이 다른 시간과 공간에서 발생된 빛 사이 위상상관관계가 높은 빛 결맞음(Coherence)과 빛이 퍼지지 않고 진행하는 직진성(Directionality)이 뛰어나다.

단위 입체각, 단위 선폭당 단위 면적을 통과하는 힘으로 정의되는 광원의 특성을 나타내는 고휘도성(high brightness)이 있다. 직진성이 좋고 높은 결맞음을

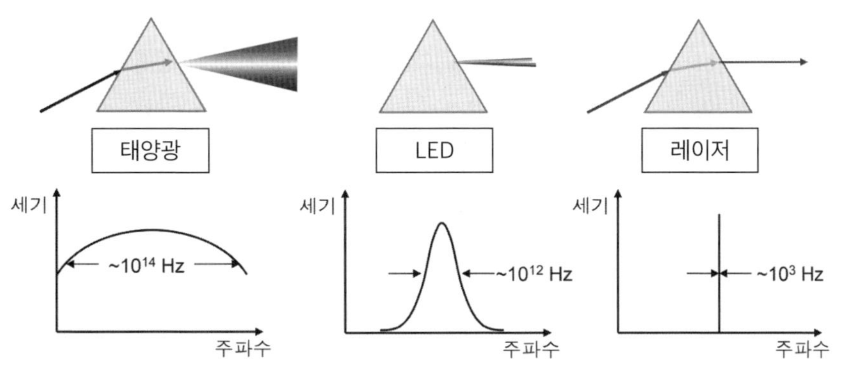

<그림 3-13>
태양광, LED 대비 레이저의 단색성

26 http://oer.pusan.ac.kr/post/790 레이저 소개 p. 11.

<그림 3-14>
평시 가시광선과 레이저 광선의 특성 비교

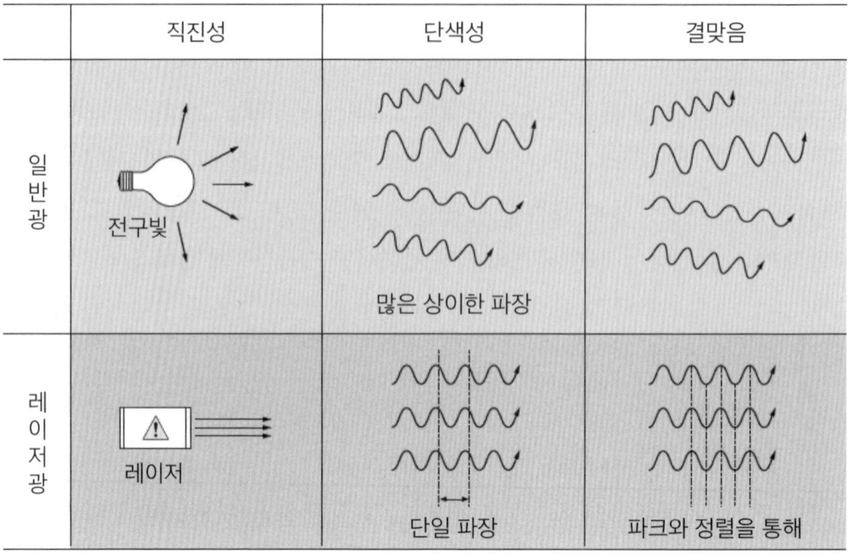

	직진성	단색성	결맞음
일반광	전구빛	많은 상이한 파장	
레이저광	레이저	단일 파장	파크와 정렬을 통해

갖기 때문에 회절 한계까지 빛을 집중시킬 수 있는 능력인 집광성(focusability)이 좋다. 이런 레이저의 물리적 특성 때문에 다음과 같은 무기체계 특성을 갖게 된다.[27] 빛의 속도로 표적에 도달하여 고에너지를 이용해서 표적의 표면부터 파괴 또는 관통할 수 있는 광속 고에너지 특성을 갖는다. 레이저광 에너지는 자체 중력이 극히 미소하여 중력의 영향을 거의 받지 않는다고 볼 수 있어서 직진성을 갖는다. 따라서 공력과 추력에 의한 탄도궤적이나 비행특성 해석을 위한 탄도학, 공기역학 등을 적용할 필요가 없다. 파편, 폭압에 의한 표적파괴가 아니고 열 손상에 의한 관통에 의한 표적파괴 메커니즘을 형성하므로 조사(照射)시간이 중요한 성능특성이 된다. 화학물질이나 전원 등을 에너지원으로 사용하므로 소량의 물질로 장기간 수회에 걸친 사용이 가능하다. 따라서 탄약이나 미사일 같은 탄의 보급을 위한 물류체계가 불필요하다. 따라서 발사 횟수에 따른 비용부담도 탄약과 미사일에 비해 월등히 감소된다. 기 개발된 레이저무기 중 약 500km 거리에서 조사 면이 직경 1.5m에 불과하므로 표적파괴점에 대한 정밀파괴가 가능하다. 레이저 출력조절이 용이하여 표적 탐지 및 감시로부터 일시적인 기능마비, 파괴까지 다양한 효과를 달성할 수 있다. 즉, 레이

27 https://www.keyence.com/ss/products/marking/marking_central/question/qabasic.jsp

저 출력조절로 다양한 스펙트럼의 용도로 활용 가능한 특성을 갖고 있다.

③ 레이저 주요 원리

일반적으로 동일한 원자라도 에너지 상태가 들뜬상태(Excited States) 또는 바닥상태(Ground State)로 존재한다.[28] 들뜬상태에서 바닥상태로 전환되는 과정에서 자발방출(Spontaneous emission)이 자연스럽게 발생한다. 보통 원자는 10^{-8}초 동안 들뜬상태를 유지하는데 이 시간보다 수명이 긴 상태를 준안정상태(Metastable)라 한다.

이와 같은 준안정상태 동안 들뜬상태와 바닥상태 차이만큼의 에너지를 갖는 광자가 원자에 입사된 경우 입사한 광자와 원자간 상호작용으로 동일한 에너지를 갖는 광자가 방출되고 입사된 광자가 원자에 흡수되지 않아 2개의 광자가 남게 된다. 이런 과정을 유도방출(stimulated emission)이라고 하는데 잔류한 2개의 광자는 동일한 에너지를 갖고, 동일한 위상과 동일한 방향으로 진행하게 되어 방향성을 갖게 된다. 이렇게 한 개의 광자가 동일한 위상과 방향을 갖는 2개의 광자로 유도하는 유도방출이 레이저발진의 기본원리다. 이러한 기본원리를 바탕으로 광자가 원자나 분자에 입사되면 〈그림 3-15〉와 같이 유도흡수(Induced absorption)된 후 자발방출 혹은 유도방출이 진행되는데 그 확률은 동일하다.[29]

일반적인 열적평형상태 계에서는 들뜬상태보다 바닥상태의 원자나 분자가

28 https://upload.wikimedia.org/wikipedia/commons/b/ba/Energylevels.png

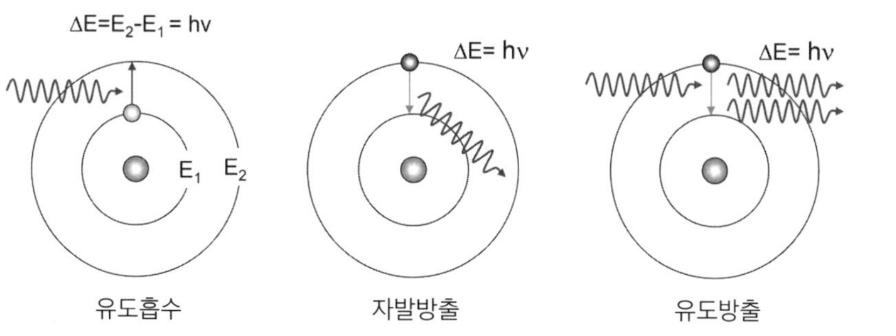

<그림 3-15>
흡수와 방출

29 http://oer.pusan.ac.kr/post/790 p. 4.

<그림 3-16>
레이저 발진기 구조

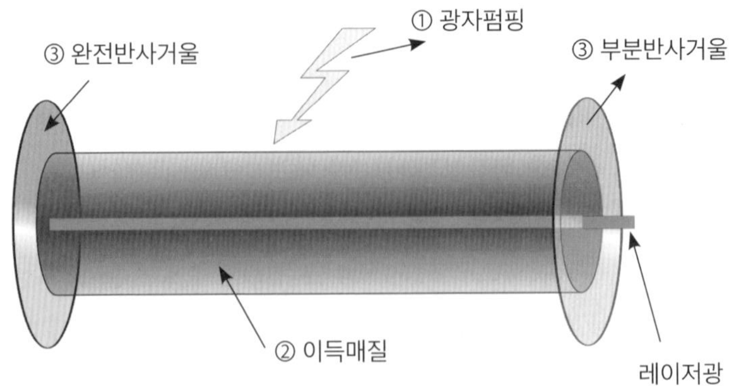

많아서 광자를 입사하면 완전흡수로 입사하는 광자 수보다 방출되는 광자 수가 감소한다. 반대로 바닥상태보다 들뜬상태의 원자가 더 많은 상태에서는 완전방출이 발생되어 입사하는 광자의 숫자보다 방출되는 광자 수가 증가하는 증폭현상이 발생된다. 이런 자연상태와 달리 들뜬상태의 원자가 상대적으로 많은 상태를 밀도반전(population inversion)이라 한다. 레이저 발진기의 구성은 〈그림 3-16〉과 같이 3가지로 구성되는데 인위적으로 자연 상태에서 광자 펌핑(pumping)(①)에 의한 밀도반전상태에서 준안정상태에 있어야 자발방출 이전에 유도방출이 발생할 수 있다.

방출된 광자는 가두어진 상태에서 다른 들뜬 원자로부터 추가 방출유도를 위해 한쪽 끝에 완전반사거울(③)을 설치하고 반대방향 끝부분에 반사거울을 배치해서 부분반사거울(③) 방향으로 방출되는 광자를 제외하고 매질(② He-Ne,,Nd: YAG,반도체)에 오랜 기간 가두어 추가 방출을 유도하는 데 기여하도록 설계한다.

④ 체계 구조

고에너지 레이저무기체계의 구조는 〈그림 3-17〉과 같이 레이저 발사장치, 추적 및 조준장치, 표적탐색장치, 사격통제장치, 플랫폼으로 구성된다.

플랫폼은 지상차량, 항공기, 함정 등 레이저무기를 탑재하는 체계이다. 전투원이 적이나 표적을 탐지하는 표적탐색장치와 탐지표적정보를 받아 표적에 사격을 하기 위한 사격통제장치가 있다. 레이저무기체계는 발사장치와 표적에 요망효과를 달성하는 시간까지 지속적으로 조사할 수 있는 능력이 중요하기

<그림 3-17>
고에너지 레이저 무기체계 구조

때문에 레이저 발사장치 이외에도 추적조준장치가 중요하다. 추적조준장치는 표적을 효과적으로 파괴 시까지 추적할 수 있는 장치와 레이저빔을 조준점에 집중할 수 있는 광 집속장치가 필요하다.

레이저 발사장치는 앞서 레이저 원리에서 설명한 바와 같이 레이저 발진기를 통해 레이저 광이 발생되면 이것을 표적에 전달할 수 있도록 방향을 조정하는 광 전달, 자동정열장치 등과 적응적인 광학장치 등과 조준점을 유지할 수 있도록 조준선 안정화장치가 필요하다.

5) 무인체계와 미래병사체계

(1) 무인체계

① 무인화기술(Unmanned Technology)

무인화기술은 인간의 역할과 개입을 최소화시키는 것을 의미하며, 군사분야에서 어떤 임무를 수행하는 데 인간의 개입을 최소화하는 기술이 될 수 있다. 무인화 기술을 적용한 궁극적인 체계는 로봇이라고 할 수 있는데, 센서로부터 받은 정보를 인간처럼 처리하여 로봇을 제어할 수 있도록 추구하고 있다. 군사적으로 자율주행, 자율운항, 자율비행기술을 지상, 해상 및 수중, 공중에서 적용할 수 있도록 개발 중이며 그 기술이 지속적으로 발전하고 있다.

② 자율주행기술

전시 지상임무를 무인차량(UGV : Unmanned Ground Vehicle)이 대체하는 기술로 야지에서 구동할 수 있는 동력을 기본으로 경사지, 사막, 험로 등을 극복할 수 있는 메커니즘과 이러한 환경을 신속히 감지할 수 있는 센서기술이 핵심기술이다. 이 기술을 체계에 적용하기 위해 어떤 환경에 따라 실시간 경로계획을 수행할 수 있는 통합경로계획 알고리즘이 필요하다. 센서 탐지 범위 내 경로계획, DEM/DSM과 같은 위성지도를 받아 광역범위에서 자신의 위치 판단, 목표지점에 효과적 도달 가능한 경로 생성기술이 중요하다. 이를 위해 1차 로봇과 주변 환경 한계점을 명시하고 작동범위 내 동역학 해석을 위해 진행할 방향을 판단하고 다양한 센서를 조합해서 3차원 영상을 복원하여 정확히 환경을 인식할 수 있도록 해야 한다.

③ 자율운항기술

자율운항기술은 해안과 수중 무인화 무기체계 중에서 미래 수중전장에 운용할 무인잠수정(UUV : Unmanned Underwater Vehicle)체계를 중심으로 연구되었다. 무인잠수정은 자율적으로 작전지역으로 이동하면서 전장감시, 기뢰탐지 및 제거, 전장정보 수집을 임무로 하는 잠수함정으로 체계개발을 위해 수중자율주행, 회피제어, 해저매설물 탐지센서 기술, 능동배열소나 신호처리기술 등이 필요하다.

④ 자율비행기술

소형무인기체계에 필요한 기술로 소대급 전술운용에 적합하게 수직이착륙이 가능하면서 정지비행효율이 높고 빠른 순항속도를 갖는다. 공력특성, 조종성, 안정성을 검토하여 새로운 비행체 설계가 필요하다.

(2) 미래병사체계

① 로보틱과 자동화 전략(RAS : Robotic and Autonomous Strategy)

미 육군의 단기전략은 2020년까지 하위제대 보병부대 상황인식을 향상시키고, 보병부대의 물리적 부하를 경감시키며, 통로개척을 통한 이동성을 향상시

<그림 3-18>
미 RAS 장기전략(2031~2040) 정찰 및 경계작전 상상도

키고, EOD RAS 플랫폼과 하중을 향상과 부대방호 능력을 구비한다. 중기전략은 2030년 까지 소형화 RAS와 군집형으로 상황인식을 향상시키며, 외골격(Exoskeleton) 능력으로 전투원 부하를 경감시키고, 완전자동화 수송운용능력으로 전투근무지원을 향상시키며, 무인전투차량과 부하경감으로 기동성 향상을 추진한다. 이와 같은 분·소대 RAS 편성 시 과거 도시지역 작전 공방비를 6 : 1로 감소가 가능하다. 분대 다목적장비 수송체계는 부수무기체계, 전원공급기, 지상로봇 운반이 가능하며 병사와 전술부대 위협회피, 기동과 목표의 효율적 해결과 유리한 조건에서 접촉유지가 가능하다. 병력 방호를 위해 지상, 지하, 지표의 3차원 정찰이 가능하다. 소부대지휘관에게 UGS가 정보를 제공하면, UAS는 상황인식을 보강한다. 〈그림 3-18〉의 장기전략(2031~2040)에서 정찰·경계 작전 상상도는 군집체계의 지속적인 정찰로 상황인식이 향상되고, 공중수송·분배가 자동화되고, 전투근무지원기능이 향상된다.[30]

RAS는 무인전투차량으로 기동성을 더욱 향상시키는 계획이다. 장기적으로 탑승전투에서 소형 UGS나 로봇은 병사와 함께 활동하고 정찰경계임무, 탑승정찰, 반자동 차량발사 UAS로 증강하며, 주력부대 피습, 적과 장거리체계와의

30 The U.S. Army, *Robotic and Autonomous Systems Strategy*, March 2017, p. 11.

교전 전 전진축 상 위협을 탐지한다. 하차 정찰병은 상급제대와 연동된 정찰경계 소형지상로봇으로 증강해서 실시간 데이터를 승하차 정찰병에 제공하기 위해 군집비행하고, 분대에서 여단전투단 지휘관에게 적 배치와 전투력에 대한 이해를 제고시킨다. 전장에서 적은 RAS의 통신과 데이터링크에 작용이 예상되므로 임무완수를 위해 충분한 통신체계와 GPS교란 환경에서 운용능력이 필요하다.

(3) 4차 산업혁명과 무기체계의 발전방향

① 기술 적용 방향

한편 대한민국은 2018년 4차 산업혁명과 관련하여 〈그림 3-19〉와 같이 미래 전장 상황은 전장공간이 우주와 네트워크, 사이버전 수행 가능한 공간이 형성되어 더욱 확장될 것으로 예측하고 있다. 이때에 전투수단은 장거리정밀타격 능력이 증대되고, 무인체계를 활용하며, 레이저무기체계의 실전배치가 가능할 것으로 예측했다. 이런 환경에서는 실시간 정보유통이 이루어져 네트워크 중심 전투가 가능해진다. 이때 정부는 〈그림 3-20〉과 같이 4차 산업혁명과 함께 첨단화되는 과학기술을 통합한 새로운 무기체계들의 8가지 특성을 갖는 핵심 기술들이 필요하다고 보았다.[31]

첫째, 지능형 정보 분석기술을 적용한 무인경계감시로봇 기술 등 무인화를

<그림 3-19>
첨단기술 기반으로 변화하는 미래전장의 주요 특징

31 국방부, 『과학기술 기반 미래국방 발전전략』, 국방부 보도자료, 2018, p. 2. p. 4.

<그림 3-20>
8대 요소 기술 군 및 미래국방

달성할 것으로 보았다. 둘째, 지능형 반도체 기술을 적용한 표적식별 센서네트워크 등 센싱기술이다. 셋째는 음과 전자파 등의 굴절률 기술을 적용한 스텔스나 투명망토 등의 기술로 투명망토 같은 경우는 전투원이 착용하여 종심지역으로 침투작전이 가능하다. 넷째, 신뢰성이 높은 다중통신체계를 이용하여 무인체계 통합통신망을 구축하는 기술이다. 다섯째, 저온 작동형 연료전지 기술로 개인전투형 소형전원을 개발하는 것이다. 여섯째, 뇌 인지 컴퓨팅 기술로 인간-기계협동 기술을 달성하는 초지능을 구현한다는 것이다. 일곱째, 유해물질 검출기술로 생화학무기 조기탐지기술을 개발하여 전장기능 생존성분야에 기여한다는 것이다. 여덟째, 소형 가속기술 등을 통해 레일건이나 레이저무기 등 에너지무기를 개발하겠다는 기술개발 정책을 제시하고 있다.

② 군사적 측면에서의 발전 및 활용

Army-TIGER 4.0 체계의 전력화 방안과 인공지능 핵심능력 확보를 위해 노력하고, 4차 산업혁명 기술에 기반한 미래형 전투체계로 각종 전투플랫폼에 AI 등 신기술을 적용하여 전투원의 생존성과 효율성을 극대화하는 개념이다. 정부, 연구소, 학계 등 다수 기관의 인력이 함께 노력을 기울이고 있다. Army-TIGER 4.0 체계의 전투수행개념과 능력보강 소요, 이를 검증하기 위한 전투실험계획과 군의 인공지능 핵심능력 확보를 위한 기반체계를 사업화하기 위해 노력하고 있다. KCTC 훈련장에서는 보병대대에 드론, 로봇 등 Army-TIGER 4.0 체계 전력의 80% 수준을 장착시켜 전투실험을 시도하고 있다. 전투실험을 통해 기동화·네트워크화·지능화된 군이 어떻게 전장을 지배하고 승리할 것인가에 대한 전투수행개념을 제시하고 이를 구현하기 위해 대대급 무인항공기, 정찰·공격, 복합형군집드론, 소형정찰로봇 등 추가적인 드론봇 전력 증강을 추진하고 있다.[32]

6) 사이버전 무기체계

(1) 사이버 공간(Cyberspace)과 사이버전(Cyberwar)

"사이버 공간"은 덴마크 예술가 수잔 우싱(Susanne Ussing, 1940-1998)과 그녀의 파트너 건축가인 카르스텐 호프(Carsten Hoff)가 작업실의 사이버 공간을 구성하면서 1960년대 후반에 시각예술 분야에서 처음 등장했으나 당시 개념은 인터넷이 없던 시절이라 현재의 개념과 일치하지 않는다. 1980년대 사이버 펑크의 공상과학소설 작가 윌리엄 깁슨(William Gibson)의 작품에서 처음 등장했으며, 1982년도에는 단편 "불타는 크롬(Burning Chrome)"에서 1984년도에는 소설 "뉴로맨서(Neuromancer)"에서 처음 등장했다. 이후 몇 년 동안 이 용어는 온라인 컴퓨터 네트워크에서 현저하게 등장했으나 추상적인 표현이었다. 사이버 공간에 대한 몇 가지 정의는 과학문헌이나 공식적인 정부문서에서 찾을 수는 있지만 합의된 공식적 정의는 없다. 크레머(Franklin D. Kramer)에 의하면 사이버 공간이라는 용어에는 28가지 상이한 정의가 있으며, 특히 다음 "사이버 파워 및 국가안보 : 전략 프레임 워크에 대한 정책 권장 사항"에서 다니엘 큐엘(Daniel Kuehl)은 다음과 같이 정의하고 있다.[33] 사이버 공간은 전자와 전자기 스펙트럼이 결합되는 특징 때문에 광범위한 동적영역이며, 정보를 생성, 저장, 수정, 교환, 공유 및 추출, 사용하는 것으로 사이버 공간은 다음 도메인들을 포함하고 있다. 첫째, 가장 넓은 의미로 이해되는 기술 및 통신체계 네트워크의 연결을 허용하는 물리적 기반 및 통신 장치들이다. 둘째, 도메인의 기본적인 운영 기능 및 연결을 보장하는 컴퓨터체계 및 관련 소프트웨어들이다. 셋

32 http://www.donga.com/news/article/all/20190610/95919939/1

33 Franklin D. Kramer, "Cyberpower and National Security: Policy Recommendations for a Strategic Framework", National Defense University Press, April 1, 2009, p. 1.

째, 인간과 사회적 영역으로 기업, 고객, 이익단체, 정치 및 사회적 활동들이다. 현실세계에서 세계 정부가 없는 것처럼 사이버 공간에는 제도적으로 사전적으로 정의된 계층적인 통제체계는 없다. 그러므로 계층적 질서와 원칙이 없는 영역인 사이버공간에 우리는 케네스 왈츠(Kenneth Waltz)가 만든 국제정치의 정의를 "법집행 체계가 없는" 것으로 확장할 수 있다. 그렇다고 사이버 공간에 권력의 차원이 없거나 권력이 보이지 않고 흩어지거나 일부 학자들이 예측한 것처럼 수많은 사람들과 조직에 고르게 퍼져 있지 않다는 의미는 아니다. 반대로 사이버 공간은 계층적 권력구조를 정확하게 구성하는 것이 오히려 그 특징이다. 현재까지의 전쟁은 칼, 총, 미사일, 핵, 인공위성 등 가시적 실체가 있는 무기체계를 사용하여 수행해왔다. 그러나 〈그림 3-20〉과 같이 한 차원 높은 수준에서 전쟁을 수행하는 측이 승리를 달성할 수 있었기 때문에 미래전에는 사이버 공간을 선점하고 주도하는 측이 승리할 수 있다고 본다. 사이버전은 "컴퓨터와 관련된 기반 장비를 토대로 사이버 공간에서 다양한 사이버 공격수단을 사용하여 상대의 정보자산을 교란, 거부, 통제, 파괴하여 상대의 통신체계, 전산체계, 국가정보체계 등 정보체계를 마비시키기 위해 위기 시나 분쟁 시에 취해지는 비살상 공격행동이나 이에 대한 방어행동"[34]으로 정의하고 있다. 따라서 미래에는 행정, 전력, 금융, 교통, 군사 등이 컴퓨터 네트워크에 대한 의존도가 증대되어 경우에 따라 핵공격보다 더 피해가 클 수 있다고 예측하고 있다. 따라서 사이버전의 특성은 전·평시를 구분하기 어렵고, 군과 민을 구분하기 어렵다. 평시에도 북한 등의 소행으로 추정되는 금융기관에 대한 해킹과 군사비밀 절취와 같은 사이버 공격은 자행되고 있어서 전·평시 구분이 곤란하고, 국가기간망을 공격하여 끼치는 손해는 군과 민간의 구분이 어렵고 전후방 없이 컴퓨터를 사용하는 모든 체계가 대상이 될 수 있다. 사이버전은 컴퓨터, 소프트웨어, 전문 해커에 의해 이루어지므로 소요비용이나 시간에 제한을 받지 않아 예측이나 추정이 불가능하다. 나아가서 사이버전은 단순한 해킹 등의 목적 달성이 아니라 SNS 등을 통한 사회 매스컴을 장악하여 허위정보나 조작된 자료를 전파하여 여론전과 심리전을 펼쳐서 인간심리를 공격할 수도 있다. 이런 특징으로 인해 사이버전은 네트워크와 컴퓨터 같은 하드웨어와 정보체계와

34 배달형, 『정보작전의 이해』, 국방연구원, 2003, p. 109.

관련된 소프트웨어를 모두 공격하고 방어하는 체계들이 무기체계로서의 의미를 갖는다.

(2) 사이버전 무기체계

소프트웨어 무기체계는 상대편의 컴퓨터체계에 침투하거나, 컴퓨터 바이러스 유포를 통해 필요한 정보를 수집하는 방법이나 원격조정하는 방법이 있다. 하드웨어는 적의 컴퓨터나 네트워크 등 물리적인 체계를 파괴 또는 마비시키는 방법이 있다. 또한 EMP, HMP, NEMP 등 전자파를 이용한 공격을 통해 노출된 전자매체를 경유하여 컴퓨터 네트워크를 물리적으로 파괴하는 방법이 있다. 그뿐만 아니라 초미세형 로봇인 나노머신 칩 제조 시 칩 내부의 이상기능을 의도적으로 내장시켜서 공격 시 작동되는 치핑 등의 공격방법이 있다. 이러한 체계는 단독으로 적용될 때보다 다른 도메인의 전쟁과 적시적으로 결합될 때 그 효과는 극대화된다. 이러한 전쟁의 시도가 영역교차통합 노력으로 볼 수 있다. 물론 모든 공격 및 방어무기체계는 네트워크중심전 환경으로 인해 사이버공격과 방어가 가능하다.

7) 비살상무기체계

대량살상무기의 발전은 탈냉전 후 둔화되었으나 최근 들어 북한의 핵개발로 주변국에서 관심이 재고되고 있다. 그러나 탈냉전 시에는 핵무기를 사용할 수 없고, 비핵전쟁이더라도 핵무기 사용으로 진화되기 전 정치적 목적 달성을 위해 비살상무기체계 사용이 필요하다. 군사행동은 공격, 방어, 억제, 강압, 시위 등 정치적 목적 달성을 위해 다양한 방법이 있는데, 상대편의 어떤 행위에 대해서 무혈 상태에서 억제나 강압 등을 달성할 수 있다면 더 효과적일 수 있기 때문에 비살상무기체계에 대한 필요성이 제기되고 있다. 현재 전력화 중인 무기체계 중 첫째, 네트워크중심전 환경에 가장 많이 사용되는 전자장비나 구성품의 파괴를 위한 EMP탄이나 HPM탄 등이 있다. EMP탄은 고폭탄의 폭발력으로 강력한 전자기파를 표적에 방사하여 적 레이더나 방공무기, 통신장비 등 전자기 사용 무기체계를 무력화시키는 체계로 인명과 시설 피해 없이 전자장비만 손상을 주므로 부수적 피해를 최소화하는데 크게 기여한다. HPM은 EMP와 달리 전자기파 발생이 고폭탄을 사용하지 않고 초고주파 발생장치나 펄스전원 공급장치 등으로 EMP탄과 같은 효과를 달성하는 체계로 초고주파 증폭장치와 배열안테나 등의 구성품 개발에 집중하고 있다. 둘째, 탄소섬유탄은 전력공급 체계를 대상표적으로 개발된 무기체계로 통상적 고폭탄에 의한 공격보다 효과를 제고하기 위해 개발되었다. 전도성이 높은 가늘고 긴 탄소섬유를 살포해서 전력시설이나 전자장비에 전기적 누전 및 방전 등을 발생시켜 전력공급시설을 마비시키거나 파괴하는 무기체계다. 셋째 고 섬광탄은 강력한 섬광으로 미래전에 많이 사용될 것으로 예상되는 다양한 감시정찰 자산의 각종 광학장비 센서와 전투원의 시력을 마비 및 파괴시키는 비살상탄두이다. 미래 첨단 감시정찰체계와 정밀타격체계에 대응 가능한 체계로 요구되고 있다. 넷째, 고출력 음파에너지를 이용하는데 20Hz 이하 초저주파의 가청주파수 대역에서 혐오스런 빔으로 침입자를 무력화시키고 시설을 방호하는 데 사용하는 초저주파 음파발생기, 가청 혐오음 발생기, 충격음파 발생기 등에 관한 기술을 연구개발하고 있는 것으로 알려져 있다. 기타 비살상 화생제도 제기되고 있으나 화생무기체계와 구분되지 않아 국제협약과 상충되는 문제가 대두되고 있다.

연습문제

1. 전쟁의 역사를 통해 볼 때 핵무기체계가 달성한 전쟁양상의 중요한 변화를 설명하라.

2. 전쟁을 고찰하면 첨단무기가 전쟁양상의 변화를 선도해왔다. 절대적인 살상력으로 세계대전의 종전을 위해 개발했고 현대 전략을 출현시킨 무기체계는 무엇인가?

3. 정밀교전에 의한 효과중심작전(EBO)이 가능하게 한 전력은 무엇인가?

4. 협동교전에 의한 네트워크중심전(NCW)이 가능하게 한 전력은 무엇인가?

제4장

군사력 건설과 무기체계의 이론적 연계

1. 군사력 건설에 대한 학술적 접근

1) 무기체계에 대한 공학적 연구

무기체계에 대한 연구에서는 전투요원이 전쟁을 수행하는 개념을 실제로 구현하기 위해 여러 가지 요소를 구체화하고 정량화하려고 시도했다. 따라서 사전에 "어떻게 싸울 것인가?"에 중점을 두고 필요한 무기체계의 성능과 수량에 맞추어 요구되는 능력을 충족할 수 있도록 획득함으로써 작전을 합리적으로 계획한다면 전쟁의 성패를 좌우할 수 있다는 생각에서 출발했다.

<그림 4-1>
무기체계의 학문적 접근

이런 개념을 정량화하기 위한 요구와 합리성을 보장하기 위해 많은 연구와 노력이 집중되었고, 정량화 과정에서 다양한 학문이 등장했다. 그중 "공학"을 의미하는 "engineering"이라는 용어는 엔진을 작동시키는 사람이라는 표현으로 "engineer"에서 시작되었다. 제1차 및 제2차 세계대전을 거쳐서 사용자의 개념적 요구를 보다 합리적으로 정량화하고 그 결과를 이용하여 시제를 제작,

확인 및 검증하는 과정을 통해 보다 정확하고 실현 가능한 체계로 발전하여 현재의 무기체계 공학으로 발전했다.

그리고 개발된 무기체계를 보다 효과적으로 사용하기 위해 실전에 사용한 결과 데이터를 수집·예측하여 적정 소요량을 판단하고 예상되는 소요량에 부합되게 생산능력을 갖춤으로써 전쟁지속능력을 유지하는 경영기법도 발전했다. 이 과정에 운영분석(OR : Operational Research)기법이 등장하여 최근 산업공학의 기반을 제공하고 있다. 운용과학은 수학적 모델, 혹은 통계적 모델 등으로 현상분석을 통해서 의사결정을 효율적으로 지원하는 기법으로 수학이나 통계를 주로 사용하기 때문에 학문적으로는 수학의 한 분야로 분류하기도 하며 경영과학이나 의사결정과학이라고도 한다. 최적화기법 등을 이용하여 복잡한 의사결정 단계에 최적 해나 근사 최적 해 등을 찾거나, 이익, 성능, 수익 등의 최대값을 찾고, 손실, 위험, 비용 등의 최소값을 찾아 현실문제 해결을 위한 솔루션을 제시하기도 한다. 제2차 세계대전에서 조지 버나드 댄치그(George Bernard Dantzig)가 군수물자 보급 최적화를 위해 선형계획법으로 문제를 해결하려고 심플렉스기법 개발 후 획기적인 주목을 받아온 학문분야이기도 하다. 일반 학문분야에서는 주로 산업공학이나 경영학에서 많이 활용하고 있으며, 컴퓨터과학, 전기공학, 전자공학, 재료과학, 기계공학, 경제학, 생물학, 생명공학, 정책학 및 정치외교학 등 많은 학문에서 그 응용분야를 활용하고 있다.[1] 전쟁의 진화과정에서 승리를 위해 가용한 학문과 기술을 모두 동원했기 때문에 학문체계를 선도하는 양상이 되었다고 볼 수 있다.

2) 군사력 건설에서 전력소요 도출

〈그림 4-2〉와 같이 군사력 건설에 있어서 학문적 관심을 받았던 부분은 적이 국가의 군사능력을 초과하는 군사력으로 협박을 가한다면, 군사력 증강의 필요성을 느껴 정치적 목적 달성에 부족한 군사력의 소요, 즉 전력소요를 창출하게 된다는 점이다.

이런 군사력 소요를 무기체계라고 하는 실체로 구현하기 위해 과학적으

---

1 https://en.wikipedia.org/wiki/Operations_research

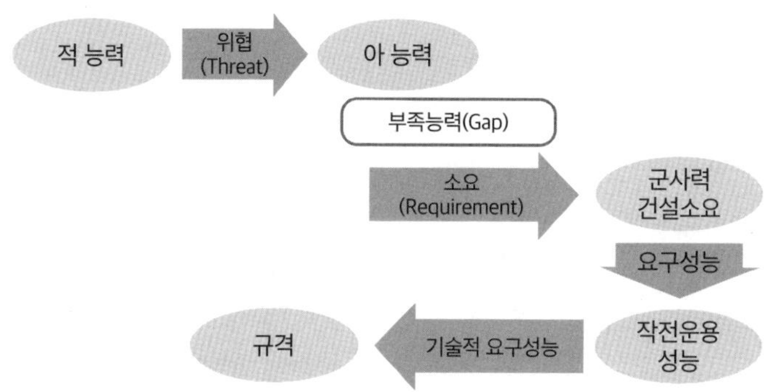

<그림 4-2>
무기체계의 학문적 관심

로 형상화하고 정의하려면 과거에는 전력소요서에 포함하는 무기체계의 ROC(Required Operational Capability)를 도출했다. 그런데 2004년 이후 미군은 능력기반획득체계(JCIDS : Joint Capability Integration Development System)를 구축하면서 작성하는 문서를 초기능력문서(ICD : Initial Capabilities Document) 또는 능력개발문서(CDD : Capabilities Development Document) 등으로 표현하면서 핵심성능변수(KPP : Key Performance Parameter)를 우리의 작전운용성능과 같은 개념으로 사용하고 있다. 이 문서들에서 작전운용성능을 핵심성능변수(KPP : Key Performance Parameter)라고 표현하고 있으며, 무기체계의 특성을 정의하고 있다. 이런 무기체계 특성만으로 군사력 건설을 위한 적절한 군사능력을 정의할 수는 없기 때문에 군사력 건설을 위해서는 적절한 무기체계의 소요량과 부대 및 조직, 훈련 등을 함께 고려해야 한다. 그런데 무기체계를 획득하기 위해서는 무엇보다 핵심 특성을 정의하는 것이 중요하고 그렇게 함으로써 무기체계를 연구개발하고 획득하는 공학적 과정을 보다 합리적으로 관리할 수 있다. 적정 군사력을 획득하지 않으면 국방딜레마를 초래할 수 있기 때문에 〈그림 4-3〉과 같이 위협을 분석하고 요구능력을 도출하여 무기체계의 규격으로 발전시키는 과정과 같이 개념을 정량화하는 절차가 대단히 중요하다.

이런 정량화 절차를 보면 능력(Capability)은 효과(Effectiveness)를 정의할 수 있는 기준이 되며 능력을 보다 정량적으로 정의할수록 효과에 대한 구체화가 용이해진다. 효과척도(MOE : Measure of Effects)를 사용하여 요구능력을 정량적으로 정의하면, 효과를 기준으로 무기체계의 성능척도(MOP : Measure of Performance)를 도출할 수 있다. 이렇게 정의된 성능을 발휘할 수 있도록 구성품의 기술적성능척도(TPM : Technical Performance Measure)를 도출하면 구성품

<그림 4-3>
군사력 건설과 무기체계 특성 결정 요소

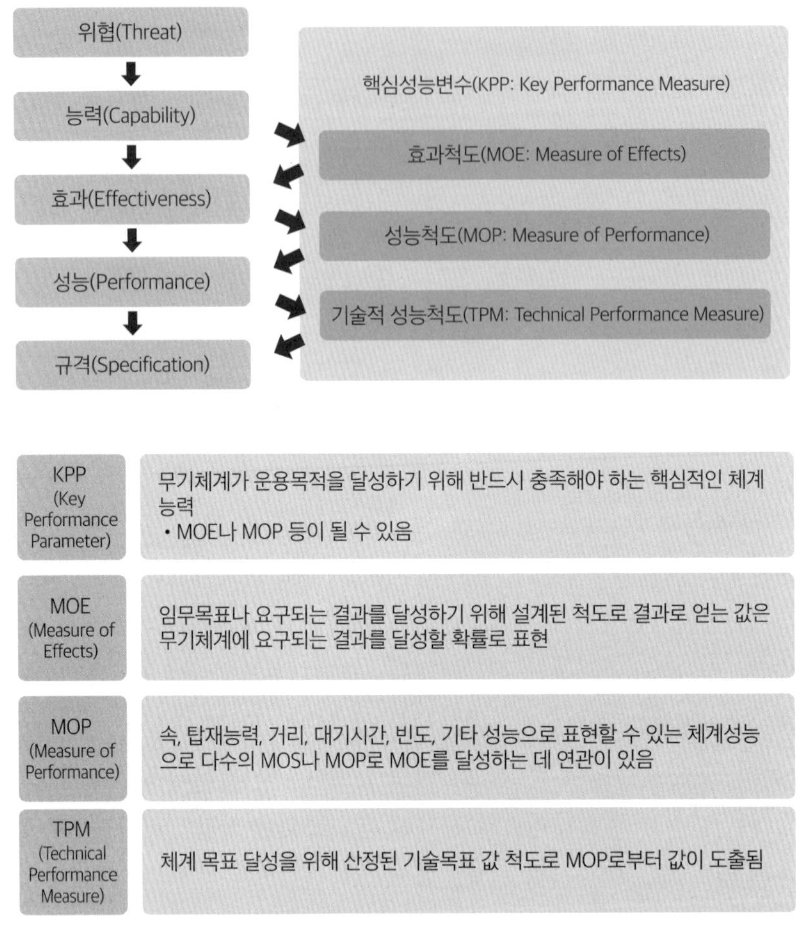

의 제조나 생산이 가능해진다.

이런 계층구조적 관계에서 정량적인 값들은 전장기능별로 무기체계는 상이한 특성(Attribute) 때문에 효과를 정의하는 방법이 다양하다. 효과척도와 성능척도의 계층구조적 관계 때문에 각 요소별 공학적, 과학적 분석방법에 의한 복잡한 관계식을 갖는다. 이렇게 군사력 건설을 위한 무기체계 소요 도출 시 다양한 무기체계 유형별 특성을 대표하는 핵심성능변수(KPP : Key Performance Parameter)를 사용함으로써 무기체계 연구개발 및 생산관리가 용이하도록 체계성능이나 기술적 성능을 체계적으로 정의한다. 〈그림 4-4〉와 같이 규격을 표준화한 후 표준규격으로 대량생산 및 운영유지가 가능한 체계를 구축하여 연구개발 무기체계를 획득하게 된다.

<그림 4-4>
규격(Specification)

Spec (specification)

군수품 조달에 필요한 제품 및 용역에 대한 성능, 재료, 형상, 치수 등 기술적인 요구사항과 요구필요 조건의 일치성 여부를 판단하기 위한 절차와 방법을 서술한 사항으로 규격서, 도면, 품질보증요구서, 자료목록, 소프트웨어 기술문서 등으로 구성

1. 원재료 2. 형상 3. 치수 4. 성능 5. 제조방법 6. 검사방법
7. 품질관리방법 8. 포장방법 등 * 방위사업관리규정 "국방규격"

국방규격 (예)

번호	규격번호	규격서명	재고번호(NSN)
1	1080-1004	지지대, 위장차단체계용	1080001081173
2	1095-1006	라인 부상형	1095003342409
3	1210-4001	ROD, SHAFT, SPACER	3020170464848
6	1005-1106	20미리 수입봉과 수입봉손잡이 조립체	1005001581691
7	1005-1109	폐쇄기밀대	1005003808995
9	1105-1133	포신 스프링 배장기	1005001581858
10	1015-1230	카바수입솔	1015005583757

이렇게 "부족능력"과 "전력소요"라는 추상적 개념을 도출하는 과정에서는 현상을 합리적이고 과학적인 방법으로 분석하고 전략을 구상하여 기획하는 정책이나 경영학과 관련된 학문이 일부 필요하다. 이런 활동에 이어 최적의 요구성능을 정의하고 핵심성능변수를 도출하는 과정에 운영과학이라는 학문체계가 필요하고 M&S와 워게임 분석을 통한 합리적인 대안분석이 필요하다.

이 과정에 적정한 "작전운용성능" 혹은 "핵심성능변수"가 전투력 발휘에 어느 정도로 기여하는지 "효과분석"이 필요하고 이런 분석에 적합한 M&S를 활용하여 보다 과학적인 답을 찾는 노력이 필요하다. 이렇게 획득한 작전운용성능이나 핵심성능변수를 기준으로 개발 중인 무기체계의 규격화 이전에 "기술적 성능"을 정의해야 한다.

이런 관계가 다분히 공학적인 관계가 있지만 이런 과정의 시작은 군사적이고 정책적인 분석과정을 거쳐서 진행된다. 이렇게 군사력 건설 과정에는 군사 및 전략기획과 운영과학(OR), 모델링과 시뮬레이션(M&S), 체계공학적 접근이 필요하다. 이런 특성에 대한 연구는 무기체계의 연구개발에 있어서 핵심적인 요소를 정의하게 되고 관리할 수 있게 되며 기획관리를 위한 요소로 활용할 수 있다.

이 과정을 통해 결정한 기술적 성능은 〈그림 4-4〉와 같은 규격을 확정하는

데 대단히 중요한 역할을 하게 된다. 규격은 무기체계의 구성품 등 구성요소에 대해 통합된 체계성능을 충족할 수 있도록 개별 구성품에 대한 원재료, 형상, 치수, 구성품의 기술적 성능, 제조방법, 검사방법, 품질관리방법, 포장방법으로 구성된 문서체계다.

이런 내용이 형식적으로는 규격서, 도면, 품질보증요구서, 자료목록, 소프트웨어 기술문서 등으로 구성되도록 국방전력발전업훈령 등에서 제시하고 있고 이렇게 무기체계별로 구성하여 권위 있는 위원회 등의 승인절차를 거쳐 "국방규격"으로 결정하게 된다.

2. 군사적 능력과 무기체계 성능의 계층구조적 관계

앞에서 소개한 바와 같이 부족능력으로부터 규격에 이르는 일련의 과정은 공학적이고 과학적인 방법론을 적용하고 있다. 〈그림 4-5〉는 이런 관계를 계층구조적으로 도식한 사례이다.

〈그림 4-5〉를 살펴보면 먼저 우리 군에 필요한 새로운 무기체계의 능력은 "적 지휘소 건물표적이 폭 30m이고, 길이가 100m, 높이가 10m인 건물에 대해 유도탄 같은 무기체계 2발 정도로 건물의 바닥면적의 50%를 파괴할 수 있어야 한다"고 요구능력을 정의할 수 있다. 이런 능력에 대한 정의 내용을 분석하여

<그림 4-5>
군사력 건설소요와 무기체계간 계층구조적 (hierarchical) 관계

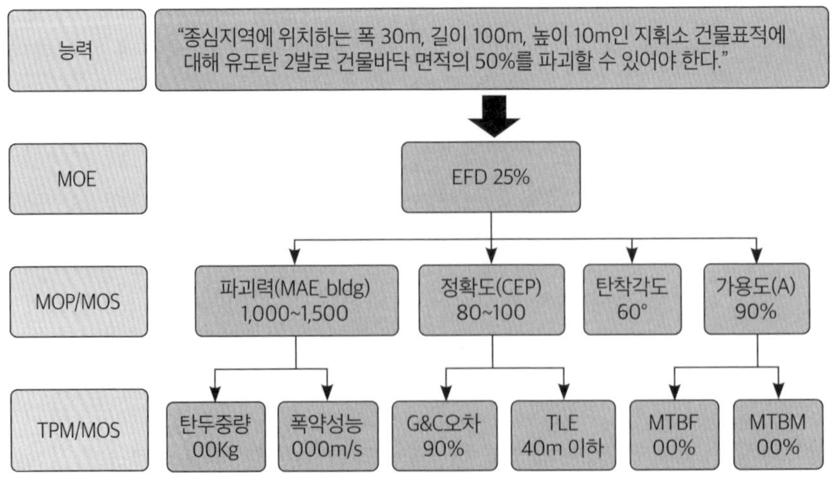

요구능력	"종심지역에 위치하는 폭 30m, 길이 100m, 높이 10m인 지휘소 건물표적에 대해 유도탄 2발로 건물바닥 면적의 50%를 파괴할 수 있어야 한다."

작전운용성능 도출

척도구분	항목		값	선정사유
MOE	표적파괴율(EFD) (%)		50	폭 30m, 길이 100m, 높이 10m인 지휘소 건물 파괴
MOP	(MAE_bldg)		1,000~1,500	요망파괴효과, 정확도 고려
MOP	정확도	CEP(m)	80~100	탄두위력 고려
TPM		G&C오차(m)	30 이하	오차 상호 절충
MOS		TLE(m)	40 이하	
MOP	가용도(A0) (%)		90	개략적 가정
MOS	탄착각도(°)		60	파괴효과 극대화 고려

<그림 4-6>
요구능력으로부터 도출된 작전운용성능 사례

요망파괴효과 척도 MOE를 기대파괴확률(EFD : Expected Fractional Damage)로 정의할 수 있다. 이때 그 수준에 대한 예를 들어 단발에 바닥면적의 25%가 파괴될 수 있어야 한다고 요망효과를 정의할 수 있다. 이 요망효과 달성에 필요한 유도무기 체계특성은 탄두위력, 정확도, 체계 가동율, 운용 시 탄착 각도를 고려할 수 있다.

이 요소들의 공학적 의미를 살펴보면 첫째, 탄두위력은 핵심성능변수(KPP) 중 건물표적에 대한 평균유효파괴면적(MAE_bldg)에 대한 MOP를 정량적으로 정의할 수 있다. 이런 파괴력을 이용하여 탄두중량이나 폭약성능에 대한 기술적 성능과 재질 등을 정의할 수 있다.

둘째, 정확도(CEP)는 유도탄 자체가 갖는 정확도에 관한 오차로 유도 및 통제간에 발생되는 G&C(Guidance and Control)오차가 있고, 유도탄을 운용할 때 표적정보에 포함되는 표적위치오차(TLE : Target Location Error)가 있다. 이런 정확도에 관련된 오차의 조정(Error Budget)을 통해 설계치를 결정하게 된다.

셋째, 소요량과 함께 유도탄 체계 가동률이나 가용도를 결정하면 고장간평균시간(MTBF : Mean Time Between Failure)이나 정비간평균시간(MTBM : Mean Time Between Maintenance) 값을 결정할 수 있다.

〈그림 4-6〉과 같이 정량화된 군사적 요구능력을 기준으로 효과척도(MOE) 값을 우선 결정하고 중요한 작전운용성능요소를 결정해 나아감으로써 무기체계 설계에 필요한 각종 체계성능과 기술성능을 체계적으로 결정해나갈 수 있게 된다.

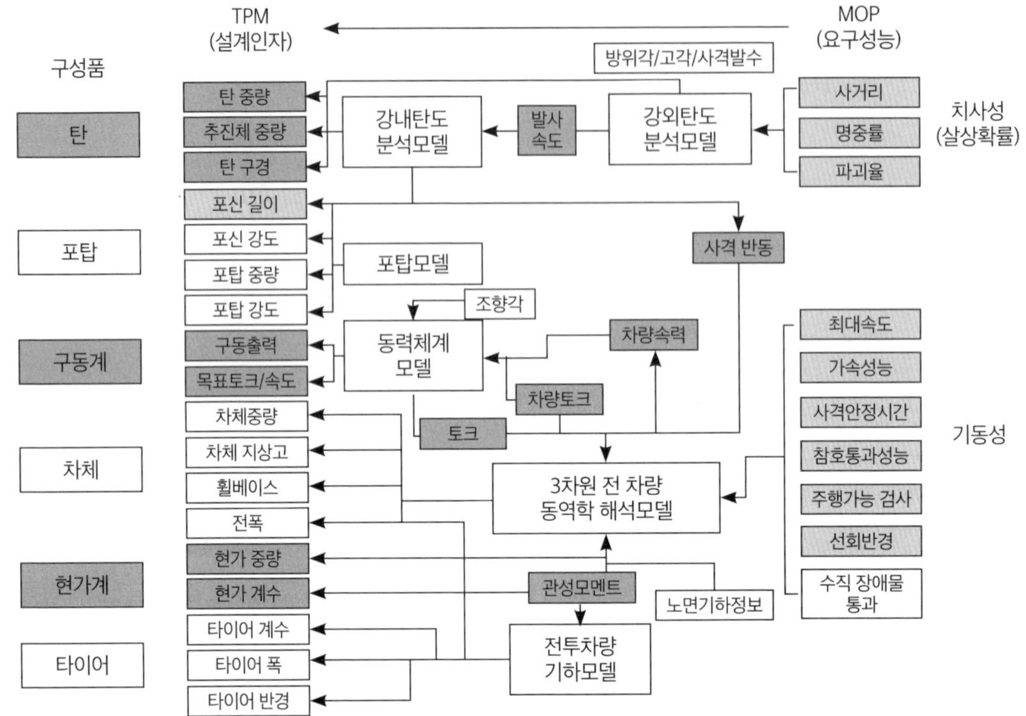

<그림 4-7>
작전운용성능 또는 MOP 로부터 기술척도(TPM) 도출 관계

따라서 군사력 건설 개념을 결정하고 그 체계의 효과를 결정하는 것이 필요한 무기체계 연구개발의 핵심적인 과업임을 알 수 있다. 이런 계층 구조적 관계의 완전성과 합리성, 축적된 경험요소에 따라 무기체계 연구개발 능력이 결정된다.

현대전에서 전투력을 발휘하기 위해 필요한 전장기능 분류에 대한 많은 연구가 수행되어 다양한 주장도 있지만 실전 경험이 많은 미군은 〈그림 4-7〉과 같이 전장기능에서 요구하는 작전효과 달성에 필요한 작전운용성능과 구성품 설계에 필요한 인자, 즉 기술적 성능척도를 구조적으로 연계시키고 있다.[2]

예를 들어 화력무기체계가 전장에서 요구되는 살상효과를 충족할 수 있도록 사거리와 명중률 성능척도를 충족하는 발사속도, 탄 질량이 정의되고, 추진제 질량과 탄 구경 등을 정의함으로써 탄약이라는 구성품을 설계할 수 있다. 즉,

---

2 임성훈 외, "화력과 기동의 통합성능을 고려한 미래 전투차량의 해석기반 설계 프레임웍 연구 : (1)통합성능분석모델 개발", 한국CAD/CAM학회 논문집, Vol.19, No.4, 2014.

무기체계로 요망효과를 달성할 수 있도록 구성품 설계인자들을 결정함으로써 규격을 충족해야 비로소 요구하는 무기체계 개발이 완성된다.

3. 전장기능과 무기체계의 분류

1) 전장기능의 분류

현대전에서 전투력을 발휘하기 위해 필요한 전장기능의 분류에 대한 많은 연구가 수행되어 다양한 주장도 있지만 실전 경험이 많은 미군은 교리적으로 분류하고 있다. 합동기능은 능력과 통합, 동기화와 합동지휘를 도와주는 데 관련되는 능력과 활동으로 분류하고 있다. 그 기능은 모든 수준의 전장에서 일반적으로 미합참에서는 지휘통제(C2: Command and Control), 정보화(information), 정보(intelligence), 화력(fires), 이동 및 기동(movement and maneuver), 방호(protection), 지원(sustainment)으로 구분하고 있다.[3] 그러나 여기서는 이전 분류 개념에 따라 지휘통제, 정보 혹은 전장감시(BA: Battle Awareness), 화력(Fire), 이동 및 기동(Movement and Maneuver), 방호(Protection), 지원(Sustainment) 6개의 기본적 그룹으로 분류했다.

먼저 지휘통제기능은 무기체계를 갖춘 부대를 지휘하여 부여된 임무를 수행하는 기능으로 지휘관이 전장상황을 분석·판단하여 의사결정하고 실행하는 일련의 절차를 통제하는 기능이며 지휘통제 및 통신과 관련된 기능을 뜻한다.

전장감시기능은 전투수행에 필요한 적과 지형 등에 관한 정보를 종합하고 분석하여 작전에 활용 가능한 상태로 가공하는 기능으로 지휘관의 의사결정에 결정적인 영향을 미친다. 현대 첨단 IT기술 발전추세에 따라 그 기술 비중이 높은 지휘통제기능도 함께 발전했다. 전장감시 기능은 실시간 화상 및 영상으로 수집하여 지휘결심 조직에 제공함에 따라 보다 민첩하고 기민한 전투수행이 가능하면서 정밀하고 정교한 전투수행이 가능하게 하는 기능이다.

화력기능은 오래 전부터 전투력의 핵심기능으로 역할을 해왔는데 현대전에

---

3 Joint Publication 3-0, *Joint Operations*, 17 January, 2017.

서는 정밀화된 유도미사일과 탄두위력의 발전으로 과거보다 꾸준히 능력이 향상되고 있는 기능이다. 특히 지휘통제기능의 첨단화와 관련되는 기술의 발전을 통해 실시간 동시타격능력을 갖추어 전장에서는 대단히 중요한 기능적 역할을 하고 있다.

이동 및 기동기능은 무기체계를 구비한 부대가 필요한 지역으로 전개하여 부여된 임무를 수행하기 위해 이동하는 기능으로 접적지역에서 전투밀도가 높아지면 전진이 용이하지 않아 교전을 통해 돌파하거나 화력을 이용하여 적을 제압하면서 전진해야 하는 전술적인 이동을 수행해야 하는데 이런 절차를 의미하는 기능이다. 이때 기동지원은 전투수행부대를 전투나 작전에 유리한 위치로 이동할 수 있도록 지원하는 기능이다. 전투부대가 기동 간 적이 설치한 지뢰나 장애물을 극복할 수 있도록 제거하거나 자연장애물로 하천이나 건천 등의 도로상의 간격을 건널 수 있도록 지원하는 기능이다.

방호기능은 전투부대에 대해 적은 화력으로 살상을 시도하기 때문에 화력으로부터 방호할 수 있도록 시설을 구축하고 개인별로 적이 공격하는 화학, 생물학, 핵무기로부터 부대와 개인을 보호하는 기능이다. 그뿐만 아니라 3차원 무기체계 항공기로부터 보호할 수 있는 방공도 방호기능에 포함된다.

지원기능은 전투부대들이 전방에서 전투를 수행할 때 그 부대들에 전투물자를 지원하는 기능이다. 파괴된 무기체계 혹은 그 부속품을 공급하거나 정비해서 전투지역 전방에 위치한 부대들이 전투를 계속 수행할 수 있도록 하는 기능으로 전면전이고 대규모 전쟁일 경우 성패를 좌우하는 결정적 기능이 된다.

이렇게 전장에서 운용할 목적으로 분류한 전장기능의 분류체계는 무기체계의 능력을 발전시키는 특성을 결정하는 데 중요한 의미를 갖는다.[4]

2) 무기체계의 분류

앞에서 군사력을 발휘하는 전투발전요소를 제시했고 이렇게 군사력을 발휘하는 무기체계는 한국군에서는 "방위사업법"에 정의하고 있다. 무기체계를 정의하는 합동참모본부에서 그 분류를 하고 있으며 방위사업법에서는 "'무기체

4 JCIDS Manual, *Manual for The Operation of The Joint Capabilities Integration and Development System(JCIDS)*, 12 February, 2015.

전장기능	무기체계
지휘통제(C2)	통신망 등 지휘통제 · 통신무기체계
전장감시(Battle Awareness)	레이다 등 감시 · 정찰무기체계
화력(fires)	자주포 등 화력무기체계
이동 및 기동 (movement and maneuver)	전차 · 장갑차 등 기동무기체계
방호(protection)	대공유도무기 등 방호무기체계
지원(sustainment)	-
-	전투함/전투기 등 함정/항공무기체계
-	모의분석 · 훈련S/W, 전투력 지원을 위한 필수장비 등 그 밖의 무기체계
-	사이버전장관리체계 등 사이버무기체계
-	위성 등 우주무기체계

<표 4-1>
전장기능과 무기체계 분류

계'라 함은 유도무기 · 항공기 · 함정 등 전장(戰場)에서 전투력을 발휘하기 위한 무기와 이를 운영하는 데 필요한 장비 · 부품 · 시설 · 소프트웨어 등 제반요소를 통합한 것으로서 대통령령이 정하는 것을 말한다."[5]라고 정의하고 있다.

이 대통령령에서는 무기체계를 10개의 체계로 대분류하고 있다. 이런 무기체계는 앞서 설명한 전장기능과 〈표 4-1〉과 같이 상호간의 관계를 갖고 있다.

전투함과 전투기는 기동과 화력의 특성을 갖고 있어서 특정 기능으로 분류하기는 다소 어려움이 있다. 한편 모의분석 및 모의훈련 소프트웨어나 전투력 지원을 위한 필수장비 등은 전장기능으로 포함시키기에는 적절하지 않다. 그럼에도 불구하고 무기체계는 크게 지휘통제, 전장감시, 화력, 이동 및 기동, 방호 등의 무기체계로 분류할 필요가 있다. 이런 무기체계의 분류는 군수품을 무기체계로 구분하는 국방부에서 수행하는데 그 분류에 대한 기준은 국방부훈령 제8조 무기체계와 전력지원체계의 구분에 의해 다음과 같이 정의하고 있다. 무기체계는 운용목적, 용도 및 필요성 등을 고려하여 군사작전에 직접 운용되거나 전투력 발휘에 직접 영향을 미치는 장비 · 물자, 무기체계의 전투력 발휘에 영향을 미치는 장비 · 물자, 전투력 발휘에 영향을 미치는 주요 전술훈련장비 및 소프트웨어, 관련시설을 무기체계로 분류하며, 국방 M&S체계 중 전투력 운

5 법률 제19476호 「방위사업법」(2023.9.21.) 제3조 3항.

용과 능력배양에 직접 관련이 되는 모델, 전투력 운용과 전력증강 타당성 분석을 위한 모델, 무기체계 획득과 직접 연계되는 모델도 역시 무기체계로 분류한다.[6]

이처럼 대한민국은 기존장비나 주장비와 달리 별개의 무기체계로 구분하는 기준을 설정하여 사업관리의 용이성 보장에 중점을 두고 있다. 무기체계를 분류하는 절차는 국방부가 관련 기관부서로부터 무기체계 분류를 요청받으면 접수한 날로부터 30일 이내에 결정한다. 국방부는 무기체계 분류요청을 받으면 제8조 1항부터 3항의 기준, 합동무기체계목록에 수록된 무기체계 현황, 유사무기체계 분류결과 등을 고려하여 구분한다.[7] 세부적인 무기체계 분류는 훈령의 별표 #4 "무기체계 세부분류표"를 참고할 수 있다. 한국군의 무기체계 분류는 전장기능 등을 고려하여 10대 무기체계로 분류하고 있으며 그중 사업관리의 편리성 등을 보장하기 위해 모의분석 및 훈련 모델을 무기체계로 분류하고 있다. 이상적으로는 전장기능과 무기체계 분류 시 정확한 연계성을 이루어야 하나 무기체계 획득사업 관리의 용이성과 전장기능별 특성을 반영하는 데 중점을 두었다.

3) 주요 국가별 무기체계 분류

<표 4-2>
주요 국가의 무기체계 분류 비교

한 국	영 국	이스라엘	미 국
1. 지휘통제 · 통신 2. 감시 · 정찰 3. 기동 4. 함정 5. 항공 6. 화력 7. 방호 8. 사이비 9. 우주 10. M&S. 시설 등	1. 지상 ① 지상무기 ② 장갑차량 ③ 공병장비 ④ NBC 방호 ⑤ 보안 ⑥ 폭발물처리 ⑦ 탄약 등 2. 해상 3. 항공	1. 지상 2. 전자전 3. NBC 방호 4. 전자광학 5. 보안 6. 함정 7. 항공 8. 기타	1. 항공체계 2. 항공전자체계 3. 미사일/병기체계 4. 전략미사일체계 5. 함정체계 6. 우주체계 7. 지상차량체계 8. 무인해양체계 9. 발사차량체계 10. 정보체계/국방업무정보체계
방위사업법시행령	Jane's 연감	SIBAT2009-10	MIL-STD-881C

6 국방부훈령 제2845호 「국방전력발전업무훈령」(2023.9.25.) 제8조.
7 국방부훈령 제2845호 「국방전력발전업무훈령」(2023.9.25.) 제24조.

〈표 4-2〉와 같이 일부 해외 주요 국가들의 무기체계 분류를 보면 영국은 지상, 해상, 항공의 3군 분류를 기준으로 지상 무기체계를 구분하고 있다. 이스라엘은 지상, 함정, 항공은 영국과 유사한데, NBC방호, 보안은 지·해·공 공통 무기체계로 분류하고 있고, 추가적으로 전자전과 전자광학 무기체계를 별도로 분류하고 있다. 반면에 미국은 특이한 분류체계를 갖고 있는데 항공, 전자, 미사일, 병기, 함정, 우주, 지상차량, 무인항공기체계로 표준화된 특성을 갖는 무기체계별로 구분을 하고 있다.

국가별로 유사하지만 보다 진화한 미군무기체계 분류개념은 군사표준인 MIL-STD- 881F에서 다음과 같이 무기체계를 분류하여 정의하고 있다.[8]

먼저 항공체계(Aircraft System)는 고정익, 이동형 날개, 회전익 또는 복합 날개가 있는 유동력 또는 글라이더 같은 무동력 유인 비행체로 정의하고 있다. 기체, 추진체계, 항전체계, 무장 및 무기투하체계, 기타장비, 탑재/임무체계, 지상체계 등으로 구성된다.

전자전체계(Electronic/Avionic/Generic Systems)는 처리기, 무선, 전자전, 레이더 등 전기적 기능으로 체계를 구성하는 무기체계로 정의한다.

미사일/병기체계(Missile/Ordnance System)는 전장환경에서 선정된 표적에 대해 핵, 생물, 화학, 심리적, 화염을 탑재한 전술미사일이나 탄약으로 발사나 사격을 통해 파괴효과를 달성할 수 있는 수단으로 탄두(탑재체), 추진체계, 유도조종체계 등으로 구성된 무기체계로 정의한다.

전략미사일체계(Strategic Missile System)는 주로 외기권에서 하나 이상의 탄두를 선정된 표적에 투발하거나 적의 탄도미사일에 대해 방어망을 형성하여 무력화 또는 파괴하기 위해 발사하는 체계로 탑재체, 추진체계, 유도통제체계 등으로 구성된 무기체계다.

함정체계(Sea Systems)는 바다에서 해군과업을 수행하기 위해 요구되는 수면항해와 수중잠수 가능한 함정·체계·무기·장비로 선체구조, 추진발전체계, 전력발전체계, 지휘, 통신, 정찰, 무장 기타 체계로 구성된 무기체계다.

우주체계(Space Systems)는 특정 우주궤도 위치·운용·무인우주체계 복구를 위한 개발·투하·운영하는 체계로 우주체, 지상체, 궤도운반체, 발사체계 등으

8 MIL-STD-881F, *Work Breakdown Structures for Defense Materiel Items*, 13 May 2022, pp. 68~82.

로 구성되며, 우주체는 열통제부체계, 전력부체계, 자세제어부체계, 추진부체계, 텔레메트리 추적 및 지휘부체계 등으로 구성된다. 군사적으로는 주로 정찰 및 통신 목적으로 운영되나 ICBM 우주요격 등 다양한 목적으로 개발하고 있다.

지상차량(Surface Vehicle)은 지상과 수상에서 이동하는 무한궤도, 차륜, 수륙양용 차량을 의미한다. 차체, 방호체계, 포탑체계, 현가 및 조종체계, 전기체계, 동력패키지/동력전달장치, 보조동력장치, 화력통제장치, 무장, 자동탄약공급장치, 항법 및 원격조종체계, 특수장비 등으로 구성된다.

무인항공기체계(Unmanned Air Vehicle Systems)는 고정 혹은 이동형 날개, 회전익 또는 복합 날개의 동력 및 글라이더와 같은 무동력 무인비행체로 항공체계와 유사한 구성을 갖는다.

무인해양체계(Unmanned Maritime Systems)는 바다에서 해군의 과업을 완수하기 위해 필요한 지상 및 수중잠수 가능 함정, 체계, 무장, 장비를 뜻한다. 해양체계, 탑재체 등으로 구성된다.

발사차량체계(Launch Vehicle Systems)는 미사일을 투발 운용하는 발사대 차량으로 발사차량, 발사기지, 지상통제체계 등으로 구성된다.

정보체계/국방업무체계(Information Systems/Defense Business System)는 정보의 통신 · 처리 · 저장과 같은 특정한 정보관리 작전에 적용하기 위해 컴퓨터 H/W, S/W, N/W 또는 이런 것들을 조합하여 결합체로 운용하고 개발 및 전력화된 체계로 ERP, MIS, N/W 또는 기타 장비와 결합되어 전자 정보를 관리하는 체계로 정의하고 있다.

미국의 무기체계 분류기준은 미 국방성이 사업관리 목적으로 사업 소요예산(규모) 기준으로 구분하고 있다. 한편 미국 정부기관에서 연구개발관리를 위한 WBS 기준으로 구분하여 체계구성요소의 고유성과 공통성을 고려하여 유형을 구분하고 있다. 대체로 자유롭게 필요에 의한 구분기준을 설정하고 있다.

반면 한국의 분류기준은 법령으로 분류하여 명시하고 있으며 전력화되거나 소요가 결정된 체계를 중심으로 구분하는 성향이 있다. 미국과 비교하면 한국의 법률적 분류기준은 행정집행 중심으로 경직성과 발전성이 다소 제한될 수 있다. 미국의 분류기준은 연구개발과 행정적 관리를 모두 원활하게 수행할 수 있도록 해주며 다양성을 보장하고 있다. 미국은 목적에 따라 무기체계를 분류하고 있는데, 공학적 활동 구조나 연구개발(R&D) 업무구조를 유지함으로써 체계적이고 지속적으로 발전시킬 수 있으며, 유사 특성별로 그룹화하면 비교나 개발관리가 용이하다.

앞에서 분류한 기동무기체계 중 전차는 기동성과 기민성, 치명성, 생존성이 모두 요구되어 분야별로 지속적인 발전을 도모하고 있고, 항공무기체계나 함정무기체계도 기동성, 생존성, 은밀성 등을 위해 다양한 기술들이 발전하고 있다.

이처럼 무기체계는 전장에서 치명성(Lethality), 기동성(Mobility), 기민성(Agility), 생존성(Survivability), 상호운용성(Inter-operability), 정밀성(Precision), 감시성(Awareness), 은밀성(Stealth)과 같은 특성을 추구하고 있다. 따라서 무기체계는 이런 특성들 중심으로 첨단화하여 발전하고 있다.

또한 동일한 방공무기체계 중 사거리, 파괴율(치명성), 반응속도(기민성) 등 공통적인 특성을 정의하면 유사무기체계 성능을 쉽게 비교할 수 있고 목표성능의 설정과 연구개발을 위한 관리 및 통제가 용이해진다. 정밀유도 무기체계의 경우 탐색기 성능향상과 관련된 핵심기술에 대한 집중투자 등을 위해 개발 목표수준을 설정하고 사용자 요구를 정의하거나 개발 간 목표성능을 비교하고 정의하여 개발관리가 가능하여 무기체계 개발이 용이해진다.

4. 무기체계의 작업분할구조(WBS)

이렇게 무기체계 분류는 특정할 수 있는 기준이 아니기 때문에 각 국가별 군사력 건설, 획득관리 혹은 전장기능 분류를 위해 연구개발이 용이하도록 분류하고 있다. 공학적으로는 체계 특성을 공통 적용 가능한 그룹별로 구분하여 〈표 4-3〉의 예와 같이 MIL-STD-881F에서는 작업분할구조(WBS: Work Break-down Structure)를 공통적으로 적용할 수 있는 체계 그룹으로 분류하여 적용하고 있다.[9]

9 MIL-STD-881F, *Work Breakdown Structures for Defense Materiel Items*, 13 May 2022, pp. 68~82.

<표 4-3>
무기체계 작업분할구조 (WBS) 예 (미사일체계)

WBS #	수준 2	수준 3	수준 4
1.1	탑재체		
1.1.1		미사일 프레임	
1.1.1.2			항공프레임 통합결합체, 시험점검
1.1.1.3			주요 구조(Primary Structure)
1.1.1.4			2차 구조(Secondary Structure)
1.1.1.5			항공구조(Aero-Structure)
1.1.1.6			기타 항공프레임 구성요소
1.1.2		추진체계	
1.1.2.1			추진체계 통합결합체, 시험점검
1.1.2.2			모터와 엔진(Motor and Engine)
1.1.2.3			추력벡터구동(Thrust Vector Actuation)
1.1.2.4			자세조종체계(Attitude Control System)
1.1.2.5			연료/산화제 관리
1.1.3		전원 및 분배	:
1.1.4		유도(Guidance)	:
1.1.5		항법(Navigation)	:
1.1.6		조종(Control)	:
1.1.7		통신	:
1.1.8		탑재탄두	:
1.1.9		재진입체계	:
1.1.10		부스트이후체계	:
1.1.11		무장개시체계	:
1.1.12		탑재시험장비	:
1.1.13		탑재훈련장비	:
1.1.14		기타장비	:
1.1.15		비행체 S/W	:
1.1.16		비행체 통합, 결합체, 시험, 점검	:

연습문제

1. 대한민국법령 중 8대 무기체계 분류를 명시한 최상위 법령은 무엇인가?

2. 이 법령에 따르면 무기체계 분류는 어떻게 하고 있는가?

3. 적 전차 파괴를 위해 보병부대의 소부대 위주로 편성된 "대전차로켓"은 어떤 무기체계로 분류하는가?

4. 정밀유도무기체계, 전투기 등은 적의 초전 공격에 대비하여 방호 받을 수 있도록 "전투필수시설" 내에 보관하여 생존성을 보장함으로써 적시에 전투임무수행이 가능하다. 이때 "전투필수 시설"은 어떤 무기체계로 분류하는가?

5. THAAD나 KAMD 등 북한 핵미사일 위협이 가중되는 현시점에 주요 도시나 시설 등을 핵미사일로부터 보호하기 위해 전력화하는 무기체계는 어떤 무기체계로 분류하는가?

6. 기계화부대는 첨단 K-2전차 위주로 편성되어 있다. 이부대가 MDL을 넘어 신속히 공격하기 위해 북한에서 설치한 대규모 대전차 지뢰지대 통과를 위해 통로개척전차를 추가 편성해야 한다. 이때 통로개척전차는 어떤 무기체계로 분류하는가?

7. 미군은 오랜기간 동안 전쟁을 수행한 경험을 통해 전장(戰場)에 필요한 기능(Warfighting Function)을 어떻게 구분하는가?

8. 화력과 기동, 강력한 장갑을 갖춘 전차는 국방부 훈령에서 어떤 무기체계로 분류하고 있는가?

제 2 부

무기체계론

제5장

감시정찰 무기체계

1. 전장기능

감시정찰(ISR : Intelligence, Surveillance & Reconnaissance) 무기체계는 전장지휘활동을 지원하기 위해 필요한 시간에 정확하고 적절한 정보를 제공할 수 있도록 협조하는 통합적인 제반 체계들을 총체적으로 지칭한다. 정보를 수집·처리하는 기능은 모든 군사활동에 선행하는 활동이므로 대단히 중요하다. 정보 획득을 위해 플랫폼은 인공위성부터 지상설치 운용 무인감시장비까지 다양한 스펙트럼을 형성한다.

전장기능 중 전장감시(Battle-space Awareness) 능력은 적 부대의 배치와 의도, 작전환경의 특성과 조건을 판단할 수 있는 능력으로 정보·감시·정찰·기상학·해양학을 포함하는 모든 출처의 정보를 이용하여 국가와 군사 수준의 의사결정 및 무기체계의 작전적 운용이 가능하게 하는 기능을 갖추고 있다. 전장기능에 있어서 정보는 의사결정에 적, 지형과 민간을 고려할 때 이해를 용이하게 하는 것과 관련된 과업이다. 정보 과업은 정찰·감시, 정보작전 같은 전술적 과업 시행에 관련된 요구의 통합을 포함하며 각 제대에 부합되는 특정 정보와 통신체계 구조까지 포함하고 있다.

<그림 5-1>
미국의 신삼축체계와 감시정찰전력

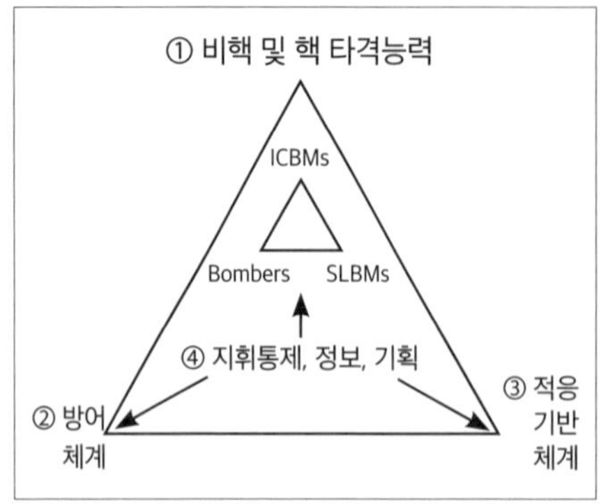

① 1축 : 공격전력
- ICBM, 폭격기, SLBM 등 핵전력
- 비 핵 정밀타격체계 포함 확장

② 2축 : 방어전력
- SDI, MD체계 등 대 탄도탄 전력

③ 3축 : 기반체계
- 방산기반체계
- 민·군 기술협력체계

④ 중심축
- 지휘통제 및 정보전력
- 전력기획체계

미국은 〈그림 5-1〉[1]처럼 9.11테러 이후 NPR(Nuclear Posture Review)을 통해 국방정책을 전반적으로 재검토하면서 2001년 이후 삼축(Triad)체계에서 신삼축(New Triad)체계로 전환했다.

이때 핵무기 중심의 3축에 비핵정밀타격수단을 포함하는 공격기능 위주 수행전력 한 축과 SDI를 계승하여 구축된 미사일 방어(MD : Missile Defense)체계의 한 축이 있고, 이런 체계의 지속적인 개발을 지원하는 민군 연구개발기술과 방산기반체계를 한 축으로 한다. 이런 3축의 중심에 정보(Intelligence)가 존재하는데 이것은 지휘통제체계(C2)와 함께 3축의 중심에 두어 공격 및 방어 전력에 모두 활용하는 체계로서 의미를 갖는다. 우리는 정보기능을 수행하는 무기체계로 북핵 대비 삼축체계 중 공격체계인 Kill-Chain에 정찰위성과 정찰용 UAV(Unmanned Air Vehicle)를 반영하고, 방어체계인 KAMD에는 탄도탄 조기경보레이더와 이지스함 레이더를 포함하고 있다.

2. 주요 특성과 원리

1) 표적 유형별 감시정찰 무기체계

감시정찰 무기체계는 〈그림 5-2〉처럼 지상에서 활동하는 인원 · 장비 표적,

1 박진호, "도약적 우위능력 확보를 위한 미래전력 소요창출 방향," 전투발전세미나, 2016.10, p.16.

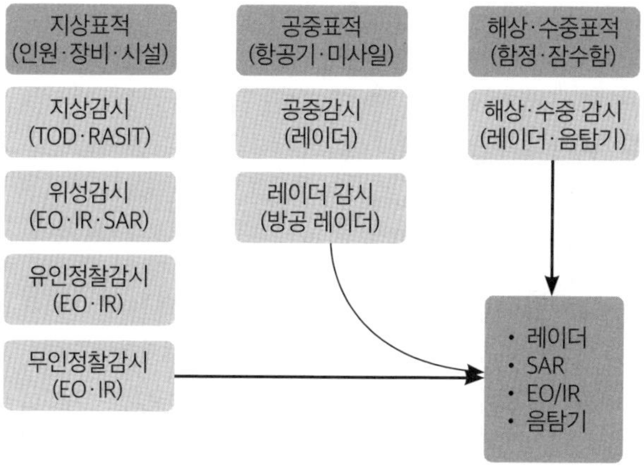

지상표적
(인원·장비·시설)

지상감시
(TOD·RASIT)

위성감시
(EO·IR·SAR)

유인정찰감시
(EO·IR)

무인정찰감시
(EO·IR)

공중표적
(항공기·미사일)

공중감시
(레이더)

레이더 감시
(방공 레이더)

해상·수중표적
(함정·잠수함)

해상·수중 감시
(레이더·음탐기)

- 레이더
- SAR
- EO/IR
- 음탐기

<그림 5-2>
표적 유형별 감시정찰 무기체계

공중에서 교전하는 항공기·미사일 표적, 해상이나 수중에서 활동하는 함정·잠수함 표적을 탐지·식별해야 한다. 이렇게 전장감시를 위한 환경과 대상표적이 다양한 만큼 유형별 탐지·식별 가능한 무기체계도 다양하다.

지상의 인원·장비를 탐지·식별하기 위해 사용 및 개발하고 있는 체계는 지상에 설치·운용하는 지상감시장비로 열상감시장비(TOD : Thermal Observation Device), 지상감시레이더(RASIT : radar d'acquisition et de surveillance terrestre)가 있다. 위성체에 탑재하여 지상을 감시하는 감시장비는 전자광학(EO : Electro-Optics), 적외선(IR : Infra-Red), 합성개구레이더(SAR : Synthetic Aperture Radar) 장비가 있다. 비행체에 전자광학(EO) 및 적외선(IR) 장비를 탑재한 유인 혹은 무인 정찰감시 장비도 지상표적을 탐지 및 식별하는 데 사용된다. 공중에서 항공기나 미사일 표적을 탐지·식별하기 위해 현재까지 사용하거나 개발하고 있는 감시정찰무기체계는 모두 레이더이며 지상배치 혹은 차량 탑재형과 항공기나 함정 탑재형 레이더가 있다. 함정·잠수함의 탐지·식별을 위해 레이더나 음탐기를 사용하는데 수상표적은 레이더로 탐지가 가능하지만 수중표적은 음탐기만 탐지가 가능하다. 센서 중 레이더는 수중표적을 제외한 지·해·공의 모든 표적을 탐지할 수 있다. 지상표적의 경우 공중이나 해상처럼 단순한 배경이 아니라 병력과 장비에 대한 탐지 및 피아식별이 어렵고, 규모와 특성에 따라 상이한 분석결과를 제공할 수 있는 어려움을 갖고 있다. 따라서 전자광학이나 적외선 등 다양한 센서를 사용하고 있음에도 불구하고 제한사항을 갖고 있다. 또한 수중 표적에 대해서는 레이더 전자파의 수중 투과성이 약하므로 수중 전달이 가능한 음파를 이용하는 음탐기로 제한된다.

2) 감시정찰 무기체계의 특성

감시정찰 무기체계는 운영환경과 기술적 능력으로 인하여 갖는 특성을 이해하는 것이 중요하다. 그 특성은 미국 합참 매뉴얼에서 감시지역(Coverage Areas)과 중점감시지역(Focus Areas), 감시체계·센서·통신거리, 지속성, 적시성, 센서성능, 추적센서, 처리·이용·분석·예측·생산, 전투평가(BA : Battle Assessment) 자료전파·중계, 우주날씨, 우주지구물리학을 포함하는 기상학, 해양학, 정보임무 데이터(IMD : Intelligence Mission Data) 정보, 피·아 중립 기타 식별 등 11가지 유형으로 제시하고 있다.[2]

(1) 감시지역(Coverage Areas)·중점지역(Focus Areas)

이 특성은 접촉면적에 따라 광대역이나 협대역으로 구분하며, 이때 대역(Field of View)은 감시장비로 초점위치 변경 없이 한꺼번에 탐지할 수 있는 범위를 의미하며 이때 동시성(Simultaneity)은 대역 내 표적을 탐지하거나 식별하는 등 동시에 얼마나 많은 표적을 탐지·식별할 수 있는지에 대한 특성이다. 공관지역범위(Synoptic area coverage)는 망원경과 같은 광학장비가 갖는 특성으로 한꺼번에 볼 수 있는 범위를 의미한다. Synoptic은 함께 관찰한다는 의미의 합성어로 특정시간에 표적에 대한 광범위한 시각을 제공하는 정찰의 의미를 나타낸다. 따라서 감시정찰 무기체계의 감시지역이나 중점지역이라는 특성에 대역을 포함하는 것은 그 대역을 넓거나 좁게 설계할 수 있으며 동시에 표적을 감시할 수 있기 때문에 동시에 감시할 수 있는 범위를 나타내는 공관면적(Synoptic area coverage)이 중요한 의미를 갖는다.

(2) 감시체계, 센서, 통신의 운용거리

운용거리에 영향을 미치는 요소 중 첫째는 플랫폼[3] 자체 운용거리와 운용특

---

2 JCIDS Manual, *Manual for The Operation of The Joint Capabilities Integration and Development System*, 31 August 2018, p. A-A-2.

3 플랫폼(Flatform) : 전자광학(EO) 장비, 적외선(IR) 장비나 레이더 등 감시 장비를 탑재할 수 있는

성은 플랫폼의 운용고도, 연료재보급 혹은 연료 재보급 없이 운용할 수 있는 거리, 센서작동 가능시간(TOS : Time on Station)과 같은 요소들을 고려해서 감시정찰 무기체계의 운용거리를 결정한다. 둘째, 상이한 기상 조건하에 모든 탑재센서를 위한 표적유효거리를 고려해야 한다. 전자광학 · 적외선 · 레이더 장비는 기상의 영향을 민감하게 받는다. 짙은 안개나 폭우 시 전자광학장비는 대기 중 투과력이 감소되어 탐지능력이 현저히 저하되며 레이더도 주파수에 따라 많은 차이가 있다. 적외선 장비는 열영상을 이용하기 때문에 주 · 야 태양열을 받아 물체의 온도가 변화되므로 시간대별 탐지정도에 현저한 차이가 발생한다. 이렇게 감시장비와 모든 기상조건을 고려해서 센서, 통신장비의 운용거리를 결정해야 군사운용 목적에 부합하는 체계를 선택할 수 있다. 셋째, 전장감시를 수행하는 기반체계를 갖추었는지 여부가 중요하다. 무인감시정찰기가 있어도 지상운영국이 있어야 하고 수집정보를 필요한 지휘소에 전달하기 위한 중계소나 위성통신이 운용 가능한 거리범위 내에 있어야 한다. 이런 요소들이 운용거리 특성에 영향을 미치는 요소들이다.

(3) 지속성(Persistence)

감시정찰무기체계 지속성 특성에 영향을 미치는 요소는 다음과 같다. 첫째, 〈그림 5-3〉처럼 표적포착시간(Time on target), 즉 표적이 회전하는 레이더 빔 내에 존재하는 시간을 의미한다.

이 시간은 레이더 회전속도와 빔 폭(θ_B)이 연관되므로 레이더 탐지성능과 함께 중요한 성능특성이 된다. 둘째, 표적포착 지속시간(Endurance once on target)

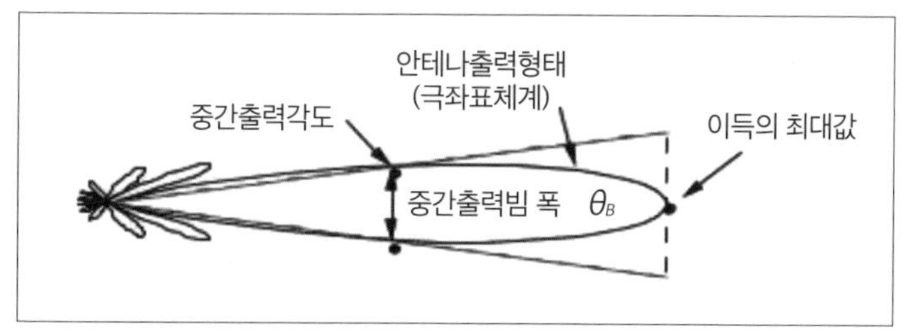

<그림 5-3>
표적포착시간(Time on Target, Dwell Time)

항공기, 함정, 위성, 차량 등을 의미한다.

은 UAV 같은 감시정찰체계가 표적감시를 지속할 수 있는 시간을 의미한다. 셋째, 주·야간 및 악천후의 자연환경에 대한 취약성도 지속성에 영향을 준다. 넷째, 전자전 같은 감시정찰 대응체계에 대한 거부 혹은 대응노력(Vulnerability to countermeasures-denied or opposed access)에 따라 노출되는 감시정찰기능의 취약성도 지속성에 영향을 주는 요소다. 마지막으로 센서 등이 표적에 대해 재방문율이나 주기(Revisit rates or intervals)도 지속성에 영향을 준다.

(4) 적시성(Timeliness)

표적탐지시간 혹은 표적 재포착 시간이나 하나의 데이터가 수집되어 정보를 요청한 사람에게 제공하는 데 소요되는 시간을 뜻하는 보고시간이 영향을 준다.

(5) 센서성능(Sensor Performance)

센서성능을 정의할 수 있는 특성으로 수집범위에 대한 밴드 폭간 거리, 지도 상 사용자나 기기의 지리적 위치 표시 기능의 정확도, 해상도를 구분하는 국가영상해석률(NIIRS : National Imagery Interpretability Rating Scale) 등이 있다. 국가영상해석률(NIIRS)은 디지털지도 사용 시 도시 등 인구밀집지역과 수풀지역 간 연결부위가 있는데 이때 상이한 디지털 지도의 해상도 차이를 발견할 수 있다. 다른 해상도를 사용하는 지도는 〈표 5-1〉처럼 9개 등급으로 상이한 NIIRS로 표현하며, 등급을 정성적으로 기술하고 있다. 특히 군사정보 요구를 정성적으로 구분하고 정량적으로 표현하지 않아 설계·개발 요구사항으로 적용하기엔 어려움이 있다.

따라서 정량적인 성능특성 정의를 하기 위해 다음과 같이 지상표본거리(GSD : Ground Sample Distance)로 해상도를 표현한다.[4]

〈그림 5-4〉와 같이 감시정찰 비행체 비행고도(m)를 결정하려면 GSD와 실제 센서 폭 S_W(mm), 실제 초점길이 F_R(mm), 한 개의 이미지가 형성하는 지상에서 폭 D_W(m)을 대입해서 다음(식 5-1)과 같이 계산할 수 있다.

---

4 https://support.pix4d.com/hc/en-us/articles/202557469#gsc.tab=0

등급	내 용
0	영상이 희미하고 퇴화되거나 매우 열악한 해상도로 이미지의 해석 가능성 제외.
1	중형 항구 시설을 탐지하고 대형 비행장에 있는 페어웨이와 활주로를 구분.
2	비행장, 대형 고정형 레이더들, 군사 훈련 지역, 대형 격납고 탐지. 도로패턴 및 전반적인 사이트 형상과 SA-5 사이트 식별, 해군 시설에서 대형 건물 식별.
3	날개형상에 의한 대형 항공기를 식별할 수 있고, 언덕형상과 콘크리트 발사장 노출로 레이더와 유도지역의 SAM 사이트를 식별할 수 있으며, 형상과 표시에 의한 헬기장 식별 가능.이동형 미사일 기지 지원차량 존재여부 탐지 가능. 유형별로 항만에서 대형수상함 식별가능. 철로에 기차 또는 표준 롤링 스톡의 행열 인지 여부를 탐지 가능.
4	유형별로 모든 대형 전투기를 식별. 대형 개별 레이더 안테나 탐지 가능. 차륜형 차량, 야전포병, 대형 하천 도하장비, 집단 속의 차륜형 차량, 미사일사일로 문 개방, 중형 잠수함 표적, 철로, 통제탑, 철로 전환점 등 일반적인 유형 식별 가능.
5	급유장비, 레이더를 차량 장착 또는 트레일러 장착 장치로 사용하는 공중급유기 IL-78 MIDAS와 전략폭격기 IL-76 CANDID 간의 유형 구분 가능. 위장하지 않은 상태의 전술지대지 미사일과 SS-25 이동형 미사일 TEL 및 알고 있는 기지의 미사일 지원 Vans의 비교를 통해 구분 가능. 선박 등급에 따른 TOP STEER 또는 TOP SAIL 공중감시 레이더 유형 구분 가능, 개별 locomotive와 rail car 유형 구분 가능.
6	소형 또는 중형 헬기 모형, 레이더의 파라볼릭 안테나 모양의 EW/GCI/ACQ, 접지된 모서리나 직사각형, 중형 트럭의 예비 타이어, SA-6, SA-II, SA-17 미사일 비행체 사이 중형 트럭 구분 가능. SLAVA급 함정에서 수직으로 발사되는 SA-N-6의 개별 발사기의 덮개식별이 가능하며 자동차를 세단인지 역마차인지 식별 가능.
7	전투기 크기의 항공기, 항만, 사다리, 전구의 통풍구와 페어링을 식별. Type III-F, Type III-G, II-H, Type III-X 발사 통제 사일로 등의 문, 힌지 메커니즘을 세부적으로 탐지. 개별 튜브 클래스 선박, 개별 철로의 연결상태를 식별.
8	폭격기의 리벳 선을 식별. BACKTRAP 및 BACKNET 레이더에 부착된 뿔형 및 W형 안테나를 탐지. TEL 또는 TELAR의 합금 및 용접상태, 휴대용 SAM, 차량 와이퍼 식별. 갑판 장착 크레인에서 윈치케이블 탐지 가능.
9	단일 슬롯의 교차 슬롯을 항공기 표면 패널 조임쇠와 구분. 안테나 캐노피, 트럭의 차량등록 번호판, 미사일 구성품 위에 나사와 볼트를 연결하는 조원, 로프의 끈을 식별. 철도의 개별 연결못을 탐지.

<표 5-1>
국가영상해석률(NIIRS) 등급 구분

$$\frac{H}{F_R} = \frac{D_W}{S_W} \text{ 이므로 } H = \frac{(D_W \times F_R)}{S_W} \text{ (식 5-1)}$$

한 개 이미지로 폭 방향을 덮는 지상에서의 폭 D_W(m)은 다음(식 5-2)과 같다.

$$D_W = \frac{(Im_W \times GSD)}{100} \text{ (식 5-2)}$$

여기서 Im_W는 영상 폭을 의미하고 GSD는 cm/pixel로 픽셀이 포함하고 있는

<그림 5-4>
지상표본거리(GSD : Ground Sample Distance)

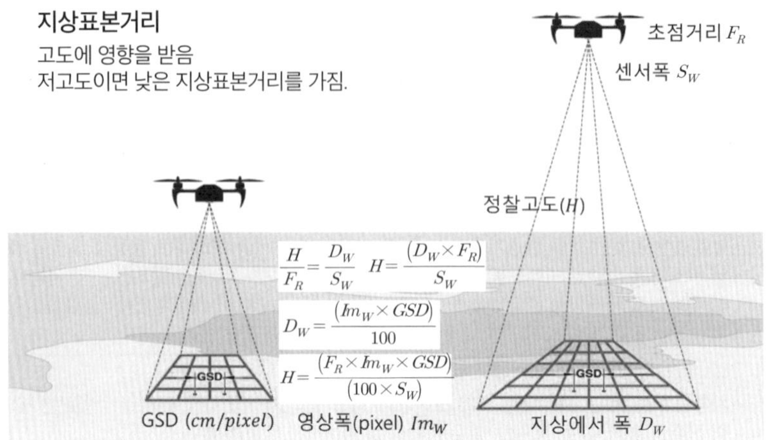

지형영상의 길이를 의미한다. 여기서 앞의 (식 5-1)과 (식 5-2)의 관계식을 정리하면 비행고도 H(m)는 다음 (식 5-3)과 같은 관계를 갖는다.

$$H = \frac{(F_R \times Im_W \times GSD)}{(100 \times S_W)} \quad (식\ 5\text{-}3)$$

예제 5-1

실제 초점길이가 5mm이고 실제 센서폭이 6.17mm인 카메라를 사용하고 이미지 폭이 4000픽셀이라고 한다면 5cm/pixel인 GSD를 얻을 수 있는 항공플랫폼의 비행고도를 계산하면

$$H = \frac{F_R \times Im_W \times GSD}{100 \times S_W} = \frac{(5 \times 4,000 \times 5)}{(100 \times 6.17)} = 162.07m$$ 이 되어

5cm/pixel의 GSD를 얻기 위해 비행체는 162m의 고도를 유지하여 정찰이 필요하다.

다섯째, 〈그림 5-5〉[5]처럼 센서에 따른 전자스펙트럼 능력은 대역별 상이한

5 David Jenn, *Radar Fundamentals*, Naval Postgraduate School, p. 5.

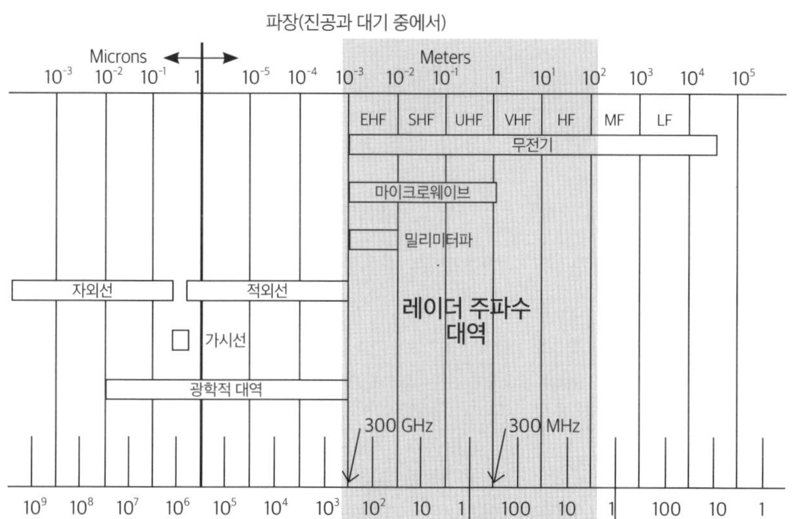

<그림 5-5>
전자스펙트럼(Electro Magnetic Spectrum)

특성을 갖고 있다. 파장이 짧고, 주파수가 클수록 입자의 특성을 갖지만, 반대로 파장이 길고 주파수가 낮을수록 파동의 특성이 강해지는 특성이 있다. 입자의 특성은 대기 중의 수분 등에 의한 산란 가능성이 높고 반대로 파동성의 특성이 강해지면 회절로 인해 지구 곡면에 따라 비가시지역에 위치한 표적 탐지도 가능하다.

다음의 〈표 5-2〉[6]는 파장이 길고 주파수가 낮은 HF 3MHz 대역부터 파장이 짧고 주파수가 높은 K_a 40GHz 대역까지 주파수 특성에 부합되게 군사 작전부문에 활용되고 있다. 주파수가 상대적으로 낮은 HF는 지평선 너머 장거리 감시에 적합하고, 반대로 주파수가 높은 K_a대역과 같은 경우는 초고해상도 매핑이나 공항감시 등 근거리 정교한 감시, 통제 등의 용도로 사용되는 스펙트럼을 형성한다.

감시정찰체계에서 레이더는 오랫동안 중요한 역할을 해왔으며 다양한 특성만큼 종류도 다양하다. 〈그림 5-6〉[7]처럼 반송파 종류에 따라 지속파(CW : Continues Wave)나 펄스파(PW : Pulse Wave)로 구분된다. 지속파 레이더는 알고 있는 신호를 전송하여 맥동 없이도 속도를 측정할 수 있는 도플러 레이더를

6 Ibid., p. 6.
7 Ibid., p. 9.

구 분	주파수 (Hz)	특징		활용분야
		장점	단점	
HF	3~30	원거리 탐지 전리층 반사	협대역, 큰 대기잡음 큰 안테나, 레일리영역	OTH, 해상상태 / 태풍진로 기상예보
VHF	30~300M	저기술 , 저비용 적은 강우반사신호	협대역, 큰 대기잡음 큰 안테나, 레일리영역	초장거리 탐색 (위성) MTI 레이더
UHF	300~1,000M	원거리 탐지	협대역 , 큰 안테나	초장거리탐색 (미사일 ,우선) AMTI, 공중조기경보
L-band	1G~2G	좁은 빔폭 , 고출력 소 외부잡음		장거리탐색 ,항공교통관제 , 군사용 3 차원 Rr.
S-band	2G~4G	좁은 빔폭 , 고정밀 ECCM, 정확한 추적	불감속도, 저성능 MTI 탐지 , 강우영향	중거리탐색, 공항항공관제, 장거리 기상, 공중 감시펄스 도플러
C-band	4G~8G	장거리 정밀계측	장거리 대공감시 불가	다기능위상배열 방공 장거리 추적, 항공탑재 중거리 기상
X-band	8G~12G	소형, 저중량, 광대역 소형화, 좁은 빔폭	탐지, 강우영향	사격통제 단거리 추적, 항해, 미사일유도, 항공기요격, 속도측정
Ku,K,Ka -band	12G~40G	광대역 , 좁은 빔폭 고정밀 분해능	수증기 공명파장(K) 고출력송신기미흡 강우영향	위성고도계, 초정밀지도 작성 단거리추적 공항항공기감시
V,W,mm wave	40G~300G	-	60GHz대역, 산소 흡수 저손실전송기술미흡	우주공간용 실험용 원격탐사

<표 5-2>
레이더 밴드 특징과 용도

만들 수 있으며, 표적 속도의 방사형 성분 탐지가 용이하여 일반적으로 거리가 중요하지 않은 곳에서 차량 속도를 신속 정확하게 측정할 수 있다.

펄스파는 위상 동기식(Coherent)과 비동기식(Noncoherent)으로 구분한다. 전송파 출력이 위상 동기식일 경우에는 도플러 효과를 통해 계산과정 없이 메모리를 사용하지 않고 즉각적인 속도 측정이 가능하다. 여기서 위상동

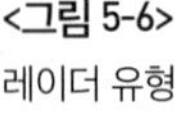
<그림 5-6>
레이더 유형

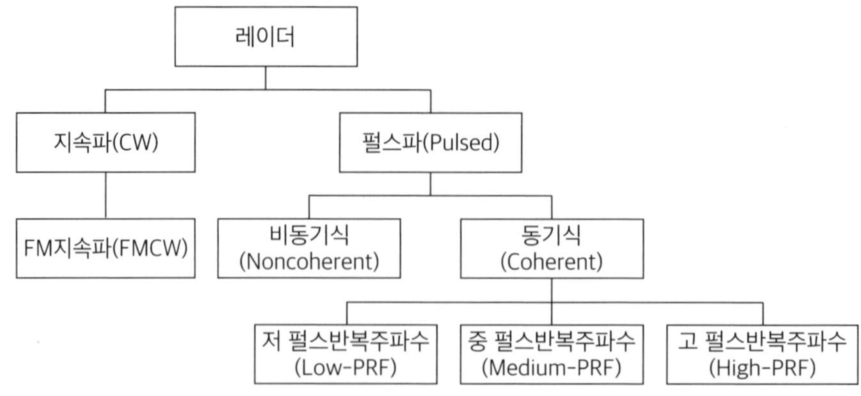

기식(Coherent) 레이더는 다시 저펄스반복주파수(Low PRF : Pulse Repetition Frequency)레이더, 중 · 고(Medium · High PRF)펄스반복주파수로 구분한다. 저 · 중 펄스반복주파수레이더는 이동표적지시기(MTI : Moving Target Indicator)로 사용되고, 고 · 중 주파수펄스반복레이더는 펄스도플러 레이더로 사용된다.

(6) 추적센서(Tracking Sensors)

첫째, 최소탐지속도(Minimum detectable velocities)는 표적의 거리에 따른 각속도가 현저히 늦어서 최소탐지속도보다 느린 경우 레이더에 포착될 수 없는 특성을 의미한다. 추적센서에 대한 표적 특성으로 추적센서로부터 이격된 표적의 거리와 표적의 RCS(Radar Cross Section)가 영향을 미친다. 둘째, 지리적 정확도(Geolocation accuracy)는 레이더가 위치한 지점에 대한 정보의 정확도와 지향방향의 정확도, 방위각과 거리 해상도의 영향을 받는다. 안테나의 형상이 영향을 미치는데 안테나의 길이나 직경이 길고 큰 것과 짧고 작은 것을 비교하면 길고 큰 안테나를 갖는 경우 방위각 해상도가 높아져서 정확도가 높아지고 짧고 작은 안테나는 신호 대 잡음비가 범위와 반비례하므로 표적간 거리에 따라 오차가 증가한다. 이 특성은 항적의 경우에는 항적 간 융합성능이 떨어져 항적을 잃어버릴 수 있고 다수 지상표적이 도로를 이동할 경우 혼동에 영향을 준다. 셋째, 시간에 따른 항적추적, 표적유형별 포착능력, 다중표적에 대한 항적 포착능력이다. 추적 센서는 표적을 지속적으로 포착하여 교전이 가능하도록 해야 하는 기능에 따라 요구되는 능력이며, 표적형태에 따라 추적이 제한되는 문제도 극복할 수 있어야 한다. 그리고 다중표적이 등장할 때도 교전이 가능하도록 개별표적을 구분하여 추적할 수 있어야 한다.

(7) 첩보를 정보로 가공하는 절차 특성

첫째, 처리 및 이용 특성이 있는데 단위시간당 영상처리능력, 영상품질, 영상해석 가능성, 지리적 정확도, 자료표기와 분류의 정확도의 성능요소가 포함된다. 둘째, 분석, 예측과 생산 절차 특성에는 가용 출처부터 첩보의 개발과 미래 상태 예측을 위해 정보와 지식 예측, 통합, 평가, 해석능력이 중요하다. 특히 정보융합은 다수 데이터 출처에서 다양한 유형의 첩보를 융합하여 데이터 정확도를 향상시키는 활동체계다. 데이터 마이닝 시간 대비 분석 · 예측 · 생산에 소

<그림 5-7>
전투피해평가(BDA) 영상

요되는 시간이 중요한 특성이 될 수 있다.

(8) 전투피해평가 자료 전파 및 전달(BA Data Dissemination and Relay)

전투피해평가(BDA : Battle Damage Assessment) 전파 및 전달기능은 첨단전력을 효과적으로 사용하기 위해 중요한 감시정찰 기능의 특성이라고 할 수 있다. 효과적인 전투평가체계를 위해 적합한 데이터 출처를 복구하고 재생하기 위한 능력이 필요하다. 전장에서 수집된 정보의 재생시간, 재생품질 역시 중요한 특성이다. 사용자와 장비 신뢰성을 입증하고 승인된 사용자가 정보를 접근할 수 있는 권한을 결정하는 절차도 중요하다. 〈그림 5-7〉[8]과 같은 영상을 데이터 수집소로부터 처리 사이트의 미디어 링크를 통해 전송하는 능력이 필요하고, 적합한 용량이 전달될 수 있게 해야 하며 연속성과 신뢰성을 갖추어야 한다. 또한 자료 전송 시 중계지원 능력이 요구된다.

(9) 우주날씨와 우주지구물리학을 포함하는 기상학과 해양학

감시정찰 기능의 주요 특성이다. 이런 기상과 해양 상황에 따라 감시정찰 자산 운용여건이 확연히 차이가 발생하기 때문이다. 특성에 포함되는 주요 내용

---

8 영상1: https://upload.wikimedia.org/wikipedia/commons/thumb/a/a2/Bda-basrah-defenselink-mil.jpg/1200px-Bda-basrah-defenselink-mil.jpg
영상2 : https://www.globalsecurity.org/intell/library/imint/images/990513-o-9999m-001.jpg

은 프로파일 생산 시간/정확도, 대기 수직 습도 프로파일, 대기 수직 온도 프로파일, 광역해상풍, 영상 및 영상품질, 해표면 온도수평해상도, 토양수분 감지 깊이, 해양상태-파고, 해류, 폭풍 효과, 수심, 심산, 기타 항해 위험요소 등이 있다.

(10) 첩보임무 자료(IMD : Intelligence Mission Data)

적군(적색)과 아군(청색) 및 비적성군(회색)에 대한 데이터를 구분하고, 비군사 관련 비적성(백색), 적성(적색) 등에 대한 데이터를 구분하여 관리한다. 이 데이터에는 부대나 무기체계에 대한 특성이나 식별과 전장에 필요한 자료를 보다 정확하게 해줄 수 있는 기타 자료들을 포함하고 있다.[9] 그중에는 지형과 관련된 지도제작과 제공 등 지형과 관련된 다양한 지형정보자료유형(GEOINT : Geospatial Intelligence data types)이 있고, 부대 및 무기의 특성에 관한 자료와 성능에 관한 자료 유형이 있다. 〈그림 5-8〉[10]과 같이 적 부대 구조를 포함하는 전투서열유형(OOB : Order of Battle types)에 관한 자료와, 전자전 수행 시 필요한 전자전 통합재프로그래밍(EWIR : Electronic Warfare Integrated Reprogramming)이 있으며, 기타 첩보자료유형(Intelligence data types) 등을 포함하고 있다.

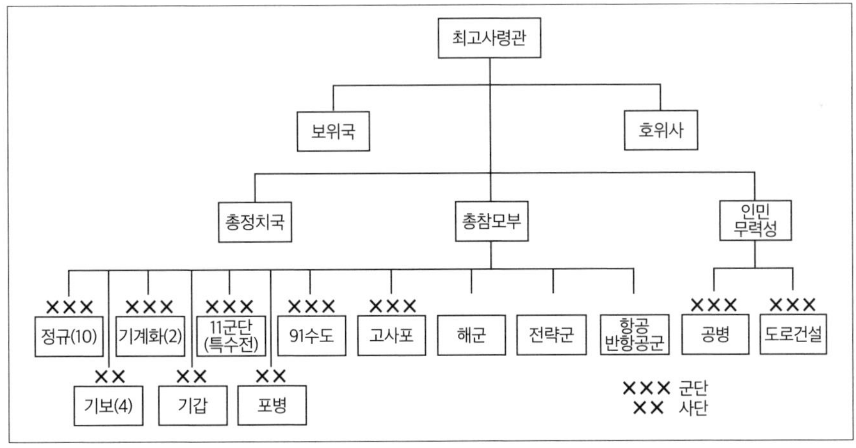

<그림 5-8>
전투서열의 예

9 http://losandes.com.ar/article/irak-francia-tambien-bombardea-por-aire-a-los-yihadistas
10 대한민국 국방부, 『2018 국방백서』, p. 22.

3) 감시정찰 무기체계의 주요 원리

감시정찰 무기체계에는 다양한 센서가 존재하지만 가장 오랜 기간 지상, 해상, 공중 공통적으로 활용하고 있는 레이더를 중심으로 운용원리에 대해 소개한다. 감시정찰 레이더의 탐지원리(도플러 효과)와 레이더 탐지거리 분해능력, 레이더 방향결정(Direction-Determination), 최대탐지거리(Maximum Detection Range), 고각측정(Measuring of elevation angle), 레이더 정확도(Radars Accuracy), 레이더 탐지거리 방정식, RCS(Radar Cross Section) 등 주요 원리를 소개한다.

(1) 레이더 탐지거리

먼저 탐지거리는 〈그림 5-9〉[11]처럼 송신기에서 방사된 전자파가 표적에 반사되어 수신기로 도달하면서 소요된 시간(T_R)에 의해 표적간 거리(R)를 (식 5-4)처럼 계산할 수 있다.

$$R = \frac{cT_R}{2} \text{ (송신기와 수신기로부터 표적간 거리가 동일할 때, } R_r = R_t = R) \quad \text{(식 5-4)}$$

여기서 적용된 c는 광속도($c \approx 3 \times 10^8 m/s$)로 전자파의 전달속도와 같다. 레이더 탐지거리는 전자파 전달시간에 따라 계산할 수 있다. 이때 전자파의 주파수와는 무관하게 전달지연시간에 따라 계산할 수 있다. 예를 들어 전자파가 송신기에서 표적에 반사되어 레이더에 도착 소요시간을 0.1초라고 할 때 표적과 거리는 15,000km이다.

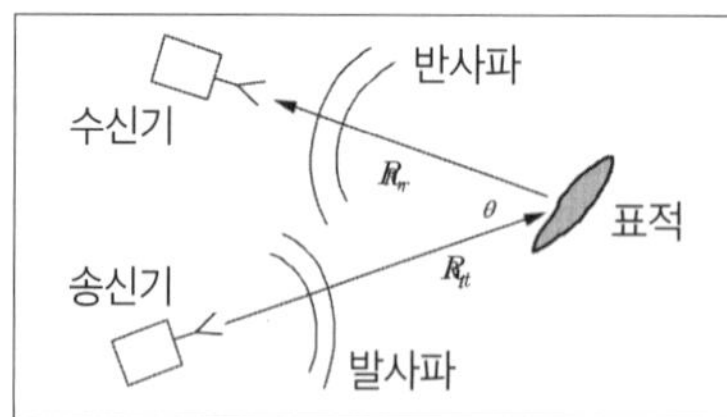

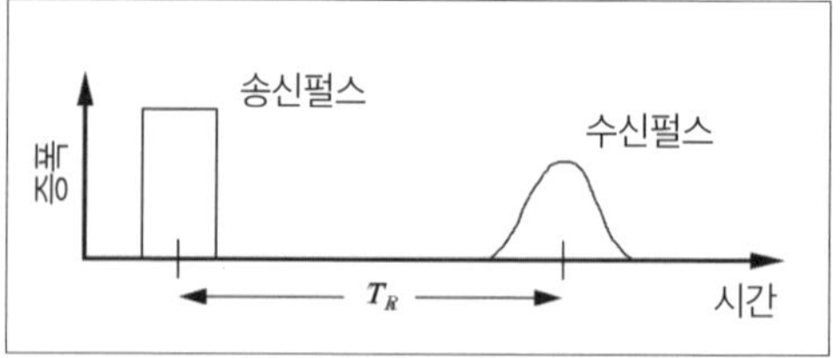

<그림 5-9>
레이더 탐지거리 계산 원리

11 David Jenn, *Radar Fundamentals*, Naval Postgraduate School, p. 3~7.

(2) 레이더 탐지 분해능력

〈그림 5-10〉[12]과 같이 2대의 전투기 편대에 대해 탐지레이더는 ②의 상단처럼 전투기간 간격을 100m로 유지할 때와 200m로 유지할 때 차이를 비교해보면 간격이 100m에 불과한 경우에는 2번째 후속전투기에 반사된 신호가 왕복 200m를 이동해야 한다. 이때 전자파가 ③과 같이 주기(τ)가 1μs라면 한 개의 파장($c_0 \times \tau$)이 300m이므로 1개의 커다란 표적으로 식별하게 될 것이다. 반면 200m로 이격하여 진입하는 전투기 편대의 경우 후속전투기에 반사된 신호는 400m로 레이더 파장 300m에 비해 늦게 전파되므로 표적이 분리된 형태로 탐지될 것이다. 이와 같이 주파수에 따라 표적을 구분할 수 있는 능력을 거리분해(Range Resolution)능력이라고 한다.

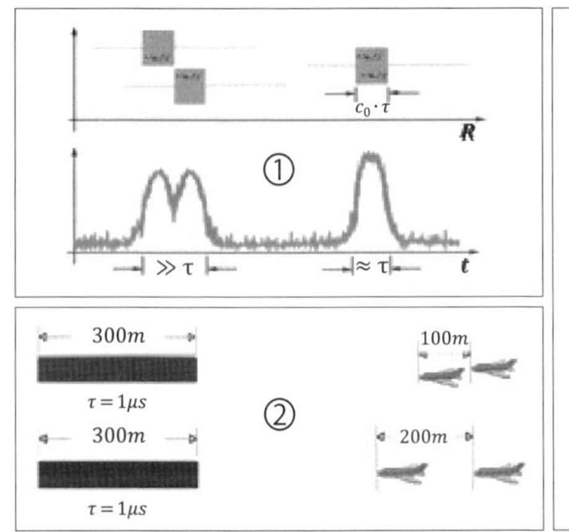

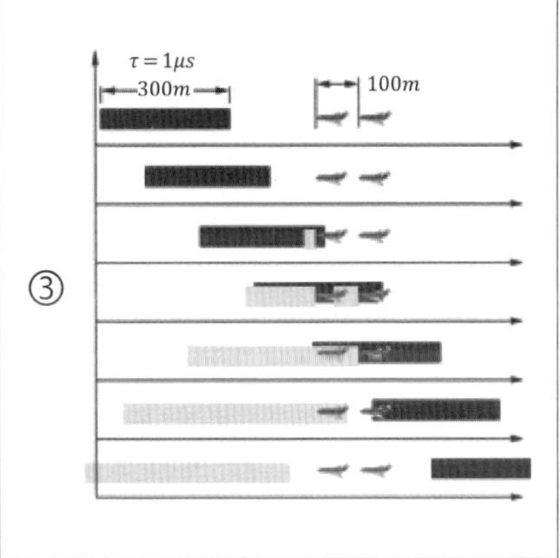

<그림 5-10>
레이더 거리방향 탐지 분해능력 예

(3) 레이더 탐지 방향 및 고각 결정

〈그림 5-11〉[13]과 같이 한 방향으로 빔을 방사하면서 회전하다가 표적에 반사된 신호를 수신하여 수신이득이 최대가 되는 방향을 진북으로부터 방위각(β)을 측정한다. 그리고 안테나 크기에 따라 탐지 방향 정확도가 결정되며 안테나 단면적이 좁아지면 빔 폭이 감소되어 탐지방향 오차도 감소한다.

---

12 ① https://www.radartutorial.eu/01.basics/pic/ra1.print.png
② https://www.radartutorial.eu/01.basics/pic/ra3-100m.big.gif
https://www.radartutorial.eu/01.basics/pic/ra2-200m.big.gif
③ https://www.radartutorial.eu/druck/Book1.pdf p.10.

13 https://www.radartutorial.eu/01.basics/pic/bearing.print.png

<그림 5-11>
레이더 탐지 방향결정

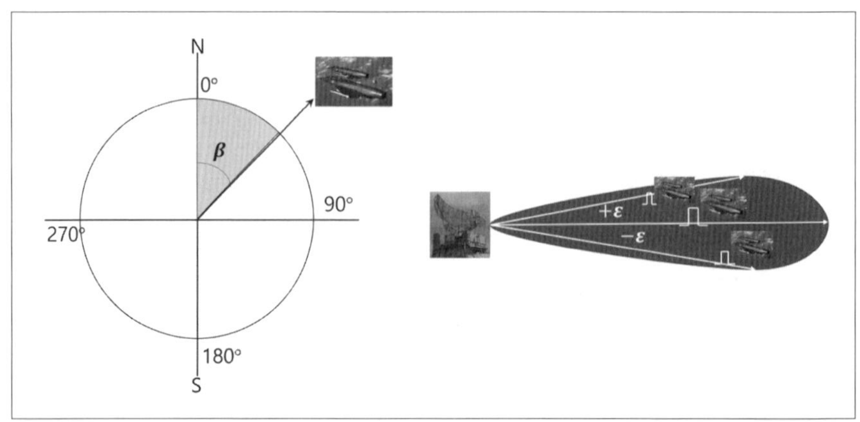

레이더는 다음처럼 2개의 방법으로 방위각을 측정한다. 첫째, 안테나에 장착된 서보체계에 의한 탐지 방위각을 산정하는 방식이다. 둘째 방법은 안테나 1회전 시 진북참조펄스와 함께 4,096회 또는 16,384회의 펄스를 방사하고 방위각 변화펄스 횟수를 세어 탐지방향을 측정하는 방식을 적용한다. 레이더의 고각은 수평면 위로는 양의 값의 고각(ε)이 측정되며 수평 이하는 음의 값을 갖는다.

(4) 레이더 정확도(Radar Accuracy)

레이더의 정확도는 전자파가 송신기-표적-수신기에 전달되는 과정에서 표적의 실제 위치나 속도와 차이가 발생하는데 이런 차이의 정도를 정확도라고 한다. 펄스파가 표적에 반사되어 수신될 때 발사한 송신펄스와 달리 잡음이 포함되어 찌그러짐 현상이 발생되고 안테나 형상별 빔 폭에 따라 거리, 속도, 방위각 및 고각의 정확도에 영향을 미친다. 〈그림 5-12〉[14]와 같이 실제위치와 측

<그림 5-12>
레이더 송신펄스와 수신 펄스 비교

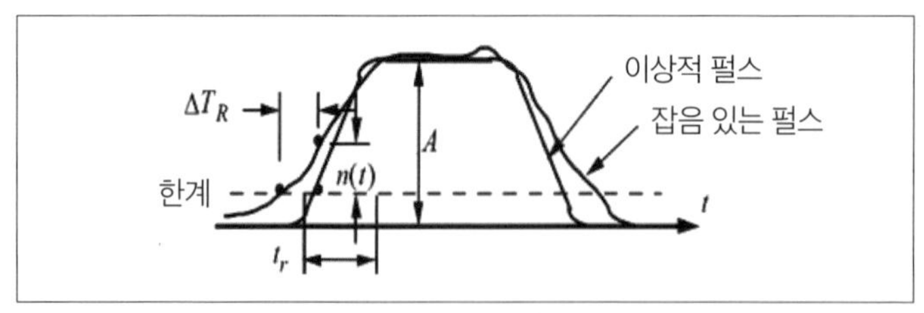

14 David Jenn, *Microwave Devices & Radar,* Lecture Notes Volume III, Naval Postgraduate School, Distance Learning, p. 15.

정위치간의 차이를 확률변수로 할 때 이 확률변수는 가우시안 분포를 따른다는 가정하에 평균과 표준편차 등 확률적 대표 값으로 표현할 수 있으며 해상도(resolution)와는 구분된다.

(5) 레이더 탐지거리 방정식(Radar Range Equation)

레이더 탐지거리 방정식은 감시정찰체계의 가장 기본적 원리를 이해하는 데 필수적이며, 그 관계식은 다음과 같다.

P_t : 송신출력(와트), P_r : 수신출력(와트)

G_t : 송신안테나 표적방향 이득(최대), G_r : 수신안테나 표적방향 이득(최대)

σ : 레이더 반사 단면적(RCS : Radar Cross Section) (m^2)

$P_t G_t$: 유효방사출력(ERP : Effective Radiated Power)

A_{er} : 수신안테나 유효면적($A_{er}=A_p\rho$, A_p : 안테나 물리적 단면적, ρ : 안테나효율)

λ : 파장 ($\lambda=\frac{c}{f}$, c : 광속도, f : 진동수)

레이더는 〈그림 5-13〉[15]과 같은 레이더 탐지 과정을 통해 탐지거리를 모델링하여 관계방정식을 계산할 수 있다.

〈그림 5-13〉의 1과 같이 송신된 레이더의 전자파는 거리에서 출력밀도(W_i)는 방사되는 전자파($P_t G_t$)를 송신원점을 중심으로 하는 구의 표면적만큼 도달하므로 다음 (식 5-5)와 같다.

$$W_i = \frac{P_t G_t}{4\pi R^2}\,(W/m^2)\ \text{(식 5-5)}$$

〈그림 5-13〉의 2와 같이 표적에 닿은 전자파가 유효단면적(RCS(σ))만큼 반사되므로 표적에서 반사되는 전자파 출력(P_s)은 다음 (식 5-6)과 같다.

$$P_s = \sigma \times W_i = \frac{P_t G_t \sigma}{4\pi R^2}\ \text{(식 5-6)}$$

---

15 Ibid., p. 17.

<그림 5-13>
레이더 거리방정식 계산 절차

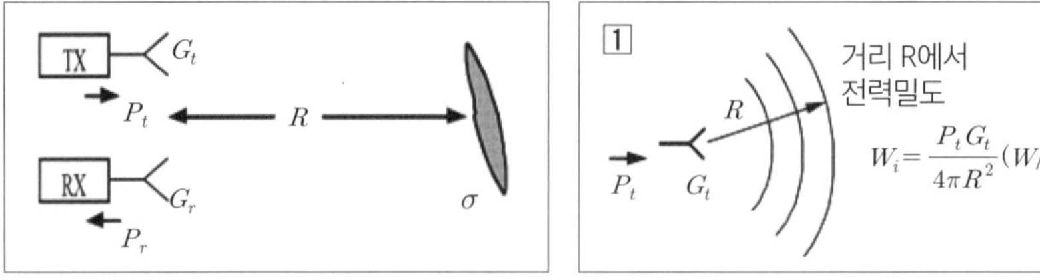

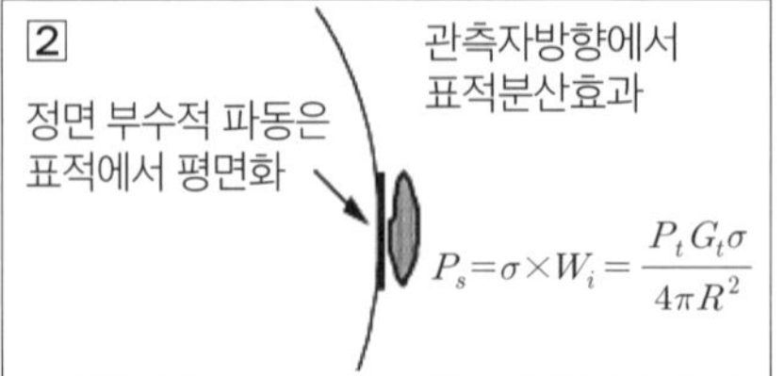

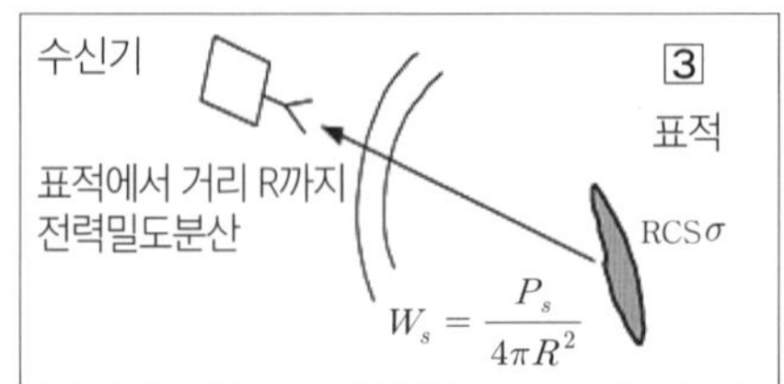

이 된다. 이렇게 반사된 신호가 〈그림 5-13〉의 [3]과 같이 표적으로부터 거리에 위치한 안테나 수신기에 도착하는 반사파의 출력밀도(W_s)는 다음 (식 5-7)과 같다.

$$W_s = \frac{P_s}{4\pi R^2} \text{ (식 5-7)}$$

따라서 [1], [2], [3] 절차를 종합하여 최종적으로 안테나에 수신되는 반사파출력(P_r)을 계산하면 다음 (식 5-8)과 같다.

$$P_r = \frac{P_t G_t \sigma A_{er}}{(4\pi R^2)^2} \text{ (식 5-8)}$$

이 된다. 안테나 이론으로부터 수신이득(G_r)은 다음 (식 5-9)와 같다.

$$G_r = \frac{4\pi A_{er}}{\lambda^2} \text{ (식 5-9)}$$

(식 5-9)의 관계식을 (식 5-8)에 적용하여 레이더로부터 수신하는 전자파 출력(P_r)을 다시 계산하면 다음 (식 5-10)과 같다.

$$P_r = \frac{P_t G_t G_r \sigma \lambda^2}{(4\pi)^3 R^4} \text{ (식 5-10)}$$

이때 안테나가 수신할 수 있는 최소출력(P_{min})과 최대탐지거리(R_{max})와의 관계는 다음 (식 5-11)과 같다.

$$P_r = P_{\min} = \frac{P_t G_t G_r \sigma \lambda^2}{(4\pi)^3 R_{\max}^4} \text{ (식 5-11)}$$

따라서 최대탐지거리(R_{max})는 다음 (식 5-12)와 같다.

$$R_{\max} = \left(\frac{P_t G_t G_r \sigma \lambda^2}{(4\pi)^3 P_{\min}} \right)^{1/4} \text{ (식 5-12)}$$

이와 같은 탐지거리방정식을 활용해서 다양한 문제를 해결할 수 있다.

(6) 레이더 반사 단면적(Radar Cross Section)

레이더 반사 단면적(RCS)은 레이더에서 전송한 전자파가 표적에 반사되어 레이더 방향으로 방사되는 출력밀도간의 관계식 $\sigma = \lim_{r \to \infty} 4\pi r^2 \frac{P_r}{P_t}$으로 정의하기도 하고, 표적에서의 전계강도와 반사되어 방사되는 전계강도의 관계식 $\sigma = \lim_{r \to \infty} 4\pi r^2 \frac{E_r}{E_t}$으로 정의하기도 한다. 이와 같은 RCS의 단위는 전기적 면적으로 데시벨 스퀘어미터(dB square meter) 단위로 표현한다. RCS는 대상물체의 크기나 특성별로 차이가 난다. 〈그림 5-14〉[16]와 같이 곤충이나 새는 -40~-20dBsm 정도로 현저히 탐지가 제한되지만 전투기, 폭격기, 함정 같이 물체 크기에 따라 점차 증가함을 알 수 있다. RCS에 영향을 미치는 것은 첫째, 표적 크기다. 일반적으로 탐지 대상표적이 클수록 레이더 반사가 커져 RCS가 커진다. 또한 특정 밴드의 레이더는 특정 크기의 물체를 탐지하지 못할 수도 있다. 예를 들면 파장이 10cm인 S-band 레이더는 빗방울은 탐지 가능하지만 입자가

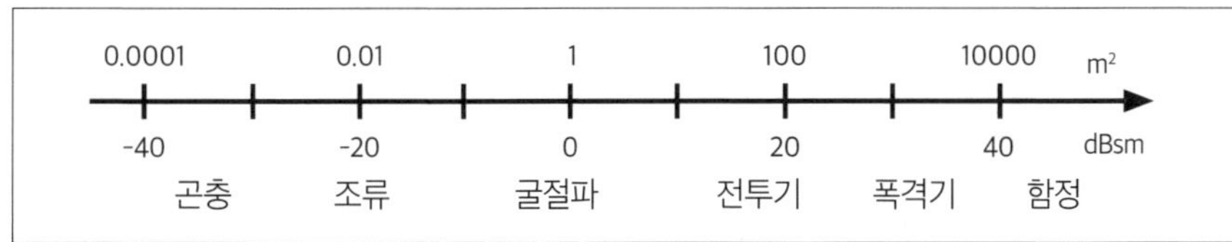

<그림 5-14>
대상별 RCS 크기

16 Ibid., p. 41.

예제 5-2

중국이 운용하던 레이더는 탐지거리가 1000km로 출력이 400KW였다. 이후 러시아의 동종 신형 레이더로 대체했는데 이때 다른 변동사항은 확인되지 않았고 단지 출력만 500KW로 감지되었는데 탐지거리를 추정해보라.

* 구형레이더 탐지거리, 신형레이더 탐지거리, 구형레이더에서 값을 산출하여 신형 레이더를 추정

구형레이더는 송신출력 $P_{구형\text{-}t}$는 400KW이고, 이때 탐지거리는 1,000km가 된다.

신형레이더는 송신출력 $P_{신형\text{-}t}$는 500KW, 탐지거리는 X km라고 둘 수 있다.

탐지거리방정식 $R_{\max}=\left(\frac{P_t G_t G_r \sigma \lambda^2}{(4\pi)^3 P_{\min}}\right)^{1/4}$의 탐지거리($R_{\max}$)와 송신출력($P_t$) 간에 $\alpha=\frac{G_t G_r \sigma \lambda^2}{(4\pi)^3 P_{\min}}$가 P_t와 독립적이라면(제한되지만),

$R_{\max}=(P_t \times \alpha)^{1/4}$라고 관계식 정리가 가능하므로

구형레이더체계 기준으로 $1,000Km=(400KW\times\alpha)^{1/4}$ 관계식을 얻을 수 있다.

따라서 신형레이더 탐지거리 계산을 위해

$X=(500KW\times\alpha)^{1/4}$에 $\alpha=\frac{(1,000Km)^4}{400}$을 대입하면,

$$X=\left(500KW\times\frac{(1,000Km)^4}{400KW}\right)^{1/4}=\left(\frac{5}{4}\right)^{1/4}\times 1,000Km=1.0574\times 1,000Km=1,057.4Km$$

라고 가정을 전제로 추정할 수 있다.

너무 작은 구름은 탐지할 수 없다.

둘째, 영향을 미치는 것은 재료다. 금속 같은 물질은 강하게 레이더를 반사하여 강한 신호를 생성한다. 반면 목재나 천, 플라스틱, 유리 섬유 등은 레이더 반사 신호가 미약하다. 반면 Chaff처럼 얇은 금속도 강력한 반사체가 된다. 레이더 안테나처럼 만들어 강한 신호를 반사되도록 RCS를 증가시키기도 한다. 같은 방식으로 레이더 흡수 페인트로 RCS를 감소시키기도 한다. SR-71 정찰기는 작은 금속으로 코팅 된 특별한 도색을 하여 수신된 레이더 전자파를 반사하지 않고 열로 변환시킨다.

셋째, 반사체형상에 따라 지향성(Directivity)과 방향성(Orientation)이 있다.

예제 5-3

탐지거리가 1000km인 중국 레이더에 대해 미국은 기존 폭격기(RCS 100m²)에 스텔스 기능을 반영하여 성능을 개량한 새로운 스텔스 전략폭격기(RCS 0.1m²)를 개발했다. 이때 중국 레이더에 의한 미국의 새로운 스텔스 전략폭격기 탐지거리는 어느 정도로 예측되는가?

* 미국 기존 폭격기 탐지거리 기준 스텔스가 적용된 개량형 폭격기 탐지거리

기존 폭격기 $\sigma = 100m^2$, $R_{구형폭격기\_max} = 1,000Km$,

성능개량 폭격기 $\sigma = 0.1m^2$라면, $R_{신형폭격기_max} = XKm$로 두면

탐지거리방정식 $R_{\max} = \left(\dfrac{P_t G_t G_r \sigma \lambda^2}{(4\pi)^3 P_{\min}}\right)^{1/4}$에서 $\beta = \left(\dfrac{P_t G_t G_r \lambda^2}{(4\pi)^3 P_{\min}}\right)$로 두면,

$R_{구형폭격기_max} = (\sigma \times \beta)^{1/4}$이므로, $1,000Km = (100m^2 \times \beta)^{1/4}$

성능개량폭격기에 대한 탐지거리는

$X = (0.1m^2 \times \beta)^{1/4}$에 $\beta = \dfrac{(1000Km)^4}{100m^2}$을 대입하여

$X = \left(0.1m^2 \times \dfrac{(1,000Km)^4}{100m^2}\right)^{1/4} = \left(\dfrac{0.1}{100}\right)^{1/4} \times 1,000Km = 177.8Km$로

1,000km에서 탐지가 불가하고 177.8km에 접근해야 탐지 가능함을 알 수 있다.

F-117A의 표면은 평평하고 각이 큰 형상을 갖도록 설계되었다. 레이더 전자파가 큰 각으로 입사하게 되면 유사한 큰 반사각으로 반사되도록 함으로써 레이더에 도달하는 전자파량을 현저하게 감소시키는 기술을 적용하고 있다. 모서리는 둥근 표면이 없고 날카롭다. 측면에서 보면 전투기는 정면에서 볼 때보다 면적이 넓게 노출되어 측면이 더 강한 신호를 반사하므로 레이더가 표적을 지향하는 방향에 따라 RCS에 영향을 미친다.

넷째, 부드러운 표면 돌출부는 구석 반사체 역할을 하므로 여러 방향에서 RCS를 증가시킨다. 엔진입구, 무장파일론, 구간사이 연결부, 폭탄 투하실 등은 레이더 흡수제로 이들 표면을 코팅하지 않는다.

4) 레이더체계 구성과 분류

레이더체계는 〈그림 5-15〉와 같이 안테나, 송신기, 수신기, 신호처리기, 전시기로 구성된다. 전자신호를 송신하여 반사된 신호를 수신하고 처리하여 운용자가 쉽게 활용할 수 있도록 전시하는 체계이다. 안테나에는 반사기와 급전기, 안테나를 움직이는 구동부, 회전각도 신호를 발생시키는 각도신호발생기로 구성된다. 송신기에는 전파를 생성하는 전원공급기, 동기 펄스 발생기, 이것을 변조하는 변조기와 송신관으로 구성된다. 수신기는 표적으로부터 레이더 전자파 반사신호를 수신하여 고주파 증폭을 통해 무선주파수나 중간주파수(IF: Intermediate Frequency)로 변환 및 증폭하여 비디오로 증폭하고 이런 일련의 과정을 제어하는 체계를 갖는다. 다음 신호처리기는 아날로그 신호를 디지털로 혹은 반대로 전환하고 이를 위한 신호처리기와 디지털 신호를 처리하는 구성품으로 구성된다. 전시기는 이런 신호를 표시하고, 레이더 운용자가 조작하는 구성품이 존재하며, 이 부분이 외부 GPS체계 혹은 상위 통제체제와 연결하는 구성품으로 구성된다.

<그림 5-15>
일반적인 레이더 체계 구성

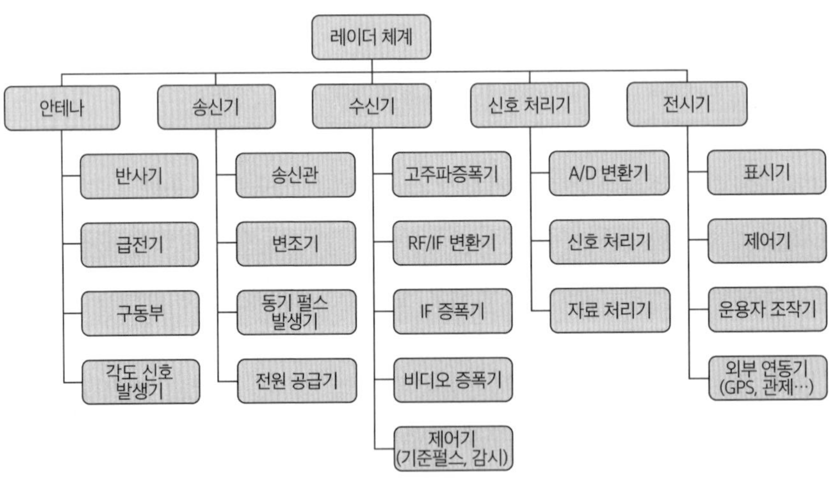

이런 레이더는 〈그림 5-16〉과 같이 운용분야에 따라 국방, 기상, 통신, 교통, 항공 레이더로 구분되고 활용 주체에 따라 민수, 군사, 과학기술 분야로 구분되며 기술적 측면에서 거리, 기능, 차원, 주파수, 신호처리 방법, PRF(Pulse

<그림 5-16>
레이더 분류체계

Repetition Frequency), 응용분야, 플랫폼에 따라 다양하게 구분된다. 또한 전파형식에 따라 지속파(CW)와 펄스(Pulse)파로 구분하며, 지속파는 도플러와 FM-CW, 펄스파는 변조방식과 무변조 방식으로 구분한다.

3. 주요 감시정찰 무기체계

1) 위성탑재 감시장비

정찰위성의 특징은 공학적으로 400~800km의 초고고도에서, 6~7km/s의 초고속으로, 수개월에서 수년 동안 장시간 운영할 수 있도록 설계되었다. 운영측면에서 장점은 영공의 범위를 벗어나는 고도에서 국제법상 아무런 제재 없이 정보수집이 가능하며 항공정찰에 비해 광역감시가 유리하고 지형차폐를 쉽게 극복할 수 있다. 반면에 단점은 위성에 탑재하는 감시체계는 정비가 불가하여 정비소요가 없지만 성능개량이 불가능하고 전자전 공격이나 감청 등에 쉽게 노출될 수 있다.

한편 기술적으로는 질량, 전력 및 부피는 발사에 소요되는 비용과 획득비용, 수명 결정의 중요한 요소이며 위성의 수명은 특히 배터리, 연료량, 부품

<그림 5-17>
미국의 우주공간 적외선 감시체계

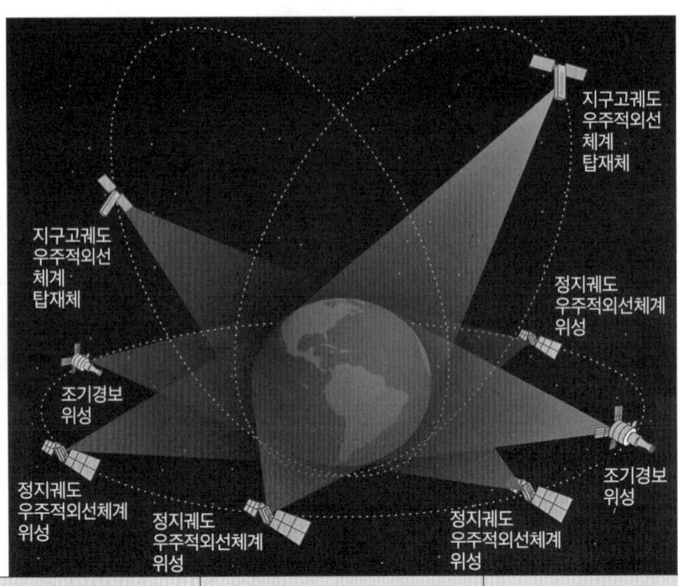

전자광학 카메라(EO)	적외선 카메라(IR)	합성개구 레이더(SAR)
• 반도체 소자 CCD 사용, 디지털 방식 영상 획득 • 근실시간 영상·색상인지 • 우수 해상도 영상 획득	• 고유 물체의 복사에너지 차이 영상화 • 위장표적·야간탐지 유리 • 상승단계 TEL위치식별·피격지점 예측 가능	• 고고도장거리 운용가능 • 주야 전천후 사용가능 • 이동표적 식별 가능

신뢰도에 의해 결정되는 특성을 갖고 있다. 군사정찰용 위성은 일반적으로 102~800km 고도에서 지상의 이동 및 고정물체를 광학카메라, TV카메라, 다중스펙트럼 스캐너, 적외선 센서, SAR레이더 등으로 광역 또는 정밀 촬영할 수 있도록 되어 있다.

그중 신호정보위성은 300~36,000km 고도에서 지구상의 신호를 포착하여 통신장비, 레이더, 미사일 발사 등의 위치 특성을 파악할 수 있도록 통신감청장비, 레이더 전자파수신 장비, 주파수분석 장치, 미사일 발사 탐지기 등을 탑재하도록 되어 있다. 해양 정찰위성은 함정, 항공기를 감시하고 해양상태를 파악하기 위해 고도 250~1,200km 위치에서 고도계, 적외선 센서, 레이더 산란계, SAR레이더 등을 이용하여 실시간 감시가 가능하도록 되어 있다. 조기경보위성은 ICBM, SLBM의 탐지, 경보를 위해 고도 500~100,000km 위치에서 미사일 발사 탐지 및 분사열 탐지장비, X선, 광학 핵감지 센서, EMP 수신기 및 처리기를 탑재하고 있다. 핵폭발 탐지위성은 지상, 대기 및 우주공간에서의 핵폭발

시험을 탐지하기 위해 고도 115,000km 위치에서 핵탐지 센서, X선, 감마선, 중성자, 적외선 탐지센서를 탑재하고 있다. 1991년 걸프전에서 이라크가 보유한 SCUD미사일의 공격에 대응하기 위해 미군은 전술미사일 조기경보 능력을 구축했다. 그중에 우주기반 적외선 감시체계(SBIRS : Space-Based Infrared System) 소요를 우선 결정했다. 적외선 조기경보위성의 센서 성능 향상을 통해 장거리 전략탄도미사일과 단거리 전술탄도미사일 공격을 조기경보하고 탄도탄방어 작전에 사용하려는 계획을 수립하여 추진했다. 1994년까지 미국은 탄도 미사일 조기경보와 방어를 위한 여러 가지 우주 적외선 탐지체계를 연구했다.[17]

(1) 영상 카메라

정찰위성에 탑재하여 영상을 획득할 수 있는 감지장비는 1976년부터 1990년까지 미국의 군사정찰위성(KH-11)에 최초로 탑재하여 사용한 전자결합소자(CCD: Charge-Coupled Device) 영상 카메라가 있는데 과거와 달리 회수할 필요 없이 영상정보를 지상에서 근실시간 수신하여 군사작전에 활용할 수 있다. 이 카메라는 일반적으로 영상의 해상도가 높아서 현재 핸드폰에 일반적으로 사용하고 있는 보완적 금속산화물 반도체(CMOS: Complementary Metal Oxide Semiconductor)영상 카메라보다 군사용으로 많이 사용하고 있다. 그 원리는 〈그림 5-18〉[18]과 같이 소자의 광다이오드(Photodiode)로 수신된 영상신호를 디지털로 변환하여 열 단위의 정보를 병렬시프트(Parallel Shift) 레지스터에 실어서 전

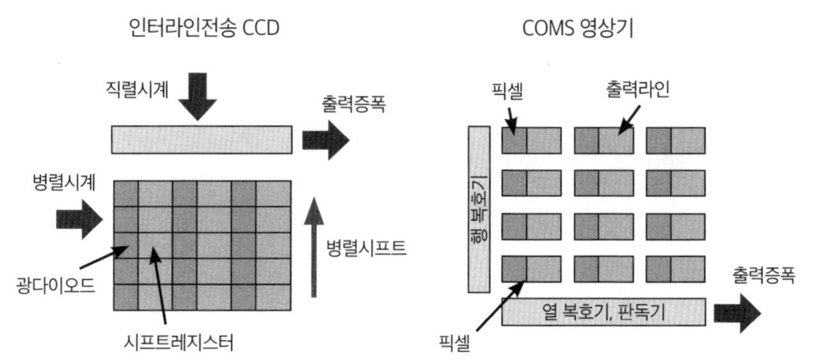

<그림 5-18>
CCD, COMS 영상 원리

17 http://spacenews.com/wp-content/uploads/2015/12/Missile_control_LM-1.jpg
18 http://blog.daum.net/koreasensorlab/265

송하는 방식이다. 반면 CMOS 영상방식은 개별 소자(Pixel)의 광학신호를 개별적으로 받아서 셀별 신호를 처리하는 방식인데 현재까지는 상대적으로 해상도가 낮다.

(2) 적외선영상(IIR) 카메라

CCD카메라 영상은 가시광선에 의한 영상이므로 야간에 정찰임무수행은 제한된다. 이런 문제를 극복하기 위해 적외선 열영상 카메라를 사용하여 가시광선이 제한되는 시기의 감시정찰 임무수행 능력을 갖추고 있다. 〈그림 5-19〉[19, 20]에서 왼쪽 영상은 미세한 가시광선이 없거나 미약해도 육안에 식별되지 않는 적외선을 증폭시켜 영상으로 변환하여 나타낸 영상이고 오른쪽 영상은 물체 자체가 갖는 열(Thermal)에 의해 방출되는 적외선을 영상으로 변환시키는 방법이다. 2개의 방법 중 열영상은 위장을 통해 물체를 가려도 탐지 및 식별할 수 있다는 장점이 있다. 한편 적외선 영상은 물체를 위장하거나 미광조차 없는 경우에는 탐지 및 식별이 제한되는 단점이 있다.

<그림 5-19>
적외선 영상 및
열(Thermal) 적외선 영상

(3) 합성개구레이더(SAR : Synthetic Aperture Radar)

〈그림 5-20〉[21, 22]은 위성 및 항공 합성개구레이더(SAR)에 의한 표적 탐지원리

---

19 https://www.militarysystems-tech.com/suppliers/thermal-vision-specialists/ulis#supplier-profile

20 https://thias.co.uk/retrofit-projects/thermal-imaging-surveys-yorkshire/

21 https://en.wikipedia.org/wiki/Surface_Water_and_Ocean_Topography#/media/File:Diagram_of_SWOT_Data_Collection.jpg

22 https://www.radartutorial.eu/20.airborne/pic/sar_principle.print.png

를 나타내고 있다. 합성개구레이더(SAR)는 항공기나 위성 등의 플랫폼의 이동 경로를 사용하여 매우 큰 위상정열 안테나를 전자적으로 형성하는 레이더체계이다. 시간이 지남에 따라 단위 전송/수신주기(PRT)가 완성되고 각 주기의 데이터가 전자방식으로 저장된다. 신호처리는 합성개구의 요소로부터의 연속적인 펄스에 대해 수신 신호의 크기 및 위상을 사용한다. 주어진 주기 후 저장된 데이터가 재조합되어 (비행중인 각 기종에 대한 다른 송신기에 고유 도플러 효과를 고려하여) 비행 중인 지형의 고해상도 이미지를 만든다.

위상배열레이더를 비교해보면 위상배열의 병렬 안테나 소자가 다수 있는 것과 달리 위상배열레이더는 시간 다중화에서 하나의 안테나를 사용한다. 안테나 소자의 다른 기하학적 위치는 합성개구레이더(SAR)에서는 이동 플랫폼의 결과로 구현된다.

〈그림 5-20〉에서 위상배열레이더(SAR) 프로세서는 위치 A에서 D까지의 기간(T) 동안 진폭과 위상으로 모든 레이더 수신 신호를 저장하면 이동속도가 v인 플랫폼과 이동소요시간 T에 의해 길이가 $v \times T$인 안테나를 재구성할 수 있다. 레이더 플랫폼 궤적을 따라 시선 방향이 바뀌면서 긴 안테나 효과가 있는 신호처리로 합성개구레이더(SAR)가 형성된다. T를 크게 만들면 합성개구 면적을 크게 만들 수도 있고 더 높은 해상도를 얻을 수도 있다.

우주선과 같은 표적이 레이더 빔에 처음 진입하면 전송된 각 펄스의 후방 산란 반사파가 저장되기 시작한다. 플랫폼이 계속 이동함에 따라, 각 펄스에 대한 표적의 모든 반사는 표적이 빔 내에 있는 동안 모두 저장한다. 표적이 레이

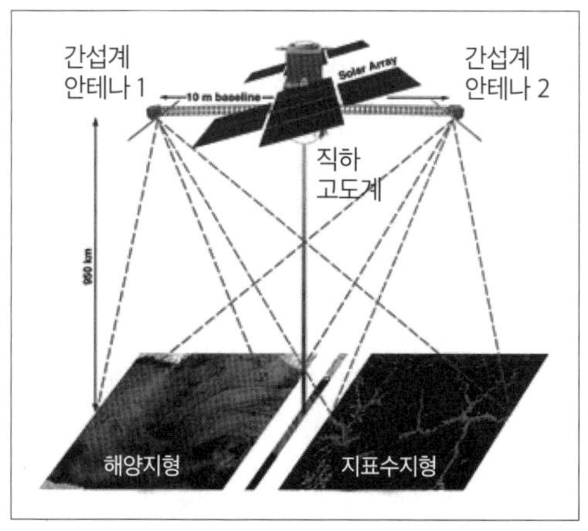

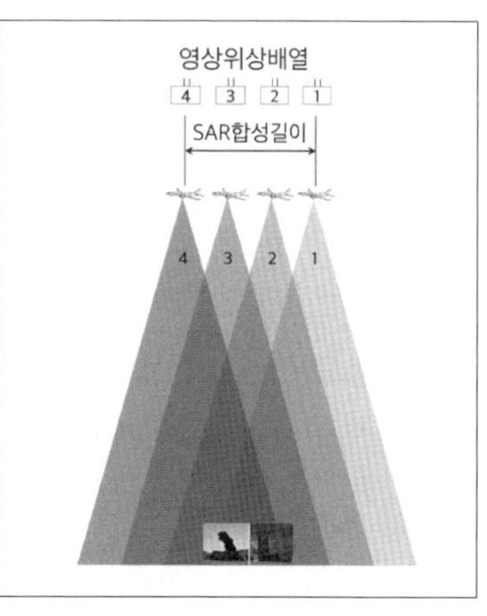

<그림 5-20>
위성 및 항공 SAR원리

더 빔의 감시범위를 일정 기간 이탈하는 시점은 모의되거나 합성된 안테나 길이가 결정된다.

합성된 확장 빔 폭은 지상 거리가 증가함에 따라 표적 내에 있는 시간이 증가하여 서로 균형을 이루며 해상도가 전체 스와스(Swath)폭(측면에서 보이는 공중 탑재 레이더에 의해 데이터가 수집되는 지구 표면의 범위 폭)에 의해 일정하게 유지된다. 합성개구레이더(SAR)의 방위각 분해능은 실제 안테나 길이의 절반에 가깝고 플랫폼 고도 (거리)에 의존하지 않는다. 이런 기술을 구현하는 데 필요한 조건은 안정적이고 완전한 동기 송신기, 효율적이고 강력한 SAR처리기, 비행경로와 플랫폼 속도에 대한 정확한 정보이다. 위상배열 원리를 적용하는 레이더 설계 시 이런 기술을 적용하면 실제 조리개 안테나 크기 때문에 제한되는 위상배열 효과를 최대 10m 크기의 배열을 형성해야만 가능한 비실용적 해상도의 위상배열 레이더 성능을 구현할 수도 있다. 합성 조리개 레이더는 우주 왕복선 레이더 지형탐사(SRTM) 중에 우주왕복선 탑승 시 사용되었다. 합성개구레이더(SAR)는 가장 넓은 의미에서 합성 개구를 생성하기 위해 이미터(emitter)보다는 대상의 움직임을 이용하는 역합성개구레이더(ISAR: Inverse SAR) 기술이다. ISAR 레이더 센서를 탑재한 정찰항공기는 요구되는 표적인식 수준을 충족하는 품질의 레이더 이미지를 제공하는 데 중요한 역할을 한다.

(4) 미국의 SBIRS

미국은 오래된 국방지원계획(DSP : Defense Support Program)에 의한 위성체계를 우주기반적외선체계(SBIRS) 위성으로 교체하기로 결정했으나, 미 감사원(GAO)이 대체하는 위성체계의 기술 성숙도와 비용 적합성의 문제로 획득사업의 착수를 지연시켰다. 우주기반적외선체계 위성은 장거리 전략 탄도미사일은 물론이고, 중거리 탄도미사일이나 단거리 탄도미사일도 대체하여 보다 강화된 전략 및 전술 탄도미사일 조기경보체계를 구축하도록 추진했다.

우주기반적외선체계 Low는 미국 미사일방어국 주관 하 개발 시 우주정찰·추적체계로 사업명을 사용했다. 이 사업은 24개 저궤도(LEO) 위성으로 주요 기능은 탄도미사일 탐지 후 추적 시 궤도상 분리되어 나타나는 기만체, 부스터를 탄두와 구분해서 요격체계가 효과적으로 파괴하는 체계다. 이 체계는 2 종류의 적외선 센서를 사용하는데, 하나는 스캐닝 센서로 비행 초기 탄도미사일을 탐

<그림 5-21>
전략방위구상(SDI)의 SBIRS.

지하고, 다른 하나는 추적센서로 중간단계와 그 이후부터 미사일과 기만체를 추적한다. 그러나 우주정찰·추적체계사업 운용개념은 동일하고, 기술적, 사업적 측면의 차이만 소규모 존재한다. 이 위성체계 지상기지국은 임무통제소(MCS : Mission Control Station) 포함 4개로 구성된다. 우주기반적외선체계 위성 정보를 야전부대에서 수신 가능하도록 다운링크를 구성하고, DSP위성보다 섬세한 적외선 기술을 사용한다. 〈그림 5-21〉[23]은 미국의 미사일방어체계에 포함된 우주기반정찰감시위성체계이다. 여기서 우주기반 적외선체계 High는 4개 위성을 지구동기궤도(GSO)에서 운용한다. 그뿐만 아니라 탄도미사일 요격고도가 1,500km로 저고도 감시정찰 위성에 의한 요격능력을 갖도록 하는 새로운 운용개념도 등장했다.[24]

2) 무인기(UAV : Unmanned Aerial Vehicle)

(1) 체계구성

UAV체계의 표준구조는 작업분할구조를 통해 알 수 있는데, 미국 군사표준

23 https://missilethreat.csis.org/wp-content/uploads/2017/03/SDI-Phase-1.jpg

24 Joan Johnson-Freese and Ralph Savelsberg,"Why Russia Keeps Moving The Football On European Missile Defense: Politics,"Breaking Defense, 17 October, 2013.

MIL-STD-881C에서 〈표 5-3〉과 같이 구성하고 있다.[25]

<표 5-3>
무인기(UAV) 작업분할 구조(WBS) / 체계구성

1.1 항공체(Air Vehicle)
  1.1.1 기체(Airframe)
    1.1.1.1 기체 통합(Airframe Integration)
    1.1.1.2 동체(Fuselage)
    1.1.1.3 날개(Wing)
    1.1.1.4 미익(Empennage)
    1.1.1.5 엔진덮개(Nacelle)
    1.1.1.6 기타(Other Airframe Components)
  1.1.2 추진체계(Propulsion)
  1.1.3 항공기 하부체계(Vehicle Subsystems)
    1.1.3.1 항공기 하부체계 통합(Vehicle Subsystems Integration)
    1.1.3.2 비행통제 하부체계(Flight Control Subsystem)
    1.1.3.3 보조전력 하부체계(Auxiliary Power Subsystem)
    1.1.3.4 유압 하부체계(Hydraulic Subsystem)
    1.1.3.5 전기적 하부체계(Electrical Subsystem)
    1.1.3.6 환경통제 하부체계(Environmental Control Subsystem)
    1.1.3.7 연료 하부체계(Fuel Subsystem)
    1.1.3.8 착륙장치(Landing Gear)
    1.1.3.9 회전익 그룹(Rotor Group)
    1.1.3.10 조종체계(Drive System)
    1.1.3.11 항공기 하부체계 소프트웨어(Vehicle Subsystems Software)
    1.1.3.12 기타(Other Vehicle Subsystems)
  1.1.4 항공전자(Avionics)
    1.1.4.1 항공전자 통합(Avionics Integration)
    1.1.4.2 통신/식별(Communication/Identification)
    1.1.4.3 항법/유도(Navigation/Guidance)
    1.1.4.4 자동비행통제(Automatic Flight Control)
    1.1.4.5 상태모니터링 체계(Health Monitoring System)
    1.1.4.6 저장관리(Stores Management)
    1.1.4.7 임무 컴퓨터/처리기(Mission Computer/Processing)
    1.1.4.8 사격통제(Fire Control)
    1.1.4.9 항공전자 소프트웨어(Avionics Software)
    1.1.4.10 기타 항공전자 하부체계(Other Avionics Subsystems)
  1.1.5 기타장비(Auxiliary Equipment)
  1.1.6 항공기 소프트웨어(Air Vehicle Software)
  1.1.7 항공기 통합(Air Vehicle Integration)
1.2 탑재체(Payload)
  1.2.1 탑재물 통합(Payload Integration)
  1.2.2 생존성을 위한 탑재물(Survivability Payload)
  1.2.3 정찰 목적 탑재물(Reconnaissance Payload)
  1.2.4 전자전 목적 탑재물(Electronic Warfare Payload)
  1.2.5 무장/무기투하 탑재물(Armament/Weapons Delivery Payload)

25 U.S. MIL-STD-881C, *Work Breakdown Structures for Defense Material Items*, 3 October 2011, pp. 155~169.

1.2.6 탑재물 소프트웨어(Payload Software)
1.2.7 기타 탑재물(Other Payload)
1.3 지상/조종 부분(Ground/Host Segment)
1.3.1 지상부분 통합(Ground Segment Integration)
1.3.2 지상통제체계(Ground Control Systems)
1.3.3 지휘통제하부체계(Command and Control Subsystem)
1.3.4 발사 및 복구장비(Launch and Recovery Equipment)
1.3.5 수송차량(Transport Vehicles)
1.3.6 지상부분 소프트웨어(Ground Segment Software)
1.3.7 기타 지상/조종부분(Other Ground/Host Segment)
1.4 UAV소프트웨어(UAV Software Release)
1.5 UAV체계 통합(UAV System Integration)
1.6 체계공학(System Engineering)
1.7 사업관리(Program Management)
1.8 체계시험평가(System Test and Evaluation)
1.9 훈련(Training)
1.10 자료(Data)

(2) UAV 용도 및 기능별 분류

UAV는 군사적인 용도, 비행반경, 비행고도, 크기, 비행임무, 이착륙방식과 구체적인 용도와 기능별로 분류할 수 있다. 군사적 용도에 따라 순항거리나 고도 기준으로 전술UAV 혹은 전략UAV를 분류한다. 작전반경이나 운용고도뿐 아니라 크기에 따라 15cm 이내의 투척형 초소형 MAV, 1~2명이 휴대 운용하는 Mini-UAV, 차량탑재 운용하는 중·소형 OAV(Organic Aerial Vehicle), 순항거리 200km 이상 중형무인기, 순항거리 650km 이상 대형무인기로 구분한다.

지상활주형, 활주로 없이 이륙 위한 발사대형, 활주로 없이 이착륙하는 수직이착륙(VTOL : Vertical Takeoff and Landing)형, 낙하산 전개 착륙 회수형, 해상 등 함상 착륙 회수형으로 그물망형이 있고, 공중 투하형이나, 자동 이착륙시스템으로 외부 조종 없이 자동 회수하는 체계 등도 있다.[26]

UAV는 제작 및 생산의 용이성이나 기술의 개방성, 상용수요 등으로 인해 특정 표준 특성으로 한정하지 않고 무기체계로 관리하기에는 어려울 정도로 다양화되어 있다. 특히 중국은 개발 및 생산 업체가 현격히 증가하고 있으며,. 개발·생산 업체는 사기업이거나 공기업인데 공기업은 전 체계에 관한 개발과 생

26 https://ko.wikipedia.org/wiki/%EB%AC%B4%EC%9D%B8_%ED%95%AD%EA%B3%B5%EA%B8%B0

산 능력을 갖추고 있지만 사기업은 대부분 구성품을 조립 · 생산 능력을 갖추고 있다. 중국 UAV시장은 2015년도 10조 위안인데 향후 20년 이후에는 45조 위안으로 추정하고 있다. 이런 추세는 우리 국방에 대단히 위협적인 상황이 아닐 수 없다. 중국과 가까운 민간 무역 및 군사 거래를 하고 있는 북한이 저가 드론이나 UAV를 대규모로 군사 분야에 활용할 수 있다고 추정된다.

(3) 주요 UAV 특성

UAV는 일반적으로 그 특성을 다음과 같이 정의하는데 주요 특성은 외형 크기와 관련되는 길이, 높이, 날개가 있고, 이동속도 등 기동 특성은 최대속도(Max Speed)와 순항속도(Cruising Speed), 최대고도(Ceiling)가 있다. 무게관련 특성은 이륙중량(Total Take-off Weight), 최대적재량(Total Payload), 최대연료능력(Total Fuel Capacity)이 있으며, 그 관계는 〈표 5-4〉처럼 총 적재연료(Total Fuel Load), 총 적재(Total Payload), 작전공허중량(Operating Empty Weight)의 관계를 갖는다.

<표 5-4>
비행체 중량 구분

최대이륙중량(Max Takeoff Weight)					
총적재연료(Total Fuel Load)			총적재(Total Payload)		작전공허중량[27] (OEW : Operating Empty Weight)
이·착륙 전 연료 (Taxi Fuel)	이륙 후 착륙 전 연료 (Trip Fuel)	예비연료 (Reserve Fuel)	적재화물 (Cargo)	승무원과 수화물 (Passengers & Baggage)	

작전운용 특성으로 UAV의 비행 지속시간(Endurance), 비행 최대거리(Max Range), 엔진출력이 있으며 작전허용 최대풍속이 있는데 이때 풍속에 적용하는 기준은 〈표 5-5〉와 같은 Beaufort 척도(scale)[28]를 사용하고 있다.

UAV는 항공기와 달리 소형화에 따라 다양한 발사방식과 회수방식(Recovery)

---

27 작전공허중량(OEW) : 제조공허중량(MEW)+표준항목(SI)+운용항목(OI)으로 구성되는데 제조공허중량(MEW)은 기체구조(Airframe structure), 동력장치(Powerplant), 보조동력장비(Auxiliary power unit (APU)), 체계(Systems (계기(instruments), 항법(navigation), 유압체계(hydraulics), 공기압력체계(pneumatics), 연료를 제외한 연료체계(fuel systems), 전기체계(electrical system), 전자체계(electronics), 고정된 비품(fixed furnishings), 에어컨, 결빙방지체계(anti-ice system) 등으로 구성된다.

28 https://en.wikipedia.org/wiki/Beaufort_scale

Beaufort 척도(scale)	평균풍속	풍속한계	풍속표현
	m/sec		
0	0	<1	고요(calm)
1	1	1-2	가벼운 바람(light air)
2	3	2-3	남실바람(light breeze)
3	5	4-5	산들바람(gentle breeze)
4	7	6-8	건들바람(moderate breeze)
5	10	9-11	시원한 산들바람(fresh breeze)
6	12	11-14	된바람(strong breeze)
7	15	14-17	약한 질풍(near gale)
8	19	17-21	질풍(gale)
9	23	21-24	큰센바람(strong gale)
10	27	25-28	폭풍(storm)
11	31	29-32	강열한 폭풍(violent storm)
12		33+	태풍(Hurricane)

<표 5-5>
풍속척도(Wind Scale)

이 중요한데 이런 특성이 작전운용에 중요한 영향을 미친다. 〈그림 5-22〉와 같이 이륙방식에는 항공기처럼 활주로를 이용하여 이착륙하는 방법이 있고 캐터풀터 같은 발사대로 이륙하는 방법이 있다.

구분	이륙/발사(Launching)	착륙/회수(Recovery)
활주로형[29]		
발사대이륙[30] /그물회수[31]		

<그림 5-22>
UAV 이·착륙 방법

4. 감시정찰 무기체계 발전추세

첨단 감시정찰체계를 갖춘 미국의 발전추세를 면밀히 살펴보면 세계적인 발전 추세를 쉽게 이해할 수 있다. 미국은 군사전략에 부합되도록 범세계적인 ISR체계를 운용하고 있다. 보다 체계적인 정보감시정찰체계를 구축하기 위해 〈그림 5-23〉과 같이 간단없는 다중 ISR체계 발전계획을 갖고 있다. 미국의 감시정찰체계는 핵심성능변수(KPP)인 표적위치오차(TLE)와 감시범위나 면적과 관련되는 운용고도의 모든 스펙트럼에 해당하는 발전계획을 갖고 있다. 표적위치오차는 복합체계의 타격 효과성능에 있어서 타격효과에 영향을 미쳐서 화력운용 시 재타격 여부나 방법을 결정하는 데 대단히 중요한 역할을 한다. 위성체계의 운용고도가 높을수록 표적과 이격 거리만큼 오차가 커지지만 감시범

29 http://www.aiirsource.com/mq-9-reaper-uav-launch-recovery-syracuse-airport/
30 https://www.army-technology.com/news/l3-contract-isr-us-army-shadow/
31 http://media.defenceindustrydaily.com/images/AIR_UAV_Aerosonde_4-7_from_Stiletto_AAI_lg.jpg
32 https://upload.wikimedia.org/wikipedia/commons/0/01/RQ-11_Raven_1.jpg
33 https://en.wikipedia.org/wiki/Unmanned_aerial_vehicle#/media/File:Autumn_Drone_(cropped).jpg
34 https://upload.wikimedia.org/wikipedia/commons/8/8a/US_Navy_110930-N-JQ696-401_An_MQ-8B_Fire_Scout_unmanned_aerial_vehicle_%28cropped%29.jpg

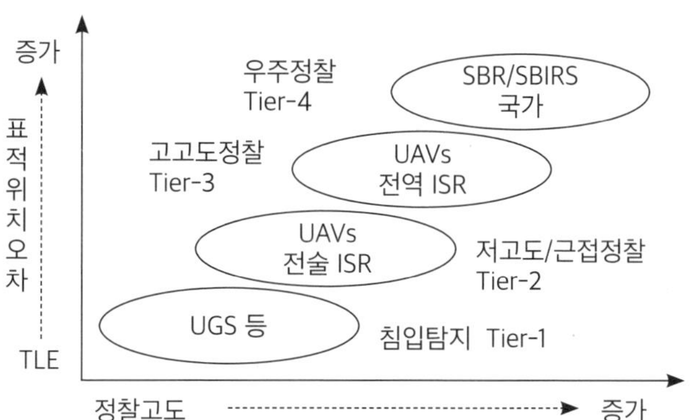

<그림 5-23>
미국의 다층 ISR체계와 표적위치오차 성능특성의 관계

위와 면적은 더욱 넓어진다. 한편 위성감시체계 운용고도가 낮을수록 표적과 거리가 가까워져서 오차가 감소하는 반면 감시범위가 줄어드는 관계를 고려해서 미국은 〈그림 5-23〉[35]처럼 4단계 계층을 구분하여 체계를 발전시키는 계획을 갖고 있다.

미국의 감시정찰체계는 Tier-1부터 Tier-4까지 4개 계층구조로 구분하여 다층 구조의 ISR체계를 계획하여 추진하고 있다. Tier-1은 지상침투 물체를 탐지하여 정찰정보를 제공하는 UGS체계이다. Tier-2는 저고도 및 근접정찰임무를 수행하는 UAV, 즉 전술적 ISR체계이다. 그 이상 전역(Theater) 차원의 ISR체계가 Tier-3계층으로 고고도 정찰을 수행하는 전역 ISR체계로 임무를 수행하는 계층이다. 마지막으로 인공위성, 즉 우주기반의 정찰체계가 Tier-4 계층을 담당하는 것으로 계획하고 있다.

Tier-1 감시·정찰 무기체계는 가장 저층 ISR체계로 주로 지표면에 설치되는 감시체계로 UGS가 있으며 미 육군의 미래전투체계(FCS: Future Combat System) 계획의 일부분으로 현재 개발 중인 무기체계는 적 지역이나 주요 접근로 혹은 침투로 상에 은밀하게 설치 및 매설하는 체계다. UGS는 음향센서, 진동센서, 자기감응센서 등이 내장되어 병력이나 차량 이동을 자동탐지해서 무인네트워크로 조기경보 또는 영상정보 전송이 가능하다.

Tier-2 감시·정찰 무기체계는 저고도의 전술급 ISR체계이며 대부분 무인항공기로 중소형, 초소형 UAV인데, 국가별로 다양하게 개발하여 운용 중에 있

35 신영순, "정보·감시·정찰(ISR)체계", 『국가안보전략』, 한국국가안보전략연구원, Vol 03, Issue 05, pp. 29~31, 2014. 5.

다. 주로 사 · 여단급에서 운용하는 무인항공기는 운용고도가 대략 5km이내이며, 운용반경은 약 126~267km, 체공시간은 약 5~12시간 정도의 성능특성을 갖고 있다. 대대급 이하에서 운용하는 무인항공기는 운용고도가 대략 300m, 운용반경은 약 4.6~11km, 체공시간은 1~2시간 정도의 성능특성을 갖는다. 소부대 및 시가지 작전 등 특수작전에 사용하는 초소형무인항공기는 총중량 300g 이하라서 전지로 작동되어 극소형 센서를 탑재하여 운용반경과 지속시간이 제한된다.

Tier-3 감시 · 정찰 무기체계는 고고도, 전구급 ISR의 대표적인 체계인 글로벌호크는 고해상도 합성개구레이더와 전자광학 · 적외선센서가 탑재되어 광역감시나 이동표적지시 기능도 수행할 수 있으며 최대상승고도 약18.3km, 작전반경 약 14,000km, 체공시간은 약 28시간이다. U-2기가 전구급 ISR자산으로 운용되고 있지만 무인기 전력으로 대체될 전망이다. 중고도 무인항공기 프리데이터는 전구급 UAV로 공군과 CIA에서 운용하고 있다. 최대상승고도 약 7.6km, 작전반경 약 1,100km, 체공시간은 약 24시간이다. 프리데이터는 감시정찰뿐만 아니라 무인공격 기능도 수행할 수 있도록 무장 장착대에 AGM-114 헬파이어 AIM-92 스팅거 및 그린핀 공대지미사일 등을 선택적으로 장착할 수 있게 되어 있다. 아프가니스탄 등지의 대 테러 전에서 그 유용성이 입증되기도 했다.

Tier-4 감시 · 정찰 무기체계는 우주공간에 배치되는 위성체계로 우주공간의 적외선 감시체계는 〈그림 5-17〉과 같이 정지궤도에서 운용되는 DSP 및 정지궤도(GEO)위성과 지구궤도를 타원형으로 선회하는 지구고궤도(HEO)와 지구저궤도(LEO)위성 등으로 구성되어 있다. 지구저궤도 우주적외선체계(SBIRS LEO) 궤도에는 약 24개의 위성으로 구성되며, 제일 중요한 임무는 미사일 조기경보를 위한 ICBM 부스트단계 탐지, 추적을 통해 미사일 방어 및 우주전을 수행하는 것이며, 이를 위해 탄두와 디코이를 구분해내는 것이다.

우주기반레이더(SBR: Space Based Radar)는 SBIRS가 적외선센서를 사용하는 반면 SAR센서를 사용하는 위성기반레이더체계이다.

기타 저고도 침투 순항미사일이나 지역감시를 위한 무인비행선을 운용하고 있다. 무인비행선은 체공시간이 길어서 무인항공기의 제한된 체공시간 문제를 해결할 수 있다. 무인비행선은 자유비행을 하거나 지상에 줄로 연결하여 고정시킨 2가지 형태의 기구로 구분할 수 있다. 이 체계의 중요 특성 중 체공시간은 5일~1개월이며, 구 크기와 형태, 목적에 따라, 고도는 수km에서 20km까지 운용되고 있다.

미국의 ISR무기체계 발전추세는 특정 감시체계의 한계를 극복하기 위해 다양한 종류의 감시장비를 중첩 운용한다는 것이다. 공간적으로 다층 감시체계를 구축하고 제대별 다양한 수단을 운용하여 여러 수단으로 수집한 정보를 종합하여 데이터베이스를 구축하고 이것을 활용하여 종합적인 분석을 통해 고가치 정보를 생산함으로써 실시간 적절한 정보가 제공되도록 정보수집처리 및 전파체계의 구축을 추진하고 있다.

이 과정에서 감시정찰무기체계 발전방향에 반영할 수 있는 것은 감시정찰무기체계의 핵심성능은 표적 위치오차, 탐지범위, 감시지속시간이라는 것을 알 수 있다. 무기체계 성능특성의 3대 요소를 중심으로 발전하고 있는 위성, 무인기, UGS체계로부터 수집된 정보를 통합해서 TLE를 감소시키거나 혹은 탐지범위를 확장시키거나, 감시지속시간을 향상시키는 방법 등으로 체계성능 통합과 발전 노력을 다하고 있다. 다수의 정보출처로부터 감시범위를 확장할 수 있도록 정보체계 연동성을 향상시키고, 감시지속시간을 주야간, 기상에 따라 체공시간의 제한이 극복되도록 체계의 발전이 요구된다.

연습문제

1. 감시정찰 무기체계에는 어떤 무기체계가 포함되어 있는가?

2. 지상으로 접근하는 인원과 장비를 감시할 수 있는 장비는 어떤 것들이 있는가?

3. 레이더의 특성 중 편대군을 형성하여 공격하는 항공전술에 대비해서 근접한 항공기의 위치를 식별할 수 있는 성능은 무엇인가?

4. 감시정찰 무기체계에 의해 수행되는 전장감시는 어떤 성능특성으로 정보, 감시, 정찰을 포함하는 정보를 통해 국가와 군사 및 무기체계의 작전운용이 가능하게 되는가?

5. 감시 · 정찰무기체계 특성 중 전투지휘를 위해 표적에 대한 요망효과 달성정도를 확인하여 재타격 여부와 적정 화력소요를 판단하기 위해 필요한 특성 또는 기능은 무엇인가?

6. 드론을 이용하여 북한 지대지 미사일의 TEL을 정찰하려고 한다. 이때 TEL 주변에는 다수의 방공무기들이 배치되어 있어서 생존성 보장을 위해 비행고도는 최소 3km 이상이 요구된다. 또한 정찰에 필요한 광학 센서의 GSD가 5cm/pixel이라고 하면 센서에 필요한 기술적 성능을 완성하라.

실제초점길이(F_R)	실제센서 폭(S_W)	이미지 폭(Im_W)	GSD	비행고도
3mm	2mm	(　　　　)픽셀	5cm/pixel	3,000m

7. 북한이 개발중인 TEL형 및 사일로형 지대지 미사일과 SLBM탑재 잠수함을 감시하고자 한다. 다음과 같은 감시정찰 능력이 요구되면 어떤 위성체계를 선택할 것인가?

등급	NIISR 등급 구분 내용
1	중형 항구 시설을 탐지하고 대형 비행장에 있는 페어웨이와 활주로를 구분.
2	비행장, 대형 고정형 레이더들, 군사 훈련 지역, 대형 격납고 탐지. 도로패턴 및 전반적인 사이트 형상과 SA-5 사이트 식별, 해군 시설에서 대형 건물 식별.
3	날개형상에 의한 대형 항공기를 식별할 수 있고, 언덕형상과 콘크리트 발사장 노출로 레이더와 유도지역의 SAM 사이트를 식별할 수 있으며, 형상과 표시에 의한 헬기장 식별 가능. TEL기지 지원차량 존재여부 탐지 가능. 유형별로 항만에서 대형 수상함 식별가능. 철로에 기차 또는 표준 롤링스톡 행열 여부 탐지 가능.
4	유형별로 모든 대형 전투기를 식별. 대형 개별 레이더 안테나 탐지 가능. 차륜형차량, 야전포병, 대형하천 도하장비, 집단 속의 차륜형차량, 미사일 사일로 문 개방, 중형 잠수함 표적, 철로, 통제탑, 철로 전환점 등 일반적인 유형 식별 가능.

구분	①	②	③	④
위성명칭	Quick Bird	IKONOS	ZY-3	SOPTS
GSD(m)	0.61	0.82	2.1	2.5
NIIRS(등급)	4.9	4.5	2.79	2.43
총수명주기 비용	5조 원	2조 원	1조 원	5천억 원

8. 중국이 운용하던 탐지레이더는 1000km로 출력이 400KW였다. 이후 러시아의 동종 신형 레이더로 대체했는데 이때 다른 변동사항은 확인되지 않았고 단지, 출력만 500KW로 감지되었다.

가. 이 조건에서 탐지거리를 추정하라.

* 구형레이더 탐지거리, 신형레이더 탐지거리, 구형레이더에서 값을 산출하여 신형레이더에 대입하여 산출

나. 중국 구형레이더(탐지거리 1000km)에 대해 미국은 기존 폭격기(RCS 100m2)에 스텔스 기능을 반영하여 성능을 개량한 새로운 스텔스 전략폭격기(RCS 0.1m2)를 개발했다. 이때 중국 구형레이더에 의한 미국의 새로운 스텔스 전략폭격기 탐지거리는 어느 정도라고 예측할 수 있는가?

* 미국 기존 폭격기에 대한 탐지거리 관계, 여기서 미국 기존 폭격기에서 산 미국의 개량형 폭격기 탐지거리 관계를 산정

제 6 장

지휘통제 · 통신무기체계

1. 전장기능

현대 전쟁에서 지휘통제(Command Control) 무기체계는 전장기능 분야 중 임무지휘기능(Mission Command Function)에서 그 역할을 수행하며 그 개념은 다음과 같다. 임무지휘 전장기능은 여러 활동의 개발과 통합되어 지휘관이 지휘의 술과 과학적 통제가 가능하도록 한다. 임무지휘에 대한 기본 철학은 기술이나 체계보다 사람을 중심에 둔다. 이런 철학으로 인하여 지휘관은 이해 · 가시화 · 묘사 · 지휘 · 지도 · 평가 활동을 통해 작전 절차를 운용한다.

지휘통제기능은 자체 내부조직과 합동, 중계기관, 다국적 파트너 등의 팀을 발전시킨다. 지휘관은 조직 내 · 외부와 부대에 영향을 미치고 정보를 제공하고 참모과업을 과학적인 통제하에 지도한다. 주요 참모과업은 작전절차인 계획 · 준비 · 시행 · 평가 위한 4개의 수행 절차를 의미하며, 지식관리와 정보관리 및 정보와 영향 활동을 수행하고 사이버 및 전자 활동을 수행한다.

지휘통제기능은 제2장 〈그림 2-6〉에서 보듯이 미국의 신삼축(New Triad) 전력정책에서의 감시정찰(ISR)전력과 함께 중심축을 차지하면서 외곽 축에 위치한 핵 및 비핵 정밀타격체계와 미사일 방어체계를 중심으로 하는 방호체계 등과 연동하여 효율성을 극대화하는 것이다. 그리고 IT기술의 특성상 기술발전 속도가 폭발적인 추세에 있어 무기체계를 개발하여 전력화하는 데 진화적인 개

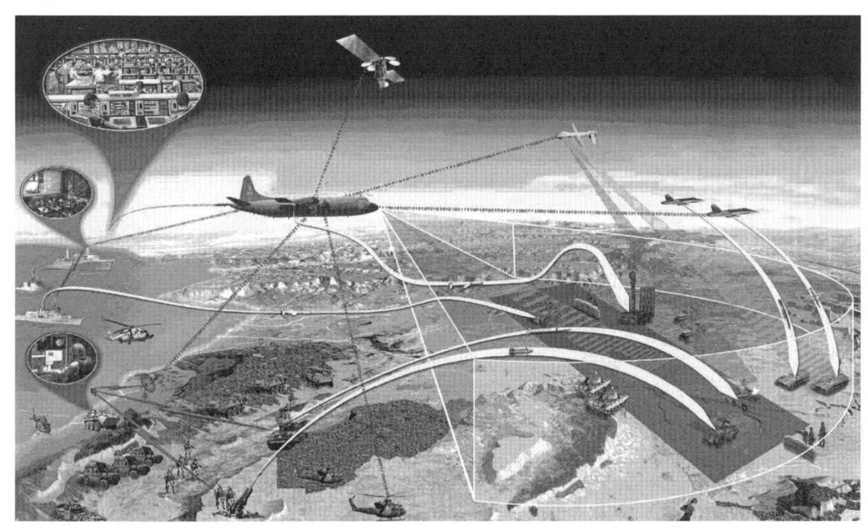

<그림 6-1>
네트워크 중심전

발 및 전력화 방법 등 제도적인 방안들이 부단히 발전하고 있다.

전투자산을 기동시켜 유리한 특정 지형에 집중하여 작전목적을 달성하던 2차원적 전쟁수행방식에 공중전력 이나 미사일, 잠수함 등을 이용하여 특정 공간에서 상대적 우위를 달성하여 특정 시간과 공간에서 전투력을 집중할 수 있도록 했다.

정보통신기술의 발달과 지휘통제기능의 발달로 특정시간에 2차원적 개념과 3차원적 전투자산을 물리적 집중이 가능해졌다. 과거에도 포병 TOT(Time on Target)는 화력을 특정시간에 집중하는 노력이 있었으나 최신 정보체계기술을 적용해서 생존 등의 목적으로 분산 배치된 전투자산을 계획된 표적에 적정 화력을 동시에 집중하여 전투효율을 극대화시키는 것이 네트워크중심전 개념이면서 전장기능의 일부로 지휘통제기능의 핵심 개념이 된다.

〈그림 6-1〉[1]에서 첨단 정보체계기술이 적용된 현대전에서 지휘통제는 다양한 계층의 정보구조가 정보와 지식영역에서 센서를 네트워크로 연결하여 수집된 데이터를 분석 · 융합하여 전파하는 등 정보를 보다 효율적으로 관리할 수 있어서 전장감시범위가 더욱 증가되고, 쉽게 공유할 수 있게 되었다. 이런 정보로 실행영역에서 협업이 이루어지고 가상의 조직적 기능을 수행하여 인간과

1 Charles R. Rowell, Jr., *Modeling Computer Communication Network in a Realistic 3D Environment*, Department of the Air Force Air Univ. 2010, p. 2.

물질을 위한 정보교환이 이루어지며 자기동기화된 전투력이 형성된다는 것이다. 이 전투력은 작전 템포를 향상시키고 반응시간을 단축시키고 정확성을 보다 향상시키며 저 위험, 저비용으로 투입된 전투력의 운용 효과를 상승시키도록 4차산업혁명기술 등을 토대로 발전하고 있다.

1) NCW(Network Centric Warfare) 이론

(1) 네트워크중심전(NCW)이란?

네트워크중심전(NCW : Network-Centric Warfare)을 데이빗 알버트(David Albert) 박사는 『네트워크중심전의 정의(Definition of Network Centric Warfare)』에서 〈그림 6-2〉와 같이 표현했다.[2]

네트워크 중심전은 인간, 조직, 행동에 관한 문제로 네트워크 중심의 사고이며 군사작전으로 전투력운용에 초점을 맞추고 있으며 전투요소들을 효과적으로 연결하거나 생성할 수 있는 새로운 사고방식을 적용하는 기반이 된다. 생존 등 여러 가지 이유 때문에 지리적으로 분산된 특징을 갖는 상이한 전투 개체들을 높은 수준의 공유된 전장감시를 통해 자기동기화와 다른 네트워크 중심작전에 이용함으로써 지휘관 의도를 달성하는 능력으로 특징하고 있다. 네트워크

<그림 6-2>
네트워크 중심 기업으로서의 군

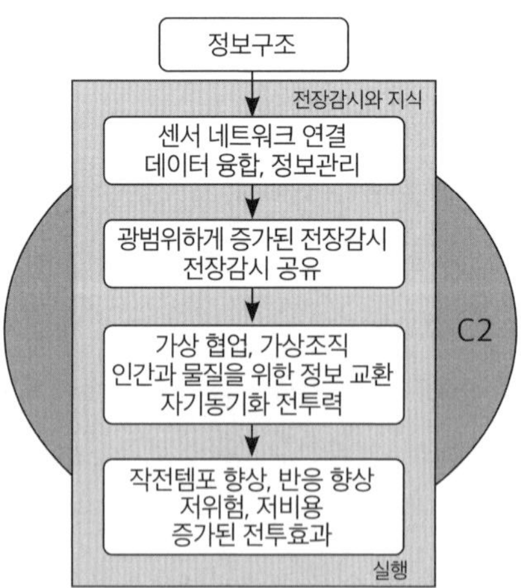

2 David S. Albert, *Network Centric Warfare*, DoD C4ISR Cooperative Research Program, February 2000, p. 88.

중심전은 지휘 속도를 단축시켜서 정보 우위를 행동의 우위로 전환하도록 지원한다. 네트워크중심전은 임무, 전투력의 규모 및 지형에 영향을 미치지 않으며 더욱이 전술, 작전, 그리고 전략적 수준의 전쟁의 통합에 기여할 수 있는 잠재력을 갖고 있다. 네트워크중심전은 기술만 관련된 좁은 영역은 아니며 정보화 시대에 있어서는 새롭고 광범위한 군사적 대응으로 확장된 개념을 갖고 있다.

(2) 본질적 언어모델을 이용한 이해

〈그림 6-3〉은 네트워크중심전에 있어서 전투수행 공간을 인지도메인, 정보도메인, 물리도메인 3개로 구분하고 각각의 도메인별로 2개의 상이한 개체 간 도메인별 협조를 통해 궁극적으로 자기동기화를 달성한다는 의미를 정보체계에 대한 본질적 언어 모델로 표현하고 있다.[3]

여기서 서로 상이한 개체 간의 관계에 있어서 정보도메인에서 첩보수집계획에 의해 수집하고 관찰된 정보를 획득하거나 물리적 영역에서 발생한 사건에 대하여 인지영역에서 지각하게 되면 기존 지식과 함께 새로운 지식을 형성하고 상이한 개체 간에 지식을 공유하게 된다. 지식을 기반으로 새로운 인식이 형성되고 이런 인식을 상이한 개체 간에 공유하게 된다. 이런 인식을 기반으로

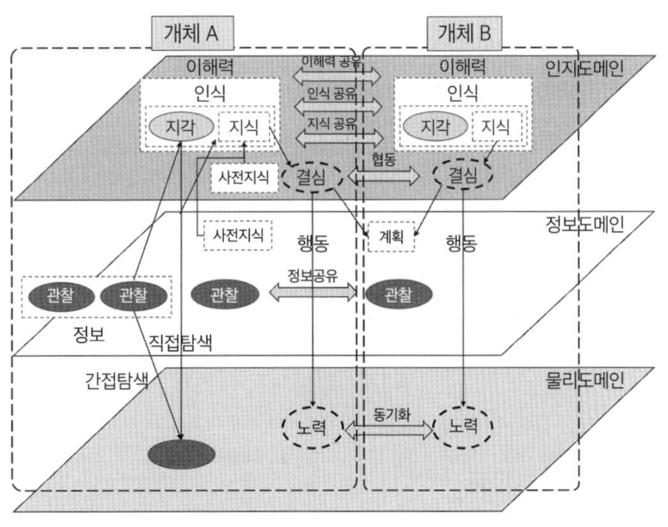

<그림 6-3>
네트워크 중심에 관한 본질적 언어모델

3 이태공, "Understanding Information Age warfare", 아주대학교 강의록, 2010, p. 17.

개체는 새로운 결심을 하게 되는데 상이한 개체 간 일치되는 결심을 하게 되며 일치된 결심은 곧 협업으로 이어진다. 그뿐만 아니라 새로운 인식에 따른 새로운 이해력이 형성되는데 이런 이해를 상이한 개체 간에 공유할 수 있게 된다. 새로운 결심에 따르는 물리적 영역에서 개체별 노력은 개체 간 동기화로 나타남으로써 노력의 통일을 달성할 수 있게 된다.

(3) 가치사슬에 의한 이해

이와 같이 추상적이고 다양한 체계 간의 관계가 복잡한 네트워크중심전을 미 정부 차원에서 보다 효과적으로 관리하기 위해서는 구조적인 분석이 필요했다. 미 정부에서는 이런 관계를 〈그림 6-4〉와 같이 보다 합리적으로 모델링하여 구조화했다.[4]

가치사슬을 통해 NCW의 구조를 물리적영역, 정보영역, 인식 및 사회 영역의 3개 영역에서 영향을 미치는 요인들 간의 관계로 구조화했다. 네트워크 전력이 강건해지면 정보공유량이 증가하고, 정보공유량이 증가되면 정보 품질 향상에 기여한다. 그 결과 상황에 대한 인식을 상하 제대와 전투원 개개인 간 충분히 공유하게 됨으로써 부대와 전투원 간 협업이 보다 효율적이 되어 자기 동기화를 통해 임무효과가 증대한다. 그뿐만 아니라 이런 환경 변화로 인해 신

<그림 6-4>
NCW 가치사슬

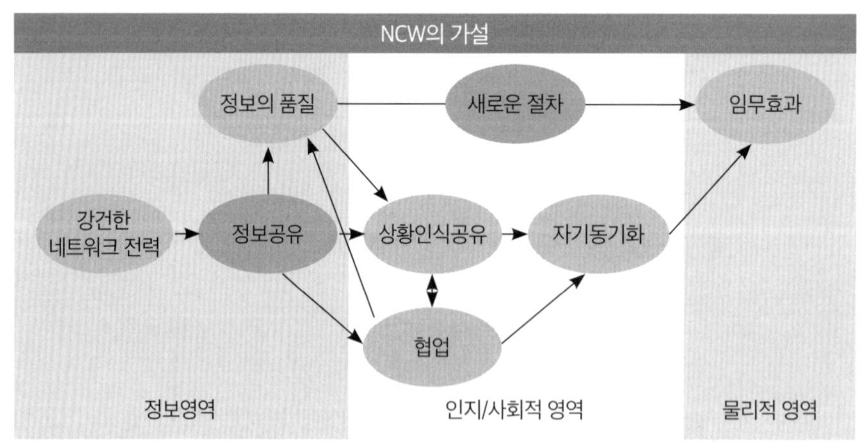

4 US Force Transformation, Office of the Secretary of Defense, *The Implementation of Network-Centric Warfare*, 2005, p. 19.

교리를 적용하여 임무효과가 증대된다는 인과관계 구조다. 이런 구조적 모델을 통해 정보체계 전력화를 논리적으로 설명하고 사업 간 관계를 쉽게 이해시킬 수 있다.

2) NCW의 실제

(1) 교리적 실체

미군은 이라크전에 적용했던 사항을 토대로 교리적으로는 〈그림 6-5〉와 같이 분석했다.[5] 미군이 이라크전에서 지휘통제 방식에 있어서 이전까지는 부족한 정보 속에서 대안을 선택하여 작전을 수행하는 지휘결심우선(Command Push) 방법으로 의사결정하고 지휘통제하던 교리를 변경하여 정찰이 선도하는(Recon Pull) 방법으로 전환했는데, 이것은 충분한 정찰감시를 통해서 적 상황과 상태를 보다 정확히 분석하고 판단함으로써 바른 전장인식을 통해 전장에 참여하는 제대별 지휘관과 전투원이 함께 공유하게 되면 부대 전체가 동기화된 협업이 가능했고, 반응시간 단축이 가능했다는 내용이다.

이런 인과관계에서 지휘통제 무기체계의 핵심성능변수(KPP)를 정의함으로

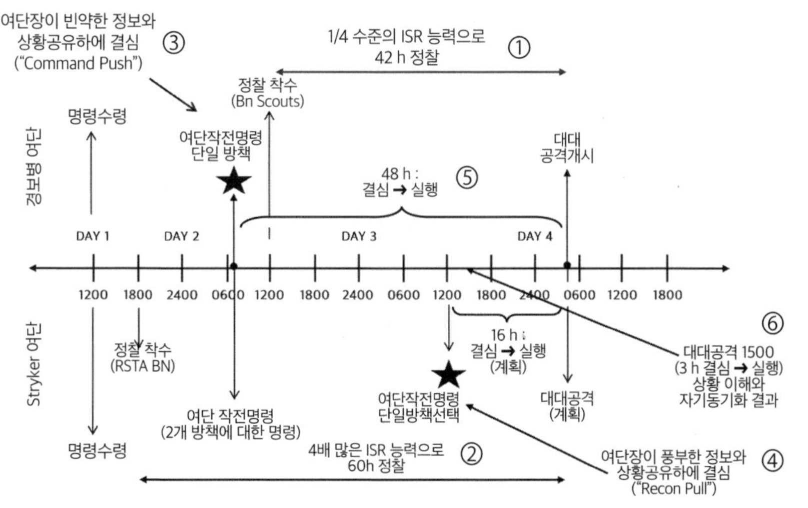

<그림 6-5>
NCW의 전술교리적 적용

5 DoD Command and Control Research Program, *NATO NEC C2 Maturity Model*, 2010, p. 27.

써 C4ISR-PGM복합체계의 개발을 유인할 수 있게 된다.[6]

(2) 체계설계와 개발을 위한 기본적 프레임워크

NCW체계는 전장상황을 감시정찰기능을 수행하는 센서격자, 수집된 첩보를 융합과 분석을 통해 의사결정에 반영하는 감시정찰 및 지휘통제 격자, 그리고 선정된 표적에 대하여 실시간 타격하는 타격체계 격자로 구분한다. 이렇게 구성된 복합무기체계로 전략적, 작전적, 전술적 수준의 임무효과를 달성할 수 있다.

〈표 6-1〉의 예에서 속성이나 척도는 측정치, 조건, 기준 3가지를 포함하고 있다. 예를 들면 측정치는 표적을 식별해서 위치를 추적하는 데 요구되는 시간이 될 수 있고, 조건은 전투자산이 일정 탐지범위 내 위치할 경우가 될 수 있으며, 기준은 몇 초 또는 몇 분 내 타격해야 한다고 정의할 수 있다.[7] 체계나 복합체계, C4, ISR, PGM차원에서 계층별 상호운용성을 평가해서 C4ISR-PGM복합체계 구현이 가능하다. 여기서 계층별이라 함은 기술적 측면, 정보(Information) 측면, 군사작전 측면에서 상호운용성을 의미한다. 이런 복합무기체계에는 지

<표 6-1>
복합체계에서 지휘통제 체계 속성의 예

필요능력	속성 (Attribute)	측정요소(Metric)		조건 (Condition)				기준 (Criteria)	측정기준(Measure)			
		단위	공식						현재 (As-Is)	목표 1 (To-Be 1)	목표 2 (To-Be 2)	차이
탐지 ㅣ 지휘통제 ㅣ 타격	적시성 (Time-liness)	시간 (초)	탐지에서 타격까지 총 소요시간	주간	고정 표적		청명	20분	23분	22분	20분	3분
							강우	20분				
							강설	20분				
					이동 표적	지상	청명	15분	30분	25분	20분	15분
						해상	강우	15분	-	-	-	
						공중	강설	15분	-	-	-	
				야간	고정표적		-	-	-	-	-	
					이동표적		-	-	-	-	-	
	치명성 (Lethalty)	백분율 (%)	표적의 작전불가율	-	-		-	-	-	-	-	-
	생존성 (Survivality)	백분율 (%)	아군 인원, 무기체계의 피해 가능성	-	-		-	-	-	-	-	-

합동 기능 개념에 명시

6 JCIDS Manual, *Manual for the Operation of the Joint Capabilities Integration and Development System*, 31 August 2018, B-G-A-1~B-G-A-15.

7 이태공, 『GIG Approach and Characteristics』, 아주대학교, 2010.

휘통제 · 통신무기체계에는 지휘관과 참모가 직접 접하게 되는 응용프로그램인 지휘통제체계와 이런 프로그램을 운용하는 환경에 필요한 통신체계, 이것을 구성하는 통신장비로 구성된다.

(3) 전장에서 운용

현대전과 미래전에서 네트워크중심전은 더욱 더 첨단화될 것이다. 특히 4차 산업혁명을 통한 ICBM[8] 기술과 AI[9] 기술의 발달로 인해 현재까지 발전하고 있는 주요 전장기능 중에 지휘통제 기능이 현저하게 진화하며 〈그림 6-7〉의 합동표적처리주기와 같은 절차가 감시정찰 무기체계와 정밀타격 무기체계의 발달과 함께 지휘통제 무기체계의 발달로 표적처리(Targeting) 절차가 현저히 첨단화될 것으로 예상된다.[10]

〈그림 6-6〉의 합동표적처리주기는 첫 번째 단계에서 최종상태(End State)와 지휘관의 목표를 설정하고 두 번째 단계에서 표적개발(Target Developing)을 통해 우선순위를 설정한다. 세 번째 단계에서는 능력을 분석하고 네 번째 단계에서는 지휘관의 결심(Commander's Decision)과 전투력의 할당을 수행한다. 다섯 번째 단계에서는 임무계획(Mission Planning)과 전투를 수행하고 마지막 여섯 번째는 평가(Assessment)하는 절차로 한 주기를 갖는다. 이 같은 표적처리 주기

<그림 6-6>
합동표적처리주기(Joint Targeting Cycle)와 새로운 시스템복합체계

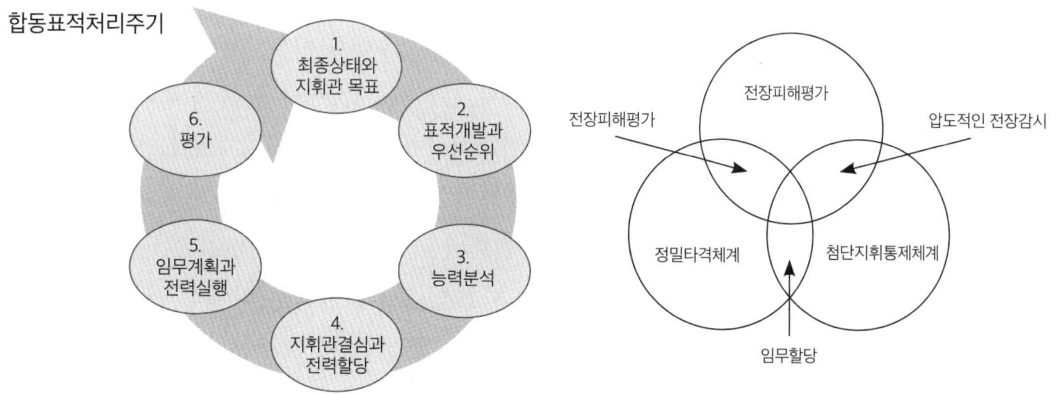

8 ICBM(IoT, Cloud Computing, Big Data, Mobile) : 4차 산업혁명의 핵심기술 요소로 사물인터넷(IoT), 클라우드 컴퓨팅, 빅데이터와 모바일에 관한 정보통신기술을 의미한다.

9 AI(Artificial Intelligence)

10 Joint Publication 3-60, *Joint Targeting*, 31 January 2013, p. II-4.

<그림 6-7>
표적피해평가(BDA: Battle Damage Assessment)

는 전장기능에서 〈그림 6-6〉의 오른쪽 새로운 시스템복합체계를 형성하며 전장감시, 정밀타격체계, 첨단지휘통제체계의 3개 기능이 복합적으로 작용하여 작전효과를 극대화시킨다.

특히 기능 간 중첩부분은 왼쪽 표적처리(Targeting) 절차 효과를 보다 극대화시키는데 전장감시체계 자체 성능향상뿐만 아니라 첨단지휘통제체계(Advanced Command Control Communication Computer & Intelligence)를 통한 전장감시체계 간 연동과 융합을 통해 정확성, 신뢰성, 신속성 등을 향상시킴으로써 압도적인 전장감시(Dominant Battlespace Awareness)를 달성할 수 있다. 이렇게 획득한 정보를 활용해야 정밀한 유도무기 등 정밀타격체계(Precision Guided Munition)에 정확한 임무계획과 할당(Mission Assignment)이 가능하다. 그뿐만 아니라 이런 전장감시체계로 정밀타격을 수행한 이후 〈그림 6-7〉과 같이 적시적이고 정확한 표적피해평가(Battle Damage Assessment)를 수행해야만 적정한 재타격이나 임무전환 등 보다 합리적이고 효율적인 작전지휘가 가능하다.[11, 12]

이런 절차를 종합적으로 고찰하면 전장감시체계, 지휘통제체계, 정밀타격체계 간에 새로운 영역들이 등장했으며 이런 영역이 표적처리 절차에서 첨단 정보통신기술이 요구되는 부분이 되고 있다고 볼 수 있으며 향후 4차 산업혁명의 선도적인 과학기술을 접목시켜나가야 할 분야다.

11 https://medium.com/@a2d2/the-air-has-ears-271ed1c09efe , http://blogs.reuters.com/jackshafer/files/2014/09/RTR47HCZ.jpg

12 https://wtkr.com/news/military/photos-satellite-images-show-before-after-us-strikes-on-syrian-base

2. 주요 특성

전장기능에 있어서 임무지휘 기능은 여러 가지 활동을 발전시키고 통합시켜서 지휘관이 지휘의 기술과 과학적 통제가 가능하도록 한다. 이때 지휘의 실현은 기술이나 물질적 체계보다 사람을 중심으로 지향한다. 이 같은 철학을 기초로 지휘관은 이해 · 가시화 · 묘사 · 지휘 · 지도 · 평가 등의 활동을 통해 작전 절차를 운용한다. 지휘통제 기능은 자체 조직 내부, 조직간 합동, 기관 간 조직, 다국적 국가 등의 팀워크를 더욱 발전시킨다. 지휘관은 조직 내 · 외부와 부대에 영향을 미치고 정보를 제공한다. 지휘관은 참모과업을 과학적인 통제하에 지도할 수 있게 한다. 4개의 주요 참모과업은 작전절차인 계획 · 준비 · 시행 · 평가를 수행하며 지식관리와 정보관리 등 사이버 전자활동을 수행한다.

지휘통제는 지휘관으로 하여금 임무완수를 위해 할당되고 편성된 부대에 권한을 시행하고 지휘할 수 있게 한다. 이런 임무수행을 위한 지휘통제 능력과 기능은 다음과 같은 19가지의 특성을 통해 정의하고 체계 연구개발과 발전을 위한 목표로 선정되고 있다.

① 접촉유지 : 탐지 거리/시간, 식별 시간, 유형분류 시간, 피아식별 시간에 관한 접촉유지는 통상 감시정찰체계의 능력과 직접적인 연관이 있지만 지휘통제체계 능력의 영향도 받는다. 탐지거리와 시간은 탐지센서 고유 성능의 영향을 받지만 지휘통제체계에 의해 다수 감시정찰체계의 성능을 융합하고 통합함으로써 탐지거리를 신장시키거나 탐지시간을 단축하여 작전효과를 상승시킬 수 있다. 지휘통제기능은 일련의 탐지, 식별, 유형분류, 피아식별에 필요한 시간을 단축하기 위해 발달하고 있다.[13] ② 정보생성, 저장, 탐지, 접근, 수정, 형태변경능력에 관한 특성이다. 여기서 정보생성 특성은 최초 지휘통제체계에 정보를 도입하는 것으로 정보를 획득하는 특성이다.[14] 생성된 정보를 저장하는 특성은 획득한 정보를 데이터, 정보 혹은 지식을 공유나 재생이 쉽도록 받아서 조직화하고 정리한다. 필요한 정보를 찾아내는 능력과 정보에 접근하는 능력, 정보를 수정하거나 대체하는 능력이 필요하다.

③ 정확한 교전결정 및 절차, ④ 자동화된 임무계획의 품질, 적시성, 가용성,

13 https://apply.army.mod.uk/roles

14 Joint Publication 6-0, *Joint Communications System*, 10 June, p. I-8.

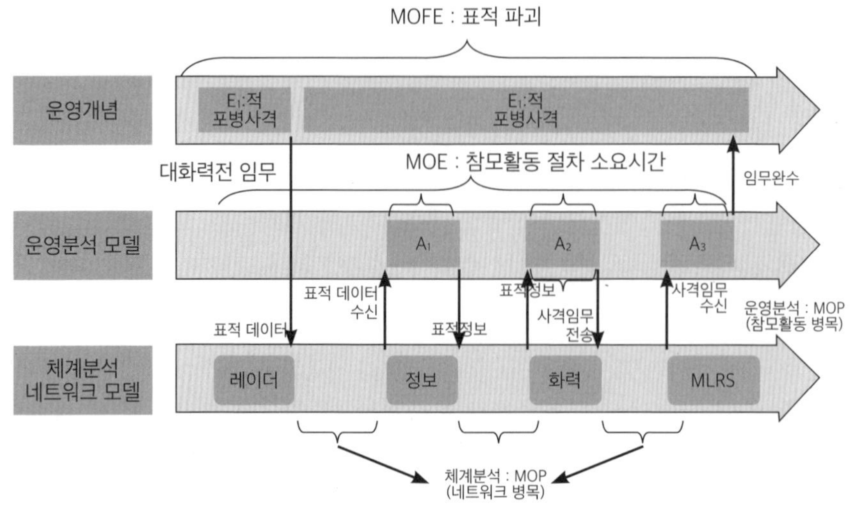

<그림 6-8>
전장에서 실제 운영되는 지휘통제무기체계 특성

⑤ 최초보고 정확성, 신속성, ⑥ 기동 · 비기동간 통신처리량, ⑦ 새로운체계 혹은 구형체계 간 상호운용성, ⑧ 네트워크 준비도, ⑨ 특정부대나 센서와 연동, ⑩ 전자파 호환성, ⑪ 내부성장, ⑫ 방송지원과 규모, ⑬ 데이터 전송, 전파율, 갱신율, ⑭ 다중체널 전송, 재전송, 동일 네트워크 운용, ⑮ 데이터 변화율 능력, ⑯ 코드 멧세지 오차 확률, ⑰ 주파수 범위, ⑱ 전송 데이터 정확성, ⑲ 지휘통제 데이터 보안성을 미국은 지휘통제 전장기능 무기체계가 지향해야 하는 주요 특성으로 분류하고 있다. 전장에서 지휘통제무기체계는 다양한 목적으로 사용되고 있지만 가장 큰 효과를 거둘 수 있는 기능분야는 대 화력전과 같은 즉응성이 중요한 작전에 유용하다. 대 화력전은 〈그림 6-8〉과 같이 작전을 운영분석 관점에서 절차를 모델링할 수 있고, 체계분석 관점에서 네트워크를 모델링하여 연계해볼 수 있다.

먼저 전장에서 적 포병사격이 시작되고 이 부대표적 파괴를 작전목표로 선정할 때 부대 효과척도(MOFE : Measure of Force Effectiveness)는 "○○를 위협하는 적 포병부대 파괴"로 선정할 수 있다. 이 목표를 최상위의 효과목표로 선정하면 이것을 기준으로 "지휘통제"라는 전장기능은 적 포병이 사격하는 절차시간을 대상으로 효과척도(MOE)로 설정할 수 있다. 적 포병이 사격을 실시하고 철수하기 이전까지 적 포병에 대한 파괴활동이 이루어져야 하는데 이를 위한 효과척도는 적 포병이 철수하기 이전까지의 시간 이내에 대

포병 사격이 성공적으로 완료되어야 한다. 이것은 정량적으로 정의할 수 있다. 다음 이 MOE를 기준으로 체계적 관점에서 레이더로부터 식별된 포탄에 대한 탐지 및 식별 정보가 정보담당부서로 전달되는 소요시간은 체계적 관점의 중요한 성능척도(MOP)가 된다. 이 성능척도를 기준으로 지휘통제 무기체계의 기술적 성능이나 특성을 정의하여 체계를 개발할 수 있다. 즉, 척도를 MOFE→MOE→MOP→TPM 순으로 결정해 가는 계층구조를 갖는다.

3. 주요 지휘통제·통신무기체계

1) 지휘소

지휘소는 〈그림 6-9〉[15]와 같이 전장환경에 적합하게 구성된다. 전시에 이동하지 않는 상급제대의 지휘소는 생존성을 보장할 수 있도록 견고한 지하터널 등의 구조물에 통신체계를 포함하여 지휘통제 임무를 수행 가능한 규모의 인력이 장기간 숙식할 수 있도록 구성한다.

지상군의 경우 야전에서 생존을 위해서 혹은 작전수행의 연속성을 유지하기 위해 이동할 수 있는 천막형의 지휘소가 있다. 통상 지휘체계는 작전사령부, 군단, 연대, 대대, 중대 등의 계층구조적인 지휘체계를 갖는다. 이때 지휘를 위한 공간은 상위 제대로 갈수록 통제해야 하는 기능이 많아지므로 추가적인 지휘기능 수행에 필요한 인력과 시설에 따라 넓은 공간이 요구된다. 한편 군단급 이하 제대의 지휘소는 이동이 빈번하여 지상군의 기계화 무기체계의 차량이나 해군의 경우 함정, 공군은 항공기 등 해당 플랫폼 무기체계에 지휘소체계를 구

15 지하 갱도형 지휘소: http://www.insidesocal.com/travelbuddy/files/2014/01/LDN-L-TRAV-Five-0-smBunker.jpg
야외텐트형 지휘소: https://www.globalsecurity.org/jhtml/jframe.html#https://www.globalsecurity.org/military/library/report/call/call_10-60_2-4.jpg|||Photo showing JCSE Seamlessly scaling support from an early-entry package to a full joint task force
궤도차량형 지휘소: https://m.blog.naver.com/choi0663/220717929970
시설지휘소 내부: http://www.donga.com/STUDIO/List/3/1202/20101130/1186752/1
공중 작전 지휘소: https://ko.m.wikipedia.org/wiki/%ED%8C%8C%EC%9D%BC:Usaf.e3sentry.750pix.jpg

<그림 6-9>
다양한 지휘소

축하기도 한다.

지휘소는 구성 인력이 전투지휘할 수 있는 상황실이나 회의실 형태의 공간과 각 부대와 통신소통이 가능한 통신체계로 구성되며 지속적인 임무수행이 가능한 숙식지원 기능으로 구성되고 무기체계 내부에 구성되지 않을 경우 자체방어를 위한 기능을 갖는 부대로 편성된다. 그러나 이 같은 계층 구조의 효율성을 재검토하여 지휘계선을 단순화시키는 노력이 국방 개혁 · 혁신 등의 정책적 과제로 추진되고 있다.

이때 〈그림 6-10〉[16]처럼 지휘소 내부 구성원과 상하 · 인접 제대 간 상황인식

16 https://www.army.mil/e2/c/images/2011/07/08/212081/original.jpg
https://www.simulyze.com/common-operating-picture-software
http://defense-update.com/20051122_c4i-7.html

<그림 6-10>
공통작전상황도

<그림 6-11>
휴대용 및 탑재형 공통작전상황도

을 일치시켜 부대지휘가 용이하도록 공통작전상황도(COP: Common Opera-tion Picture)를 운용한다. 공통작전상황도는 지휘통제 전장 기능에 있어서 중요한 역할을 수행하는데 적군과 아군 부대의 위치, 규모, 특성을 지도상에 표시하여 특정제대의 작전을 계획하고 예하부대를 통제할 수 있는 기능을 수행한다.

그러나 지휘소를 구성할 수 없는 지상군 지휘관이나 지휘자의 경우 공통작전상황도를 이용할 수 없기 때문에 첨단통신장비가 발달함에 따라 〈그림 6-11〉과 같이 소형화된 단말기에 공통작전상황도를 전시할 수 있는 기능을 내장하는 형태의 지휘통제체계가 발전하고 있다.[17] 상용제품에서 볼 수 있는 핸드폰이나 태블릿 PC 형태의 단말장비에 공통작전상황도를 탑재하여 상급부대의 명령을 받고 상황에 대한 인식을 공유할 수 있는 체계이다.

2) 지휘통제체계

〈그림 6-12〉[18]에서처럼 지휘통제체계는 감시체계로부터 탐지·식별한 정보를 지휘소에 있는 각종 지휘통제체계의 공통작전상황도에 최단시간에 전시시

---

17 https://defense-update.com/20051122_c4i-5.html
https://defense-update.com/wp-content/uploads/2012/01/secnet-tactical.jpg
http://defense-update.com/20051122_c4i-3.html

18 방위사업청, "지상군 전장관리체계 성능개량! 더 신속·정확한 전투지휘기능", 보도자료, 2017.7.7., p.3.

<그림 6-12>
지상군 지휘통제체계

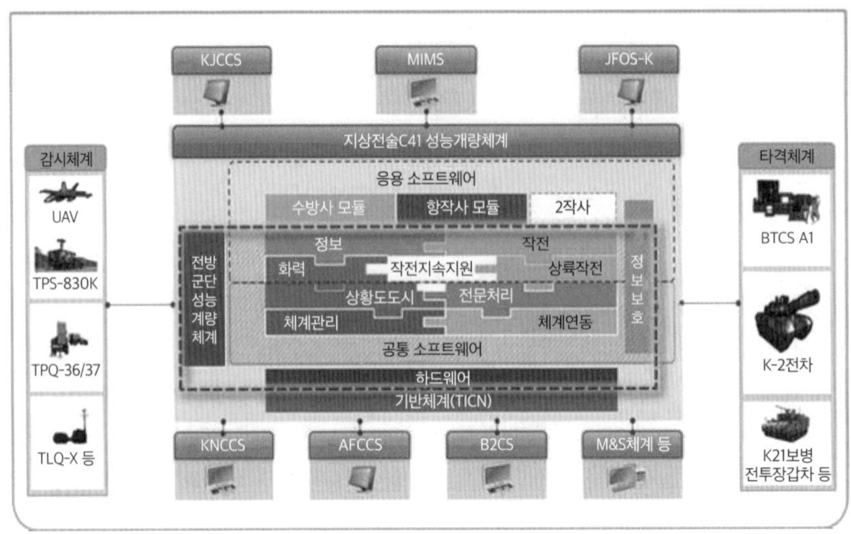

켜 제대별 지휘소에서 상황에 대한 인식을 정확히 공유할 수 있게 된다.

지휘통제 무기체계는 대한민국 국방부 훈령에서 〈표 6-2〉[19]와 같이 사용 목적에 따라 연합 · 합동 · 지상 · 해상 · 공중 지휘통제체계로 구분하고 있다. 〈그림 6-13〉의 좌측 그림은 UAV, 대포병탐지레이더, TOD/라지트 등 감시체계로부터 수집한 정보를 군단 · 사단 · 여단과 연대급 지휘소에 전달하여 적부대 위치와 특성 등에 관한 표적정보를 형성하고 아군 전투장비(전차, 장갑차, 헬기) 등으로부터 아군부대의 위치와 특성 등에 관한 정보를 제공한다. 또한 화생방정찰차나 화생방경보장비로부터 정찰 및 탐지한 화생방정보나 방공장비로부터 융합된 공중표적과 아군항공기의 정보를 종합적으로 공통작전상황도에 제공하게 된다. 이렇게 수집하고 가공한 정보를 기초로 지휘제대별 결심을 통해 다련장, 화포, 박격포, 헬기 기동부대 등 타격임무를 수행할 부대에 지휘통제체계로 임무를 할당하는 체계가 지휘통제 무기체계다.

이렇게 상황공유에 필요한 지휘통제 무기체계를 "지휘통제체계"라고 표현할 수 있는데 관련되는 장비들을 특성별로 구분해볼 수 있다. 지휘통제체계는 각 지휘소에서 운용하고 있는 공통작전상황도를 구동할 수 있는 응용프로그램으로 제대별로 대한민국 지상군의 경우에는 육군전술지휘정보체계(ATCIS : Army

19 국방부훈령 제2266호(2019. 3. 19). 별표 2 무기체계세부분류(제14조 제1항 관련).

소분류	대상장비
연합지휘통제체계	연합지휘통제체계(AKJCCS),연합군사정보유통체계(MIMS-C) 등
합동지휘통제체계	합동지휘통제체계(KJCCS), 군사정보통합처리체계(MIMS), 전구합동화력운용체계(JFOS-K), 사이버작전체계 등
지상지휘통제체계	지상전술C4I체계(ATCIS), 대대급이하전투지휘체계(B2CS) 등
해상지휘통제체계	해군전술C4I체계(KNCCS), 해군전술자료처리체계(KNTDS) 등
공중지휘통제체계	공군전술C4I체계(AFCCS), 공군자동화방공체계(MCRC) 등

<표 6-2>
지휘통제체계의 분류

Tactical Command Information System)와 대대전투지휘체계(B2CS : Battalion Battle Command System) 등이 있다. 이런 응용프로그램은 성능규격을 충족하는 다양한 데스크톱이나 태블릿 형태의 컴퓨터 단말기에 설치하여 운용할 수 있다. 그러나 이 같은 컴퓨터가 우리가 일상생활을 하고 있는 통신체계 환경에서 구동되는 것이 아니고 야전, 즉 유선이나 민간 기지국이 설치되지 않은 지역에서 주로 사용되는 문제가 있기 때문에 이런 통신기반체계가 군사적 환경을 충족할 수 있도록 운용되어야 하는 제한사항이 존재한다. 다음 해상지휘통제체계에는 지상지휘소 중심의 의사결정을 지원하는 해군전술지휘통제체계(KNCCS : Korean Navy Command Control System)가 있고, 함정의 전투지휘를 위해 데이터링크 시스템을 기반으로 구축된 해군전술자료처리체계(KNTDS : Korean Navy Tactical Data System)가 있다. 마지막으로 공중지휘통제체계는 공군지휘소의 의사결정을 지원하는 공군전술지휘통제체계(AFCCS : Air Force Command Control System)와 항공기와 방공 무기체계를 통합지휘하는 데 사용하는 공군자동화방공체계(MCRC : Master Control Reporting Center)가 있다.

3) 통신체계

통신체계는 〈그림 6-12〉에서처럼 지휘소에 지휘통제를 수행하는 전투원들이 접하게 되는 육군전술지휘정보체계(ATCIS)나 대대전투정보체계(B2CS) 등과 같은 지휘통제용 응용프로그램을 구동하는 데 필요한 기반이 되는 통신체계로 〈그림 6-13〉의 대용량 및 소용량 무선전송체계, 전술이동통신체계와 전투무선체계 등을 의미한다.

<그림 6-13>
한국형전술정보통신체계
(TICN)

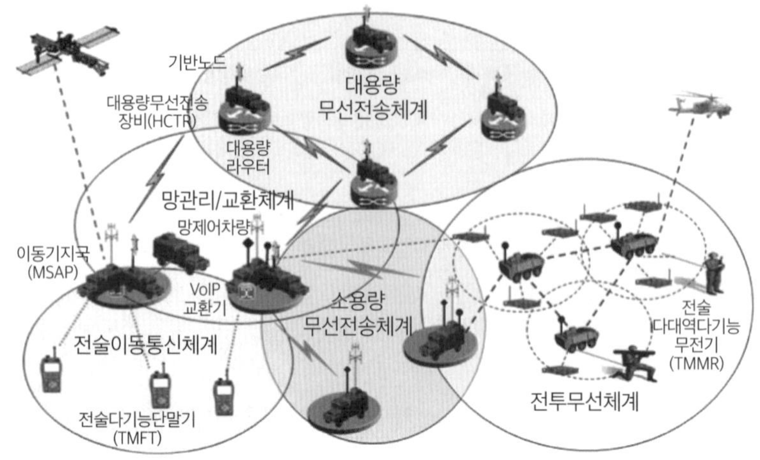

〈그림 6-14〉의 대용량 무선전송체계는 출력이 상대적으로 높아서 이격된 제대 간 대용량 기본노드를 구성하게 된다. 소용량 무선전송체계는 대용량 무선전송체계의 지선노드를 형성하게 되는데 이동기지국시스템이나 망 제어시스템과 연동하여 전투무선체계나 전술이동체계를 연동시켜 주는 역할을 수행한다.[20]

(1) 전송체계

육군에서 획득을 추진하고 있는 전송체계는 대용량 및 소용량 전송체계가 있는데 소용량 전송체계의 기능은 통신 노드나 부대 통신소 간 대용량 간선 전송로를 제공하는 것으로 수십 Mbps급 전송능력을 보유하며 수십km 이상의 통달거리를 가지며 무선전송장비(RFU : Radio Frequency Unit)와 기저대역장비(BBU : Base Band Unit)는 분리하여 운용 가능하다. 또한 적 전자전 공격에 대응 가능한 대전자전 기능을 갖추고 있으며 SCA(Service Component Architecture) 표준[21]을 따르기 때문에 재구성 가능한 하드웨어와 소프트웨어로 구성되어 있다. 한편 안테나 정렬과 유지가 자동화되어 신속한 전개와 이동이 가능하고 다양

20 국방과학연구소, 『군 통신체계소개(발전방향 및 기술추세)』, 국과연 2기술개발본부 3부, 2012, p.9.

21 서비스지향 아키텍처(Service Oriented Architecture)에 기반한 시스템과 Application을 구축하기 위한 모델을 정의하고 Language와 Solution에 독립적 구현이 가능한 OSOA(Open SOA Collaboration)에서 제정한 표준.

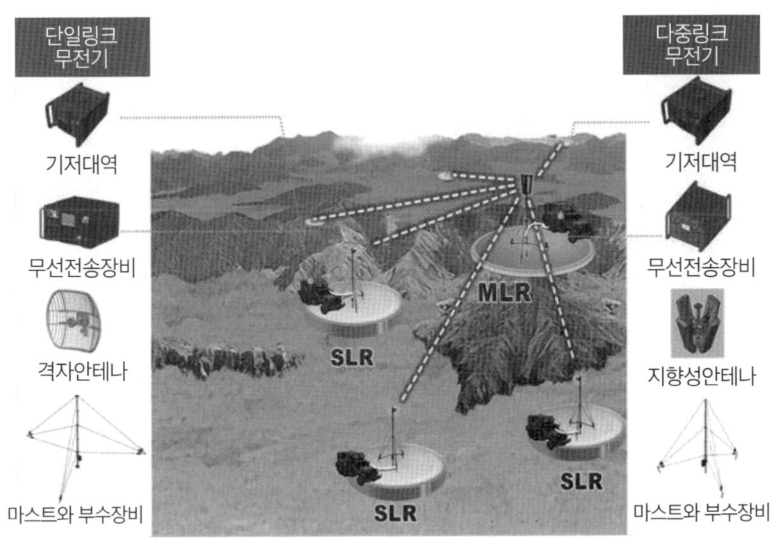

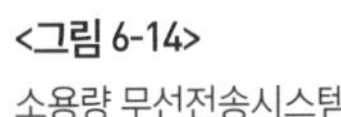
<그림 6-14>
소용량 무선전송시스템

한 전파환경 적응 기능을 갖추고 있다.

소용량 무선전송체계의 역할은 〈그림 6-14〉와 같이 부대통신소 간 소용량의 간선 전송로를 제공하는 것으로 주요 성능은 수 Mbps급의 데이터를 수십 km이상 이격된 지점까지 전송할 수 있으며 대역폭을 유동적으로 할당할 수 있다.[22] 또한 데이터 링크별로 전력을 제어하는 기술은 적 전자전에 대하여 대전자전 기능과 인접 기지국 간 상호 전파 간섭과 방지기술 등을 갖추게 된다.

주요 구성품은 대용량 무선전송체계와 같이 기저대역장비(BBU : Baseband) 및 무선전송장비(RFU)와 안테나 등으로 구성된다.

(2) 단말기

대용량 또는 소용량의 무선전송체계를 통해 전파된 음성이나 데이터는 무전기나 전화기로 전달된다. 〈그림 6-14〉에서 전술이동통신체계의 기지국과 연동되는 전화기로 그 형상은 대략 〈그림 6-15〉[23]의 좌측 TMFT와 같으며 전화기를 통해 데이터나 음성통신을 할 수 있다. 한편 무전기는 전투무선망인데 〈그림

22 국방과학연구소, 『군 통신체계소개(발전방향 및 기술추세)』, 국과연 2기술개발본부 3부, 2012, p.9.

23 이동형전화기(TMFT): https://m.blog.naver.com/jhst3103/220154721760
다기능다대역무전기(TMMR): http://lignex1.tistory.com/27

<그림 6-15>
TMFT전화기와 TMMR 무전기

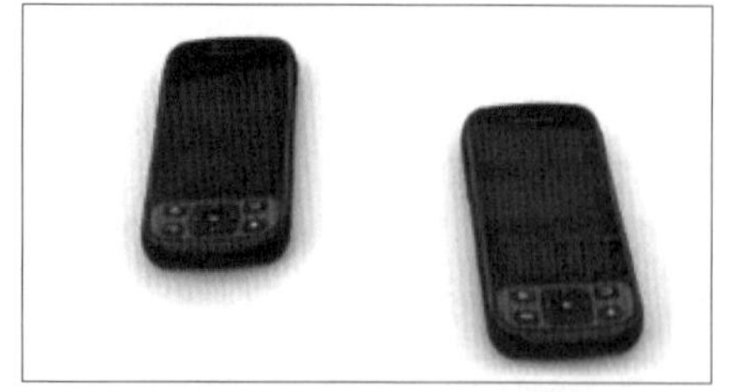

이동형전화기(TMFT)

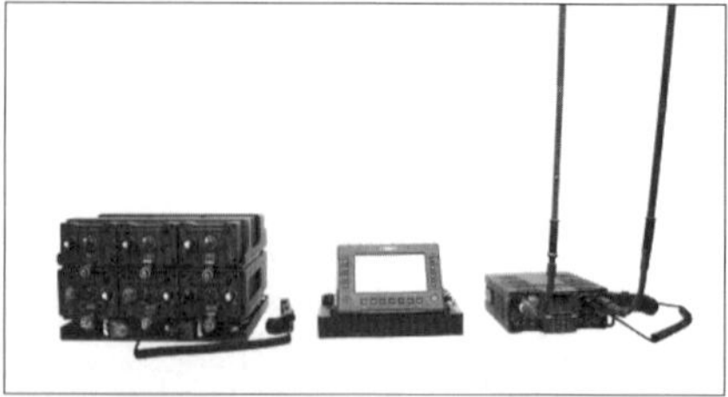

다기능다대역무전기(TMMR)

6-15>의 우측 TMMR무전기를 이용하여 무선통신을 할 수 있다. 특히 전화기는 첨단화되고 있는 휴대폰의 발전추세를 고려하여 상용으로 획득하는 방안을 지속적으로 연구하고 있으나 야전운용 환경에 따른 각종 제한사항과 전력화 제도 등의 문제를 안고 있어서 지속적인 개선 노력을 하고 있다. 상용 휴대폰에 설치되고 있는 다양한 앱 등을 접한 사용자들은 기 설계된 TMFT의 기능으로 증가되는 만족도를 충족하기에 어려움이 있다. 향후 4차 산업혁명에 따른 전투원 요구 충족을 위해 상용체계의 접목을 위한 노력을 하고 있다.

(3) 위성통신체계

앞서 소개한 지상통신체계는 전시와 같이 주둔지를 벗어나서 예기치 않은 장소에서 임무를 수행할 경우 우리나라와 같이 산이 많은 지형에서는 가시선을 확보하기 어려워 원활한 통신서비스를 제공받기 어려운 점이 있다. 이를 극복하기 위해 우주공간의 인공위성체에 통신중계 기능을 설치하여 운용함으로써 극복할 수 있다. 이런 통신체계를 위성통신체계라 하고 이 체계는 크게 우주탑재체, 관제체계, 위성단말기로 구성되는데 탑재체의 운영과 통제를 담당하는 관제소는 주운용국과 부운용국을 운용하여 운용에 간단이 없도록 한다.[24] 또한 위성단말기는 운영환경에 따라 고정용, 차량용, 휴대용, 수중용, 수상용, 항공기용 단말로 보다 세부적으로 구분이 가능하다.

인공위성은 로켓을 이용하여 대기권 외부로 발사하여 지구 둘레를 원형이나 타원형 궤도로 비행하는 인공물체이다. 분류는 비행 궤도의 고도에 따라 정지위성 또는 이동위성으로 분류하기도 하고 용도에 따라 다양하게 구분하고 있

24 신인호, "군위성통신시대 개막", 『국방저널』, 2006년 9월호, pp. 18~23.

다. 먼저 정지궤도 위성은 적도상공 약 36,000km의 정지궤도를 비행하는 위성이고, 이동위성은 보통 정지궤도 위성보다 낮은 궤도를 비행하는 저궤도 위성이 많지만 우주탐사위성처럼 정지궤도위성보다 높은 궤도를 비행하는 것도 있다. 통신위성은 송수신기를 통해 무선 통신신호를 중계하거나 증폭하는 인공위성으로 지구상 이격된 위치에서 발신원의 송신기와 수신기 사이의 통신 채널을 생성하며 용도는 텔레비전, 전화, 무선, 인터넷 및 군사 응용 프로그램에 사용된다. 현재 지구 궤도에는 민간과 정부기관에서 사용하는 통신위성은 대략 2,000개 이상이다. 무선 통신은 전자파를 사용하여 신호를 전달하는데 송수신기는 가시선상에 있어야 가능하므로 지구 곡률의 영향을 받는다. 통신위성은 지구 곡률을 기준으로 신호를 중계하여 지구상 이격된 지점 간 통신을 가능하게 한다.

일반적으로 통신위성은 광범위한 주파수를 사용하기 때문에 주파수 간섭을 회피하기 위해 국제기구는 특정 민간이나 기관이 사용할 수 있는 주파수 범위 등 대역에 대한 규정을 적용하고 있다. 이렇게 국제적인 대역할당 통제는 위성 신호간섭 위험을 최소화할 수 있다.[25] 통신위성은 〈표 6-3〉과 같이 일반적으로 정지궤도(GEO), 중간지구궤도(MEO), 지구저궤도(LEO) 3개의 기본적인 궤도 중 요구되는 특성에 적합한 하나의 궤도를 선택하게 된다. 정지위성은 지구 표면으로부터 35,786km 떨어진 정지궤도(GEO)를 갖고 있으며, 지상에서 보면 위성의 위치가 변하지 않아서 하늘의 특정 위치에 정지한 것 같아 보이는데, 위성궤도주기가 지구회전 속도와 같기 때문이다. 이 궤도의 장점은 지상 안테나가 위성추적 기능 없이 위성이 있는 상공을 향해 방향을 고정시킬 수 있다는 것이다.

중간지구궤도(MEO) 인공위성은 지구에 더 근접하여 운용고도가 대략 2,000~

<표 6-3>
위성통신체계

위성운용 궤도	고도	특성
정지궤도 (GEO : Geostationary Orbit)	35,786km	1개 위성으로 서비스 가능 위성추적 불요, 통신출력 상대적 미약
중간지구궤도 (MEO : Medium Earth Orbit)	2,000~35,786km	서비스에 다수 위성 필요 중간정도 효과와 비용
지구저궤도 (LEO : Low Earth Orbit)	160~2,000km	서비스를 위해 다수 위성 필요 통신출력 양호, 위성추적 필요

25 https://en.wikipedia.org/wiki/Communications_satellite&prev=search

35,786km 범위에 위치한다. 그 아래 지역은 지구저궤도(LEO)라 하며 운용고도가 약 160~2,000km 정도이며 지구 회전에 약 90분이 소요된다. 이런 저궤도 특성에 따라 지속적인 통신이 가능하게 하려면 다수의 인공위성이 필요하다는 제한사항이 있지만 한편 지구와 거리가 비교적 짧은 특성 때문에 지상으로 전송되는 신호가 강하다.

LEO 위성은 정지위성보다 궤도 진입에 상대적으로 적은 비용이 소요되므로 위성 수와 비용 사이에는 절충(Trade-off)이 가능하다. 정지위성이 아니면 위성 통신서비스의 안정적 지원을 위해 다수 위성 간에 협조된 운용이 필요한데 이때 위성이 동시에 적절한 위치에 배치되도록 위성궤도를 운용하는 위성배열(Satellite Constellation) 문제가 필요하다. 다양한 위성통신체계의 서비스가 제공되고 있지만 특히 이리듐위성(Iridium satellites) 같은 경우 6개의 궤도를 각 궤도별 11개의 위성이 위치함으로써 총 66개의 위성으로 통신서비스를 제공하고 있다. 66개 이리듐 위성은 고도 781km 위치에서 86.4° 경사 상태의 궤도를 대략 27,000km/h 속도로 회전하고 있다.

중간지구궤도(MEO)는 기능면에서는 LEO인공위성과 유사하다. MEO는 보통 2~8시간 사이 LEO위성보다 훨씬 더 오랜 시간 관찰이 가능하므로 MEO위성은 LEO위성보다 넓은 가시성을 갖는다. MEO위성의 네트워크에 필요한 위성 수량이 LEO위성 네트워크보다 감소하는 반면, LEO위성보다 통신신호가 약해지는 단점이 있다.[26]

4. 지휘통제·통신무기체계 발전추세

1) 지휘통제·통신무기체계의 발전

지휘통제 무기체계의 미래는 신삼축(New-Triad)을 지향하고 있는 미국에서 선도적으로 발전했으며 미래 전 대비한 청사진도 미국이 가장 발달했으므로 미군의 지휘통제무기체 발전추세를 살펴보았다. 미군은 다양한 지휘통제체계

26 http://lignex1.tistory.com/27

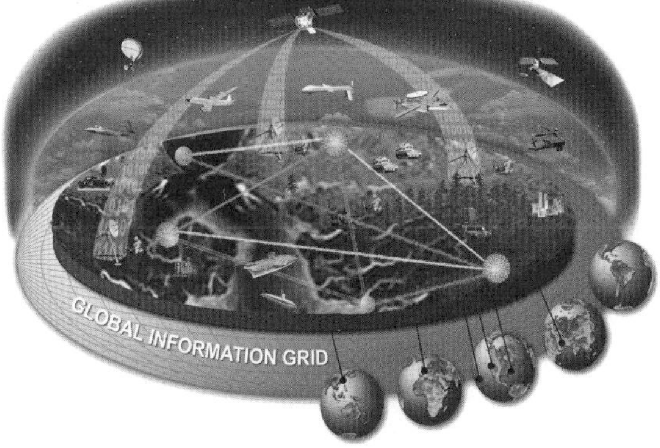

<그림 6-16>
GIG(Global Information Grid)

를 간단없이 지속적으로 전력화하고 있다.

특히 GCCS(Global Command and Control System)는 미군 작전 절차의 정확하고 완전하며, 적시적인 정보를 제공하기 위해 사용되는 미군 국방지휘통제(C2) 체계이다. GCCS라고 하면 주로 컴퓨터체계를 언급하는 것이지만 하드웨어, 소프트웨어, 절차, 표준 및 모든 수준의 명령으로 전 세계적인 연결을 제공하는 “운영아키텍처(Operational Architecture)”를 구성하는 수많은 응용 프로그램과 인터페이스로 구성된다. GCCS는 전장에서 지휘관이 합동군사작전을 효과적으로 계획하고 수행하는 데 필요한 상황인식, 정보지원, 전력기획, 준비태세 평가 및 배치를 위한 응용프로그램을 제공하는 통합시스템을 의미한다. GCCS는 위협 식별 및 평가, 전략기획지원, 방책발전절차, 계획시행, 구현, 모니터링, 위험분석 8개 기능영역으로 작전, 동원, 배치, 고용, 유지 · 정보, 공통전술상황도(Common Tactical Picture) 등 6개의 임무영역을 지원한다.

〈그림 6-16〉[27]의 GIG(Global Information Grid)는 미 국방성의 포괄적인 통신 프로젝트로 “전투원, 정책수립 및 지원인력이 요구하는 정보를 수집, 처리, 저장, 제공 · 관리하기 위해 전 세계적으로 상호 연결된 단말 간 정보기능의 집합”이라 정의하고 있다. GIG는 보유 · 임대통신, 컴퓨터체계 · 서비스, S/W, Data, 보안서비스, 기타서비스, 국가보안체계를 포함한다. GIG를 통해 1996년 정의했던 국가안보시스템을 새롭게 정의하고 모든 운영위치(기지, 포스트, 캠프, 스테이션, 시설, 모바일 플랫폼 및 배치 된 사이트) 기능과 연방, 연합국 및 비 국방 사용

27 http://sfaq.us/2015/02/an-internet-of-wars-military-networks-and-network-militarization/

자 및 시스템에 대한 인터페이스도 다시 정립했다.

미 국방성이 사이버 공간 운영, GIG 2.0(A Joint Initiative), 국방부 정보 산업부(DIE)와 같은 새로운 개념을 다루면서 국방성에는 변화가 생겼다.

전사적 차원에서 군에 신규통신체계를 구축하여 물류 부담을 감소시키고 전투원 간 의사소통 및 전투효과를 향상시키며 혼잡한 전투상황에서 우군 간 피해를 감소시키고 부수적 피해를 최소화하며 전투수행 속도를 향상시키고 있다. 전투원들의 상황인식이 정찰위성과 연계되어 대폭 향상되고 있다.

2) 사이버전의 발전

사이버전은 전장에서 컴퓨터와 네트워크를 전투공간으로 표적처리 하는 것을 의미한다. 사이버공격, 간첩행위 및 사보타주의 위협과 관련된 공격 및 방어 활동을 모두 포함한다. 이런 작전들을 "전쟁"으로 볼 수 있는지에 대한 논란이 있었으나, 그럼에도 불구하고 국가들은 그러한 능력을 계발하고 공자, 방자 또는 양자 측면에서 사이버 능력을 향상시키고 있다.

사이버전은 "국가가 다른 국가의 컴퓨터나 네트워크에 침투하여 피해나 파괴를 유발하는 행위"라고 정의하고 있지만, 한편 다른 정의로는 "테러리스트 단체, 회사, 정치 또는 이데올로기 극단주의자그룹, 해킹 및 다국적 범죄 행위"라고 정의하기도 한다. 일부 정부는 전반적인 군사 전략의 필수적인 부분으로 정립되기도 하고 일부는 사이버 전쟁 능력에 막대한 투자를 하는 국가도 있다.

미국의 교리는 다음과 같은 전략을 적용한다. 즉, 중요한 인프라에 대한 사이버 공격을 방지하고 사이버 공격에 대한 국가적 취약성을 감소시키며 사이버 공격으로 인한 피해 및 복구 시간을 최소화하는 전략을 추구하는 것이다.

사이버전에 있어서 가장 중요한 위협은 컴퓨터와 네트워크에 있어서 즉각적인 손상이나 중단이 발생하는 사이버 공격이다. 정보전을 시작하기 위해 성공적인 사이버 공격이나 스캔들을 만드는 데 필요한 정보를 제공할 수있는 사이버 스파이가 있고 정보를 통제하고 여론에 영향을 미치는 것이 목적인 선전이 있다.

사보타주는 다른 활동을 조정하는 컴퓨터 및 위성은 시스템의 취약한 구성 요소이며 장비의 혼란을 초래할 수 있다. 명령 및 통신을 담당하는 C4I

STAR(Comand Control Communications Computers, Intelligence, Surveillance, Targeting Acquisition and Reconnaissance) 구성요소와 같은 무기체계가 손상되면 차단 또는 악의적인 대체가 발생할 수 있다. 전력, 수도, 연료, 통신 및 교통 등 민간 인프라가 혼란에 취약해 질 수 있다. 클라크(Clarke)에 따르면 민간 영역도 보안 침해 수준이 이미 신용 카드 번호를 훔치고 전력망, 기차 또는 주식 시장도 위험하다고 보고 있다.

2010년 7월 중순 보안 전문가들이 공장 컴퓨터에 침투하여 전 세계에 퍼진 스턱스넷(Stuxnet)이라는 악의적인 소프트웨어 프로그램이 등장했다. 뉴욕 타임스는 "현대경제체계에 있어 중요한 산업기반시설에 대한 첫 번째 공격"이라고 평가했다. Stuxnet은 핵무기 개발을 위한 이란의 핵 계획을 지연시키는 데 매우 효과적이었다. 처음으로 사이버 무기가 방어뿐만 아니라 공격용으로 사용될 수 있다는 것이 확인되었다.

서비스 거부(Denial-of-service) 공격은 의도적으로 사용자가 컴퓨터체계나 네트워크 리소스를 사용할 수 없도록 하려는 시도로 DDoS공격자가 일반적으로 은행, 신용카드 결제 게이트웨이 및 루트네임 서버 같은 유명 웹 서버에서 호스팅 되는 사이트 또는 서비스를 대상으로 한다. 인프라에 대한 전략적, 물리적 공격은 엄청난 피해를 입을 수 있다. DDoS공격은 컴퓨터기반 방법에만 국한되지 않는다. 예를 들어, 해저 통신 케이블을 절단하는 것은 정보전쟁 능력과 관련하여 일부 지역 및 국가를 심각한 상태에 빠지게 할 수 있다.

미국토안보부(Department of Homeland Security)는 전력격자가 사이버 공격에 취약하다는 사실을 확인하고 산업이 제어체계 네트워크의 보안을 향상시키도록 산업계와 협력했다. 연방정부는 차세대 스마트 그리드 네트워크가 개발됨에 따라 보안성을 확보하기 위해 노력하고 있다. 중국과 러시아가 미국 전력망에 침투하여 시스템을 파괴할 수 있는 소프트웨어 프로그램을 남겼다는 보고서도 있다. 북미 전력신뢰기구(NERC)는 전기격자가 사이버 공격으로부터 적절히 보호되고 있지 않다고 경고했다. 중국은 미국이 전력망에 침입하는 것을 거부하고 있다. 그 대책으로 인터넷에서 전력망을 분리하고 droop 속도 제어만으로 네트워크를 가동하는 것이다. 사이버 공격에 의한 막대한 정전은 경제를 혼란에 빠뜨릴 수 있고, 동시에 군사 공격을 분산시키거나 국가적 외상을 일으킬 수 있다.

2015년 12월 23일, 우크라이나 전력망에 대한 최초의 사이버 공격은

"Sandworm"이라 하는 러시아의 진보적 위협 단체가 감행한 것으로 현재 진행되고 있는 군사적 충돌 중 수행되었다.

사이버 선전은 그것이 취하는 모든 형태로 정보를 통제하고 여론에 영향을 미치려고 노력하는 것으로 소셜미디어, 가짜 뉴스 웹사이트 및 기타 디지털 수단을 사용한다. 조엘과 오도넬은 "선전은 의도를 형성하고 인식을 조작하며 행동을 유도하여 선전자가 원하는 의도를 더하게 하는 반응을 달성하기 위한 의도적이고 체계적인 시도"라고 설명했다(Jowell & O'Donnell, 2006). 인터넷은 의사소통 수단이며 사람들은 청중에게 메시지를 전달할 수 있고 악의 창을 열수 있다. 테러리스트 조직은 이 매체를 사용하여 사람들을 세뇌할 수 있다. 테러리스트 공격에 대한 언론 보도가 제한되면 나중에 발생하는 테러리스트 공격의 양도 줄어들 것이라고 제안했다(Cowen, 2006). 이럴 경우 미디어, 선전, 전달되는 의사소통 메시지 간 일관성이 유지될 것이다.

연습문제

1. 지휘통제 무기체계의 특성에는 어떤 것들이 있는가?

2. 전장기능 중 지휘통제를 설명하라.

3. 지휘통제 무기체계는 대분류, 중분류, 소분류로 단계적으로 구분되는데 지상전술C4I체계의 중분류는 어떻게 되는가?

4. 네트워크중심전(NCW)을 원시적 언어로 표현하라.

5. 지휘통제 무기체계에서 체계척도(Measure of Merit)는 부대전력효과척도(MOFE), 전력효과척도(MOFE), 운용분석영역 효과척도(MOE), 체계분석 영역의 성능척도(MOP)가 〈그림 6-9〉와 같이 구성되는데 그 관계를 설명하라.

제 7 장

미사일 및 유도무기체계

1. 군사력에서의 위상

대한민국에서 무기체계 분류시 미사일과 유도무기체계는 전장기능이나 법률적으로 별도 분류하지 않고 있다. 미국의 MIL-STD-881D의 작업분할구조에서 병기(Ordnance)체계와 함께 분류하고 있다. 최근 북한 핵·미사일 개발로 인하여 미사일 무기체계는 보통 사람들에게 관심이 급격히 부각되기 시작했다. 이런 미사일 무기체계는 전력정책에서 그 위상이 제2장의 〈그림 2-6〉처럼 공격전력 축을 형성하는 핵미사일과 비핵 정밀타격 미사일의 핵심이고 두 번째 축인 방어 전력의 MD체계를 구성하는 THAAD 등도 미사일로 핵미사일을 격추시키는 중요한 무기체계다. 국가별 전력증강 추세를 보면 모든 무기체계 중 가장 진화 발전 속도가 빠르고 군사력의 대표성을 갖고 있다고도 표현할 수 있다. 미사일 및 유도무기체계를 보다 효과적으로 운용하기 위해서 감시정찰무기체계와 지휘통제무기체계를 첨단화하고 있다. 이 체계들은 정보를 공유하고 분석하여 적시에 핵심표적을 파괴하거나 날아오는 미사일을 격추시키도록 진화하고 있다. 이렇게 미사일 및 유도무기체계는 공격과 방어 기능을 모두 수행하는 중요한 무기체계로 볼 수 있기 때문에 별도의 장을 마련했다.

2. 분류

1) 운영목적에 따른 분류

현대 미사일은 운용목적에 따라 〈표 7-1〉[1]과 같이 전략 및 전역 미사일과 전술 미사일로 구분한다. 이때 전략 및 전역 미사일은 주로 핵탄두를 탑재한 미사일을 지칭하며 공격미사일과 공격미사일을 격추하는 대탄도미사일이 있으며 통상 대탄도미사일도 핵탄두를 탑재한다. 전략미사일과 구분되는 전술미사일은 핵미사일에 탄두중량이 약 500kg 정도인 원자탄급 전술핵(Non-Strategic Nuclear Weapon) 탄두를 탑재할 수 있는 미사일을 의미한다. 대상표적은 주로 군사시설이며, 사거리는 1,000km 미만인 미사일을 전술미사일로 표현하고 있으나 전술미사일일지라도 전략적 목적으로 사용하면 "전략미사일"로 표현한다.

"억제"나 "강압" 등 군사전략의 목적 달성을 위해 사용한다면 그렇다. 핵탄두처럼 대량파괴가 가능하며 적 기반체계를 일시에 파괴하거나, 보복에 의한 억제나 강압 목표 달성이 가능하다면 전략미사일로 호칭할 수 있다. 이런 전략미사일 이외의 모든 미사일을 전술미사일로 표현이 가능하다. 공격미사일은 탄도미사일, 순항미사일, 위성공격 미사일로 구분한다.

〈표 7-1〉에서 공격미사일은 다양한 조약과 연구위원회 등에서 다양한 목적에 따라 사거리 기준으로 공격미사일 중 탄도미사일은 플랫폼에 따라 지상발사탄도미사일과 공중발사탄도미사일, 수중발사탄도미사일로 구분한다. 여기서 지상발사탄도미사일은 다음과 같이 다시 사거리에 따라 대륙간탄도미사일, 중거리미사일, 준중거리미사일, 단거리미사일로 구분한다.

순항미사일도 플랫폼에 따라 지상발사순항미사일, 공중발사순항미사일, 잠수함발사순항미사일로 구분한다. 위성공격미사일은 현재 미국, 중국, 러시아에서 개발하고 있고 이어서 인도와 이스라엘도 개발하고 있는 것으로 알려져 있으며 그 플랫폼은 이동형수직발사대형(TEL : Transporter Erector Launcher), 사

---

1 국방부, 『WMD문답백과』, 2007, p. 168, p. 174.

2 START(Strategic Arms Reduction Treaty) 전략무기 감축협정 ; CDISS(Center for Defense & International Security Studies, Lanchester University,UK) 영국 란체스터대 방위 · 국제안보 연구소 ; FAS(Federation of American Scientist) 미 과학자 연맹 ; CEIP(Carnegie Endowment for International Peace) 미 카네기 평화재단.

<표 7-1> 일반적인 미사일 유형분류

구분				유형
전략 /전역 미사일	공격 미사일	탄도 미사일 (BM)	지상발사 탄도 미사일 (GLBM)	대륙간탄도미사일 ICBM(Intercontinental Ballistic Missile)
				중거리탄도미사일 IRBM(Intermediate-Range Ballistic Missile)
				준중거리탄도미사일 MRBM(Medium-Range Ballistic Missile)
				단거리탄도미사일 SRBM(Short-Range Ballistic Missile)
			공중발사탄도미사일 ALBM(Air Launched Ballistic Missile)	
			잠수함발사탄도미사일 SLBM(Submarine Launched Ballistic Missile)	
		순항 미사일 (CM)	지상발사순항미사일 GLCM(Ground Launched Cruise Missile)	
			공중발사순항미사일 ALCM(Air Launched Cruise Missile)	
			잠수함발사순항미사일 SLCM(Submarine Launched Cruise Missile)	
		위성공격 미사일 ASAT Missile		
	대탄도미사일 ABM(Anti Ballistic Missile)			
전술 미사일 (PGM:Prece-sion Guided Missile) *정밀유도탄	지상발사			지대지미사일 SSM(Surface to Surface Missile)
				지대공미사일 SAM(Surface to Air Missile)
				지대함미사일 SSM(Surface to Ship Missile)
	공중발사			공대지미사일 ASM(Air to Surface Missile)
				공대공미사일 AAM(Air to Air Missile)
				공대함미상일 ASM(Air to Ship Missile)
	함정/잠수함 발사			함대지미사일 SSM(Ship to Surface Missile)
				함대공미사일 SAM(Ship to Air Missile)
				함대함미사일 SSM(Ship to Ship Missile)/
				잠대함미사일 USM(Underwater to Ship Missile)

	구 분	사거리	근거[2]
탄도 미사일분류 기준	단거리탄도미사일(SRBM) *Short Range Ballistic Missile	800km 이하	START Ⅰ 조약 , CDISS
		1,000km 이하	미 과학자 연맹 (FAS)
	준중거리탄도미사일(MRBM) *Medium Range Ballistic Missile	800~2,400km	CDISS
		800~2,500km	START Ⅰ 조약
		1,000~2,500km	FAS
		1,000~3,000km	카네기연구소 (CEIP)
	중거리탄도미사일(IRBM) *Intermediate Range Ballistic Missile	2,400~5,500km	CDISS
		2,500~5,500km	START Ⅰ 조약
		2,500~3,500km	FAS
		3,000~5,500km	CEIP
	대륙간탄도미사일(ICBM) *Intercontinental Ballistic Missile	5,500km 이상	START Ⅰ 조약

일로형(Silo), 항공기 발사형, 함정 발사형 등이 있다.

대탄도탄미사일은 기본적으로 러시아가 1970년도부터 전력화하면서 2~3MT급의 핵탄두를 탑재하여 사용했다. 다양한 탄도미사일을 방어할 목적으로 개발되었지만 최초 시작은 ICBM 방어 목적이고 이를 위해 핵탄두를 탑재하여 사용했었다.

정밀유도미사일(PGM)은 플랫폼과 표적과의 관계를 연결하여 명칭이 형성된다. 지상 플랫폼에서 지상표적을 공격하는 미사일을 지대지미사일, 지상에서 공중표적을 공격하는 미사일을 지대공미사일, 지상에서 함정표적을 타격하는 미사일을 지대함미사일이라 한다. 같은 방법으로 공중 항공기플랫폼에서 발사하는 미사일도 대상표적에 따라 공대지미사일, 공대공미사일, 공대함미사일로 구분한다. 함정 플랫폼에서 발사하는 미사일 역시 대상표적에 따라 함대지미사일, 함대공미사일, 함대함미사일로 분류한다. 잠수함 플랫폼에서 함정표적을 타격하는 잠대함미사일도 있다.

미사일 형태는 상황과 임무에 따라 다양하게 발전해 왔으며 핵탄두를 중심으로 발전한 전략미사일과 전장에서 전술적으로 사용하기 위해 발전한 전술미사일로 정밀유도탄약이 있다. 전술미사일은 전장에서 사용하는 방법에 적합하게 표적과 플랫폼의 관계에 따라 다양한 형태의 미사일이 발전되고 있다.

지대지탄도미사일은 억제력을 갖기 때문에 정책적, 군사전략적으로 관심을 갖게 된다. 그 분류체계는 〈표 7-1〉과 같이 800~1,000km 이하를 단거리탄도미사일로 구분하고, 2,400~3,000km 이하를 준중거리탄도미사일로 그 이상을 중거리탄도미사일로 분류하며, 5,500K 이상을 대륙간탄도미사일로 분류한다.

2) 국내 법령상 분류

국내 법령은 방위사업법에서는 대분류 수준으로 명시되어 포함되지 않았지만 "국방전력발전업무훈령"에서 〈표 7-2〉[3]와 같이 화력기능과 방호기능 무기체계에 포함시키고 있다. 화력무기체계에 포함된 항공탄약 중 항공유도폭탄은 추력을 사용하지 않기 때문에 미사일로 분류되지 않는다.

3 국방부 훈령 제2338호(2019. 11. 14.), 국방전력발전업무훈령, p. 282

<표 7-2>
국내 법령상의 미사일 분류

대분류	중분류	소분류	대상 무기체계
화력	대전차화기	대전차유도무기	• 현궁
	탄약	항공탄	• 항공유도탄 등
	유도무기	지상발사유도무기	• 지대지유도무기(현무, ATACMS) • 지대함유도탄(HARPOON) • 전술지대지유도무기(KTSSM)
		해상발사유도무기	• 함대지 · 함대함 · 함대공유도탄 잠대함유도탄 등
		공중발사유도무기	• 공대지 · 공대함 · 공대공유도탄 등
방호	방공	대공유도무기	• 미스트랄, 신궁, 천마, 호크 등

3) 특성에 따른 분류

미사일은 비행해서 표적과 조우하여 요망효과(EFD 혹은 SSKP)를 달성하도록 설계되는데 여기서 미사일이 표적에 도달하는 정확도의 영향이 대단히 중요하다. 이런 기능 중 유도방식이나 비행특성에 따라 분류할 수 있다.

(1) 유도방식에 따른 분류

미사일은 우선 유도(Guided)와 비유도(Unguided)로 구분되고 비유도는 로켓처럼 초기발사 제원 조정이나 변화 없이 목표물에 탄착되는 방식의 무기체계이다. 미사일 유도방식에 관한 특성은 다른 특성보다 중요한데 그 이유는 미사일 무기체계의 궁극적 목표가 대상표적을 효과적으로 파괴하는 데 있기 때문이다. 표적을 효과적으로 파괴하기 위해서는 무엇보다 표적에 도달하는 정확도가 중요한 특성이 된다. 다른 살상무기체계에 비해 미사일은 고가, 고품질의 기술을 투입하여 정확도를 향상시키기 때문에 파괴효과가 증대된다. 그래서 우리에게 간혹 미사일은 플랫폼에서 표적까지 유도한다는 특성이 체계의 대표성을 갖기 때문에 미사일이라는 명칭보다는 유도탄이라는 명칭에 익숙하다. 미사일의 정확도를 향상시키기 위해 표적과 운용개념에 따라 다양한 유도방식을 갖는 미사일이 있는데 이것을 분류해보면 〈그림 7-1〉[4]과 같다.

4 https://en.wikipedia.org/wiki/Command_guidance

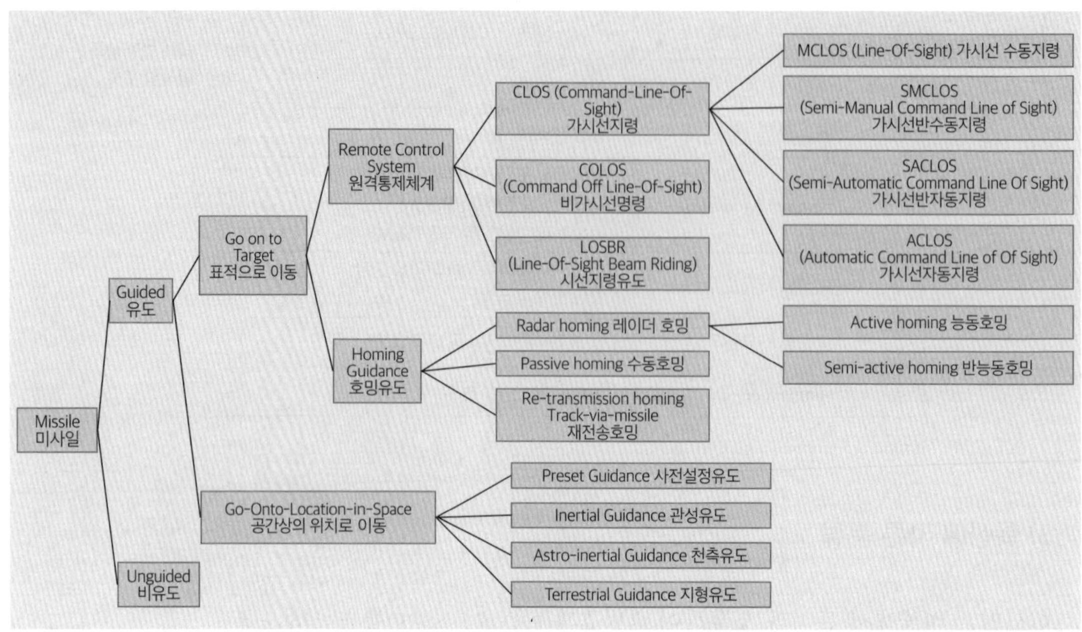

<그림 7-1>
미사일 유도방식

유도방식은 대상표적의 특성에 따라 다양하다. 유도미사일은 표적이 고정표적인지 이동표적인지에 따라 상이한 유도방식을 취하고 있다. 〈그림 7-1〉에서 표적추적(GOT : Go onto Target) 유도방식은 주로 이동하는 표적에 대한 추적 가능한 유도방식이며 공간상 위치추적(GOLIS : Go-Onto-Location-in-Space)유도방식은 지상이나 공간상의 위치를 추적하는 유도방식으로 통상 사전에 표적정보를 미사일에 제공해야 한다. 먼저 표적추적(GOT) 유도방식의 미사일체계는 표적추적기능, 미사일추적기능, 유도계산 기능 3개의 기능을 갖고 있다. 각각의 기능 중 유도계산 기능과 표적추적 기능이 모두 발사대에 위치시키는 체계를 원격통제 유도방식이라 한다. 한편 유도계산 기능을 비행하는 미사일과 표적추적기에 두는 유도방식이 호밍유도방식이다. 원격통제 유도방식은 가시선지령 유도방식과 비가시선지령 유도방식은 지휘유도방식으로 미사일추적기 기능은 발사대에 있다.

먼저 가시선지령유도방식의 조작방식이 표적에 미사일을 유도하는 기능의 자동화 정도에 따라 가시선 수동지령, 가시선 반수동지령, 가시선 반자동지령, 가시선 자동지령유도방식으로 구분한다. 여기서 가시선 반수동지령 유도방식은 표적추적은 자동으로 수행되지만 미사일추적은 수동으로 조종하여 표적을 파괴하는 유도방식이며 가시선 반자동지령 유도방식은 표적추적은 수동으로 수행하지만 미사일추적은 자동으로 조종하여 표적을 파괴하는 유도방식이다.

다음 호밍유도방식에는 레이더호밍, 수동호밍, 재전송호밍 방식이 있다. 호밍유도방식에는 능동호밍방식과 반능동호밍 방식이 각각 있다. 레이더호밍방식은 레이더 전자파를 표적에 조사하여 반사된 신호를 미사일이 추적하는 방식인데 전자파를 조사하는 장치가 발사대에 있고 미사일에 추적하는 기능이 장착된 체계를 반능동 호밍방식이라 하고 조사하는 장치가 미사일에 있으면서 동시에 추적하는 기능도 미사일에 있는 경우를 능동호밍방식으로 구분한다. 반면 수동호밍방식은 표적에서 발산하는 열적외선 신호를 미사일에서 추적하는 방식이다. 재전송호밍방식은 일명 TVM(Track-via-Missile)이라고도 하는데 이것은 반능동 호밍과 지령유도방식의 장점을 반영한 유도방식으로 지상에서 표적에 반사되는 전자파를 지상추적레이더와 미사일에서 각각 수신하지만 표적을 격추하기 위한 유도계산은 지상에서 수행하여 데이터링크로 전송하는 체계이다. 반능동 호밍방식은 지상에서 레이더로 표적을 추적하면 반사된 신호를 미사일이 직접 받아서 격추지점을 향해 비행할 수 있도록 계산하여 조종하는 체계이다. 즉, 재전송호밍방식과 반능동명중유도방식은 유도계산 기능의 위치를 미사일에 두는지 지상발사 및 통제소에서 수행하는지에 대한 차이로 구분된다.

공간상 위치추적(GOLIS : Go-Onto-Location-in-Space) 유도방식은 표적추적기가 별도로 없고 사전에 표적정보를 내장해야 한다. 유도탄에 필요한 유도계산 기능과 미사일 추적기능은 미사일에 내장된다. 표적추적 기능이 별도로 없기 때문에 항법유도라고 표현하기도 한다. 이런 유도방식에는 사전설정유도, 관성유도, 천측유도, 지형유도로 구분한다. 사전설정유도는 초기 자이로계와 가속도계 중심으로 이동경로를 장입하여 사용한 V-2에 적용했던 항법체계다. 이후 관성유도는 미 ICBM에 사용하는 링레이저자이로 등 첨단 관성항법장치(INS)가 있으나 보통 민항기에 사용하는 자이로는 링레이저자이로이다. 자이로 특성은 장거리비행이나 장시간 구동 시 정확도가 저하되는 현상이 있는데 첨단자이로일수록 그 정도가 낮아져서 정확도가 향상되고 있다. 링레이저자이로를 사용하는 경우 정확도 보정을 위해 GPS정보를 수신하거나 레이더전자파에 의한 지형위치정보를 확인하여 보정하는 기능을 갖도록 설계하기도 한다. 천측유도(Astro-inertial guidance)는 관성항법장치(INS)의 제한사항을 별자리를 참조하여 보정하는 기능이다. 주로 잠수함탑재탄도미사일의 유도장치로 사용된다. 마지막 지형유도는 지형추종(TERCOM)이나 지형영상매칭(DSMAC) 등을 통해 관성항법장치를 이동경로상 지형정보와 실제 위치를 전파로 고도를 측정하거나 참조지형 영상과 대조를 통해 보정하여 정확도를 향상시키는 방법으로 사용하는 유도방식이다.

(2) 비행특성에 의한 분류

비행특성은 주로 공격미사일의 발전과정에서 특별히 별도로 발전했다. 최초 미사일은 제2차 세계대전 당시 독일이 두 가지 형태의 미사일을 개발하여 영국 런던을 공격하면서 기술수준이 조잡함에도 불구하고 능력을 과시했다. 당시 V-1과 V-2 2개 유형의 미사일을 개발했다. 여기서 V-1은 순항미사일로 발사이후 표적지역에 투하되는 순간까지 연료를 사용하여 경로에 따라 자동비행하는 무인비행기 같은 방식이다. 발사지점에서 표적지점까지 계획된 경로를 순항하기 때문에 순항미사일이라 칭한다. 반면 V-2는 발사 이후 추력을 받아 표적지점을 향해 공중으로 발사된 이후 탑재연료에 의한 추력을 갖고 비행하다가 연소가 종료되면 지구 중력에 의해 정점(Apogee)에 도달한다. 정점에서 표적까지는 위치에너지를 이용하여 공력 비행하는 원리이다. 발사지점에서 표적까지 전체적으로 탄도가 포물선을 형성하여 도달하므로 탄도미사일이라고 칭한다.

이런 공격미사일의 비행특성을 비교하면 〈표 7-3〉과 같다. 먼저 탄도미사일의 추진체계를 살펴보면 고체 또는 액체 추진제를 사용하며 액체추진제 사용 시에는 연료와 함께 산화제를 내장해서 공기밀도가 낮은 고고도 진입 시에도 지속적인 연소가 가능하도록 한다. 반면 순항미사일은 주로 액체추진제를 사용하며 대기권을 벗어나지 않기 때문에 별도의 산화제를 내장하지 않고도 대기를 흡입하여 연료를 산화시킨다. 비행속도 측면에서 현재까지 탄도미사일은 최대 마하 25 정도의 초음속을 갖기 때문에 장거리 비행을 하더라도 단시간 내 표적에 도달할 수 있어서 기습적이고 위협적인 무기로 인식되고 있다. 반면 순항미사일의 비행속도는 저고도로 아음속으로 비행하기 때문에 노출이 적은 경로를 전술적으로 계획을 해야 한다.

탄도미사일은 빠른 속도로 인하여 종말지점에서 정교한 표적유도가 어려운 점이 있다. 따라서 관성항법체계(INS)를 사용하고 있는데, 이동시간이 길어지

구분	탄도미사일	순항미사일
추진체계	• 고체 또는 액체 추진제 • 액체는 연료 및 산화제 내장	• 공기흡입식 엔진 연료만 탑재 • 대기를 이용한 산화(연소)
비행특성	• 지구중력에 의한 포물선 형성 • 장거리 미사일은 외기권 비행	• 임무에 따라 계획된 경로 이용 • 저고도 비행
비행속도	• 극초음속 이상	• 아음속, 초음속, 극초음속 개발
유도방식	• 관성항법(INS), • 관성(INS)+GPS복합항법 등	• 관성(INS)+GPS 복합항법 • TERCOM(Terrain Counter Matching) • DSMAC(Digital Scene Matching Area Correlation) • 탐색기
정확도	• 단순 복합유도방식 • 정확도 상대적으로 낮음	• 다양한 복합유도방식 • 정확도 높음

<표 7-3>
공격미사일 비행특성에 따른 분류

면 관성항법장치에 발생되는 누적 오차를 해소해야 한다. GPS 위치정보를 이용하여 보정하는 과정을 거쳐서 정확도를 향상시킬 수 있다. 그러나 순항미사일은 기본적으로 관성항법장치와 GPS복합항법장치에 추가하여 임무계획경로를 이동하는 데 필요한 지형추적(TERCOM) 방법이나 지형영상매칭(DSMAC) 방법 등을 이용한 비행중간단계 유도오차의 보정을 수행하고 종말단계 표적지역에 진입하면 표적영상을 계획된 표적정보와 매칭하는 자동표적인식(Automatic Target Recognition) 알고리즘으로 표적을 정밀 타격하도록 개발하고 있다. 따라서 순항미사일은 통상 마하1 수준의 저속이라 공중에서 피격될 확률이 높지만 느리기 때문에 표적을 정확히 포착하여 파괴할 수 있는 장점을 갖고 있다. 반면에 탄도미사일은 사거리에 따라 마하 3에서 마하 27 정도라 신속하고 즉각적인 대응이 가능하다. 그러나 탄도미사일은 종말단계의 과도한 속도로 인하여 표적을 탐색하거나 포착하는 기술적 제한사항을 안고 있다.

3. 미사일 체계구성과 특성

1) 체계구성

무기체계는 작업분할구조(WBS)를 통해 체계를 설계하고 체계구성을 정의하고 있다. 미사일체계는 〈표 7-4〉[5]와 같은 작업분할 구조를 갖고 있다.

<표 7-4>
미사일체계 WBS (Work Break-Down Structure)

1. 비행체(Air Vehicle)/미사일(Missile)
   - 1.1.1. 항공기체(Airframe)
   - 1.1.2. 추진체계(Propulsion)
   - 1.1.3. 전원 및 분배(Power and Distribution)
   - 1.1.4. 유도(Guidance)
   - 1.1.5. 항법(Navigation)
   - 1.1.6. 통제(Control)
   - 1.1.7. 통신(Communications)
   - 1.1.8. 탑재체(Payload)
   - 1.1.9. 재진입체계(Reentry System)
   - 1.1.10. 추진이후단계(Post Boost System)
   - 1.1.11. 무장개시체계(Ordnance Initiation Set)
   - 1.1.12. 탑재체시험장비(On Board Test Equipment)
   - 1.1.13. 탑재체훈련장비(On Board Training Equipment)
   - 1.1.14. 기타장비
   - 1.1.15. 비행체 소프트웨어
   - 1.1.16. 비행체 통합, 결합, 시험과 점검
2. 지휘 및 발사(Command and Launch)
   - 2.1.1. 지휘 발사 통합, 구성품 시험 및 점검
   - 2.1.2. 감시 및 식별 추적 센서(Surveillance, Identification and Tracking Sensors)
   - 2.1.3. 발사 및 유도통제(Launch and Guidance Control)
   - 2.1.4. 통신(Communication)
   - 2.1.5. 발사장비(Launcher Equipment)
   - 2.1.6. 기타장비(Auxiliary Equipment)
   - 2.1.7. 추진체연결부(Booster Adapter)
   - 2.1.8. 지휘 및 발사 소프트웨어(Command and Launch S/W)
   - 2.1.9. 기타 지휘 및 발사(Other Command and Launch)
3. 미사일체계 소프트웨어 버전(Missile System S/W Release)
4. 데이터(Data)
5. 훈련체계(Training System)
6. 포장장치(Encasement Device)
7. 고유지원장비 (Peculiar Support Equipment)
8. 공통지원장비(Common Support Equipment)
9. 생산설비(Industrial Facilities)
10. 수리부속 초도보급물량(Initial Spares and Repair Parts)
11. 기타 WBS(Work Breakdown Structure) 작업활동 요소

앞서 소개한 모든 미사일체계는 비행체, 지휘 및 발사, 관련된 S/W와 데이터, 훈련체계, 포장장치 등으로 구성된다. 특정 미사일에 필요한 지원장비, 최초 전력화 시 보급하는 수리부속 초도보급물량과 생산설비 등을 WBS에 포함하고

5 MIL-STD-881D, *Work Breakdown Structures for Defense Materiel Items*, 9 April 2018, p. 52~80.

있다. 거기에는 체계공학, 사업관리, 체계시험평가와 미사일체계 통합, 조립, 시험 및 점검체계로 구성된다. 미사일 비행체는 추진체계와 장거리 미사일의 경우 추진 이후 단계 구성품으로 구성된다. 비행체는 전원·분배체계, 유도·항법체계, 통제·통신체계가 있다. 미사일 표적에 적합한 탑재체, 대륙간탄도탄은 재진입체계, 장전체계 등이 있다. 그리고 이런 체계들을 탑재상태에서 시험할 수 있는 탑재체 시험장비와 필요 시 탑재 훈련할 수 있는 탑재체 훈련장비도 있다. 기타장비와 비행체 S/W 등도 포함되며 비행체에 대한 통합, 결합, 시험·점검도 포함된다. 지휘 및 발사체계도 대공·대함·대잠 등 이동표적에 대한 미사일은 감시·식별 추적 센서가 있으며 발사·유도통제, 통신, 발사장비, 기타장비, 추진체 연결부, 지휘·발사S/W, 기타 지휘·발사체계로 구성된다.

2) 탄도 미사일

(1) 탄도미사일 비행체

먼저 탄도미사일 체계구성은 미사일과 사격을 위한 사격통제 및 발사장치, 즉 플랫폼으로 구성되는데, 그중 비행체에 해당하는 미사일은 앞 〈그림 7-2〉[6] 처럼 탄두, 유도장치, 추진체계로 구분된다. 미사일 추진체계는 1단에서 3단까지 추진을 위한 연료를 탑재하여 연소 후 비행체 중량 및 마찰 감소를 위해

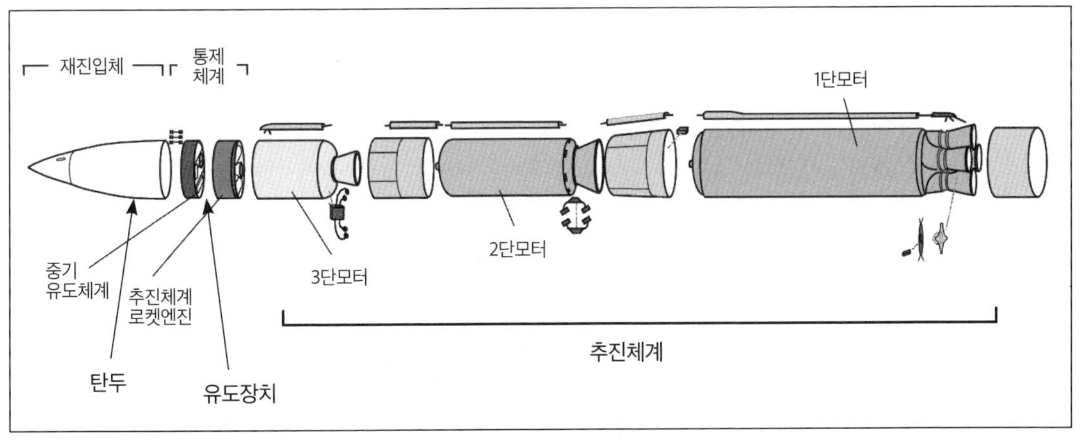

<그림 7-2>
탄도미사일 구성

6 https://upload.wikimedia.org/wikipedia/en/8/83/Minuteman3.png

분리하는 방식으로 되어 있다. 비행체에 가속을 위한 추력비행이 종료된 이후(Post boost) 탄두부에 유도통제체계와 종말단계 대기권 재진입을 할 수 있도록 추진체계 구성품이 있다.

(2) 탄도미사일 플랫폼

탄도미사일을 발사하는 플랫폼은 다음 〈그림 7-3〉[7]과 지하벙커 같은 견고한 시설, 즉 사일로형과 이동형수직발사대 같은 지상발사 플랫폼이 있고, 잠수함

<그림 7-3>
탄도미사일 플랫폼

7 1. 사일로형
https://www.terragalleria.com/america/south-dakota/minuteman-missile/picture.ussd57072.html
https://navbharattimes.indiatimes.com/world/asian-countries/russias-giant-satan-2-nuclear-weapons-system-is-capable-of-wiping-out-entire-france-at-one-go-seccessful-testing-behind-schedule/articleshow/57836247.cms
2. 이동형 탑재 차량형
https://www.depthworld.com/10-most-powerful-nuclear-weapons-countries-in-the-world/
https://en.wikipedia.org/wiki/RT-2PM2_Topol-M#/media/File:19-03-2012-Parade-rehearsal_-_Topol-M.jpg
3. 잠수함 발사형
https://www.voakorea.com/korea/korea-politics/3479479#&gid=1&pid=1
https://fas.org/nuke/guide/usa/slbm/ssbn_uw.jpg
4. 항공기(비전력화)
https://en.wikipedia.org/wiki/Air-launched_ballistic_missile#/media/File:Xagm-48a.jpg

플랫폼, 항공기 플랫폼 등이 있다.

그 외 핵탄두를 장착하지 않는 경우 함정에서 발사하는 전술용 탄도탄도 있다. 각각의 플랫폼은 생존성을 보장하기 위한 특성을 갖고 있는데 사일로형은 지하 견고한 시설을 구축하여 방폭 기능을 강화함으로써 정확히 피탄되지 않으면 발사기능이 수행 가능하도록 설계했다. 이동형수직발사대는 탄도미사일 중량과 길이가 커지면 차륜 수가 증가한다. 즉, 중거리탄도탄과 대륙간탄도탄을 비교하면 탄도탄 추진단이 2단과 3단의 차이가 있고 연료량이 증가하므로 탄도미사일 길이가 신장되는 만큼 차륜수가 증가한다는 뜻이다. 통상 러시아, 중국, 북한에서는 이동차량형을 주로 개발하여 생존성 보장을 위해 노력했다. 차량은 발사대 기능뿐 아니라 사격통제체계를 운전석에 탑재함으로써 사격통제기능도 함께 갖추고 있다. 탄도미사일발사 잠수함(SSN)은 통상 핵추진잠수함으로 생존성을 극대화할 수 있도록 개발하고 있다. 최근 북한 잠수함발사탄도미사일의 발사실험이 핵추진잠수함과 연계 여부는 확인되지 않고 있다.

(3) 탄도미사일 비행과정

통상적으로 탄도미사일은 다음 〈그림 7-4〉처럼 최초 발사기지에서 발사되어 표적지섬에 탄착될 때까지 최초 180~300초간 추력에 의한 가속 및 추력유도비행을 한다. 이후 정점 최대고도까지 수십 분간의 관성비행을 거쳐 대기권으로 재진입(Re-entry)한 후 공력비행을 통해 표적지점에 도달하는 비행특성을 갖도록 설계한다.

단거리 탄도미사일은 대기권 진입문제가 없어서 비교적 단순하며 공력비행을 하므로 추진체계를 다단으로 구성할 필요가 없다.

<그림 7-4>
탄도미사일 비행과정

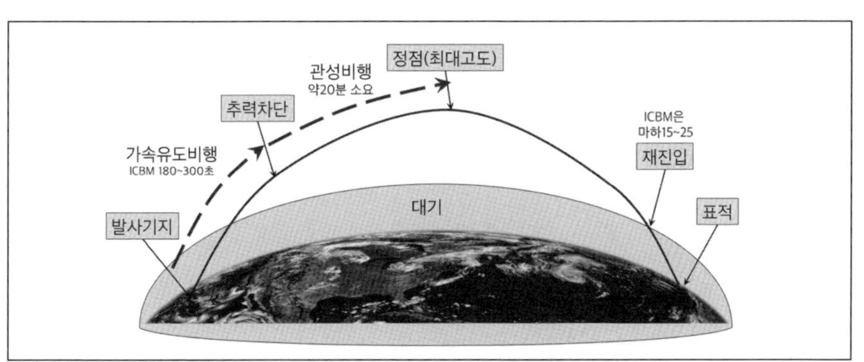

(4) 탄도방정식과 추정

탄도미사일의 비행경로는 어떻게 형성되는지를 분석하기 위해 〈그림 7-5〉를 보자. 먼저 질량을 갖고 있는 미사일이 추력을 갖고 발사기지에서 출발하면 중력의 영향을 받아 탄도가 형성하는 포물선을 수식으로 표현할 수 있다.

이렇게 모델링하기 위해 복잡한 상황을 단순화하기 위한 가정이 필요한데 여기서는 세 가지를 적용했다. 첫째, 공기 저항은 없다. 둘째, 지구 중력가속도는 항상 평행으로 작용한다. 셋째, 지구는 평탄하고 회전하지 않는다. 그리고 질량이 없는 상태 질점운동으로 가정했다. 물론 현실을 정확하게 묘사하기 위해서는 더욱 복잡한 관계식을 적용해야 하나 발사속도, 고도, 사거리, 발사각도 등 정책적 문제를 추정하는 데 필요한 핵심요소를 이해하는 데 적정한 가정을 했다. 이때 추력이 작동되는 구간동안의 비행은 ICBM의 경우 거의 수직으로 최대 300여 초를 비행하여 500km 정도를 더 비행한다.

〈그림 7-5〉에서 추력이 차단되고 관성비행을 시작하는 지점을 시점으로 가정했다. 이때 최초사거리방향 속도(v_{0x})는 〈그림 7-5〉처럼 다음 (식 7-1)과 같고,

$v_{0x} = v_0 \cos\theta_0$ (식 7-1)

최초고도방향 속도(v_{0y})는 (식 7-2)와 같다.

$v_{0y} = v_0 \sin\theta_0$ (식 7-2)

따라서 임의시간 사거리방향 속도(v_x)는 (식 7-3)과 같고,

<그림 7-5>
탄도방정식

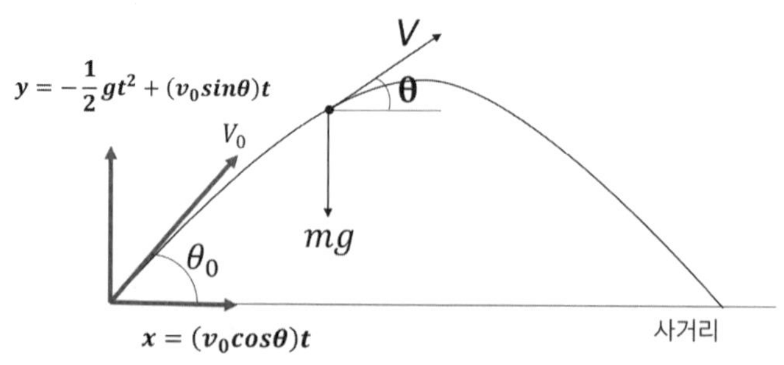

$v_x = v_0 \cos\theta$ (식 7-3)

고도방향의 속도(v_y)는 중력가속도(g)로 인해서 시간(t) 이후 (식 7-4)와 같다.

$v_y = v_0 \sin\theta - gt$ (식 7-4)

이때 사거리 방향의 변위(x)는 초기속력(v_0)와 발사각도(θ), 시간(t)에 대해 (식 7-5)와 같은 관계식을 갖는다.

$x = (v_0 \cos\theta)t$ (식 7-5)

고도방향의 변위(y)는 초기속력(v_0), 발사각도(θ), 비행시간(t), 중력가속도(g)에 대해 (식 7-6)과 같은 관계식을 갖는다.

$y = -\frac{1}{2}gt^2 + (v_0 \sin\theta)t$ (식 7-6)

여기서 사서리방향 변위(x)와 고도방향 변위(y) 간 관계를 정리하면 (식 7-7)과 같은 관계식을 갖는다.

$y = (\tan\theta)x - \frac{g}{2v_0^2 \cos^2\theta}x^2$ (식 7-7)

이때 최고정점고도는 앞의 (식 7-4)에서 고도방향 속도(v_y)가 0일 때이므로, 시간은 $t = \frac{v_0 \sin\theta}{g}$이 되어 정점에서 고도, 즉 관측된 최고정점고도($y_{\max}$)는 (식 7-8)과 같다.

$y_{\max} = -\frac{1}{2}g\left(\frac{v_0 \sin\theta}{g}\right)^2 + (v_0 \sin\theta)\frac{v_0 \sin\theta}{g} = \frac{v_0^2 \sin^2\theta}{2g}$ (식 7-8)

한편 탄착 사거리는 지면에 탄착된 시점 $y = 0$일 때 x_{obs}값이므로 앞의 (식 7-7)에 적용하면 탄착 사거리 관계식은 (식 7-9)와 같이 구할 수 있다.

$$x_{obs} = \frac{2v_0^2\cos\theta\sin\theta}{g} = \frac{v_0^2\sin 2\theta}{g} \text{ (식 7-9)}$$

앞의 (식 7-8)을 $v_0\sin\theta = \sqrt{2gy_{\max}}$ 으로 변형해서, (식 7-9)를 변형한 $v_0\cos\theta v_0\sin\theta = \frac{gx_{obs}}{2}$ 에 대입하면 다음 (식 7-10)을 구할 수 있다.

$$v_0\cos\theta = \frac{x_{obs}g}{2\sqrt{2gy_{\max}}} \text{ (식 7-10)}$$

앞의 (식 7-8)에서 $v_0^2\sin^2\theta = 2gy_{\max}$과 (식 7-10)에서 $v_0^2\cos^2\theta = \frac{x_{obs}^2 g}{8y_{\max}}$이므로 다음 (식 7-11)과 같이 정리할 수 있다.

$$v_0^2\sin^2\theta + v_0^2\cos^2\theta = v_0^2(\sin^2\theta + \cos^2\theta) = 2gy_{\max} + \frac{x_{obs}^2 g}{8y_{\max}} \text{ (식 7-11)}$$

따라서 앞의 (식 7-12)은 $v_0^2 = 2gy_{\max} + \frac{x_{obs}^2 g}{8y_{\max}}$이므로, 최대고도와 이때 사거리를 이용하여 초기속도를 추정하는 관계식을 다음 (식 7-12)와 같이 도출할 수 있다.

$$v_0 = \sqrt{2gy_{\max} + \frac{x_{obs}^2 g}{8y_{\max}}} \text{ (식 7-12)}$$

이 관계식에서 초기속도(v_0)와 발사각도(θ), 비행시간(t)에 관한 정보를 알 수 있다면 탄도미사일의 운동 상태, 즉 특정 시간에 위치와 속도를 알 수 있고 탄도미사일 사거리 또는 정점고도 등을 추정할 수 있다. 역으로 탄도미사일 실험결과 탄착사거리와 정점고도, 비행시간 정보 등을 통해 초기속도나 종말속도 등을 추정할 수 있다. 같은 방법으로 북한 탄도미사일 실험결과를 실험주체가 아닌 국가에서도 대략적인 추정이 가능하며 고각발사 실험을 할 경우에도 체계의 완전한 성능을 역으로 추정이 가능하다. 북한 시험사격 시 탐지된 정점고도와 사거리에 따라 〈표 7-5〉처럼 연소 종료 시 속도나 종말속도를 추정해볼 수 있다.

종말속도는 초기속도(v_0)에 따라 결정되며 초기속도는 추력에 의해 결정된다. 추력은 최대사거리를 결정짓는 중요한 성능이다. 따라서 종말속도를 추정한다면 체계추력과 최대사거리 성능을 역으로 추정해볼 수 있다. 다만 이정도 속도에 따라 대륙간탄도미사일의 핵심기술 중 하나인 대기권 재진입 기술을

탄도 추정	날짜	관측 데이터(km)		추정 속도		최대 추정사거리(km)	
		정점고도	사거리	m/sec	마하	계산	매체
화성-15	17.11.29	4,475	950	9378.5	27.6	8,975	8,500~13,000
화성-14	17. 7.28	3,725	998	8563.6	25.2	7,483	-
	17. 7. 4	2,803	930	7437.5	21.9	5,645	5,500 (7,000~9,500)
화성-12	17. 9.14	770	3,700	6072.2	17.9	3,762	-
	17. 8.28	550	2,700	5197.8	15.3	2,757	실거리 사격
	17. 5.14	2,111	787	6460.3	19.0	4,259	4,500
KN-23	19. 5. 4	60	240	1533.6	4.5	240	-
	19. 5.17	50	420	2302.6	6.8	541	-
	19. 8. 6	37	450	2725.7	8.0	758	-
KN-25	19. 8.25	97	380	1930.0	5.7	380	-
	19. 8.26	50	330	1910.0	5.6	372	-

<표 7-5>
북한 미사일 시험사격 탐지결과 속도 특성 분석

도달했는지에 대해서는 실험결과 종말단계 탄두회수분석 등이 확인되지 않아 이견이 있는 상태다. 이렇게 비행시험 관찰결과만으로도 역으로 탄도미사일 속도와 최대사거리 성능을 추정해볼 수 있다.

〈표 7-5〉처럼 2017년 7월 북한이 화성-14 탄도미사일 실험발사 후 공개 자료와 한·미·일 정보수단에 관측된 정보를 통해 최대고도(정점고도)는 3,724.9km, 비행거리 998km, 비행시간 47분 13초, 종말속도는 약 마하 24.9

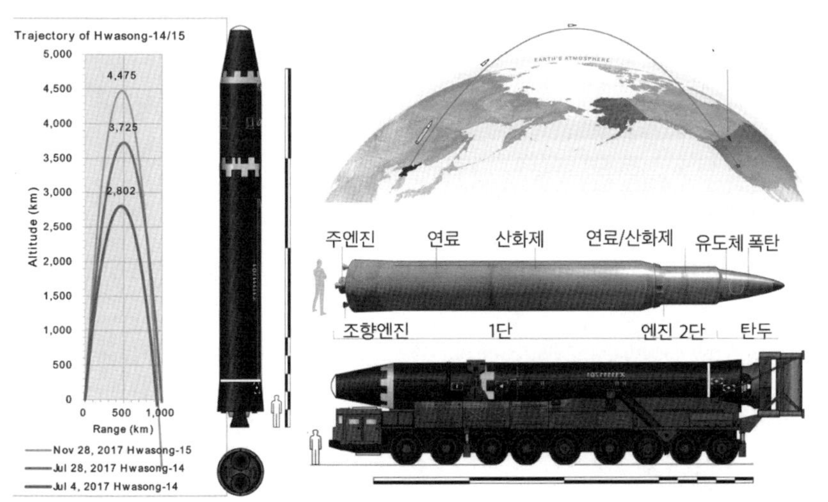

<그림 7-6>
화성-15 탄도미사일과 발사실험

를 달성함으로써 ICBM급으로 추정된다는 평가를 한 바 있다.

이어 다음 〈그림 7-6〉[8]처럼 2017년 11월 북한이 화성-15 탄도미사일 실험발사 결과를 북측이 공개 발표하고 한·미·일 정보수단에 의해 관측된 자료는 최대정점고도 4,475km, 비행거리 950km, 비행시간 54분으로 알려졌는데 종말속도는 대략 마하 27.3 정도의 성능을 갖는 체계로 추정되며, 미 CSIS에서는 사거리가 8,500~13,000km의 ICBM급에 도달했다고 평가한 바 있다.

예제 7-1

1. 화성-14의 최대고도 3,724.9km와 비행거리 998km를 (식 7-12)에 적용하여 계산해보면,

$$v_0 = \sqrt{2 \times 9.8 \times 3,724,900 + \frac{998,000^2 \times 9.8}{8 \times 3,724,900}} = 8,563.6m/\sec = mach\,25.2 \text{ 로}$$

발표된 수치와는 질점계를 적용하여 마하 0.3 정도의 오차가 발생했다.

2. 연소종료 속도(v_0)를 앞의 (식 7-9)에 적용해서, 탄도초기각도(θ)를 45°로 가정하여 최대사거리까지 추정해보면,

$$x_{\max} = \frac{v_0^2 \sin 2\theta}{g} = \frac{8,563.6^2 \times \sin(2 \times radians(45))}{9.8 \times 1,000} = 7,483Km \text{ 로}$$

약 7,500km까지 사격 가능하다. 물론 탄두중량에 따라 사거리가 훨씬 더 감소할 수 있다.

(5) 로켓추진

로켓 발사원리는 뉴턴의 제3법칙에 의한 작용과 반작용의 법칙이 적용된다.

---

8 https://en.wikipedia.org/wiki/Hwasong-15#/media/File:Trajectories_of_Hwasong-14.svg
https://en.wikipedia.org/wiki/Hwasong-15#/media/File:Hwasong-15.svg
https://en.wikipedia.org/wiki/Hwasong-15#/media/File:Hwasong-15_con_transporte.png
https://www.nytimes.com/interactive/2017/08/22/world/asia/north-korea-nuclear-weapons.html

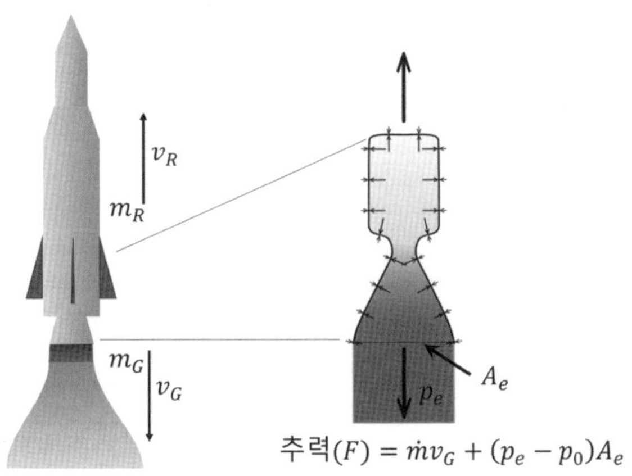

<그림 7-7>
로켓 추진체계

작용과 반작용의 법칙은 A와 B 2개의 질량을 갖는 물체 중에 A가 B에게 힘을 작용하면 B도 A에 동일한 크기의 힘이 작용된다는 이론이다. 개념적 모델로 적용되며 실제 수학적 모델은 운동량 보존의 법칙을 적용하는 것이 보편적이다. 운동량 보존의 법칙은 외부 힘과 같은 작용을 받지 않는 독립된 물체나 계에서 운동량 전체의 합은 보존된다는 법칙이다. 로켓이 비행하는 공중에는 다소 마찰과 상대적으로 미미한 외부 힘이 작용하지만 추력이 월등히 크기 때문에 별도의 물체라고 가정할 수 있어서 운동량 보존의 법칙이 적용된다. 이때 다음 〈그림 7-7〉처럼 최초 로켓 총 운동량은 "0"상태에서 로켓 연료가 연소되면 분사 기체를 후방으로 밀어낸다. 이때 로켓과 추진기체를 단일체계라 하면 총운동량의 합이 정지된 것처럼 "0"이 되어야 하므로 기체 무게에 속도를 곱한 운동량이 기체 분사방향과 반대로 형성되어야 상쇄된다.

즉, 로켓추진 기체의 반대 방향으로 특정 속도로 이동하게 된다. 이때 로켓속도(v_R)×로켓질량(m_R)=추진기체분사속도(v_G)×추진기체질량(m_G)이 되어야 하므로 분사되는 기체가 상대적으로 무거운 로켓에게 속도를 갖도록 하려면 기체 후방 분사속도가 대단히 빨라야 한다. 그래서 엔진에서는 폭발적인 연소가 발생되어야 하고, 기체를 강력히 분사할 수 있는 노즐이 필요하다. 로켓속도는 분출가스의 로켓에 대한 상대속도에 비례하고, 초기질량 대비 최종질량에 대한 자연로그에 비례한다. 초음속을 내기 위해서는 분사가스 속도는 현저히 빠르되 로켓질량은 연료질량에 비해 상대적으로 월등히 적어야 한다.

미사일의 추진방식은 과학기술의 발전과 임무 및 기능적 요구에 부응하여

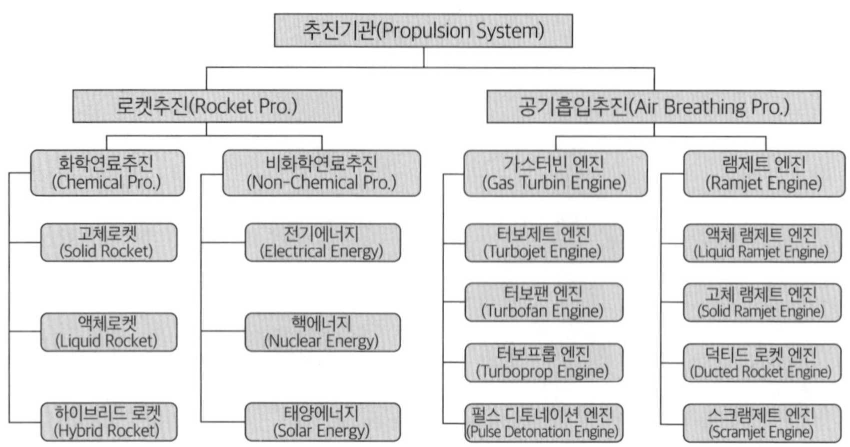

<그림 7-8>
미사일 추진방식

지속적으로 발전했다. 미사일의 추진체계는 다음 〈그림 7-8〉처럼 크게 로켓추진과 공기흡입추진으로 구분된다. 로켓추진은 탄도탄에 주로 사용하고 공기흡입 추진기관은 순항미사일에 주로 사용한다. 여기서 특히 로켓추진기관에는 화학연료추진방식과 비화학연료추진 방식으로 구분된다. 화학연료추진방식은 현대 미사일에 주로 사용하는 고체로켓과 액체로켓으로 구분하는데 연료의 상태가 고체인지, 액체인지에 따라 구분한다. 일반적으로 고체연료를 사용하는 것을 로켓모터, 액체연료를 사용하는 것을 로켓엔진이라고 한다.

고체추진제는 고체 상태의 균질 물질이나 이들의 혼합물 상태로 추진제의 일반적인 특성 외에 추가적인 조건이 필요하다. 첫째는 연소속도가 확실하거나 일정해야 하며, 둘째는 비흡습성을 가지며, 셋째는 다양한 크기나 형태, 연소시간을 갖는 입자로 제조 가능해야 하며 넷째는 극단적인 온도조건하에서도 균열이나 물리적 성질을 잃지 않아야 한다. 물론 고체추진제의 경우는 고체연료에 산화제를 함께 내장하고 있어서 구성품이 단순한 장점이 있는 반면 연료탑재량이 감소하여 대기 중의 산소를 이용하는 제트엔진에 비해 상대적으로 효율이 낮은 단점이 있다. 이런 고체추진제는 운용온도나 연소율 등 설계요구 특성을 충족하도록 동질추진제 혹은 이질추진제 등으로 발전하고 있다. 액체로켓으로 추진하는 탄도미사일 등은 고체로켓 모터에 비해 큰 힘을 낼 수 있기 때문에 초기에는 액체로켓엔진을 사용했다. 이때 액체로켓추진제는 액체산소 같은 산화제와 탄화수소 계열의 연료로 구성된다. 단일추진제와 복합추진제로 구분 된다. 단일추진제로는 하이드라진(hydrazine), 사산화질소, 니트로메

탄, 과산화수소 등이 있으며 이런 액체로켓추진제는 연료와 산화제가 혼합되어 있거나 한 물질로 되어 한 곳에 저장 가능하며 관리가 간단한 반면 연료와 산화제가 복합되어 저장탱크에서 열이나 충격에 쉽게 반응할 수 있다. 액체추진제 특성상 휘발성이 강하고 폭발위험이 높으며 연료주입시간이 많이 소요된다. 산소공급이 안 되는 고고도나 외기권에서 비행하게 되는데 이때 연료뿐 아니라 연료를 연소시킬 수 있는 산화제도 함께 필요하므로 부수적인 구성품이 추가되어 고체추진제에 비해 관리하기 어려운 단점이 있다. 하이브리드 로켓 엔진을 사용하는 미사일은 아직 없는 것으로 알려져 있다. 하이브리드로켓엔진은 복합추진제를 사용하는데 연료나 산화제 중 어느 하나가 고체이고 연소실에 위치하며 나머지는 액체로 다른 용기에 저장된 추진제이다. 복합추진제는 산소(O_2), 과산화수소(H_2O_2), 사산화질소(N_2O_2), 질산(HNO_3), 삼불화염소(ClF_3) 등을 액체산화제로 사용하고 고체연료는 탄화수소[$(CH_2)_n$]로 약간의 경금속염을 첨가제로 포함시켜 사용한다. 하이브리드로켓엔진의 중요한 기술은 고체연료의 상부표면을 통과하는 산화제의 유속을 최적반응이 되도록 조절하는 것이다. 비화학연료추진 방식에는 먼저 핵에너지로켓은 원자로에서 발생한 열로 암모니아와 액체수소 등을 가열하여 고속기체류(高速氣體流)로 변환시켜 분출하고 반작용에 따른 추진력이 발생한다. 이때 발생하는 가스의 분출속도는 화학로켓의 수배가 되며 장시간 작동이 가능하다. 전기에너지 추진은 세슘 증기를 이온화해서 전기장의 작용으로 가속하여 분출시킴으로써 추진력을 얻는데 분출속도가 커서 화학 로켓의 수십 배가 된다. 전장을 형성하기 위해서는 원자로 같은 발전기로 수개월 간 작동을 할 수 있으며, 대기권 밖에서 우주선을 장거리 항행을 시킬 수 있다. 순항미사일체계의 기동성 특성은 엔진기술에 따라 결정된다.

순항미사일 엔진은 다양하며 각각 그 성능과 특성은 〈표 7-6〉과 같다. 현재까지 전력화된 순항미사일은 통상 아음속 수준이지만 초음속이나 극초음속 엔진 개발에 노력을 집중하고 있다. 극초음속 엔진개발을 위해서는 날개 표면 마찰로 인한 과열발생 문제를 극복하도록 표면 재질이 핵심기술이다.

공기흡입추진은 크게 가스터빈 방식과 램제트 방식으로 구분된다. 여기서 가스터빈 방식의 터보제트엔진은 〈그림 7-9〉[9]처럼 연소실 고온고압 배기가스의 반작용에 의해 터빈이 구동된다. 터빈은 추진용 프로펠러와 연결되어 추진

<표 7-6>
순항미사일 엔진성능과 특징

<table>
<tr><th rowspan="2">음속</th><th colspan="2">속도</th><th rowspan="2">특징</th></tr>
<tr><th>마하</th><th>m/sec</th></tr>
<tr><td>아음속
(Subsonic)</td><td>0.8이하</td><td>274이하</td><td>프로펠러형, 상용 터보팬</td></tr>
<tr><td>천음속
(Transonic)</td><td>0.8~1.2</td><td>274</td><td>천음속 순항체는 항상 항력을 분산시키기 위해 지연시키는 날개가 있으며, 천음속 지역 규칙의 원리를 적용</td></tr>
<tr><td>초음속
(Supersonic)</td><td>1.2~5.0</td><td>412~1,715</td><td>램제트(Ramjet)</td></tr>
<tr><td>극초음속
(Hypersonic)</td><td>5.0~10.0</td><td>1,715~3,430</td><td>스크램젯(Scramjet),
냉화된 니켈 혹은 티타늄 표면처리
: 고도로 통합된 소형 날개 보유</td></tr>
</table>

력을 발생시키거나 축류압축기나 원심압축기와 연결되어 연소실 내로 진입하는 공기량을 증가시킴으로써 연료연소율을 증가시키는 데 이용하기도 한다.

터보제트 엔진은 입구를 조정하여 초음속 비행 시에도 작동 가능하지만 엔진을 통과하는 유동은 아음속이 되어야만 한다. 따라서 아음속에서 가장 효율적이며 고도의 제조기술이 요구되고 압축기와 터빈은 생산비용이 높다.

터보팬 엔진은 〈그림 7-10〉[10]처럼 압축기 전면에 팬을 설치하여 흡입공기의 일부를 압축기를 통과시키지 않고 직접 노즐로 공급하는 추진방식의 엔진으로 터보제트엔진보다 흡입공기량이 증대된다. 따라서 터보제트에 비해 더 효율적이고 강력한 힘을 내며 연료 소모량이 30% 감소한다. 토마호크와 같은 순항미사일과 첨단 전투기나 폭격기 등에 사용되고 있다.

<그림 7-9>
터보제트 엔진

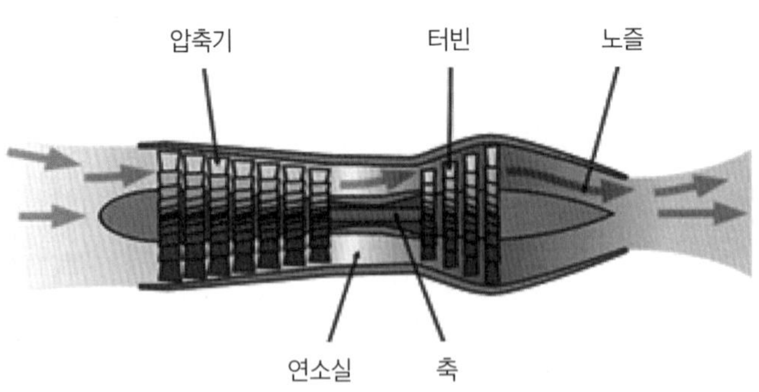

9 https://en.wikipedia.org/wiki/Turbojet#/media/File:Turbojet_operation-_axial_flow.png
10 https://en.wikipedia.org/wiki/Turbofan#/media/File:Turbofan_operation.svg

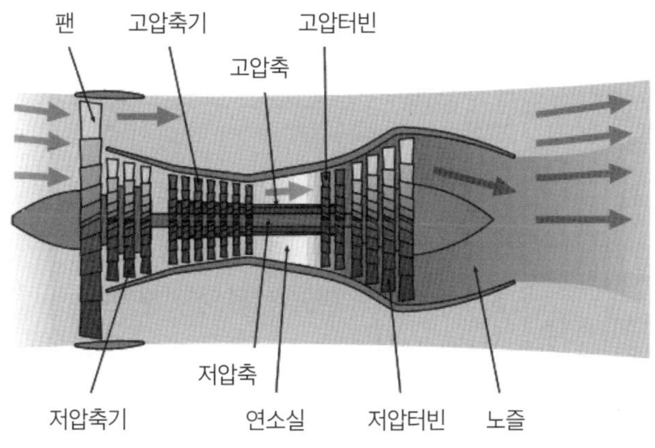

<그림 7-10>
터보팬 엔진

순항체에 사용되는 엔진에 터보제트와 터보팬이 있는데 터보팬은 터보제트에서 진화하여 형태가 유사하다. 〈그림 7-9〉처럼 터보제트는 엔진에 들어오는 모든 공기가 압축기를 거쳐 연소기와 터빈을 통해 노즐에서 배출되지만, 터보팬의 경우에는 압축기로 들어온 공기 중에 일부는 연소기와 터빈을 거치지 않고 노즐을 거쳐 직접 배출되기도 한다. 여기서 연소기와 터빈을 거치는 흐름을 주 유동이라 하고, 이를 통과하지 않는 흐름을 바이패스 유동이라 한다. 주 유동은 노즐에서 배출 시 고온, 고압, 고속 상태인 반면 바이패스 유동은 주 유동보다 상대적으로 노즐에서 배출 시 온도와 압력, 속도가 낮다. 그러나 바이패스 유동은 주 유동에 비해 터빈이 연료를 훨씬 적게 소모하므로, 바이패스 유동을 사용하면 엔진에서 배출되는 공기량이 현저히 증가할 수 있다. 엔진추력은 배출가스 운동량에 비례하므로 속도의 증가와 유량의 증가는 추력을 증가시킨다. 그러나 일반적으로 주 유동을 조정하여 속도를 증가시키는 것보다 같은 연료량을 소모시키되 바이패스를 증가시키는 것이 효율적이다. 따라서 대부분의 항공체계 엔진에는 터보제트보다 터보팬을 보편적으로 적용한다. 터보팬에서 바이패스 유동 유량 대 주 유동 유량 비율을 바이패스 비율이라고 한다. 바이패스 비가 만약 2 : 1이라면 바이패스 유동의 유량이 주 유동 유량의 2배를 뜻 한다. 따라서 터보제트는 터보팬 중에 바이패스 비가 0 : 1인 경우다. 터보팬 엔진을 사용하는 전투기는 바이패스 비가 상대적으로 낮은 엔진을 사용하는 반면 여객기는 바이패스 비가 높아서 동일 추력에 필요한 연료량이 적은 반면, 엔진 단면적이 커서 비행 시 공기 저항이 커지므로 고속비행체에 적용하지 않는다. 그러나 토마호크나 타우러스 순항미사일 등에는 터보팬을 사용하고 있다.

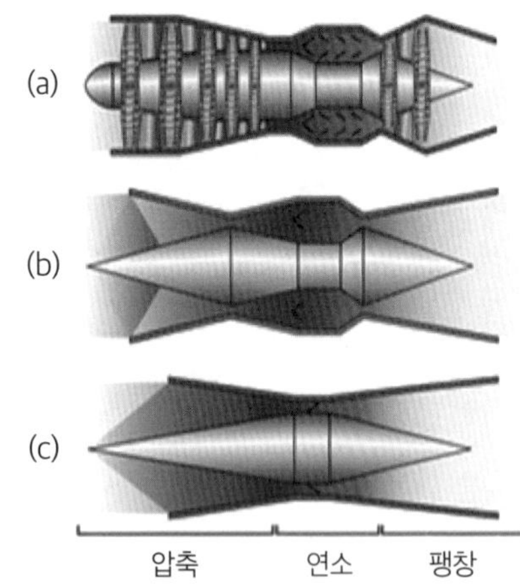

<그림 7-11>
공기흡입방식엔진 비교

공기흡입추진방식에서 가스터빈 방식의 일종으로 펄스폭발엔진은 흡입밸브로 공기를 흡입해서 연료분사와 공기-연료 혼합을 거쳐서 점화와 동시에 연소압력으로 밸브가 닫히면서 연소가스 후방으로 분사하여 추진력을 발생 시키는 기능으로 후방분사 후 압력이 낮아져 흡입밸브가 다시 열리는 절차로 진행된다. 특징은 구조가 간단하고 무게가 작아 개발시간이 단축된다. 연료 소비율이 작고 열화학적 효율이 좋으며 맥동적으로 연소되어 출력제어가 어렵고 저가이지만 소음이 심하고 열적 피로가 문제된다. 최근 첨단 초음속 무인항공기, 순항유도탄 등에 적용이 가능하다.

공기흡입추진방식의 3개 엔진을 비교하면 〈그림 7-11〉[11]처럼 (a) 터보제트엔진은 압축단계에서 팬을 이용하여 압축하지만 (b)와 같이 램제트엔진과 (c) 스크램제트엔진은 흡입공기관이 점차로 협소해져 비행 시 자연 압축되고 연소실 후방공간으로 이동하여 연소단계에서는 (a) 터보제트엔진과 (b) 램제트 엔진은 아음속 연소를 진행하는 반면 (c) 스크램제트엔진은 초음속 연소를 진행한다. 연소이후 연소가스를 연소실 후방공간으로 배출시 (a)는 아음속이고 (b)는 초음속이지만 최대 마하 6이상을 달성할 수 없지만 (c)는 초음속으로 최대 마하 15까지 도달 가능하다. 램제트 방식은 마하 2~3 정도의 고성능 미사일 추진장치로 고속, 장사정, 소형, 경량화가 가능하며 통상 초음속 순항미사일에 사용한다. 스크램제트엔진은 높은 시동속도가 요구되어 로켓이나 램제트로 부스팅하고 단열, 냉각이 어려워 무게가 증가하고 효율성이 저하된다. 주로 극초음속 순항미사일에 사용한다.

미사일의 기동특성은 사거리와 속도, 기동성 등이 있는데 이런 특성에 직접적인 영향을 주는 성능에 추진력과 추진효율이 있다. 추력은 뉴턴의 운동법칙에 의한 반작용의 힘으로 어떤 체계(system)에서 질량을 갖는 물질을 움직이거나 가속할 반대방향으로 동일한 힘이 작용하는데 그 힘을 추력이라 한다.

추진효율은 〈그림 7-12〉[12]처럼 일반적으로 추진제 단위무게 소모율당 발생

---

11 https://www.clearias.com/scramjet-engine/

12 https://en.wikipedia.org/wiki/Jet_engine#/media/File:Specific-impulse-kk-20090105.png

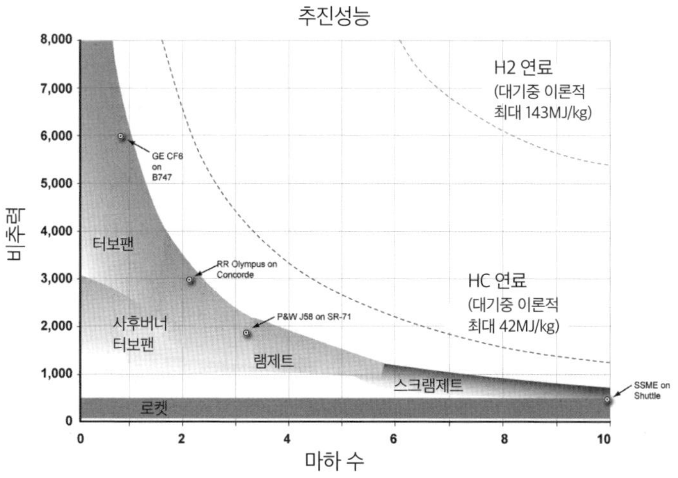

<그림 7-12>
비추력과 추진속도의 관계

되는 추력, 즉 비추력(I_{sp})에 의해 비교할 수 있다. 이때 비추력(I_{sp})은 다음과 같이 추력(F_{thrust})을 구해서 산출할 수 있다. 이때 비추력(I_{sp})은 배기가스의 질량 유량 당 추력(F_{thrust})을 의미하며 엔진이 추력(F_{thrust})을 생성할 수 있는 시간을 초 단위로 표시한다. 그 관계는 (식 7-13)과 같다.

$$I_{sp} = \frac{F_{thrust}}{\dot{m}g_0} = \frac{\text{추력}(N)}{\text{단위시간당추진제소모량}}(\text{sec})\ (\text{식 7-13})$$

여기서, 추력(F_{thrust})은 (식 7-14) 또는 (식 7-15)과 같다.

$$F_{thrust} = \dot{m}v_{\text{배기속도}} + (p_{\text{배기압}} - p_{\text{대기압}})A_{\text{배기면적}}\ (\text{식 7-14})$$

$$F_{thrust} = C(\text{추력계수}) \times A(\text{노즐목면적}) \times P(\text{챔버압력})\ (\text{식 7-15})$$

여기서, $\dot{m}$은 연료연소율로 관계식은 (식 7-16)과 같다.

$$\dot{m} = \frac{m(\text{연료질량})}{t(\text{시간})}\ (\text{식 7-16})$$

(6) 관성항법장치와 GPS

"유도무기"는 추진기관을 장착하고 적절한 비행경로를 따라 표적까지 비행하여 탄두 또는 직격에 의해 표적을 파괴하는 무기체계로 "미사일" 중 유도특성이 뛰어나 정밀한 무기체계를 의미한다. 이 처럼 유도조종은 미사일의 중요한 특성이다. 여기서 "유도(Guide)"는 비행체가 목표물에 도달하여 충돌하는 조건 최소유도오차나 조우각도 등의 조우조건을 만족하기 위해 요구되는 비행궤적을 형성하기 위한 물리적인 운동량, 비행체의 자세, 속도 또는 가속도의 크기 및 방향 등을 계산하는 기능을 말한다. "조종(Control)"은 유도명령에 따라 비행체가 운동하도록 조종수단을 구동하는 조종날개각도, 엔진추력의 크기나 추력 방향 등에 대한 명령을 계산하여 적용하는 기능이다. 최근 PGM과 관련된 유도탄이나 미사일은 GPS/INS 복합항법체계를 보편적으로 장착하여 사용한다. 정밀유도를 위해서는 관성항법장치만으로는 제한되며 GPS를 이용하여 정확도를 보정하고 있다.

관성항법체계(INS : Inertial Navigation System)는 컴퓨터, 가속도운동센서, 회전운동센서(자이로스코프) 등을 사용하여 위치, 방향, 속도를 지속적으로 계산하여 추정하는 항법장치로 미사일뿐만 아니라 함정, 항공기, 차량, 잠수함 같은 플랫폼에 사용된다. 관성항법체계에는 〈그림 7-13〉[13]처럼 각속도를 측정하는 3개의 직교하는 회전운동센서(Gyroscope)와 가속도를 측정하는 3개의 직교하는 가속도계(Accelerometers)로 구성된다. 이 장치 신호를 처리하여 장치 위치와

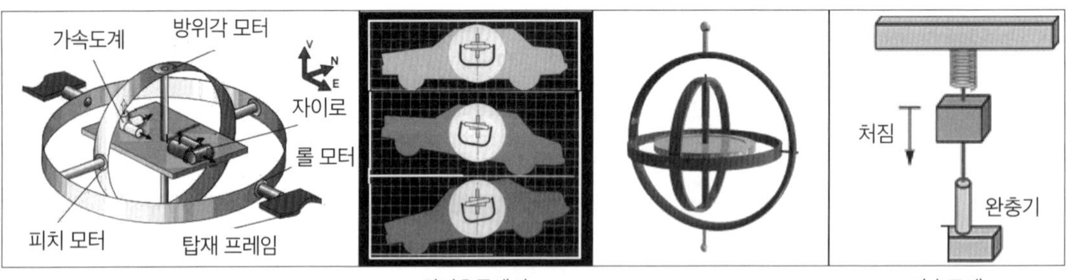

회전운동센서 가속도계

<그림 7-13>
관성항법장치(INS)

13 https://www.globalspec.com/learnmore/sensors_transducers_detectors/tilt_sensing/inertial_gyros
https://en.wikipedia.org/wiki/Gyroscope#/media/File:Gyroscope_operation.gif
https://en.wikipedia.org/wiki/Inertial_navigation_system#/media/File:Pendular_accel.svg

방향을 추적할 수 있다. 관성항법체계는 초기방향과 함께 GPS위성수신기로부터 위치 및 속도를 함께 제공하고, 운동센서로부터 수신 정보를 융합하여 보다 정확하게 갱신된 위치와 속도를 제공한다. 관성항법체계는 초기 값만 입력되면 위치, 방향, 속도 결정에 외부정보가 필요 없어서 재밍이나 기만으로부터 자유롭다. 회전운동센서는 관성 참조 프레임에 대한 센서 프레임 각속도를 측정하여 관성 참조 프레임에서 시스템의 최초방향을 초기조건으로 하여 각속도를 누적함으로써 체계의 현재 방향을 확인할 수 있다. 차량에 회전운동센서가 설치되어 있다면 정량적 측정이 가능하다.

이 정보만으로 탑승자는 자동차가 어느 방향으로 향하고 있는지를 알 수 있고, 속도나 거리는 알 수 없다. 가속도계는 센서나 본체 프레임의 운동 방향에 대한 차량 선형 가속도를 측정할 수 있지만 시스템과 함께 회전하더라도 가속도계는 회전상태를 인식할 수 없다. 회전운동센서에 광섬유를 사용하여 회전시 레이저의 미세한 전달속도 변화량을 감지하여 운동량을 측정함으로써 정확도를 더욱 향상시키고 있다. 이런 관성항법체계에 GPS를 장착한 GPS/INS항법체계를 이용하여 탄도미사일의 정확성을 향상시킬 수 있다.

GPS(Global Positioning System)는 사용자에게 위치정보, 항법정보, 시간정보(PNT : Positioning, Navigation, and Timing) 서비스를 제공하는 미국 유틸리티다. 이 체계는 우주체계, 통제체계 및 사용자단말체계로 구성되어 있다. 미 공군이 우주와 통제체계를 개발, 유지, 운영하고 있다. 우주체계를 구성하는 GPS 위성의 배열은 대략 20,200km의 고도에서 중상궤도(MEO)를 사용하며 각 위성들은 1일 2회씩 지구를 회전한다. 이 위성체계는 〈그림 7-14〉[14]처럼 SPS 성능 표준에 정의된 24-Slot 위성궤도에서 6개의 궤도 평면을 확장해서 보여주는 그림이다. GPS 위성들은 지구를 둘러싼 6개의 균일한 궤도 비행체로 구성되어 있다. 각 평면은 기본 위성이 차지한 네 개의 "슬롯"을 포함하는데 이 24 슬롯의 배치를 통해 지구상에 GPS사용자는 거의 모든 지점에서 최소 4개 위성을 볼 수 있다.[15] 보통 24 개 이상의 GPS 위성을 발사시켜서 위성이 작동하여 서비스를 개시하거나 폐기될 때마다 서비스 범위를 유지한다. 추가 발사된 위성이 GPS의 성능을 향상시킬 수는 있지만 핵심 위성궤도의 일부가 되지는 않는다.

---

14 https://www.gps.gov/multimedia/images/constellation.jpg

15 https://www.gps.gov/systems/gps/space/

<그림 7-14>
SPS 성능 표준에 정의된 확장 가능한 24 슬롯 위성

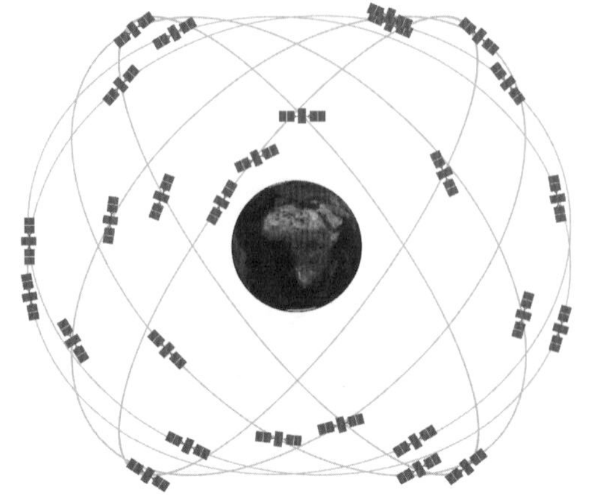

즉, 24개 위성만으로 충분히 전 지구에 대한 GPS서비스를 제공할 수 있고 추가적인 위성탑재체가 있더라도 GPS성능을 향상시키는 데만 기여한다는 의미이다. 2011년 6월 미군은 24개 슬롯 중 3개를 확장시키고 6개의 위성을 재배치함으로써 여분의 위성 중 세 개 위성궤도가 기준선의 일부가 되었다. 그 결과, GPS는 현재 전 세계에서 향상된 커버리지를 갖는 27 슬롯 위성궤도로 효과적으로 작동하고 있다.[16]

3개 이상의 GPS위성으로부터 신호를 수신하는 GPS수신기는 위성과 수신기 위치를 계산한다. 위성송신신호와 지상수신기 신호의 시간차를 측정하면 위성과 지상수신기 사이의 거리계산이 가능하다.

위성송신 신호에 위성위치 정보가 포함되어 최소한 3개의 위성과 거리를 안다면 삼변측량법으로 수신기 위치계산이 가능하다. 보통 4개 이상 위성으로 시간오차를 제거한 위치정보를 제공한다. GPS체계는 우주부분, 제어부분, 단말기 부분로 구성되며 우주부분은 24개의 인공위성이 6개의 궤도면 위에 배치된다. 제어부분의 기능은 GPS 위성궤도를 추적하고 위성을 관리하며 하와이를 포함하여 5개의 통제소에서 미국 지리정보국 운영하에 위성을 추적한다. 위성궤도 추적데이터는 주통제국에 종합되어 최신 궤도 정보를 분석하며 추적통제국 안테나로 GPS위성에 최신 궤도 정보를 송신하여 위성의 시각을 동기시키고 병행하여 천문력을 수정한다. 단말기는 여러 형태의 GPS수신기가 있다. 수

16 https://www.gps.gov/systems/gps/space/

신기는 GPS위성에서 송신하는 시각과 수신기 위치좌표와 속도벡터 등을 계산하는 계산기, 계산 결과를 출력하는 장치 등으로 구성된다. GPS수신기의 중요한 성능은 통상 동시수신 가능한 GPS위성 개수로 비교평가 된다. 초기에 개발된 수신기는 최대 4~5개 위성으로부터 동시수신이 가능한 정도였으나 2006년 이후부터 일반적인 GPS수신기는 12~20개 정도의 위성으로부터 동시수신이 가능해졌다. 모든 GPS위성이 동일한 주파수로 신호를 송신해도, GPS수신기가 개별 위성신호 구별이 가능한 것은 각각의 위성이 갖고 있는 고유 의사 잡음부호를 PSK(Phase-shift keying) 변조하여 송신하므로 가능하다. 선택적가용성(SA : Selective Availability)은 민간 사용을 제한하기 위해 의도적으로 오차를 발생시키는 방법이다. 선택적가용성 오차가 포함된 GPS신호 수신 단말기는 수직 30m, 수평 10m의 오차가 존재한다. 2000년 5월 1일부터 SA의 선택적가용성 오차를 0으로 설정하여 제거된 것으로 판단되지만 언제든 오차량을 조정하여 발생할 수도 있다. 민간에서는 DGPS로 오차를 제거하고 있다.

(7) 핵탄두

핵탄두는 위력에 따라 KT급 원자탄과 MT급 수소탄으로 구분된다. 〈그림 7-15〉[17]처럼 히로시마에 투하된 원자폭탄은 15KT급이며, 1954년 3월 1일 미국 비키니 환초에서 최초로 실험한 Castle Bravo 수소폭탄은 15MT급이다.

위력을 비교하면 원자탄은 직경 4km, 고도 약 7km 이상, 수소탄은 직경 48.5km, 고도 약 33km 정도로 수소탄의 직경은 약 10배, 고도는 약 4배에 다다르는 정도의 위력을 가졌다. 이런 위력의 차이를 갖는 원자탄과 수소탄을 비교해보았다. 먼저 원자탄은 핵분열 원리를 적용하는 탄으로 2가지 기폭방식을 갖는데 하나는 포신형으로 히로시마에 투하된 리틀보이에 적용된 기폭방식이다.

기폭원리는 재래식 폭약에 의한 폭발이 발생하면 우라늄 총알을 우라늄 표적에 충돌시키면 우라늄($^{235}_{92}U$)에 중성자($^{1}_{0}n$) 충돌현상이 발생하여 불안정한 우라늄($^{236}_{92}U$)이 생성된다. 불안정 상태로 즉시 붕괴하는데 이때 크롬($^{92}_{36}Kr$)과 바륨($^{141}_{56}Ba$) 등으로 붕괴되면서 3개의 중성자($^{1}_{0}n$)와 함께 붕괴 시 감소되는 질량만큼의 에너지가 발생한다. 이런 붕괴는 연쇄반응으로 이어지는데 연쇄폭발

17 http://www.nucleardarkness.org/nuclear/highvslowyield/

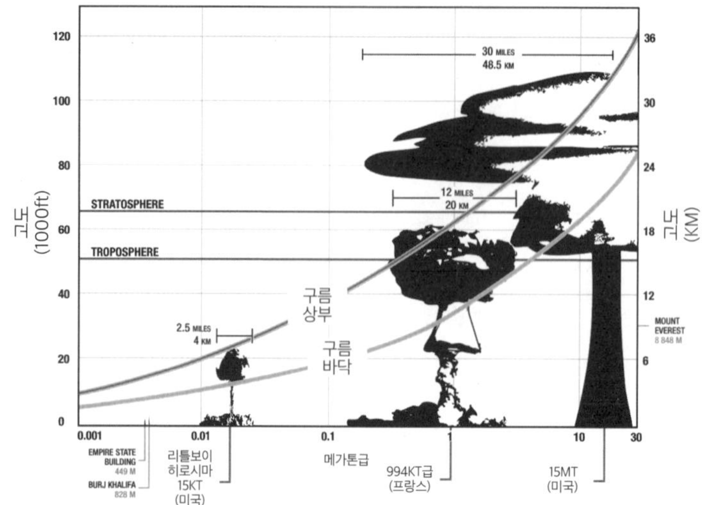

<그림 7-15>
지표면 폭발 시 발생되는 원폭운의 고도와 폭

은 임계질량에 도달 시 발생하며 우라늄($^{236}_{92}U$)의 임계질량은 52kg, 직경은 약 17cm이면 가능하다. 임계질량에 도달 시 연쇄폭발로 발생하는 에너지량은 아인슈타인의 특수상대성원리 중 질량에너지 등가이론의 관계에 따라 극소량의 질량을 갖는 물질이 빛의 속도 승수에 비례하는 정도로 대량의 에너지를 발생시킨다는 원리다. 이때 화학적 작용의 관계식은 다음 (식 7-13)과 같다.

$$^{1}_{0}n + ^{235}_{92}U \rightarrow ^{141}_{56}Ba + ^{92}_{36}Kr + 3^{1}_{0}n + \gamma \text{ (식 7-13)}$$

여기서 입자들의 질량은 다음과 같다.

중성자의 질량: $^{1}_{0}n = 1.675 \times 10^{-27}$kg
우라늄의 질량: $^{235}_{92}U = 3.9017 \times 10^{-25}$kg
바륨의 질량: $^{141}_{56}Ba = 2.28922 \times 10^{-25}$kg
크롬의 질량: $^{92}_{36}Kr = 1.57534 \times 10^{-25}$kg

이런 질량 값을 이용하여 작용제 총질량과 산출물 총질량을 계산해볼 수 있다.

작용제총질량 $= 0.01675 \times 10^{-25} + 3.9017 \times 10^{-25} = 3.91845 \times 10^{-25}$kg (식 7-14)
산출물총질량 $= 2.28922 \times 10^{-25} + 1.57534 \times 10^{-25} + 3 \times (0.01675 \times 10^{-25})$
$= 3.91481 \times 10^{-25}$kg (식 7-15)

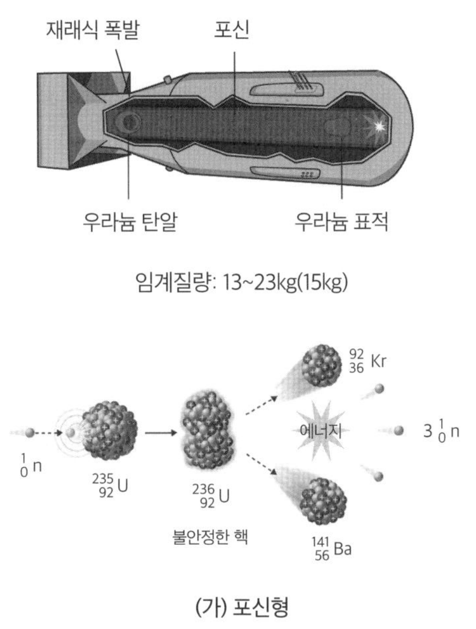

(가) 포신형

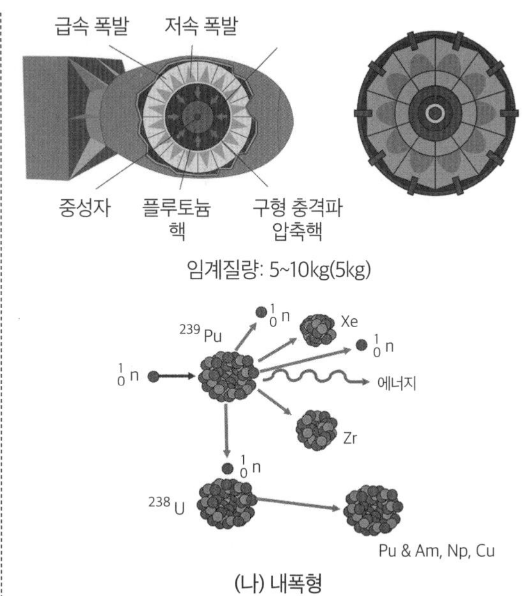

(나) 내폭형

<그림 7-16>
원자탄 핵탄두 기폭방식

여기서 작용제총질량과 산출물총질량의 차이를 비교해보면 다음 (식 7-16)과 같이 산정할 수 있다.

손실질량 = $(3.91845\times10^{-25})-(3.91481\times10^{-25}) = 3.64\times10^{-28}$kg (식 7-16)

이런 손실질량을 1건의 충돌현상에서 발생되는 에너지를 아인슈타인의 특수 상대성원리를 적용하여 계산해보면 다음 식(7-17)과 같이 얻을 수 있다.

$E = mc^2 = (3.64\times10^{-28})\times(3\times10^8)^2 = 3.276\times10^{-11}J = 2.05\times108eV = 205MeV$
(식 7-17)

여기서 $1J = 6.24150974\times1018eV$을 적용했다. 원자탄은 임계질량만큼 구성되어야 연쇄폭발이 가능하므로 1개의 원자가 임계질량만큼 도달하면 대단한 에너지가 방출됨을 예상해볼 수 있을 것이다.

또 다른 방식은 〈그림 7-16〉[18]에서 (나)와 같은 내폭형 원자탄으로 나가사키

18 https://en.wikipedia.org/wiki/Nuclear_weapon_design
http://myscienceschool.org/index.php?/archives/1407-What-is-a-chain-reaction.html

에 투하된 팻맨에 적용된 기폭방식이다. (가)형과 같은 리틀보이 투하 당시 폭발반경은 약1~2km로 폭발지점의 순간온도는 3,900℃에 도달하고 후폭풍의 최대풍속은 시속 1,005km까지 도달했다고 전해진다.

3) 순항미사일

'순항미사일'은 탄도미사일과 달리 발사 후 목표지점 도달 시까지 전 경로를 대기 중에서 비행을 한다. 그리고 비행 간 미사일체계의 중량과 평형유지 위해 양력을 발생시키는 날개를 보유한다. 또한 공기항력에 따른 감속현상을 극복하기 위해 초기구간에서만 연소되는 탄도미사일과 달리 전 비행 구간 혹은 대부분의 비행 구간에 걸쳐 추진기관이 작동한다. 방향 전환이 용이한 제어장치를 갖춘 비행체다. 순항미사일의 운용개념은 저속으로 인해 적 방공망에 요격이 용이하므로 적 레이더망을 회피하기 위해 지상 30~200m의 지표면을 장시간 아음속 비행하도록 설계한다. 저속 장거리 표적을 타격할 수 있도록 장시간 연소하기 위해 고체추진제보다 터보팬 등 항공기 엔진을 사용한다. 이 엔진은 속도가 느린 지상표적과 해상함정표적을 대상으로 지대지·지대함·함대함·함대지·공대지·공대함 미사일에 주로 사용하고 있다. 미사일 비행거리는 대략 100km에서 수천km까지 되는 미사일에 사용하고 있다. 방공무기의 발달로 위상배열레이더, 레이저무기로부터 회피하기 위해 초음속 스텔스형 순항미사일을 개발하고 있다. 순항미사일은 〈그림 7-17〉[19]처럼 기체, 유도조종장치, 탄두, 추진기관으로 구성된다. 먼저 기체는 아음속 비행 가능한 유선형 기체로

<그림 7-17>
순항미사일체계 구성

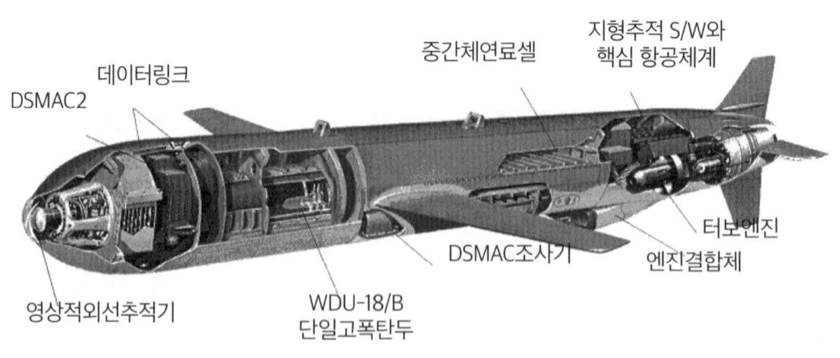

19 https://fas.org/man/dod-101/sys/smart/slcm11.gif

전방은 항법 및 유도장치가 위치하고, 중간은 탄두, 연료 탱크 및 주익, 후방은 추진체계 및 추가 구성이 있다. 유도조종장치에는 INS, GPS, INS/GPS항법장치와 지형대조, 지형영상대조 항법체계 등이 있다. 또한 탄두는 핵, 재래식고폭탄, 침투탄, 집속탄, 화생무기 등 다양하다. 추진기관은 사정거리, 비행시간, 발사방식에 따라 다양하다.

순항미사일은 화력기능을 수행함에 있어 정확도를 향상시키기 위해 영상적외선 추적기, 즉 탐색기가 탄두 전방에 장착되어 종말유도를 수행하고 지형영상대조항법(DSMAC : Digital Scene Matching Area Correlator)과 지형추적기능을 통해 중간단계 유도를 수행한다. 추가로 데이터링크를 장착하여 표적정보 최신화 기능을 구현하는 경우도 있다. 순항미사일에 적용되는 통상적인 지형대조항법은 사전임무를 계획하여 순항단계에는 계획된 지형을 따라 저고도로 이동하고 저속에 따른 취약점을 극복하기 위해 방공기지를 회피한다. 종말단계 지형영상대조 항법체계를 적용하여 정확도를 향상시키고 종말기동을 수행한다. 지형추종(TERCOM : Terrain Contour Matching)항법과 지형영상대조항법의 차이를 살펴보면 우선 지형추종방식은 지형고도자료(DTED : Digital Terrain Elevation Data)를 활용하여 이동경로상 고도정보와 경로상 사전 장입된 정보를 비교하여 오차를 보정하는 유도방식이다. 반면 영상대조항법은 사전 장입된 지형영상과 비교하여 오차를 보정하는 유도방식이다. 지형고도정보만을 이용하는 방식과 달리 사전 입력된 이동경로상의 영상정보와 이동 간 해당지역 영상정보를 매핑하여 오차보정을 통해 정확도를 보다 향상시킨다. 이상과 같이 지형추종, 지형영상대조항법을 통해 표적지역까지 이동하더라도 최종 공격점을 정확히 타격하기 위해 탐색기를 사용한다. 이 탐색기는 전자광학 및 적외선 카메라 등을 사용하여 표적영상과 저장된 표적 이미지를 비교하여 정확히 표적으로 미사일을 유도하는 기능이다.

4) 대탄도탄 방어 미사일

대탄도탄 방어체계는 〈그림 7-18〉[20]과 같이 탄도탄 비행특성에 따라 단계별

20 http://missilethreat.csis.org/wp-content/uploads/2016/04/GMD_Web_med-res.jpg
https://missilethreat.csis.org/defsys/gbi/

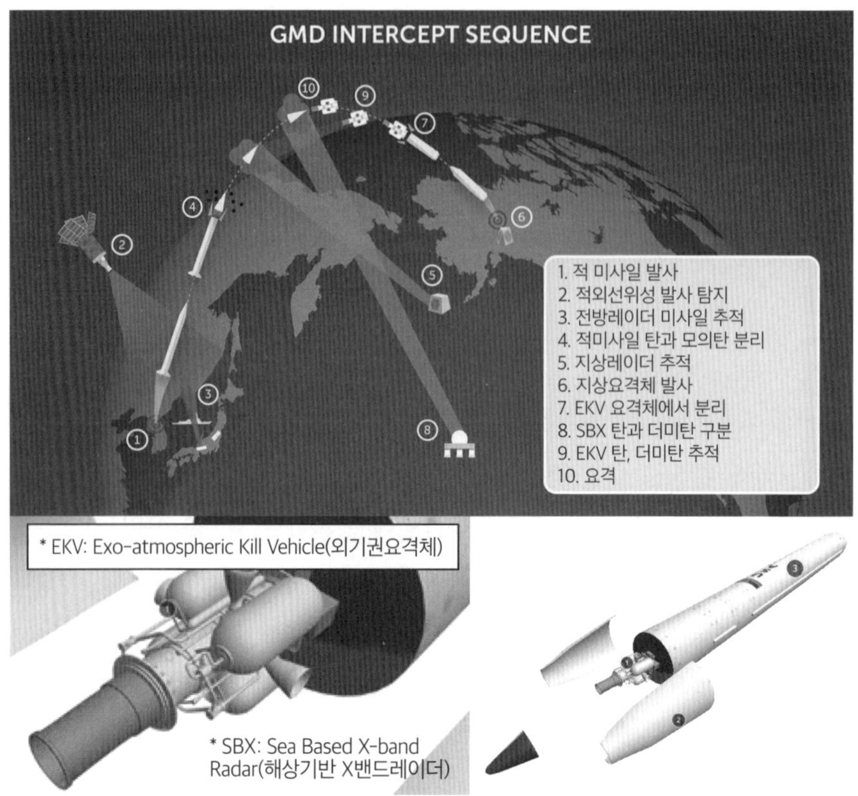

<그림 7-18>
GMD(Ground based Midcourse Defense)와 GBI(Ground Based Interceptor)

대응 가능한 방어목적의 미사일 중심으로 구성된다.

탄도탄 비행은 통상 부스트 단계, 중간단계, 재진입 이후 종말단계로 3개의 단계로 구분되어 각 단계별 비행특성의 차이가 있으므로 단계에 적합한 탄도탄 방어체계가 필요하다. 미국은 세계 핵 군비경쟁의 종식을 위해 1980년 초 SDI라는 구상을 제안하여 공격에 의한 억제보다 방어에 의한 억제전략을 추진했다. 물론 그 이전부터 지속적인 발전시켜왔지만 중요한 것은 비핵수단에 의한 핵공격미사일을 방어하는 체계를 구축함으로써 세계적인 핵무기 감축을 지향했다.

탄도미사일 비행특성에 따라 부스트단계는 정찰위성과 전방배치 AN/TPY-2 레이더가 있다. 미 본토 중심으로 방어 시 전방에 배치된 함정탑재 SM-3 지대공 미사일 등이 있다. 둘째, 중간단계 감시정찰체계 중 해상 배치된 X-밴드 레이더나 조기경보 레이더, 이지스함 탑재 SPY-1레이더 등이 있다. 중간단계 고고도에서 요격할 수 있는 체계로는 GBI(Ground Based Interceptor)가 있다. 이

체계는 복합적으로 작동하는데 ① 위협미사일 발사 ② 적외선 위성 발사 탐지 ③ 전방배치 레이더 미사일 추적 ④ 위협미사일 탄두 기만체와 분리 ⑤ 지상기반 레이더 위협체 추적 ⑥ GBI 발사 ⑦ EKV(Exo-atmospheric Kill Vehicle) 발사체로부터 분리 ⑧ 해상기반 X-밴드레이더(SBX) 위협체 추적, 식별 ⑨ EKV 위협체 포착 ⑩ 요격 10단계에 걸쳐 절차를 수행한다.

(1) 대탄도미사일(ABM : Anti-Ballistic Missile)체계 발전

대탄도미사일(ABM)체계는 1945년 미국이 핵무기를 개발하여 실전에 사용한 이후 구소련과는 지속적인 핵 군비경쟁을 해 왔다. 1978년 이전까지는 미국이 새로운 핵무기를 개발하면 구소련은 유사한 무기체계를 신속히 개발하여 다량 배치함으로써 견제를 해왔다. 이런 미국과 구소련 간 핵무기 군비경쟁 과정에서 구소련은 모스크바를 방호하기 위해 대탄도미사일 개발이 간절하여 착수했고 미국도 소련의 핵무기 보유 경쟁에서 생존성 향상을 위해 체계를 발전시켜 왔다. 미국과 구소련이 개발 배치했던 대탄도미사일 개발 노력을 고찰하면, 현재 전력화되는 첨단 탄도탄방어체계 발전추세에 대한 이해가 용이하다. 초기 대탄도미사일체계는 1972년 미국과 구소련은 〈그림 7-19〉[21]와 같은 특성의 대

구분	미국 : 스프린트	구소련 : 갈로쉬
형상		
무게/길이/직경	3.5톤/6.2m/1.4m	32.7톤/19.5m/2.6m
탄두	W66 핵탄두 낮은 KT	A-350 핵탄두 2~3MT
사거리/고도	40km/30km	320~350km/120km
속도	Mach 10	Mach
유도방식	무선지휘유도	지휘유도
플랫폼	Silo	이동형 차량

<그림 7-19>
1972년도 미국과 구소련 대탄도방어미사일체계 성능비교

21 https://www.joongang.co.kr/article/23570933#home
https://www.sedaily.com/News/NewsView/PhotoViewer?Nid=29VTTCATOC&Page=2

탄도미사일을 각각 개발하여 배치했다.

사거리가 미국의 스프린트는 40km, 고도가 30km이지만 속도는 마하10이며 2단 추진체계를 갖는다. 반면 구소련 갈로쉬는 사거리 320~350km, 고도는 120km로 상대적으로 원거리 교전이 가능하다. 속도는 마하 4로 상대적으로 기동성이 낮은 편이었다. 중요한 것은 2개 체계 모두 핵탄두를 사용하는데 미국의 스프린트는 W66으로 낮은 KT급의 원자탄 수준을 사용하는 반면 구소련의 갈로쉬는 A-350으로 2~3MT급의 수소탄을 사용한다. 이렇게 초기 대탄도미사일은 핵탄두를 장착함으로써 낮은 수준의 정확성을 보완하려는 노력을 했다. 그리고 발사 플랫폼은 미국의 스프린트는 silo형으로 고정시설에서 발사되도록 설계된 반면 구소련의 갈로쉬는 이동형차량에서 발사하는 형태로 차이가 있다. 구소련은 1972년 갈로쉬를 배치한 이후 지속적인 대탄도미사일을 개발하여 ABM-3인 가젤, ABM-4인 고르곤을 단계적으로 개발했다. 2개 체계는 각각의 무게 차이만큼 운용사거리와 고도의 차이가 나타난다.

탄두는 핵탄두를 사용하면서 갈로쉬와 달리 10KT급으로 낮추었다. 고르곤 미사일 발사 플랫폼은 차량이나 사일로에서 모두 사용 가능하게 개발했다.

반면 가젤은 사일로형으로만 알려져 있다. NATO명 ABM-3는 가젤라고 명하고 있고, ABM-4는 고르곤으로 명하며 각각 마하 17, 마하 25의 속도로 탄도탄을 격추시킨다. 가젤은 1988년도부터 배치 운용되고 있고, 고르곤은 1995년에 배치되었다가 2007년 도태되었다. 이런 구소련 대탄도미사일의 특징은 모스크바 방호와 체계정확도 문제를 고려하여 적정한 설계를 위해 노력하는 현상이 나타난다.

미국도 대탄도미사일을 지속적으로 발전시켜서 〈그림 7-20〉처럼 나이키 제우스 A와 B에 이어 스파르탄을 개발했다. 3개의 체계는 사거리가 320km에서 최대 740km까지 도달하고 최대운용고도는 280km에서 560km까지 가능하도록 개발되었다. 모두 핵탄두를 장착하며 25KT로부터 5MT에 이른다. 대탄도미사일 개발은 1955년도 4월에 연구를 착수했다. 1956년 9월부터 나이키 제우스사업으로 시작하여 1963년 1월까지 개발을 진행하다가 나이키-X사업으로 전환하여 추진했다. 그러나 더 긴 사거리를 갖는 나이키 제우스 B를 개발하고 ICBM 과 위성까지 격추 능력을 확인했으나 개발단계에 시험사격을 실시하고 전력화하지 않았다. 이후 나이키-X 사업으로 전환하여 다기능위

AN/TPY Radar X-밴드 Radar AN/SPY-1 Radar

<그림 7-20>
탄도탄 방어용 센서(AN/TPY, X-밴드, AN/SPY-1)

상레이더(MAR : Multi-function Array Radar), 미사일기지 레이더(MSR : Missile Site Radars), 경계획득 레이더(PAR : Perimeter Acquisition Radar)와 탄도탄 표적정보 획득을 위한 정찰위성사업(DPS : Defense Support Program) 등과 병행하여 스프린트미사일과 스파르탄미사일 개발이 함께 진행되었다. 미 본토에 배치 운영했으며, 가장 오랜 기간 운용한 미사일은 나이키허큘리스다. 1972년 핵탄두를 장착하는 대탄도미사일과 관련해서 미·소 간 ABM조약을 체결했다. 내용은 대탄도미사일의 증가를 규제함으로써 핵탄두 총량의 증가를 제어하려는 레짐이었다. 미·소 각각의 수도권과 ICBM기지를 기준으로 소요량을 판단하도록 하면서 방호대상을 전략무기 방호개념으로 정의했다. "전략무기"에 대한 기준이 혼동되어 논란하다가 미국이 SDI를 구상하고 추진하면서 2002년에 미국이 탈퇴했다. 미국의 ABM조약 탈퇴에 대해 논란이 많지만 근본적으로 1972년노에 미·소간에 체결된 조약이 다루는 대상은 핵탄두 탑재 대탄도방어미사일을 대상으로 하기 때문에 방어 목적이라도 핵탄두 수의 증가를 억제함으로써 미·소를 제외한 국가들의 자체적인 핵 방어 능력에 대한 대책까지 제한시키는 모순을 갖고 있었기 때문이다. 미국은 전략무기방위구상(SDI), 국가미사일방어체계(NMD), 전역미사일방어(TMD), 미사일방어(MD)로 개념과 체계를 진화시키는 과정에서 핵탄두가 없는 미사일을 이용하여 핵공격을 방어하는 체계다. 그 산물이 THAAD였고, 북한 핵미사일 위협에 대응할 수 있도록 배치한 것은 불가피한 결정이었으며, 한반도 비핵화를 위해 절실한 대안이었음을 알 수 있다.

(2) THAAD(Terminal High Altitude Area Defense)체계

〈그림 7-20〉처럼 초기 부스트 단계에서는 AN/TPY레이더가 중간에는 X-밴드 레이더로 종말단계에는 AN/SPY-1레이더로 중첩되게 표적정보가 유통되어

신뢰성을 향상시킨다.[22]

종말단계에 도달하는 탄도미사일을 격추시키는 체계로는 잘 알려진 바와 같이 〈그림 7-21〉[23]처럼 THAAD체계가 있다. THAAD체계는 자체레이더인 AN/

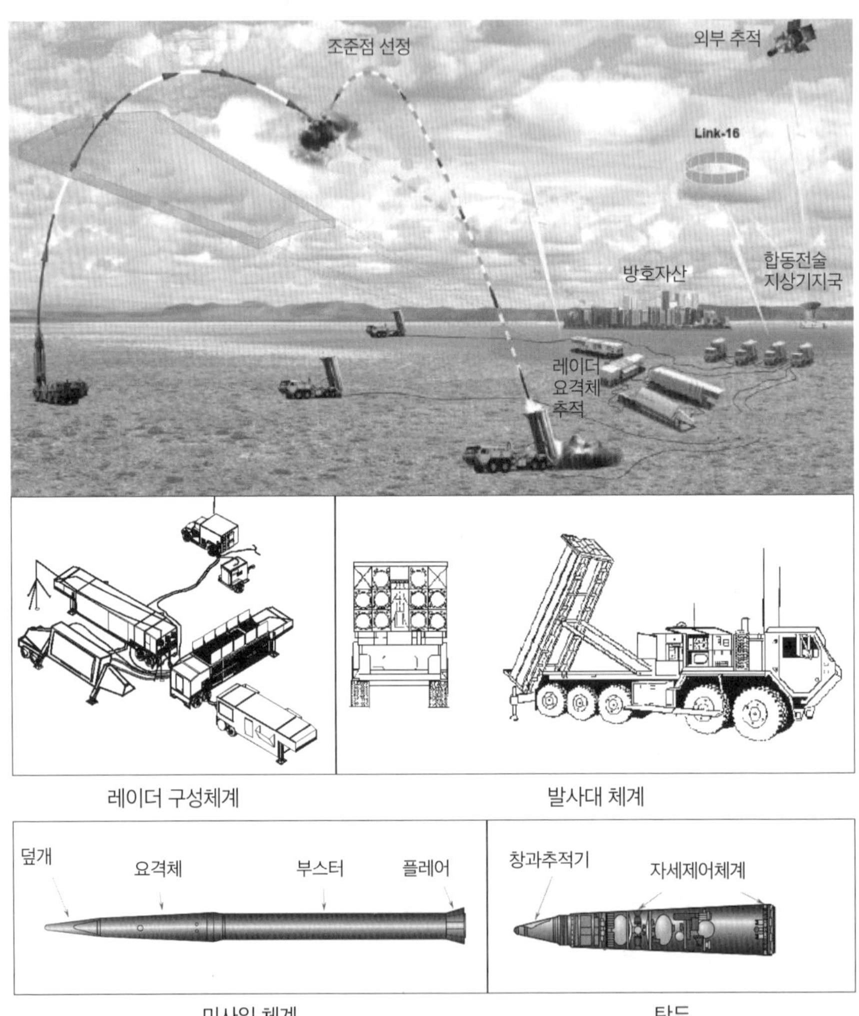

<그림 7-21>
THAAD미사일 체계 구성

22 http://news.sbs.co.kr/news/endPage.do?news_id=N1003390962
http://news.joins.com/article/20804853
https://missilethreat.csis.org/defsys/an-spy-1-radar/

23 https://www.army.mil/e2/c/images/2017/10/26/496815/size0.jpg
https://www.globalsecurity.org/military/library/policy/army/fm/3-01-11/ch4.htm
https://www.wikiwand.com/en/Terminal_High_Altitude_Area_Defense

TPY레이더에 6개의 발사대와 교전통제소가 있다. 포대를 구성하는 주요 장비는 레이더, 발사대, 유도탄으로 구성되며 레이더체계는 대형 냉각기가 포함된다. 발사대는 통상 8기를 탑재 운용하며 미사일과 탄두 구성은 〈그림 7-21〉과 같다.

위협을 하는 탄도미사일 표적정보를 수신하여 발사된 THAAD미사일이 교전지역에 도달하면 데이터링크에 의해 탄도미사일 예상궤적지역으로 진입시키고 탄두에 탑재된 적외선탐색기로 표적을 포착하고 추적하여 충돌을 통한 운동역학적 에너지를 이용하여 표적 파괴를 달성한다.

(3) 탄도탄 방어체계 소요분석

방공전술이나 정책에 중첩방어 개념은 다다익선과 다르다. 공격은 주도권을 장악하고 있기 때문에 상대적으로 소규모라도 성과를 달성할 수 있지만 방어는 주도권이 없어서 중첩방어가 불가피 하다. 그런데 탄도탄방어에 있어서는 더욱 중요한 개념이 된다. 예를 들어 방어목표를 기준으로 어느 정도의 방어확률을 유지해야 하는지에 대한 기준 설정과 이것을 합리적으로 판단할 수 있는 방법이 대단히 중요하다. 최근 북한의 핵미사일 개발 추세를 고려할 때 전술적 사용 가능성이 극대화되고 있는 상황이라 제한된 대탄도탄방어 전력을 효율적으로 전력화 배치하는 것이 대단히 중요하다. 이때 중요한 특성이나 핵심성능변수(KPP)로 볼 수 있는 것이 날아오는 탄도탄을 격추시키는 파괴확률(Pk)이다. 다음 예문을 통해 이런 문제를 해결해볼 수 있다.

예제 7-2

핵미사일 위협이 증가되어 개전 초 높은 위협이 예상되고 인구밀집도가 가장 높은"가"지역과 다음 순위의 "나"지역에 요망수준의 방호태세를 유지하기로 했다. 다음 방안처럼 A-SAM만 3개 포대로만 구축하거나, 방안처럼 A-SAM, B-SAM, C-SAM를 중첩 배치하는 방안을 고려했다.

현재 2개 방안의"가"지역에 대한 격추확률(Pk)과"나"지역에 대한 격추확률(Pk)을 각각 계산하고 요구되는 능력("가"지역 95% 방호, "나"지역 90% 방호)을 충족시키는 대안을 제시하라. 이때 체계 가동율은 100%로 영향을 미치지 않는 것으로 가정하고, 획득단가가 아래 도표와 같다.

구분	A-SAM	B-SAM	C-SAM
Pk	0.7	0.6	0.5
단가	100억 원	50억 원	30억 원

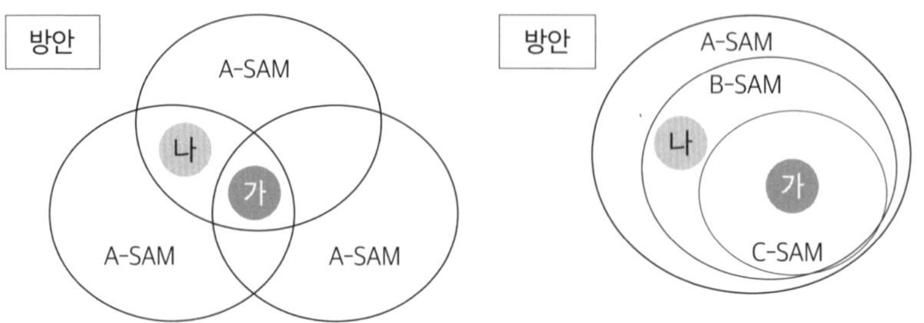

가. 1방안 적용시 지역별 요구능력 충족 여부를 분석하라.

"가"지역 (Pk _ 가 = $1-(1-0.7)^3-0.97$, "가"지역 요구능력 95% 이상이므로 충족)

"나"지역 (Pk _ 나 = $1-(1-0.7)^2-0.91$, "나"지역 요구능력 90% 이상이므로 충족)

나. 2방안 적용시 지역별 요구능력 충족 여부를 분석하라.

"가"지역(Pk _ 가 = $1-(1-0.7)\times(1-0.6)\times(1-0.5) = 0.94$, "가"지역 요구능력 95% 이하로 미충족)

"나"지역 (Pk _ 나 = $1-(1-0.7)\times(1-0.6) = 0.88$, "나"지역 요구능력 90% 이하로 미충족)

다. 1방안과 2방안 중 추천을 건의한다면 어떤 방안을 건의할 것인가? 이유는?

("가"지역에 군이 요구하는 요망파괴확률 95%,"나"지역에서 요망파괴확률 90%를 모두 충족하는 1방안(300억 원)을 추천)

라. 현재 이런 군사력 소요에 최대 가용재원이 240억 원이라면 어떤 방안을 건의할 것인가? 방안을 제시하고 타당성을 제시하라.

1) 방안 (1방안에서 B-SAM을 C-SAM으로 대체)

2) "가"지역(Pk _ 가 = $1-(1-0.7)^2\times(1-0.5) = 0.955$, "가"지역요구능력 95% 이상으로 충족)

3)"나"지역(Pk _ 나 = $1-(1-0.7)^2 = 0.91$, "나"지역 요구능력 90% 충족)

4) 소요재원(A-SAM(2), C-SAM(1) 230억원으로 가용재원 240억 원 대비 충분)

4. 정밀유도무기체계

1) 지상발사유도무기

(1) 지대지유도무기

한국의 탄도미사일 개발은 주한미군 철수 움직임과 월남 패망, 북한 미사일 배치 등에 자극을 받은 박정희 당시 대통령이 1971년 12월 26일 작성한 극비 메모에서 시작되었다고 전한다.[24] 이 메모를 기초로 1972년 4월 14일 미사일 개발지시가 국방과학연구소로 공식 전달됐고, 국방과학연구소는 1974년 5월 '유도탄 개발에 관한 기본방침'을 확정하고 백곰 기본형(NHK-1)을 개발한다. 1978년 4월 백곰유도탄 최초시험비행 후 1978년 9월 26일 시험사격에 성공했다. 1979년 10월 1개 시험포대에 실전 배치했다. 국방과학연구소는 백곰유도탄을 기반으로 INS유도방식, 단일추진기관 이동형 트레일러 형태의 백곰 개량형(NHK-2)을 개발하여 1984년 9월 첫 시험발사에 성공한다. 이어 1985년 9월 '현무'로 대통령이 참석한 가운데 비행시험을 성공하고 평가를 거쳐 1차 양산 전력화하여 사거리 180km의 지대지 미사일 현무가 탄생한다.

이후 2001년 미사일기술통제체제(MTCR)에 가입하는 조건으로 사거리를 300km까지 연장을 미국과 합의한 후 〈그림 7-22〉[25]와 같은 현무-2를 개발하여 전력화했다. 2012년 북한 핵 · 미사일 개발에 따른 위협이 증대되어 사거리 800km 연장 및 탄두중량 무제한에 합의하면서 사거리 500km와 800km 개량형으로 진화했다. 탄도미사일 사거리 800km로 합의한 미사일 지침은 사거리 300km의 탄도미사일을 이전 탄두중량의 4배인 최대 2톤까지 탄두 중량을 증가시킬 수 있게 되었다. 2015년에는 사거리 500km, 탄두중량 1톤인 현무-2 미사일 시험에 성공했다. 2017년 9월 3일 북한의 6차 수소탄 핵실험 다음 날 9월 4일 한미양국 정상은 전화회담을 통해 모든 미사일에 대한 탄두중량 제한 해제에 합의했다. 〈그림 7-23〉[26] 미8군과 한국군이 보유한 ATACMS지대지 미사일은 분산자탄 탄두로 1발에 축구장 4개 면적을 초토화할 수 있으며 사거

24 서우덕 외, 『방위산업 40년 끝없는 도전의 역사』, 플래닛미디어, 2015, p. 127.

25 https://www.voakorea.com/korea/korea-politics/4015684

26 http://www.inews24.com/view/1042862

<그림 7-22>
현무 미사일

리는 약 300km이다.[27] ATACMS는 실전배치 후 30년이 지나 노후되었으며 구형 블록 I 최대사거리는 165km밖에 되지 않는다. 미 육군은 전술적으로 전천후 정밀타격 가능한 미사일체계 확보를 추진하고 있다. 장거리정밀화력(LRPF : Long-Range Precision Fires)의 최대 사거리는 499km로 1987년 소련과 체결했다가 2019년 8월 1일 폐기된 중거리 핵미사일조약(INF: Intemediate-Range Nuclear Forces Treaty) 기준 범위 내에서 설계되었다. 이 조약에서 미국은 사거리가 499km를 넘는 전술적 탄도미사일이나 순항미사일을 보유할 수 없어 그 범위 내의 ATACMS를 개발했고 LANCE지대지미사일 대체전력으로 1991년 1차 걸프전 때 처음 사용되었다. 한국도 수도권에 대한 북한 방사포 위협 대응을 위

<그림 7-23>
ATACMS

구분	성능
사거리/고도	300/50km
살상력	다양한 탄두
속도	Mach 3
유도방식	INS/GPS
플랫폼	M270, HIMARS
무게	1.7톤

27 https://ko.wikipedia.org/wiki/MGM-140_ATACMS

구분	성능
사거리	20km
살상력	탄약중량 8톤 구경 300mm
연사속도	5초당 1발
유도방식	무유도/유도
플랫폼	디젤 차량
무게	43.7톤

<그림 7-24>
전술지대지 로켓(BM-30)

해 1998년, 2004년 2차에 걸쳐 전력화했다.

〈그림 7-24〉[28] BM-30은 연성 및 경성 장갑의 자주포나 미사일 파괴목적으로 구 소련이 1983년 개발완료 후 1987년부터 대량생산 배치되었다. 체계구성은 발사차량, 로켓, 장전차량과 연습장비, 정비장비로 구성되어 있다. 1문 일제사격 시 총 864발의 자탄을 투발할 수 있다. 이런 유형의 장비를 "카츄샤 로켓"이라 하며 제2차 세계대전에 트럭이동식 로켓포 BM-13에서부터 시작되었다. 미국의 MLRS 같은 파괴력을 갖고 광범위한 지역을 초토화가 가능한 다연장로켓으로 기갑전력 격멸, 대포병 사격, 밀집전차부대 격멸 등의 임무에 활용할 수 있다. 소련 붕괴 시 일시적으로 생산을 중단했다가 러시아 연방이 재개했다. 최대속도는 마하 5.2, 길이는 6.37m, 탄두 중량은 150kg이며, WS-1B 로켓 대대는 화력통제 트럭 1대, 로켓 발사대 트럭 6~9대, 수송 트럭 6~9대, 고고도 레이더 1대, 트럭 당 로켓 수 40~60발로 편성된다. 탄두는 강철 구슬로 채워 파편효과를 달성하도록 설계되었으며, SZB-1 탄두의 경우 밀집된 전차부대에 대해 500개의 탄환을 살포할 수 있도록 설계되었다. 대한민국에는 천무, 미국에는 MLRS가 있으며 북한에는 KN-09가 있다. 특히 북한은 김정은 집권 후 300mm 방사포 개발에 관심을 기울이고 있다. 중국이 러시아에서 도입하여 개량 후 제3국에 수출한 302mm 방사포 WS-1B와 유사하다. WS-1B의 발사차량 1대당 300mm 로켓 발사관 4개가 있으며, 사거리는 180km이다.

〈그림 7-25〉[29]처럼 현궁유도탄은 육군 보병 휴대용 중거리대전차미사일로

28 https://ko.wikipedia.org/wiki/BM-30#/media/File:Army2016demo-067.jpg
29 http://ebook.dema.mil.kr/file/2018/files/20191220_165918/#page=93

<그림 7-25>
현궁 미사일

구분	성능
유효사거리	3km
관통력	900mm
속도	Mach 1.7
유도방식	Fire & Forget
플랫폼	보병 · 차량 · 장갑차
무게	13kg

<그림 7-26>
지대함유도탄
(HARPOON)

구분	성능
사거리	124km
살상력	탄두 221kg
속도	Mach 0.71
유도방식	레이더고도계, 능동레이더 종말유도
플랫폼	지상 · 공중 · 수중
무게	유도탄 661kg

국방과학연구소에서 국내 기술로 개발한 첫 번째 대전차 유도무기다. 현궁의 유효사거리는 2~3km이며, 광학, 탐지·추적 등 여러 성능을 갖고 있으며 보병 대대급 대전차 유도무기로 노후된 90mm, 106mm 무반동총과 토우 미사일을 대체하여 주·야간 사격이 가능하다. 유사 외국 무기체계인 이스라엘 스파이크나 미국 재블린 등에 비해 소형·경량화로 운용이 간편하다.

(2) 지대함유도탄(HARPOON)

〈그림 7-26〉[30]의 Type88 대함미사일(SSM-1)은 1980년대 후반 일본 미쓰비시 중공업에서 개발된 트럭에 탑재한 대함미사일이다.

이 미사일은 공중 발사식 미사일Type80(ASM-1)의 지상 플랫폼을 갖는 미사일로 Type90(SSM-1B)미사일이 있다. 일본 육상자위대는 해안 포대에서 운용하기 위해 각각 6개의 Type88 미사일을 탑재 한 54대의 발사차량을 획득했다. 이 대함유도탄은 사거리 180km, 속도는 아음속이며, 225kg 탄두를 갖는 미국

30 https://m.blog.naver.com/citrain64/100091616449

의 HARPOON 미사일과 성능이 유사하다. 2015년 Type12는 중간유도단계에 GPS/INS 유도방식과 향상된 지형추종유도, 종말자동표적인식(ATR : Automatic Target Recognition)유도 기능으로 정확도가 높다. 이 대함유도탄은 플랫폼에서 발사 되더라도 초기 및 중간 단계 표적처리를 수행할 수 있는 데이터 링크가 있으며, 재장전 시간이 짧고 수명주기 비용이 절감되며 200km의 사거리를 갖는다.

(3) 지대공유도무기

① 휴대용 지대공유도무기(MANPADS 혹은 MPADS)

〈그림 7-27〉[31, 32, 33]과 같은 지대공유도무기 중 휴대용 미사일은 많은 국가에서 오랜기간 연구개발하여 다양하게 발전해 왔다. 공통적으로 유도방식은 모두 적외선 호밍방식을 적용하고 있다. 대부분 휴대가 가능한 정도의 무게를 유지하려면 최근 기술로는 적외선호밍 방식이상의 대안을 찾지 못했다고 볼 수 있다. 다만 적외선 중에 표적항공기에서 사용하는 플래어나 채프의 IR산란에

<그림 7-27>
휴대용 지대공유도무기

구분	무기별 제원과 특성		
	신궁	Mistral	SA-18
사거리(km)	7km	5.3km	5.2/3.5km
탄두중량(kg)	2.5	2.95	1.17
유도방식	적외선호밍	적외선호밍	이중파장적외선
길이/직경(m)	1.7/0.08	1.9/0.09	1.6/-
추진방식	고체로켓	고체로켓	고체로켓
속도(Mach)	-	2.6	1.9
플랫폼	병력	병력,헬기	병력
무게(kg)	24.3	25.8	10.8

31 국방홍보원, 『한눈에 보는 국군 무기체계 2020』, 2019, p. 254.
32 https://m.blog.naver.com/thekal75/40115786124
33 https://en.wikipedia.org/wiki/9K38_Igla#/media/File:IGLA-S_MANPADS_at_IDELF-2008.jpg

구분	무기별 제원과 특성				
	천궁	PATRIOT	TAAD	S-400/500	KN-06
사거리(km)	40	20~160	200	40~400/600	150
탄두무게(kg)	-	90	-	24/180kg	고폭HE
유도방식	INS/지령유도/능동 레이더호밍	무선지령, TVM반능 동명중호밍	인듐안티모나이드영 상 적외선탐색기	능동, 반능동레이더	레이더, 데이터링크
길이/직경(m)	4.61/0.28	5.8/0.41	6.2/0.34	-	6.8~7.3/0.5
추진방식	고체연료	고체연료로켓	고체로켓	-	고체추진
속도(Mach)	-	2.8	8.24	2.6~5.9	-
플랫폼	TEL	TEL	TEL	TEL	TEL, 차량
무게(kg)	0.4톤	0.7톤	0.9톤	0.3~1.9톤	1.3~1.7톤

<그림 7-28>
지대공미사일

대응하기 위해 이중파장을 사용하도록 함으로써 임무수행 확률을 향상시키는 방법을 적용하는 체계가 있다.

공통적으로 고체로켓에 의한 추진방식을 사용하고 있다. 사거리는 5.2~7km, 속도는 마하 1.9~2.6 정도 수준으로 고정익기와 교전이 가능한 수준이다. 무게는 다소 차이가 있지만 대략 24~25kg 정도 수준이며 길이는 1.6~1.9m로 평균신장과 유사하다. 직경은 8~9cm이다. 일부 병력 휴대 발사 이외에도 헬기나 차량 등에 장착하여 사용할 수 있도록 형상을 관리하는 경우도 있다. 〈그림 7-28〉[34]의 중고고도 지대공유도무기는 미국이나 러시아, 북한 공통적으로 플랫폼은 TEL을 사용한다. 중요한 차이는 대항공기용인지, 대탄도탄용인지의 차이가 있다. 항공기 표적의 경우는 마하 3이하 속도로 비교적 저속, 저 기동 미사

34 국방홍보원, 『한눈에 보는 국군 무기체계 2020』, 2019, p. 248, p. 251.
천궁: https://m.blog.naver.com/dapapr/221104765663
PATRIOT: https://en.wikipedia.org/wiki/MIM-104_Patriot#/media/File:Patriot_System_2.jpg
THAAD: https://www.voakorea.com/world/3191649#&gid=1&pid=1
S-400: https://upload.wikimedia.org/wikipedia/commons/d/df/92N6A_radar_for_S-400.jpg
KN-06: https://missilethreat.csis.org/missile/kn-06/

일도 격추가 가능하지만 탄도탄 표적의 경우는 IRBM의 경우 마하14 정도 이상 ICBM의 경우는 마하25까지 이른다. 따라서 각 국가별 SRBM, IRBM 대응능력을 갖추고 ICBM 대응능력을 갖도록 발전되고 있다. 공통적으로 고체연료로켓을 사용하고 기동성은 마하 2.6~5.9 정도로 탄도탄 대응능력을 갖추기 위해 발전하고 있다. 길이는 대체로 4.6~7.3m이고 직경은 20여 cm에서 50cm까지 된다. 총 미사일체계의 무게는 400kg에서 1.9톤에 이른다. 유도방식은 다양하지만 초기 INS항법, 중간 데이터 링크, 종말 능동/수동호밍방식을 적용하고 있다. 중요한 특징은 과거 러시아 ABM-135와 같은 핵탄두를 장착하지 않고 HE탄두를 사용한다.[35] 근본적으로 정확도에 대한 기술이 증가했다는 반증이다.

(4) 해상발사유도무기

① 함대지유도탄

〈그림 7-29〉[36]처럼 함대지미사일의 대표적인 체계는 토마호크 미사일이다. 1970년대에 개발된 전천후 아음속 장거리 순항미사일로 잠수함에서 발사 가능하게 개발되었다.

걸프전에서 이라크 군사시설 표적을 효과적으로 파괴하여 익히 알려졌고

구분	제원/특성
사거리	1,300~2,500km
살상력	고폭탄450kg/W80
순항속도	890km/h
유도방식	GPS/INS, TERCOM, DSMAC
추진엔진	터보팬
직경	0.52m
플랫폼	함정, 잠수함
무게	유도탄 1.6톤

<그림 7-29>
함대지미사일(토마호크)

35 https://ko.wikipedia.org/wiki/

36 https://missilethreat.csis.org/missile/tomahawk/

이후 코소보사태 등 1990년대 미군이 개입한 전쟁에 가장 많이 사용되었다. 2001년 테러와의 전쟁에서 아프가니스탄 공격 시에도 효과적으로 사용되었으며 2017년 4월 6일, 칸 셰이쿤(Khan Shaykhun)호에 대한 시리아군 화학공격에 대한 대응으로 미 해군 구축함 포터(DDG-78)와 로스(DDG-71)는 공격을 주도한 시리아 군에 대해 응징하기 위해 샤흐랏 공군기지에 총 59발의 토마호크를 사격했다. 블록III부터 적용된 기술이지만 블록IV TLAM-E는 토마호크 시리즈의 최신형으로 사전 계획되거나 새로운 표적으로 경로를 전환할 수 있다. 이 모델은 더 빠른 발사시간과 선회능력, 전자광학센서로 실시간 피해평가를 제공할 수 있어서 더 효과적인 작전수행이 가능하다. 블록 IV TLAM-E는 사거리가 1,600km이며 1000파운드의 단일탄두를 사용한다. Block IV는 현재 생산중인 유일한 토마호크 버전이며 다른 토마호크 미사일은 모두 Block IV로 전환될 예정이다.[37] 이런 대한민국 함대지 미사일을 보유하고 있으나 기술적인 분야의 지속적인 개선이 이루어지고 있다.

② 함대함유도무기

〈그림 7-30〉[38]의 함대함미사일은 지대함미사일과 동일하지만 플랫폼은 함정이나 잠수함인데, 앞서 소개한 하푼이 대표적인 함대함미사일이다. Block II는 전자전대응능력과 표적처리능력이 향상되어 교전능력이 확장되었다.

특히 하푼은 초기 대양에서 운용되는 무기로 설계되었으나 블록II 미사일은 블록IE처럼 연안 대함능력을 갖추었다. 블록II개량은 JDAM에 내장형 측정장치를 통합하여 AGM/RGM/ UGM-84L 각각의 모델을 개발했다. 미 해군은 이동선박표적에 대해 AGM-84N 블록II+ 미사일을 시험했으며 블록II+는 향상된 GPS유도키트와 미사일이 데이터링크로 비행 중 갱신된 표적정보를 수신할 수 있다. 블록II+는 2017년에 전력화되었다. 블록 III는 유도미사일 순양함, 유도탄 구축함, F/A-18E/F에 미 해군 블락 I C의 지휘발사체계(CLS : Command Launch Systems) 갱신 패키지를 적용하고자 했다. 체계통합, 시험평가 및 데이터링크 개발이 지연되어 사업이 취소되었다. 블록II 개량형은 사거리 130km

37 https://missilethreat.csis.org/missile/tomahawk/

38 https://commons.wikimedia.org/wiki/File:USS_Fitzgerald_(DDG_62)_fires_two_surface-to-surface_AGM-84_Harpoon_missiles.jpg

구분	제원/특성
사거리	124km
살상력	221kg
순항속도	Mach 0.71
유도방식	레이더 고도계 능동레이더 종말호밍
추진엔진	터보제트
직경	0.34m
플랫폼	수상함/잠수함
무게	691kg

<그림 7-30>
함대함미사일(하푼)

에서 310km로 확장시키면서 탄두중량을 221kg에서 140kg급으로 변경하고 전자연료조절장치를 갖추어 연료의 효율을 향상시켰다. 그뿐만 아니라 블록II 개발에 120만 달러가 소요되었지만 개량에는 절반이면 가능하다고 제안했다. 터보제트 엔진 개량으로 성능이 더욱 우수하고 모든 기상에 작전 가능한 능동 명중호밍 레이더를 사용하며 탄두를 경량화했지만 더욱 치사성이 향상되었다고 제시했다.

③ 함대공유도무기(시스패로우)

〈그림 7-31〉[39] RIM-162 ESSM은 함정을 대함 미사일로부터 방어하기 위해 RIM-7을 개조하여 로켓 부스터가 있고, 유도체계에서 최신 기술을 적용하여 이지스체계 등에 적용할 수 있다.

ESSM은 기존의 Mk 41 VLS 발사대에 4발이 한 발사대에 탑재되기 때문에, 시스패로보다 4배나 많은 미사일 탑재가 가능하다. 한편 광개토대왕급 구축함은 Mk 48 mod2 VLS를 탑재하므로 RIM-162C ESSM은 한 발씩만 장전이 가능하다. 시스패로 성능개량체계는 RIM-7R ESSM로 기존의 RIM-7P의 유도부분을 그대로 유지하고 기존 직경 8인치에서 10인치로 확장되었다. 중간 날개를 제거하고 후미 핀을 긴 것으로 교체하여, 유도제어 함으로써 기동성이 향상되었다. 신형 시스패로는 형상변경이 많아 RIM-162 ESSM 명칭을 사용하고 있다.

39 https://en.wikipedia.org/wiki/RIM-162_ESSM

<그림 7-31>
RIM-162 ESSM

구분	제원/특성
사거리	50km
살상력	39kg 파편형 탄두
순항속도	Mach 3
유도방식	중거리 데이터링크, 원격 반능동 레이더
추진엔진	고체연료로켓Mk 143 Mod 0
직경	0.25m
플랫폼	Mk41 VLS, Mk48 VLS, Mk29
무게	280kg

④ 함대잠유도무기(RUR-5 ASROC)

〈그림 7-32〉[40]의 RUR-5대잠로켓은 미 해군이 개발한 대잠수함 미사일체계이며 주로 순양함과 구축함에 설치된다. 수상함, 초계기 또는 대잠전 헬기가 적 잠수함을 소나로 탐지하고 거리를 측정하면 함수를 표적으로 지향하여 대잠미사일을 발사한다. 대잠미사일 탄두는 어뢰나 폭뢰를 탑재하는데 미사일 로켓 모터가 작동을 멈추면 어뢰탄두는 낙하산을 펴고 낙하한 후 수면을 접하면 어뢰 모터가 작동하고 자체 소나로 목표물을 탐지하여 추적하여 폭발한다.

탄두에 어뢰 대신 폭뢰가 장착되면 사전에 장입된 수심에 도달하면 폭발한다. VLA미사일은 순양함, 구축함을 위한 대잠전용 3단 체계로 MK41수직발사

<그림 7-32>
RUR-5대잠로켓(RUR-5 Anti-Submarine ROCket)

구분	제원/특성
사거리	28km
살상력	Mk46어뢰, 45kg고폭탄두(PBXN-103)
유도방식	INS항법
추진엔진	고체추진 로켓모터
직경	0.42m
플랫폼	함정
무게	638kg

40 https://ko.wikipedia.org/wiki/RUR-5_ASROC

체계와 MK116화력관제체계로 구성된다. VLA미사일은 함정이 신속하게 대응할 수 있고 MK46 어뢰를 전천후 어떤 방향으로도 발사 가능하다. VLA 미사일은 1993년에 이지스 전투체계의 순양함과 구축함의 기본장비로 전력화되었다. VLA는 훈련용과 실전용이 있는데 실전용은 MK46 실전용 어뢰를 장착하고 VLA 훈련용은 훈련용 어뢰를 탑재하며 훈련사격 시 사용한다.

(5) 공중발사유도무기

① 공대지유도탄(타우러스)

〈그림 7-33〉[41]의 타우러스 미사일은 스텔스 특성을 갖고 500km 이상의 사거리를 갖는다. 엔진이 터보팬으로 음속 1 정도에 도달하며 토네이도, 유로파이터 타이푼, 그리픈, F/A-18, F-15항공기에 장착된다.

다중효과 관통 고복합 표적최적(MEHISTO)탄두는 500kg으로 초기 토양 관통 후 강화된 지하벙커 진입 후 지연신관에 의한 주 탄두 기능수행이 가능하다.[42] 미사일은 1,400kg이고 최대 직경 1m이다. 주요 표적은 주로 견고한 지휘통제 벙커 시설, 항공시설과 항만시설 탄약저장소, 바다 항구 정박한 함정, 교량 등이다. 미사일은 전자전 공격에 자체 방어하기 위해 대전자전 능력이 있다. 표적에 대한 임무계획 프로그램은 적방공 위치와 계획된 장거리 경로를 GPS수

구분	제원/특성
사거리	약 500km
살상력	철근 콘크리트 수직관통력 6m
유도방식	GPS/INS, IIR, 지형대조 IBN(image-based navigation)
길이/직경	5.1 /1.0m
엔진	Williams P8300-15 터보팬
플랫폼	F-15K
무게	약 1,400kg

<그림 7-33>
타우러스

41 국방홍보원, 『한눈에 보는 국군 무기체계 2020』, 2019, p. 235.
42 방위사업청 보도자료(2017.9.13)

신이 완전하지 않더라도 미사일이 INS, IBN, TRN과 GPS를 사용하여 저지형 추종 비행경로로 표적에 접근한다. 일단 미사일이 표적 획득 및 관통에 가장 좋은 확률을 얻기 위해 일정 고도를 솟아오르는 기동을 한다. 미사일 순항 시 고해상도 열상카메라(적외선 호밍)가 GPS기능지원 없이 IBN이 사용된다. 미사일은 카메라 영상과 기계획 3D 표적모델(DSMAC) 간 매칭을 시도한다. 만약 불가하다면 다른 항법체계를 사용하며 혹 부수적 위험이 높은 위협과 관계가 있고, 부정확한 공격으로 요구하지 않은 결과를 초래하는 대신 사전 지정된 충돌 지점으로 전환할 수 있다.

② 공대공유도탄(AIM-120)

〈그림 7-34〉[43] 공대공미사일의 유도방식은 전투기 레이더 없이 미사일 장착과 발사 가능하다. E-737 조기경보기, 그린파인레이더, 이지스구축함의 AESA 레이더로 중간유도가 가능하다. 종말유도는 미사일 내장 레이더에 의한 능동유도호밍 방식으로 공중표적을 요격한다. 발사된 미사일과 중간유도 레이더 간 데이터링크 표준만 일치되면 헬기나 지상 트럭에서도 발사할 수 있다.[44] 공대공미사일은 3가지 방식으로 발사 가능하도록 설계되어 있다. 첫째 공대공미사일 운용방식인 발사 전 포착 방식(LOBL : Lock On Before Launch)은 발사 전 레이더로 표적포착 후 지령유도 방식으로 표적 방향으로 미사일을 중간 유도

구분	제원/특성
사거리(km)	AIM A/B : 50~80 AIM C-5 : 105 AIM 120D : 180
살상력	폭풍형·파편형 탄두
유도방식	관성, 지령, 능동레이더
길이/직경	3.66/0.178m
엔진	고성능유도 로켓모터
플랫폼	항공기
무게	152kg

<그림 7-34>
공대공미사일(AIM-120)

43 http://www.af.mil/About-Us/Fact-Sheets/Display/Article/104576/aim-120-amraam/
44 https://ko.wikipedia.org/wiki/AIM-120_%EC%95%94%EB%9E%8C

하기 때문에 레이더가 장착된 항공기에서 표적포착과 미사일유도를 해야 한다. 둘째 발사 후 포착방식(LOAL : Lock On After Launch)은 표적을 포착하지 않은 상태에서 임의의 플랫폼 임의의 지점으로 미사일이 발사되면 레이더를 탑재한 항공기에서 표적을 포착하여 데이터링크로 미사일을 중간유도한다. 종말유도 단계에 미사일에 내장된 능동레이더를 작동시켜 표적에 호밍방식으로 명중시킨다. 셋째 발사 후 망각 방식은 발사 전 미사일 내장 능동레이더를 작동시켜 포착하여 발사하며 유도를 위한 별도 레이더가 필요 없다. 단거리에서 발사되면 발사 즉시 능동레이더가 작동되어 표적을 포착하기 때문에 중간단계 유도를 위한 레이더 포착 및 데이터링크 연동이 불필요하다.

③ 공대함유도탄(AGM-84/HARPOON)[45]

미군은 공대함미사일은 함대함미사일과 같은 AGM-84계열을 사용한다. 탄두중량은 221kg이지만 유도방식이 다양하고 전투기와 대잠초계기에 장착 가능하다.

유도방식은 기본적으로 INS/GPS를 적용하지만 중간 유도단계에 데이터링크를 사용하여 표적상황 변경 시 표적전환이 가능한 장점이 있다. 종말유도 단계에 사용되는 유도방식은 IR호밍이나, 능동레이더 호밍 방식을 사용하고 있는데 대상표적이 지상 구조물로 사전 임무계획을 통해 지정하는 경우는

구분	제원과 특성
사거리	110/124/270km
살상력	탄두 221kg
유도방식	INS/GPS, 데이터링크 지휘유도, 종말유도 : IR호밍, 능동레이더호밍 DSMAC ATA(Automatic Target Acqusition)
길이/직경	4.4m / 0.34m
엔진	터보제트 / 터보팬
플랫폼	항공기(F/A-18, F-15, P-8, P-3, S-3)
무게	675kg

<그림 7-35>
공대함유도탄
(AGM-84/HARPOON)

45 https://en.wikipedia.org/wiki/AGM-84H/K_SLAM-ER

DSMAC에 의한 자동표적획득(ATA)을 통해 정확한 유도를 수행할 수 있다. 반면 대상표적이 고정된 시설표적이 아니고 이동하는 항공기, 함정, 차량 등일 경우 표적별로 차이가 있을 수 있지만 공대함 임무를 수행할 경우 능동레이더호밍을 통해 사격 후 망각 유도방식에 의한 교전이 가능하다. 대상표적이 수상함 위주로 운용 시 주요 성능은 파괴확률(P_k : Probability of Kill)이다. 이것은 명중률과 치사성의 관계에 의해 결정된다. 플랫폼은 항공모함 함재기인 F/A-18계열과 주력 전투기 F-15계열이 되며 대잠초계기 P-8, P-3, S-3 등에 탑재가 가능하며 이들의 경우 대상표적은 수상함도 되고 부상하는 잠수함도 될 수 있다.

5. 주요 핵 보유 및 개발국의 핵미사일 능력

1) 미국

제2차 세계대전의 종전을 위해 최초로 핵무기를 개발하고 일본에 사용했던 미국은 〈그림 7-36〉[46]처럼 냉전기에 소련과 더불어 최대 핵보유국이었으며 군비경쟁을 통해 첨단 미사일을 개발해왔다.[47] 〈그림 7-36〉처럼 미국은 소련과 함께 핵폭탄과 핵탄두를 각각 20여 종씩 개발하여 전력화했었으나 INF 타결로 비전략핵무기(전술핵)는 폐기해 왔다. 현재 전술핵탄은 다양한 항공기에 탑재 운용하는 B61 중력투하 폭탄, 미니트맨-III 대륙간탄도미사일에 의해 투발하는 W78, 미 해군 트라이던트 잠수함에 의해 투발하는 W76과 W88만 운용하고 있다. W76-2는 비전략핵 또는 저위력 핵탄두로도 칭하는데 INF 폐기와 함께 미국이 전력화를 고려하고 있다.

---

46 W87: https://en.wikipedia.org/wiki/W87
W80-1: https://www.sandia.gov/news/publications/labnews/articles/2017/10-11/w80.html
B61-12: http://www.munhwa.com/news/view.html?no=2018082401071030129001
W78: https://en.wikipedia.org/wiki/W78
W88: https://en.wikipedia.org/wiki/W88

47 Hans M. Kristensen & Robert S. Norris, *United States nuclear forces, 2018*, Bulletin of the Atomic Scientists, VOL. 74, NO. 2, pp. 120~131.

<그림 7-36>
미국 운용 핵탄두 종류

구분	유형	탄두
ICBM LGM-30G Minuteman III	Mk-12A	1-3 W78×335(MIRV)
	Mk-21/SERV	1 W87×300
SLBM UGM-133A Trident II DS/DSLE	Mk-4	1-8 W76-0×100(MIRV)
	Mk-4A	1-8 W76-1×100(MIRV)
	Mk-5	1-8 W88×455(MIRV)
Bombers	B-52H	ALCM/W80-1×5-150
	B-2A	B61-7/-11, B83-1
Non-strategic force	F-15E, F-16DCA	1-5 B61-3,4×0.3-170

2) 러시아

러시아는 구소련에 이어 〈그림 7-37〉[48]처럼 다양한 모델의 3축 체계를 보유하고 있다.[49] 대륙간탄도미사일도 미국은 사일로형만 보유하고 있지만 러시아는 동일 모델도 이동식수직발사대와 사일로형뿐만 아니라 열차 탑재형도 보유하고 있으며 궤도형 플랫폼도 등장하고 있다. 이렇게 다양한 플랫폼을 갖는

48 https://missilethreat.csis.org/country/russia/

49 Hans M. Kristensen & Robert S. Norris, *Russian nuclear forces, 2018*, Bulletin of the Atomic Scientists, VOL. 74, NO. 3, pp. 185~195.

<그림 7-37>
러시아 운용 3축 핵전력

구분	NATO 명칭	러시아 명칭	탄 두
ICBM	SS-18 M6 Satan	RS-20V	10×500/800(MIRV)
	SS-19 M3 Stiletto	RS-18	6×400(MIRV)
	SS-25 Sickle	RS-12M	1×800
	SS-27 Mode1(mobile/silo)	RS-12M 1/2	1×800
	SS-27 Mode2(mobile/silo)	RS-24	4×100(MIRV)
SLBM	SS-N-18 M1 Stingray	RSM-50	3×50(MIRV)
	SS-N-23 M1	RSM-54(Sineva)	4×100(MIRV)
	SS-N-32	RSM-56(Bulava)	6×100(MIRV)
Bombers	Bear-H6	Tu-95 MS6	6×AS-15A ALCM
	Bear-H16	Tu-95 MS16	6×AS-15A ALCM
	Blackjack	Tu-160	6×AS-15B ALCM AS-16 SRAM
비 전략핵, 방공	ABM/Air/Coastal defense	S-300	1×low
		53T6 가젤	1×10
		SSC-1B Sepal	1×350
		SS-N-26	1×low
	Land-based air	Bomber/fighter	ASM, Bombs
	Ground-based	SRBM(SS-21/26)	1×?
	Naval	SSC-8 GLCM	1×?
		submarines/surface ships/air	LACM, SLCM, ASW,SAM, DB, 어뢰

SS-18(RS-20) 	SS-19(RS-18) 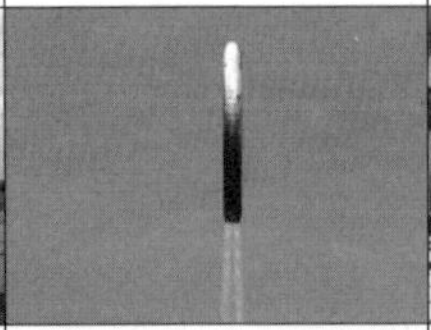	SS-25(RS-12M) (RT-2PM Topol) 	SS-27 Mode2 (RS-24) 
RSM-50 	RSM-54 	RSM-56 Bulava 	SS-26 Iskander 

러시아 대륙간탄도미사일의 발전은 과거 냉전시대 구소련과 미국 간의 핵무기 군비경쟁을 지속할 때 미국이 질적 우위 달성을 위해 새로운 개념과 무기체계를 개발하면 구소련은 다른 전략 없이 그대로 기술을 복제하여 다량 전력화하는 방법으로 양적 우위 달성을 추구했다. 그러나 과도한 경쟁으로 실전성 떨어지는 체계도 있다. 소위 "제2격 능력 향상"을 위해 생존성 향상 가능한 철로를 이용한 순환형 사이트를 여러 곳에 위치한 발사 사이트 간에 철로를 연결하여 유사시 생존확률을 향상시키려 했다. 최근 북한이 궤도형 플랫폼에 잠수함발사탄도미사일 탄두를 탑재하여 시험 발사한 사례도 러시아 기술을 참조했을 가능성이 있다. 핵탄두 수량도 단일탄두부터 4, 6, 10개를 탑재하는 MIRV형태로 다양하다. 대륙간탄도미사일의 재진입체 탄두위력은 100~800MT급으로 미국 1개 도시 정도를 초토화할 수 있는 능력이 있다. 잠수함발사탄도미사일은 대륙간탄도미사일 중 RS-12나 혹은 RS-24 계열의 탄도미사일을 잠수함발사탄도미사일로 개발하여 플랫폼은 통상 Borey급 잠수함에 6~8기 정도를 탑재하여 운용한다. Borey급 잠수함은 미국 Ohio급 잠수함에 비해 2~3천톤 정도 배수량이 큰 수중배수량 약 23,000톤급 잠수함이다.

전략폭격기는 Tu-95나 Tu-160으로 AS-15계열의 핵탄두를 탑재한 아음속 공중발사순항미사일이 있고 300KT급 AS-16 마하5 정도의 초음속 순항미사일을 전력화하고 있다. 한편 방공미사일은 S-300을 주축으로 하여 궤도형은 S-300V계열로 S-300VM 까지 진화했으며 차륜형은 S-300P계열인데 S-300PM으로 진화하여 S-400계열로 이어지고 있다. 함정 탑재형은 S-300F 계열인데 KARA, SLAVA, KIROV급 순양함에 탑재하고 있으며 S-300FM으로 진화했다. 러시아에서 주장하는 성능은 서구에 배치된 Lance미사일에 대해서는 파괴확률(Pk)가 0.5~0.65 정도이고 Pershing미사일에 대해서는 Pk가 0.4~0.6, 항공기는 0.7~0.9 정도, 지대공 형태의 단거리공격미사일에 대해서는 0.5~0.7정도까지 달성할 수 있는 것으로 알려져 있다.[50] 이와 같은 미사일을 보유한 러시아의 핵 공격 능력은 〈그림 7-38〉[51]과 같다.

50 https://missilethreat.csis.org/country/china/

51 https://i1.wp.com/missilethreat.csis.org/wp-content/uploads/2017/03/Russian-Missiles-1.png?ssl=1

<그림 7-38>
러시아 미사일 타격능력

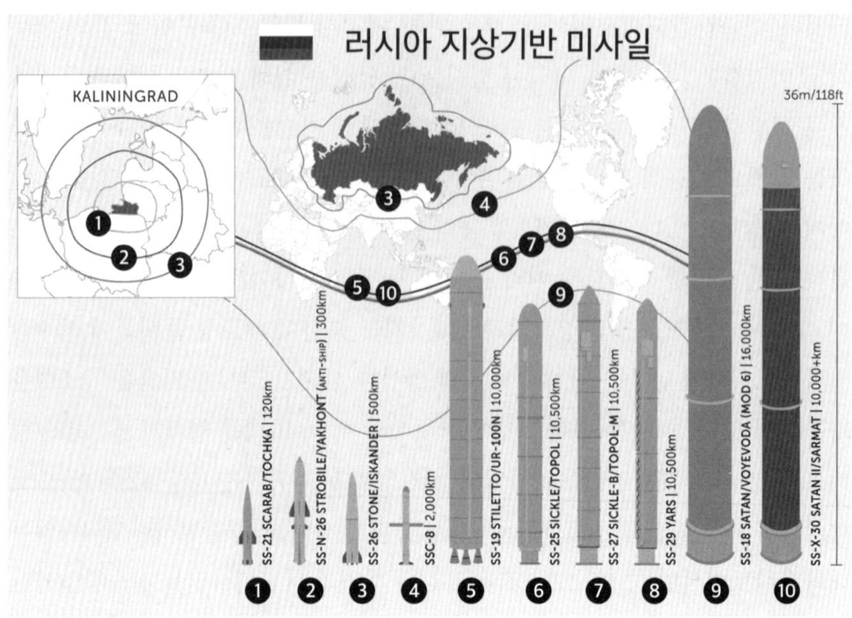

3) 중국

중국 핵전력은 〈그림 7-39〉[52]와 같은 미사일을 전력화하고 있다. 따라서 중국은 〈그림 7-40〉[53]과 같은 타격능력을 갖추었다. DF-21은 일본까지, DF-26은 괌과 하와이까지 도달 가능하며 DF-31부터 DF-41과 DF-5계열은 미 본토 타격이 가능하다. 또한 SLBM인 JL-2는 잠수함의 전술적 위치에 따라 미 본토 공격이 가능하며 잠수함 전력의 은밀성과 태평양을 활용할 경우 제2격 능력을 충분히 구비했다고 볼 수 있다. 즉, 미국에 대한 핵전력의 억제력을 구비하고자 집요한 노력을 하고 있음을 알 수 있다. 핵탄두 보유 수량이 200~300발 정도 수준으로 세계적으로는 러시아와 미국에 이어 프랑스, 영국과 함께 2번째 그룹에 포함된다고 볼 수 있지만 핵탄두 보유량보다 투발수단의 다양성과 보유량 측면에서는 미국과 러시아 못지않은 능력을 구비하려고 노력하고 있다. 다양하고 다량의 투발수단은 유사시 핵탄두를 투발수단에 혼합하여 사용한다면 방

52 https://missilethreat.csis.org/country/china/
53 https://i0.wp.com/missilethreat.csis.org/wp-content/uploads/2017/01/Chinese-Missiles-web.jpg?ssl=1

<그림 7-39>
중국 운용 3축 핵전력

구분	NATO 명칭	중국명칭	사거리(km)	탄 두
Land-based ballistic missile	CSS-3	DF-4	4,500~5,500	1×1~3MT
	CSS-4 Mod2	DF-5A	13,000+	1×1~3MT
	CSS-4 Mod3	DF-5B	~12,000	3×1~3MT
	CSS-6	DF-15	600	1×?
	CSS-5 Mod 1,2,6	DF-21	2,150	1×250~500
	-	DF-26	3,000~4,000	1×200~300
	CSS-10 Mod1	DF-31	8,000~9,000	1×1~3MT
	CSS-10 Mod2	DF-31A	11,000	1×1~3MT
	CSS-X-20	DF-41	12,000~15,000	1×10MT/ 10×20/90/150MT
SLBM	CSS-NX-3	JL-1	1,000+	1×200~300
	CSS-NX-14	JL-2	8,000~9,000	1×200~300
Aircraft	B-6	H-6	3,100+	1×Bomb
	?	Fighter	?	1×Bomb
Cruise Missile	CJ-10	DH-10	1,500?	1×?
	CJ-20	DH-20	?	1×?

DF-4	DF-5B	DF-15	DF-21
DF-26	DF-31/31A	DF-41	JL-2

어하는 국가의 입장에서는 비핵탄두도 핵탄두와 같이 판단해서 대응해야 하는 문제를 갖게 된다. 따라서 중국은 지속적인 투발수단의 개발노력을 기울일 것으로 예측된다.

<그림 7-40>
중국 미사일 타격능력

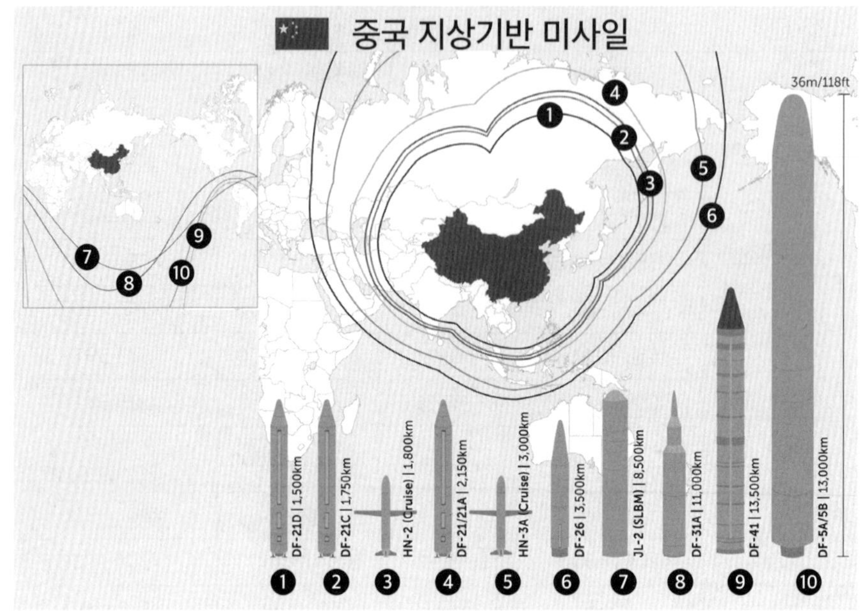

4) 북한 핵미사일 개발현황

(1) 5차 핵실험 표준화 규격화 공개 선언

최초 북한 핵실험은 〈그림 7-41〉처럼 2006년 10월 9일 길주군 풍계리 동쪽 갱도에서 시작했다.

남한에서 지진측정계에 의해 진도 3.9수준의 인공지진파가 감지되어 약 1kt 수준의 위력을 갖는 원자탄으로 플루토늄을 이용한 핵탄두 실험으로 추정했다. 2차 핵실험은 진도 4.5로 감지되어 약 2~6kt 규모의 플루토늄을 이용한 핵탄두 수준으로 추정했다. 이후 4차 핵실험은 7kt이하 유사한 수준의 원자탄 시험으로 추정되었다. 그러나 5차 핵실험은 10kt급 이상의 일본에 투하된 원자탄으로 완성된 탄두로 평가했다. 북한의 표준화, 규격화 완료 주장은 이미 연구개발 단계가 완료되어 공장을 가동하면 대량생산이 가능하여 군부대에 무기체계를 배치할 준비가 완료 되었다는 의미다. 이런 주장은 핵보유국이 되었다는 주장과 다를 바 없으며 이를 공식적으로 공표한 것이다. 차후 핵보유국임을 인정받기 위한 목적으로 추가적인 핵실험은 불필요하고, 이후 정치적 목적 혹은 가능성은 적지만 수소탄 개발시험의 여지는 있다고 보인다. 일반적인 국가가 핵무기를

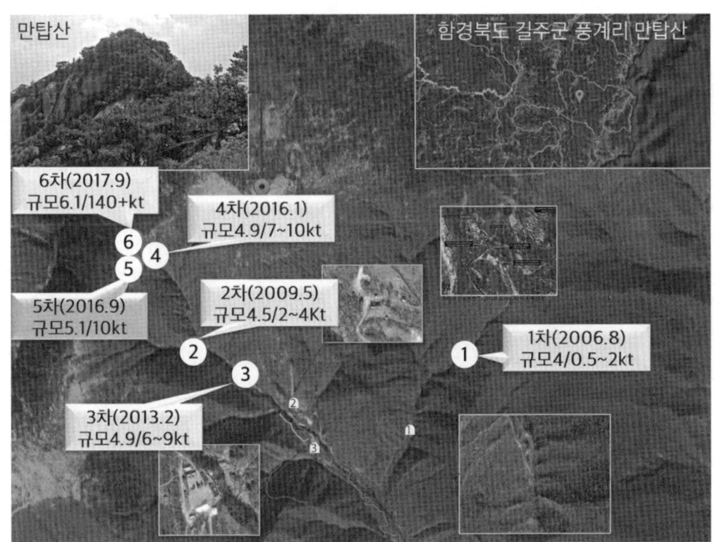

<그림 7-41>
북한 핵실험 경과

구분	1차	2차	3차	4차	5차	6차
시행일	'06.10.9	'09.5.25	'13.2.12	'16.1.6	'16.9.9	'17.9.3
장소	① 동쪽갱도	② 서쪽갱도	③ 서쪽갱도	④ 풍계리갱도	⑤ 4차와 동일	⑥ 차에서 북쪽 500m
지진파	3.9	4.5	4.9	4.8	5.0	5.7
추정위력	1kt이하	2~6kt	6~7kt	6kt	10kt	50~60kt
원료	플루토늄	플루토늄	미상	미상	미상	미상
특징	장치수준	핵분열,핵무기	고농축우라늄	수소탄주장	10kt핵무기	ICBM탄두
	50~90일전 장거리미사일 발사			SLBM발사	개량노동발사	ICBM발사
안보리	1695 호 발의	1718호 발의	2087호 발의	2270호 발의	2321호 발의	2375호 발의

보유한다 해도 사용할 가능성이 낮아 위협이 높지 않지만 북한의 대남 적화전략과 전체주의적인 국가정치체계를 고려하면 제2차 세계대전을 일으켰던 당시 독일보다 위험한 국가로 원자탄만 보유해도 위협은 치명적이라고 볼 수 있다.

(2) 6차 핵실험 수준 추정과 의미

한편 북한은 〈그림 7-42〉[54]에서 핵탄두 형상을 공개하면서 다음과 같은 6차 핵 실험결과에 대한 북한 발표내용으로 볼 때 핵실험은 수소탄두에 대한 기술

54 https://www.joongang.co.kr/article/23570933#home
https://www.sedaily.com/News/NewsView/PhotoViewer?Nid=29VTTCATOC&Page=2

<그림 7-42>
북한 개발 핵탄두 형상

시험으로 추정된다. 김정은의 의도를 정확히 전달하는 이춘희 아나운서에 의해 2017년 9월 3일 발표한 핵 실험결과 내용의 요지는 다음과 같다.

1. 시험목적
   "수소탄 1차 압축기술과 분열 연쇄반응 시발 조정 기술"의 정밀성 재확인 결과 1차계와 2차계 핵물질 이용률이 설계 반영한 수준에 도달
2. 핵 장약(원자탄)에 대한 기술시험 내용
   ① 대칭압축
   ② 분열기폭
   ③ 고온 핵융합 점화가 신속히 진행되는 분열-융합 반응 간 상호 강화과정
3. 시험결과
   ① 1차계(원자탄 물질)와 2차계(수소탄 물질) 질량성 결합 구조
   ② 다층 복사 내폭 구조 설계가 매우 정확
   ③ 경량화 열복사 재료와 중성자 재료가 합리적으로 선정되었다는 것을 확인
4. 시험을 통한 성과
   ① 복잡한 물리적 과정에 대한 북한식 해석 방법과 계산 프로그램 수준 확인
   ② 2차계 핵 장약 구조 등 자체 설계한 핵 전투부로서 수소탄의 공학구조 등 개발과정과 방법에 대한 신뢰성 확인
   ③ 밀집 배치형 핵폭발 조정체계의 신뢰성을 확인
   ④ 핵전투부(탄두)의 동작 믿음성(신뢰성)이 확고히 보장
   ⑤ 핵탄 위력을 타격 대상과 목적에 따라 임의 조정할 수 있는 수준에 도달 등 개발결과에 대한 성과 확인

북한은 원자탄과 수소탄 2가지를 개발했으며 원자탄은 개발완료 되어 생산 상태이고, 발표내용을 고려하면 수소탄은 개발을 위한 기술시험 단계에 있음을 추정할 수 있다. 수소탄의 표준과 규격을 얻기 이전 필요한 기술적 성능을

시험하는 단계로 볼 수 있다. 이런 기술시험 이후 추가적인 운영시험을 통한 표준화와 규격화를 시도할 것으로 추측할 수도 있으나, 추가적인 시험 없이 당시까지 완성된 규격으로 생산 가능한 수준에 도달했다고 평가된다. 즉, 추가실험 없이도 수소탄으로 생산하여 핵무기로 미사일에 탑재하여 사용할 수 있음을 배제할 수 없다.

(3) 북한 핵미사일 능력

북한은 〈그림 7-43〉[55]처럼 모든 탄도미사일 스펙트럼을 형성하고 있다. 북한은 미사일 개발을 다양하게 추진하는 것은 실전사용 의지로 해석할 수 있다. 북한미사일에 대한 이해를 위해 개발 중인 미사일 개발 과정을 모두 관찰해야 한다.

단거리탄도미사일은 SCUD 기준으로 지속적 개량을 시도하여 SCUD-B, C, ER까지 개발했다. 그러나 SCUD 계열은 모두 액체연료에 산화제를 공급하기 때문에 사격전 긴 노출시간이 문제가 되었으나 신규 개발 KN-02의 사거리는 짧지만 고체연료를 사용하여 사격전 노출시간 문제를 극복하려고 시도했다. SCUD-ER의 사거리는 대략 1,000~1,300km로 한반도는 물론이고 일본까지 타격이 가능하다. 다음 잠수함발사탄도미사일의 고체추진제 기술을 그대로 북극성-2에 적용함으로써 지상 궤도형 플랫폼에 탑재하여 사격전 긴 노출시간의 문제를 극복하여 실전 가능성을 높였다.

화성-10과 화성-12는 미군 전개기지인 하와이, 괌, 일본 오키나와 등에 대한 타격 역량을 구축했다고 볼 수 있다. 대륙간탄도미사일은 KN-08, KN-14, 화성-15를 개발하여 최종시험사격을 실시한 바 있다.

이런 일련의 북한 미사일 개발과정을 고찰해보면, 실전 사용에 주안을 두고 성능개량을 추진했다고 볼 수 있다. 고체추진제를 지상 이동형수직발사대에 탑재 운용 가능하도록 개선한 것은 종전 지상발사 탄도미사일이 액체추진제를 사용하여 발사 전 연료와 연소제 주입시간 동안 감시정찰 자산에 노출되는 것을 감소시키려는 의도로 볼 수 있다. 추가적으로 차륜형 이동식 발사대를 궤도형으로 개량한 것은 수풀이 우거진 지형 등에서도 기동이 가능하도록 함으로

---

55 Hans M. Kristensen & Robert S. Norris, "North Korean nuclear capabilities, 2018", Bulletin of the Atomic Scientists, VOL. 74, NO. 1, 41-51.
https://missilethreat.csis.org/country/dprk/

<그림 7-43>
북한 개발 및 전력화 미사일 종류

구분	명칭			군명칭	사거리(km)	탄두중량(kg)	연료			
SRBM	-	-		KN-02	120~150	500	고체	TEL	1단	정확·고기동
	화성-5	SCUD-B SS-1c		KN-03	300	1,000	액체			저장성 연료
	화성-6	SCUD-C SS-1d		KN-04	500	700				
	화성-7	노동-1	SCUD-ER/D	KN-05	1,000	500				
MRBM		노동-2			1,300	700				
	-	북극성		KN-11	2,000	650~천	고체	잠수함	2단	3천톤급
	-	대포동 1호		-	2,500	500	액체	고정		
	-	북극성 2형		KN-15	2,5백~3천	650	고체	궤도		신속·고기동
TBM	화성-10	무수단, 노동B		KN-07	3,500	650	액체	TEL	1단	
IRBM	화성-12	-		KN-17	4,500	500~천		궤도		Marv?
ICBM	화성-14	-		KN-08	12,000	40~80KT		TEL	3단	
	-	-		KN-14	9,970	40~80KT			2단	
	-	대포동 2호		-	10,000 이상	650~천		Silo	3단	위성탑재
	화성-15	-		-	13,000			TEL	2단	SS-18, SS-19

써 도로이동시 감시정찰 자산에 노출 및 추적될 위험성을 감소시켜서 전술적 생존성을 향상시키는 노력으로 볼 수 있다.

일반적인 핵보유국인 미국, 소련, 중국 등은 사일로형 탄도미사일이나 이동형수직발사대 탄도미사일 등을 전력화해서 보유나 과시만으로 전쟁 억제를 달성하려는 전략무기 운영개념을 갖고 있다. 그러나 북한은 유사시 실전 사용 가능성을 향상시키는 데 주안을 두어 대단히 위협적인 개발 추세로 평가된다.

북한은 〈그림 7-44〉[56]처럼 김정일 시대 전반에 걸쳐 약 50회 정도였던 핵미

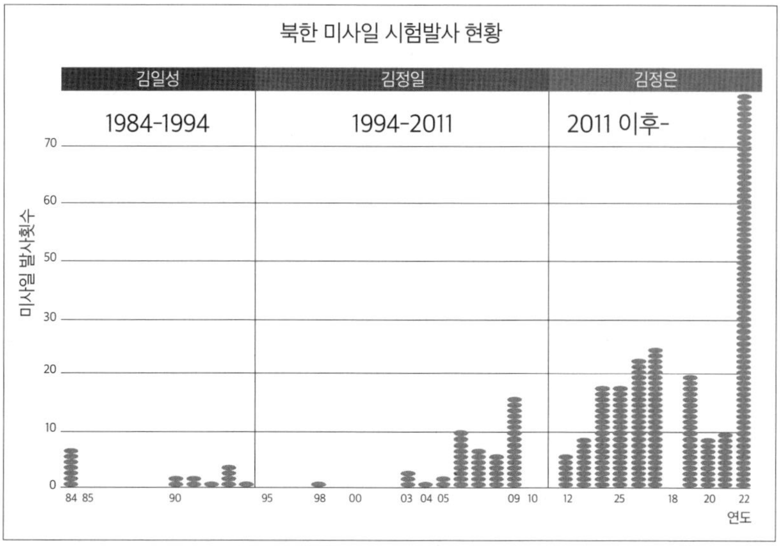

북한 미사일 시험발사 현황

김일성	김정일	김정은
1984-1994	1994-2011	2011 이후-

<그림 7-44>
북한 미사일 시험발사 현황

사일 시험을 김정은 시대에 이르러 2018년 이전 약 100회에 걸쳐 수행했다. 2018년을 제외하고 2019년부터 2022년까지 주로 단거리탄도미사일과 방사포를 중심으로 수회에 걸쳐 약 108발에 대한 시험사격을 수행했다. 북한은 2022년 12월 31일 600mm 초대형 방사포 30문을 증정함으로써 개발 완료한 무기체계를 전력화하기 시작했다. 시험 사격을 통해 노출된 북한 탄도미사일의 능력과 특성은 크게 4가지에 중점을 두었다고 평가된다.

첫째, 미사일 투발체계 반응시간 단축을 통한 생존성 향상과 기민성 향상을 통한 기습능력 증대 문제다. 둘째, 고각사격을 통한 장거리 미사일의 근거리 표적에 사용으로 기존 방공무기체계를 무력화하는 교리 개발 문제다. 셋째, 방사포 재사격 시간 단축(Interval Between Launches)이다. 넷째, 탄도탄의 준탄도 궤적(Quasi-Ballistic)을 지향하고 있다.

첫째, 미사일의 생존성, 기민성 향상을 위한 북한미사일 개발 징후는 2017년 초 시도한 북극성-2 미사일을 살펴보면 알 수 있다. 그 특성과 제원은 〈그림 7-45〉[57]와 같다. 플랫폼을 차륜형에서 궤도형으로 변경하고, 추진연료를 액체

56 https://missilethreat.csis.org/wp-content/uploads/2022/11/NorthKorea_Missile_testing_update_11.22.22-1.jpg

57 https://missilethreat.csis.org/wp-content/uploads/2018/06/2022_NorthKorean_MissileMap-scaled.jpg

<그림 7-45>
북한의 핵투발 능력

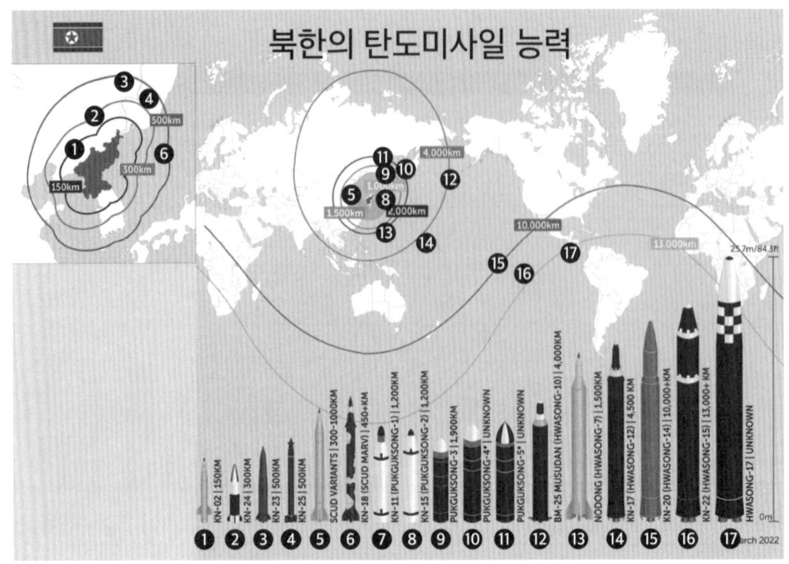

에서 고체로 변경하면 발사 소요시간이 거의 필요 없다. 이동형수직발사대(TEL) 이외에도 궤도형 플랫폼을 사용하는 KN-24를 지속적으로 개발했다. 궤도형 플랫폼은 숲이 우거진 지역의 동굴에서 나와 발사 후 은폐가 용이하다. 2021년 9월 15일과 2022년 1월 14일에 철도에서 KN-23을 탑재하여 사격을 시도하기도 했고, 2022년 9월 25일에는 평북 태천 저수지에서 수중 발사를 시도했다. 플랫폼과 발사 지역을 다양화함으로써 잔존 능력을 향상시키는 노력을 했다.

둘째, 고각발사에 의한 첫 번째 시험사격은 2016년 4월 15일부터 6월 22일에 걸쳐 4회 6발의 무수단 미사일 고각발사 시험사격이 있었다. 이후 2017년 북극성 2형 발사, 화성14, 화성15발사는 모두 고각발사를 실시했다. 이런 북한의 고각사격에 대해 축소사거리에서 실시함으로써 대기권 재진입 환경시험을 시도한 것으로 해석하고 있다. 그러나 장거리 미사일도 근거리 사격을 통해 한반도 내 장거리 미사일 사격 가능성을 확인한 것으로 추정할 수 있다. 장거리 미사일의 근거리 운용은 여타 국가에서 시행한 적이 없다. 재진입 시 미사일이 갖는 속도는 체계가 갖고 있는 추력으로 대륙간탄도미사일은 마하 25이상, 중거리탄도미사일은 마하15 정도의 속도를 갖기 때문에 한반도에 배치된 각종 방공무기체계의 무력화를 시도할 가능성을 배제할 수 없다. 일반적으로는 설계목적과 다르게 사용되지 않을 것이라고 생각하는데, 침략의지를 갖는 북한의 경우 실전상황에서 충분히 선택 가능한 대안이라고 볼 수 있다.

셋째, 방사포는 5회에 걸친 시험 사격마다 매회 2발 사격을 통해 재사격 시간 단축 시험을 수행했다. 2019년 8월경 17분이 소요되던 재사격 시간을 2020년 3월에는 20초까지 단축시켰다. 방사포 재사격 시간이 단축되면 공중의 동시 비행 탄두량이 증가해 남한에 배치된 다양한 탄도미사일 방어체계의 동시 교전 능력을 초과함으로써 방공체계 무력화를 시도할 수 있을 것이다.

넷째, 우리에게 극초음속 미사일로 알려진 화성-8과 북한판 이스칸더 미사일 KN-23은 추진제 연소 종료 시 30도 이하 저각 자세로 비행하여 사거리가 단축됨에도 불구하고 높은 추력으로 대기권 내 공력 비행 간 다양한 기동을 통해 방공망을 돌파할 수 있다. KN-23의 경우 17~18회의 시험 사격 중 연소 종료 시 경사각 20도 이하가 되도록 하는 준탄도 궤적 시험 사격을 9회에 걸쳐 시행했다.

〈그림 7-45〉[58]처럼 ①~⑥까지 KN-02, KN-24, KN-23, KN-25, 스커드 개량, KN-18은 남한을 타격할 능력을 갖고 있다. ⑦~⑪ 북극성 계열은 잠수함 발사 탄도탄이라 역시 남한 타격이 가능하다. ⑤와 ⑦~⑪은 일본 타격 능력을 갖추었고, ⑫와 ⑭는 괌 타격이 가능하다. ⑮~⑰은 하와이와 미국 본토 타격이 가능한 최대 사거리 능력을 과시했다.

이런 북한 미사일은 미 본토까지 타격할 수 있는 전 스펙트럼의 미사일을 보유하고 있어 실전 상황하에서 한미연합작전을 수행할 경우 미군이 한반도로 전개하는 것을 단계적으로 공격할 수 있는 능력을 갖추었다고 평가할 수 있다.

배치되는 방공무기가 많을수록 방어목표에 대한 방호확률이 향상되고 배치 위치와 공격방향에 따라 다양한 가능성에 대비할 수 있다. 북한의 새로운 시도에 대해 방공무기의 무용성을 주장하는 것은 소총에 헬멧이 관통될 수 있기 때문에 헬멧을 착용할 필요 없다는 논리와 같다. 전장에서 전투원은 자신의 생존확율을 향상시켜서 임무를 수행하는 것이 당연하다. 무기체계는 전투발전요소를 모두 동원하여 전투력을 발휘하고 임무를 완수해야 한다. 첨단과학기술이 적용된 무기체계를 갖고 있는 시대에 연구개발 노력은 이러한 생존확률을 증가시키거나 적 표적의 파괴 확률을 증대시키는 노력에 집중되고 있다.

58 Ibid.

연습문제

1. 탄도미사일과 순항미사일 각각의 특성을 비교하여 설명하라.

2. 탄도미사일은 통상 2단 추진체계를 갖고 있는데 추진체계로부터 최종 탄도의 에너지를 갖는 시기는 어느 단계인가?

3. 현대 미사일은 통상 추진체계, 탄두, 유도장치로 구성되는데 표적지역에 정확히 도달할 수 있도록 유도기능이 첨단화되고 있다. 이런 유도장치에 가장 기본적인 구성품은 관성항법장치이다. 이런 관성항법장치가 유도탄에 제공하는 정보는?

4. 순항미사일은 다양한 엔진을 개발하여 적용 중이다. 음속을 기준으로 터보팬엔진과 램제트엔진 스크램제트 엔진을 비교하여 설명하라.

5. 순항미사일에 사용되는 종말유도장치에는 EO/IR탐색기를 사용하기도 하는데 탄도미사일은 빠른 속도로 인하여 이런 유도장치 사용이 제한된다. 어떤 항법체계를 사용하는가?

6. 미국의 탄도탄 방어체계는 핵탄두체계에서 비핵탄두체계로 전환되었다. 무기체계에 적용해서 비교하라.

7. THAAD포대는 AN/TPY-2레이더 등을 포함하여 어떤 장비로 구성되는가?

8. 북한은 지난 2017.9.3.일까지 6차에 걸친 핵실험을 했다. 5차 핵실험과 6차 핵실험별 의미를 비교하여 설명하라.

9. 북한은 2017년 지상발사미사일을 실전 운용하는 데 제한사항이 있었던 액체추진제 미사일을 고체추진제로 변경을 시도하고 차륜형(바퀴) 차량에서 궤도형으로 개선했다. 그 의도를 추정해보라.

10. 북한 핵미사일 위협이 가중되는 현 시점에 주요 도시나 시설 등을 핵미사일로부터 보호하기 위해 전력화가 필요한 무기체계에는 어떤 것이 있는가?

11. 북한은 다음과 같은 발표를 했다. 이 탄도미사일의 연소종말 속도를 추정하고, 45도 각도로 발사 시 예상되는 최대사거리를 판단하여 어떤 탄도미사일인지 판단해보라.

최대고도(max)	비행거리(R)	미사일 속도(v_0)	추정 미사일 최대사거리(km)
4,500km	950km	mach( )	( )km

12. 원자탄과 수소탄의 특성과 성능을 설명하라.

13. 미사일 탄두에 장착되는 핵탄은 (　　)에 (　　)를 충돌시켜 붕괴하면서 발생되는 에너지에 의한 폭발력을 이용하는 탄을 원자탄이라 하고, (　　)이 플라즈마 상태의 고온 하에서 중성자의 충격을 받아 헬륨과 ^2H와 ^3H가 생성되고, 다시 (　　)와 (　　)가 융합하여 (　　)과 에너지가 발생하고 중성자가 튀어나오면서 발생하는 에너지의 폭발력을 이용한 탄을 수소탄이라 한다.

14. 우라늄 원자탄 설계 시 다음 화학반응식과 원소 및 입자의 물리량을 적용하여 다음과 같은 핵분열과정에서 우라늄 작용제의 총질량, 산출물의 총질량, 손실질량, 생성된 에너지를 산출하라.

가. 핵분열작용 화학반응식 : ${}_0^1n + {}_{92}^{235}U \rightarrow {}_{56}^{141}Ba + {}_{36}^{92}Kr + 3{}_0^1n + \gamma$,

나. 원소, 입자 물리량

(1) 중성자 : ${}_0^1n = 1.675 \times 10^{-27}kg$

(2) 우라늄 : ${}_{92}^{235}U = 3.9017 \times 10^{-25}kg$

(3) 바륨 : ${}_{56}^{141}Ba = 2.28922 \times 10^{-25}kg$

(4) 크롬 : ${}_{36}^{92}Kr = 1.57534 \times 10^{-25}kg$

15. 최근 핵미사일 위협에 따라 정부는 미사일 방어체계를 구축하고자 한다. 개전 초 높은 위협이 예상되고 인구밀집도가 가장 높은"가"지역과 다음 높은"나"지역에 요구수준의 방호태세를 유지하기로 했다. 다음 방안 처럼 A-SAM만 3개 포대로 방공체계를 구축하는 방안과 방안 처럼 A-SAM, B-SAM, C-SAM를 중첩 배치하는 방안을 비교분석 중이다. 현재 2개 방안의"가"지역에 대한 요격/격추확률(Pk)과"나"지역에 대한 요격/격추확률(Pk)을 각각 계산하고 요구되는 능력("가"지역 95% 방호, "나"지역 90% 방호)을 충족시키는 대안을 제시하라. 이때 체계 가동율은 100%, 임무수행 환경영향요소는 영향을 미치지 않는 것으로 가정하되, SAM체계별 획득단가가 아래 도표와 같다. 아래 질문에 답하라.

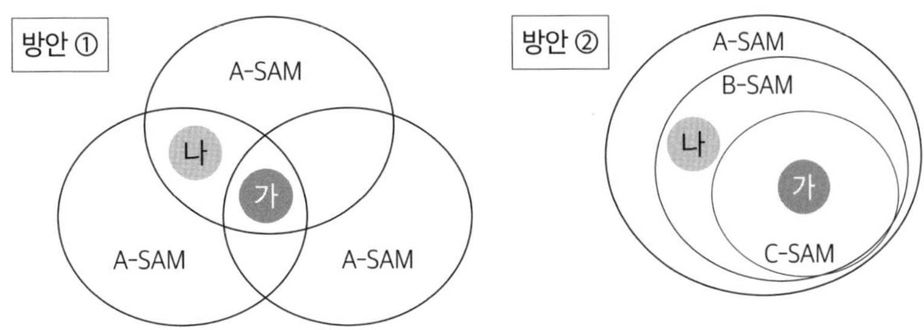

구분	A-SAM	B-SAM	C-SAM
Pk	0.7	0.6	0.5
단가	100억 원	50억 원	30억 원

가. 1방안 적용시 지역별 요구능력 충족 여부 : "가"지역 , "나"지역

나. 2방안 적용시 지역별 요구능력 충족 여부 : "가"지역 , "나"지역

다. 1방안과 2방안 중 추천을 건의한다면 어떤 방안을 건의할 것인가? 이유는?

라. 현재 이런 군사력 소요에 최대 가용재원이 240억원이라면 방안과 그 이유는?

16. 핵미사일 공격 위협이 가중되는 주요 도시나 시설 등을 보호하기 위해 전력화하는 무기체계에는 어떤 것이 있는가?

17. 북한에서 미사일 시험사격결과를 다음과 같이 발표 했다. 미사일의 초기 혹은 종말속도를 계산하고 어떤 종류의 미사일인지 판단하라.

18. 최근 북한 핵미사일 위협에 대응하기 위해 Kill-Chain을 구축 중이다. 합참에서는 Kill-Chain에 의한 표적파괴 요망효과를 정의하고 요망효과 달성에 필요한 체계성능을 절충하고 있다.

표 적		파 괴 기 준
병력표적		전술적 행동제한 기준 : 공격 30초, 방어 30초, 공격 5분, 보급 12분
지대지·지대공 미사일, 전차	M-Kill	이동불가 , 조원 정비복구 불가
	F-Kill	주화력 장비 작동불가 , 조원 정비복구 불가
	K-Kill	수리·정비 불가 (비용초과)
건물표적		특정수준의 구조적파괴 비율 (지붕, 마루 면적의 %), **구조적으로 50%이상 파괴시 사용불가** 트러스, 빔, 컬럼, 로드베어링 웰 등 하중을 받는 구조적 파괴

이 같은 기준에 의거 북한 핵 · 미사일 위협과 관련하여 건물표적에 대한 파괴능력을 갖춘 미사일을 개발하고자 한다. 이 미사일의 원형공산오차와 건물표적에 대한 유효살상면적을 정의하고 적합한 유도성능과 탄두위력을 결정하고 있다. 이때 1개의 건물표적에 대한 요망기대파괴확률 EFD를 0.5로 결정하여 절충 중에 다음 표와 같은 결과를 얻었다면 어떤 대안을 추천하며 그 이유를 기술하라.

설계대안	CEP(MOP)	MAE(MOP)	EFD	획득 단가
A 유도탄	최소 50m	100m^2	0.65	10억 원
B 유도탄	최대 100m	400m^2	0.46	5억 원

제8장

화력무기체계

1. 전장기능과 특성

미 합참에서 "화력기능은 표적에 대해 특정 치사(Lethal) 혹은 비치사(Non-lethal) 효과를 생성하는 데 가용한 체계를 사용하는 것을 의미한다."고 되어 있다. 이런 정의에서 알 수 있는 것처럼 화력은 대상표적이 대단히 중요하다. 그 표적을 어떤 상태로 만들 것인가에 따라 화력의 요구능력이 결정된다.

이와 같은 화력무기들은 보편적으로 다음과 같은 특성을 갖고 있다. 발사관(Launch envelope)의 형태, 무기체계의 무게(Weight), 발사대 수(Number on launchers)가 있다. 또한 사격능력을 결정하는 발사 차폐각(Weapon-off axis launch angle), 조준오차각(Off bore-sight angle)이 중요하고 기상의 영향을 고려하여 악천후(Adverse weather) 및 주야(Day-night) 운용능력도 중요한 특성이 된다. 임무수행에 있어 차단(Intercept)능력, 원형공산오차(Circular Error Probable), 교전절차에 소요시간(Acceptable engagement sequence time), 임무반응시간(Mission response time), 전원작동(Power-up), 사격(Fire), 재사격(Re-fire), 무기 발사율(Weapon launch rate)이 단위시간당 발사탄 수에 영향을 미치는 요소다.

같은 맥락으로 항공기에는 소티율(Sortie rate)이 중요한데 이런 소티율은 생성(Generated), 지원(Sustained), 출격(Surge) 특성에 의해 결정되며 비행 중 표적재처리(Weapon in-flight re-targeting)도 항공기의 중요한 화력특성이다. 화포나 미사일, 항공무장 등에 있어 교전탐지시나리오(Detect to engage scenarios)도 중요한 특성이다. 〈표 8-1〉처럼 건물표적에 대한 파괴효과는 유효파괴확률(Expected Fractional Damage)을 적용하며 장비표적에 대해선 살상확률(Probability of kill), 임무살상(Mission kill)율을 적용하고 있는데 기동불가(M-kill : Mobility kill), 화력운용불가(F-kill : Fire kill), 정비수리 등 복구불가 파괴(K-kill)을 적용하고 있다.[1] 여기서 명중확률(Probability of hit), 최대 허용 원형공산오차(Maximum allowable CEP) 혹은 오차거리(Miss distance) 등이 관련된 중요한 요소다. 또한 무기사거리(Weapon range) 역시 무기 특성을 결정짓는 중요한 요소이다. 불발률(Dud or unexploded ordnance (UXO) rate)은 임무수행의 완전성에도 영향이 있지만 국제규약에 의한 분산자탄 사용 시 규제 요소인데 허용 불발률

<표 8-1>
표적파괴 효과 평가 기준

<table>
<tr><th colspan="3">표적</th><th>파괴기준</th></tr>
<tr><td colspan="3">병력표적</td><td>• 전술적 행동제한 기준
- 공격 30초, 방어 30초, 공격 5분, 보급 12분</td></tr>
<tr><td colspan="2" rowspan="3">지대지·지대공 미사일, 전차</td><td>M-Kill</td><td>• 이동불가, 조원 정비복구 불가</td></tr>
<tr><td>F-Kill</td><td>• 주화력 장비 작동불가, 조원 정비복구 불가</td></tr>
<tr><td>K-Kill</td><td>• 수리·정비 불가(비용초과)</td></tr>
<tr><td rowspan="6">항공 관련표적</td><td rowspan="2">계류 항공기</td><td>PTO-Kill</td><td>• 비행에 최소 5'이상
• PTO0(수리 4h이하), PTO4(수리 4h이상),
• PTO24(수리 24h이상), PTO72(수리72h이상)</td></tr>
<tr><td>K-Kill</td><td>• 폐품으로 사용하는 것 외 활용가치가 없도록 파괴</td></tr>
<tr><td>활주로</td><td>I-Kill</td><td>• 항공기 이착륙을 제한하는 만큼의 활주로 폭파구 형성</td></tr>
<tr><td rowspan="3">격납고</td><td>셀터 손상 PTO-Kill</td><td>• 셀터 손상으로 항공기 PTO-Kill 유발</td></tr>
<tr><td>셀터 관통 K-Kill</td><td>• 셀터를 관통한 후 셀터 내 항공기를 K-Kill한 상태</td></tr>
<tr><td>셀터 폭파</td><td>• 셀터를 완전히 폭파하여 항공기를 완전히 파괴</td></tr>
<tr><td colspan="3">건물표적</td><td>• 특정수준의 구조적 파괴 비율 (지붕, 마루 면적의 %) (EFD)
• 구조적으로 50%이상 파괴시 사용불가
• 구조적파괴 : 트러스, 빔, 컬럼, 로드베어링 웰 등 하중을 받는 구조물 파괴</td></tr>
<tr><td>터널</td><td>Block</td><td></td><td>• 터널을 출입할 수 없도록 천정, 벽체를 구조적으로 완전히 파괴하여 흙과 물, 암석 등으로 메움</td></tr>
</table>

1 박진호, 『건물표적의 피해평가 방법에 대한 비교분석』, 아주대학교 박사학위 논문, 2016, p. 13.

을 1%로 한정하여 무기체계 개발이나 사용 시 정책적으로 고려해야 하는 필수 요소가 된다.

화력체계에 있어서 발사대, 즉 플랫폼은 체계(Systems), 발사대(Launchers), 화력저장능력(Firing-storing capacity)이 특성을 결정하는 중요한 요소가 된다. 화력무기체계의 작업분할구조(WBS)는 미사일과 동일하게 적용된다.[2]

2. 화력무기체계의 구분 및 분류

화력무기체계 구분은 〈표 8-2〉처럼 형태, 전술, 수송수단(플랫폼), 용도에 따라 구분할 수 있다. 형태는 〈그림 8-1〉처럼 포진지에서 표적지역에 사격시 관측소의 정보를 이용하여 사격하는 간접사격방식을 적용하는지, 포진지에서 표적을 직접 조준하여 사격하는 직접사격방식을 적용하는지 여부에 따라 포와 총으로 구분한다.

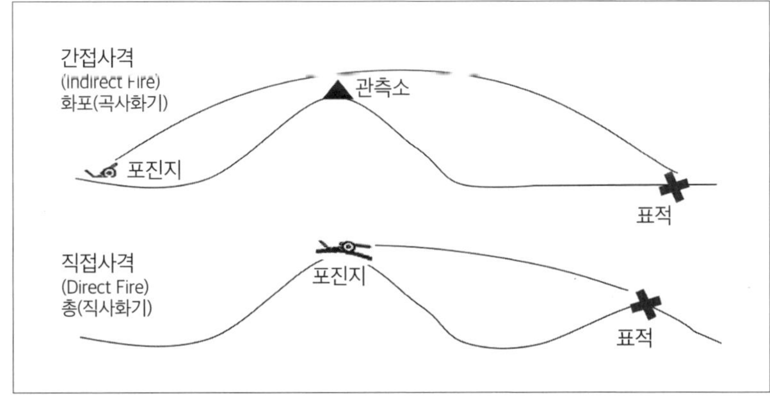

<그림 8-1>
화포(곡사화기)와 총(직사화기) 비교

〈표 8-2〉처럼 직사화기인 무반동총은 포와 달리 주퇴 장치가 없다. 포는 구경장이 30이상으로 사격 고각이 저 사각이면서 높은 포구초속을 갖는 경우를

2 MIL-STD-881D *Work Breakdown Structures for Defense Materiel Items*, 9 April 2018, pp. 52~66.

<표 8-2>
화력체계의 구분

<table>
<tr><th>구분</th><th colspan="2">분류</th><th>기준</th></tr>
<tr><td rowspan="4">형태</td><td rowspan="3">간접사격</td><td>평사포</td><td>30구경장 이상, 저사각, 고 포구속도</td></tr>
<tr><td>곡사포</td><td>20~30구경장, 고사각, 중간 포구속도</td></tr>
<tr><td>박격포</td><td>10~20구경장, 고사각, 저 포구속도</td></tr>
<tr><td>직접사격</td><td>무반동총</td><td>주퇴 장치가 없는 포</td></tr>
<tr><td rowspan="4">전술</td><td colspan="2">경포</td><td>구경 120mm 이하</td></tr>
<tr><td colspan="2">중간포</td><td>구경 121~160mm</td></tr>
<tr><td colspan="2">중포</td><td>구경 161~210mm</td></tr>
<tr><td colspan="2">초중포</td><td>구경 210mm 초과</td></tr>
<tr><td rowspan="2">수송 수단</td><td colspan="2">견인포</td><td>차량 견인 화포</td></tr>
<tr><td colspan="2">자주포</td><td>자체 기동장치로 이동하는 포, 발사대</td></tr>
<tr><td rowspan="4">용도</td><td colspan="2">야포</td><td>포병화포</td></tr>
<tr><td colspan="2">대공포</td><td>대공표적 사격용</td></tr>
<tr><td colspan="2">해안포</td><td>해상표적 파괴 목적용</td></tr>
<tr><td colspan="2">대전차포</td><td>전차표적 파괴 목적용</td></tr>
</table>

평사포로 구분한다. 구경장이 20~30 정도로 고 사각으로 사격하며 포구초속은 중간정도인 경우 곡사포로 구분한다. 구경장이 10~20 정도로 높은 사각으로 발사하고 포구초속이 느린 경우 박격포로 구분한다. 전술적인 구분은 구경이 120mm 이하를 경포, 121~160mm를 중간포, 161~210mm를 중포, 210mm 이상인 화포를 초중포라 구분하기도 한다. 차량에 연결하여 견인하는 화포를 견인포, 차체에 탑재되어 운용되는 화포를 자주포로 구분한다. 용도에 따른 분류는 일반적인 포병화포를 야포로 구분 한다. 항공기 등 대공표적을 사격하는 포를 대공포로 구분하고 해상표적에 사격하는 포는 해안포, 전차표적에 사격하는 포를 대전차포로 구분한다.

총과 포를 구분 시 발사원리로 구분하기에는 다소 제한된다. 그래서 통상적으로 분류하고 있는 기준은 구경을 기준으로 하는데 12.7mm(Cal 50)이상인 것을 "포"라고 칭한다. 그뿐만 아니라 〈그림 8-1〉처럼 탄도와 사격방법을 고려하기도 하는데 탄도가 곡선을 형성하는 경우 "포"라 하고, 직선인 경우 "총"이라고 구분하고 있다. 다만, 예외적으로 106mm 무반동총, 20mm 발칸은 직선에 가

<그림 8-2>
구경과 구경장(Caliber)

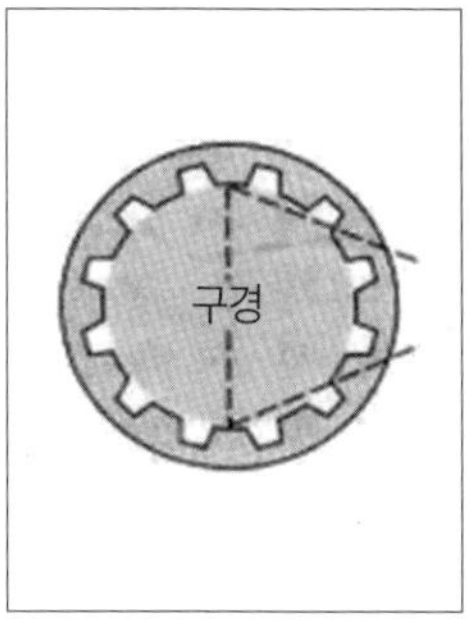

구경 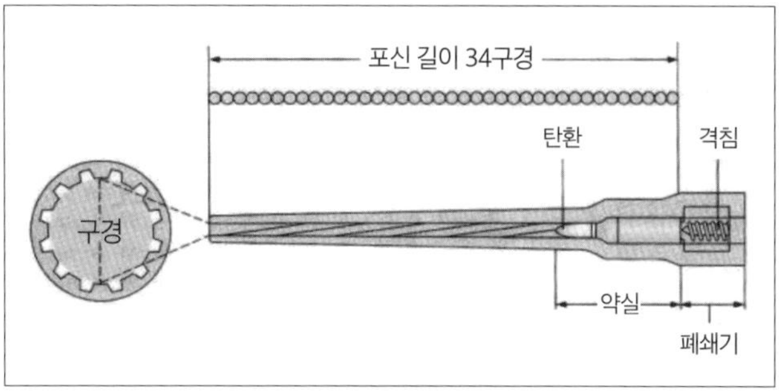 구경장

깝게 비행해도 "포"라고 호칭하고 있다.

여기서 "포"는 다시 평사포, 곡사포, 박격포로 구분하는데 평사포는 긴 포신 구경장을 갖는데 통상 30 이상으로 40~50인 것을 "평사포"라 하는데 탄도는 수평이고 원거리 사격이 가능하다. 곡사포는 탄도가 비교적 완만한 곡선을 그리는데 구경장은 30~20이고 추진 장약이 평사포에 비해 소량으로 보병사단에 편제 포병화기의 주류를 이루고 있다. 박격포는 구경장이 10~20으로 발사각이 45도 이상으로 급격한 탄도곡선을 그리며 표적상공으로 낙하하고 통상 포구에서 탄약을 장전하는 방식을 사용한다. 이런 박격포처럼 진지 내 엄폐중인 표적에 대한 치사효과 극대화를 위해 ICM (Improved Conventional Munition)과 같은 탄약이 개발되기도 했다.

앞에서 총과 포를 구분하는 데 사용하는 "구경"과 "구경장"은 〈그림 8-2〉처럼 강선 등을 기준으로 하는 직경을 구경이라 하고 구경과 포신의 길이의 비를 구경장이라고 칭하고 그 관계는 (식 8-1)과 같다.

$$\text{구경장(Calibers)} = \frac{\text{포신길이}}{\text{포구경}} \quad \text{(식 8-1)}$$

그러나 간혹 총강이나 포신 직경의 길이를 인치 단위로 구경이라 칭하는 경우가 있는데 예를 들어 5.56mm이면 인치로 환산하면 0.22인치로 Caliber22라 하고, 7.62mm이면 0.3인치로 Caliber30, 12.7mm면 0.5인치로 Caliber50으로 명칭을 부여한다. 한편 구경장(Calibers) 적용은 포신길이 300cm, 구경 15cm인 경우 "구경장 20인 화포"라고 구분할 수 있다.

화력무기체계는 정부에서 〈표 8-3〉처럼 분류하고 있다.[3] 소화기와 대전차화기 등 직사화기와 화포, 유도무기를 포함하고 각 화기에 사용되는 탄약과 항공기에 사용하는 폭탄을 포함하는 항공탄도 탄약에 포함하고 있다. 그뿐만 아니라 화력운용에 있어서 정확성, 적시성을 보장하는 화력지원장비체계들도 포함되어 있고 미래무기체계로 레이저무기체계도 포함된다. 이와 같은 분류가 가

<표 8-3>
화력무기체계 분류

중분류	소분류	대상장비
소화기	개인화기	38.45구경 권총, M16A1, K-1, K-2소총, 수중권총, M203.K-201 유탄발사기 등
	기관총	K-3, K-4, M60, K-6 기관총 등
대전차화기	대전차 로켓	M72LAW, PZF-3 등
	대전차유도무기	METIS-M, TOW, 현궁 등
	무반동총	90mm, 106mm 무반동총 등
화포	박격포	60mm, 81mm, 4.2″박격포 등
	야포	105mm(M101), 155mm(M114A1, KH-179, K-55, K-9) 등
	다련장 로켓	차기다련장, MLRS, 130mm 다련장, 2.75″ 로켓 등
	함포	20mm, 30mm, 40mm, 76mm, 127mm 등
화력지원 장비	표적탐지화력통제레이더	AN/TPQ-36, AN/TPQ-37, ARTHUR-K(1K) 등
	전차/화포용사격통제장비	전차장 열상조준경, 전차 포수조준경, BTCS 등
	그 밖의 화력지원장비	측지제원계산기, 광파거리측정기, 자동측지장비 등
탄약	지상탄	기관총탄, 박격포탄, 포병탄, 전차포탄, 로켓탄, 지뢰, 폭약 등
	함정탄	20mm, 30mm, 40mm, 76mm, 127mm, 기뢰, 폭뢰 등
	항공탄	일반폭탄, 유도폭탄, 확산탄, 조명탄 등
	특수탄약	전자기펄스탄, 탄소섬유탄 등
	유도탄능동유인체	대유도탄기만체(DECOY), CHAFF, R-BOC 등
유도무기	지상발사유도무기	지대지유도무기(현무, ATACMS), 지대함유도탄(HARPOON), 전술지대지유도무기(KTSSM) 등
	해상발사유도무기	함대지, 함대함, 함대공유도탄, 잠대함유도탄 등
	공중발사유도무기	공대지, 공대함, 공대공유도탄 등
	수중유도무기	경어뢰, 중어뢰, 장거리대잠어뢰 등
특수무기	레이저무기	고에너지 레이저무기, 고출력 마이크로파 무기,초저주파 음향무기 등

3 국방부훈령 제2114호,「국방전력발전업무훈령」(2017.12.29.),별표 2의 6.

능한 이유는 전장에서 화력기능의 정의에 거론되고 있는 치사성(Lethality)을 발휘하는 체계이기 때문에 함께 분류하는 것이 타당하다.

3. 화력무기체계 운용개념

화력무기체계는 100년 전쟁 중이던 1346년부터 1490년경 청동제 프랑스 화포가 등장했다. 주로 종심작전 능력을 보유하여 기병의 기능을 대체하는 수단으로 운용되었다. 제2차 세계대전 시에는 지상화력의 주체로 인식될 정도로 주도적으로 운용되었다. 적지종심지역 화력지원, 대 화력전 및 대 포병사격, 대대급 이상 보병부대 직접지원 등 다양한 전술적 목적으로 운용되고 있으며 탄두를 발사하는 포신, 지지 및 운반을 위한 포가로 구성된다. 핵 · 로켓 · 유도탄의 등장에도 불구하고 제병협동작전시 적 제압, 무력화, 표적에 요망효과 달성을 위해 표적획득, 사격지휘 등 세부기능이 발전되었다. 서방측은 구경 105M, 155M위주로 발전시켰고 동구권은 구경 122M, 152M를 표준 구경으로 발전시켜 왔다. 화포를 운용하는 부대는 포병부대로 운용절차는 〈그림 8-3〉처럼 1. 전방관측자(FO : Forward Observer)가 표적을 관측하고, 2. 제원 및 사격요구를 통보하면, 3. 사격지휘소(FDC : Fire Direction Center)에서 사격제원을 산출하여 통보하고, 4. 포반에서 사격제원을 접수하고 화포에서 사격절차를 진행한다.

이런 운용개념에 따라 화포가 갖추고 있는 주요 성능 및 기능은 〈그림 8-4〉와 같다. 첫 번째와 두번째 표적획득 및 사격요구 기능을 갖는 무기체계에는 주 · 야관측장비(TAS-1K), 대포병 탐지레이더, 무인기, 위성 등이 있다. 세 번째 사격지휘체계(FDC : BTCS)는 최신표적정보로 최적화된 표적공격방법을 선정하

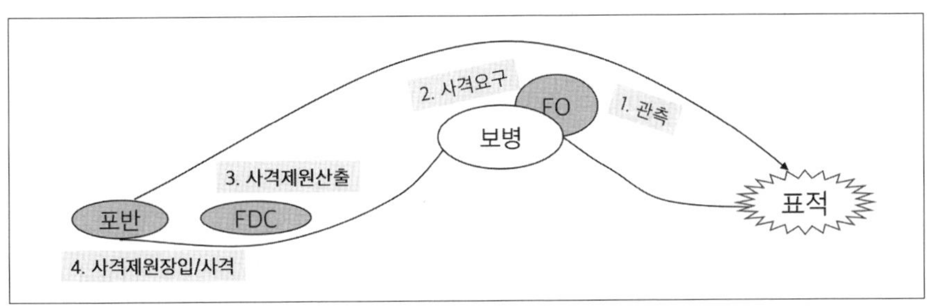

<그림 8-3>
간접사격체계

<그림 8-4>
주요화력체계 기능과 성능

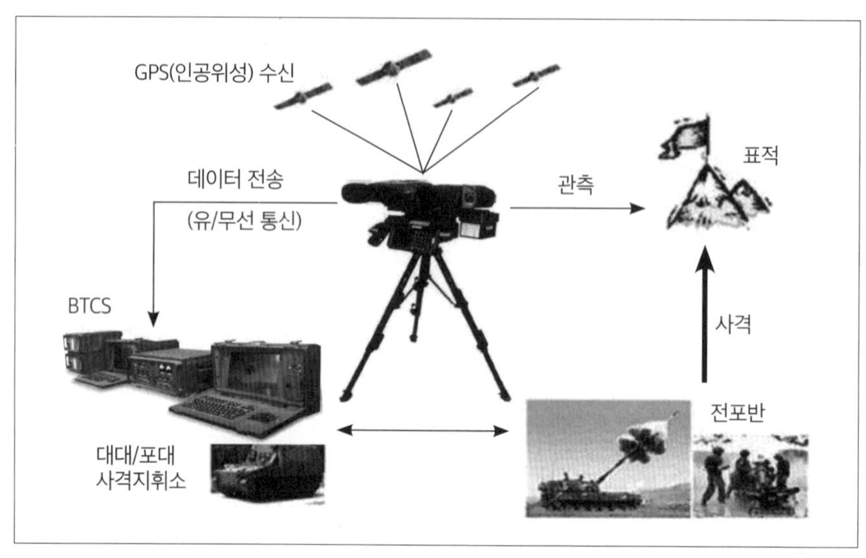

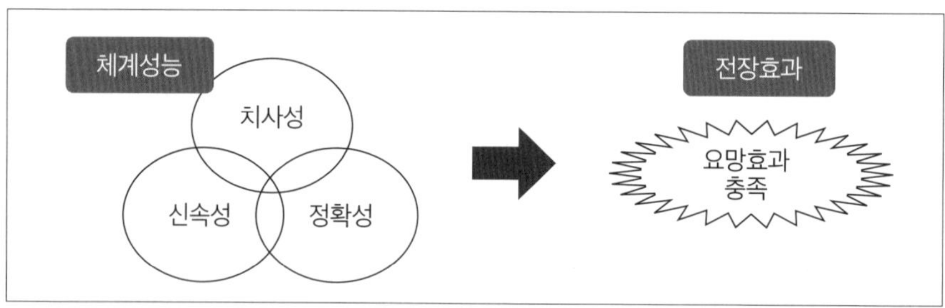

고 제원을 산출하는 체계이다. 네 번째 포반은 사격제원을 자동으로 수신하여 사격반응시간을 단축할 수 있도록 발전하고 있다.

그뿐만 아니라 Shoot and Scoot, 즉 사격 후 신속히 진지를 변환하는 전투기술을 적용할 수 있도록 발전하고 있다. 향후 화력무기체계의 성능은 장사정화되고, 정확성, 신속성, 치사성을 향상시키고 생존성 지향하면서 인력을 감소시켜서 요망효과를 충족하여 전장효과를 보장하고 있다.

4. 주요 특성과 원리

화력무기체계를 운용한 포병부대의 주요 임무는 적 종심공격, 대포병전, 적 전투차량 제압, 보병부대 직접지원 등을 수행하기 때문에 추구하는 주요 성능

특성은 사거리, 정확도, 신속성, 강한 위력, 생존성의 5개며, 화력체계 발전을 위해서 중점관리하고 있다. 따라서 이런 특성에 대한 이해를 통해 화력무기체계에 대한 보다 합리적이고 체계적인 이해를 돕고자 한다.

1) 사격범위(Coverage)/사거리(Range)

사거리(Range) 특성은 상대적으로 적보다 긴 사거리를 가질 경우 적 화력에 노출이 감소되면서도 화력지원이 가능한 창끝 효과가 나타난다. 따라서 고대 시대에 창이나 칼과 같은 재래식 무기체계로부터 화포나 첨단 미사일까지 사거리 연장을 위해 부단히 발전시켜왔던 특성이다. 비단 화력무기체계뿐 아니라 전투기나 함정 등과 같은 기동무기체계에도 항속거리 등 운용능력을 확장시키려는 노력이 집중되고 있다. 사거리가 연장되면 소수의 화포로도 넓은 지역에 대한 화력지원이 가능해지고 적이 아군을 공격하는 범위 밖에서 공격이 가능한 효과를 달성할 수 있다.

이와 같은 사거리연장을 위해 화력무기체계 분야는 다음과 같은 세부적인 요소기술들이 발전되고 있다. 먼저 포구초속을 증대시키려고 노력하고 있다. 그 방법으로 최근 구경은 탄약사용의 효율성을 보장하기 위해 구경 표준화 추세에 있기 때문에 구경을 고정한 상태에서 포구초속을 향상시키는 방법은 〈그림 8-5〉에서와 같이 포신을 길게 만들어 운동에너지를 증가시킴으로써 포구초속을 증대시키는 방안이 있다. 〈그림 8-5〉는 화포의 포탄 또는 소화기의 탄자가 포신 내에서 장약에 의해 압력을 받으면서 그 압력이 포탄이나 탄자를 포신 외

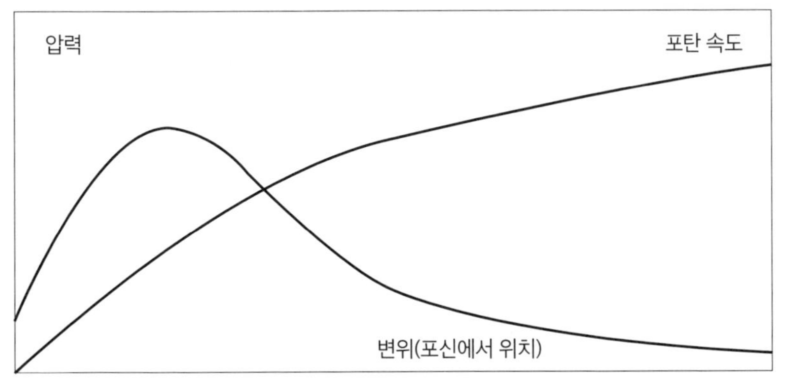

<그림 8-5>
포탄(탄자) 이동거리에 따른 속도와 압력의 관계

부로 밀어내어 포구초속을 형성하는데 이 관계식을 정리하면 (식 8-2)와 같다.

$$W = A\int_{0}^{x_1} Pdx = KE = \frac{1}{2} m V^2 \text{ (식 8-2)}$$

여기서 W는 추진가스가 한 일, KE는 탄자 운동에너지, m은 탄자속도, V는 포구속도, A는 탄자단면적, x_1은 탄자가 이동한 거리를 의미한다.

이 식에서 의미하는 것은 포탄 장약에 의해 발생하는 가스의 압력이 하는 일은 일정시간 급격히 포탄을 밀어내어 포탄의 속도를 가속시켜 그 압력이 포신까지 다하면 탄자는 포신을 이탈하면서 포구초속을 얻게 되는데 그 속도가 여기서 x_1, 즉 포신까지 이동한 시점까지 한 일을 기준으로 운동에너지를 얻었으므로 이때 속도를 계산하면 곧 포구초속이 된다.

따라서 화포의 경우 포신을 기존 구경장 23에서 52까지 증대시켰고 차후에는 62~68구경장을 지향하고 있다. 물론 이렇게 구경장을 무한정 신장시킬 수는 없다. 〈그림 8-5〉처럼 포탄 속도가 증가되다가 압력이 저하되면서 포신 강내 마찰력보다 약할 경우 포탄이 포신 내에서 정지하는 현상이 발생할 수도 있다. 따라서 신장할 수 있는 최대의 구경장 한계치에 도달할 수 있다.

포구초속이 2,500~3,000m/sec이 되면 포신 내구도가 감소하는데 이에 따라 포신 내구도 보강을 통해 포신 두께를 증가시키면 기동성이 저하되어 최적화가 필요하다.

이와 같은 방법으로 포강 내 압력을 이용한 사거리 증대 방법의 한계를 극복하기 위해서는 보조추진체계를 추가시키는 방법인데 첫 번째로 RAP(Rocket Assisted Projectile)탄을 살펴보았다. 이 기능을 발휘하기 위해서는 〈그림 8-6〉[4] 처럼 탄자 미부에 고체연료 로켓 모터를 부착한 형상을 갖는다.

RAP탄의 원리는 기존 포탄에 의한 속도로 포신을 이탈하여 탄도 비행을 하다가 수초 이내 로켓 모터가 연소를 개시하여 추진력을 증가시킴으로써 포탄을 가속하여 기존 사거리보다 20~50%를 연장시킬 수 있다. 반면 로켓모터가 차지하는 공간만큼 장약을 감소시킴으로써 탄의 위력이 감소한다.

---

4 https://www.army.mil/article/174013/army_developing_safer_extended_range_rocket_assisted_artillery_round

<그림 8-6>
로켓보조추진탄(RAP : Rocket Assisted Projectile)

두 번째로 램제트추진탄은 〈그림 8-7〉[5,6]처럼 포탄으로 장약에 의한 가속에 이어 램 가속기에서는 가스가 발화되어 고체연료 연소가 진행되는 방식으로 마하 5~6에 도달하도록 한다.

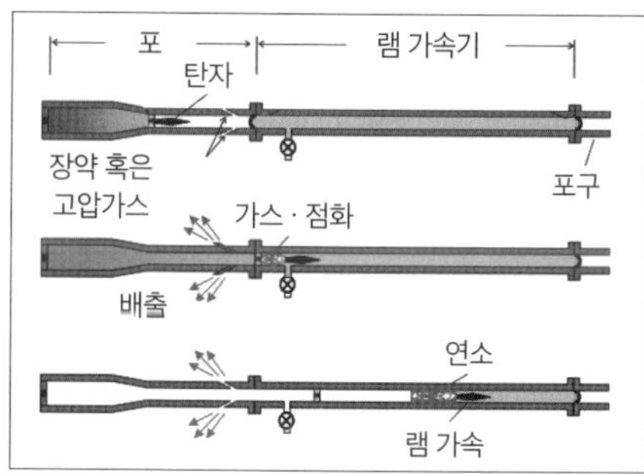

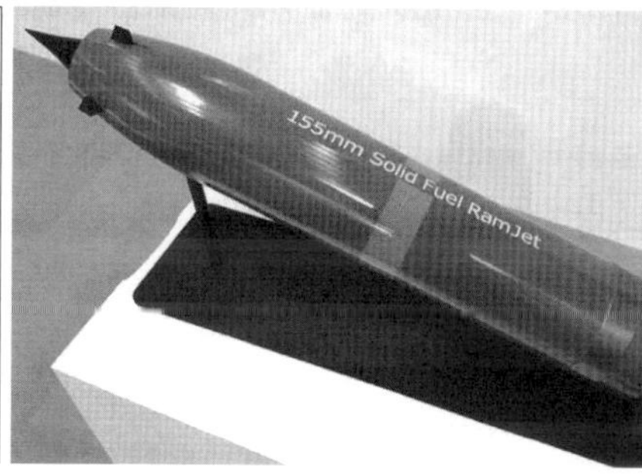

<그림 8-7>
램제트추진탄
(Ram Accelerator)

〈그림 8-8〉과 같은 공기항력감소탄을 사용하는 방법이 있다. 일반 포탄이 고속으로 비행하면 탄후미 압력이 진공상태에 도달하게 되어 큰 저항력을 발생시킨다. 이런 저항력 제거 기능을 추가한 탄이 공기항력감소탄이다. 원리는 〈그림 8-8〉[7]처럼 탄 후미에 Base Bleed Unit을 장착하여 포탄 비행 시 저속으로 연소시킴으로써 저항력 감소를 통해 10~25% 정도의 사거리를 연장시킬 수 있

5 https://www.thedrive.com/the-war-zone/21531/yes-this-is-a-ramjet-powered-artillery-shell-and-it-could-be-a-game-changer
6 https://www.aa.washington.edu/research/ramaccel/features
7 https://ars.els-cdn.com/content/image/1-s2.0-S0045793014003302-gr1_lrg.jpg
https://www.mil-spec-industries.com/products/105mm-base-bleed-unit

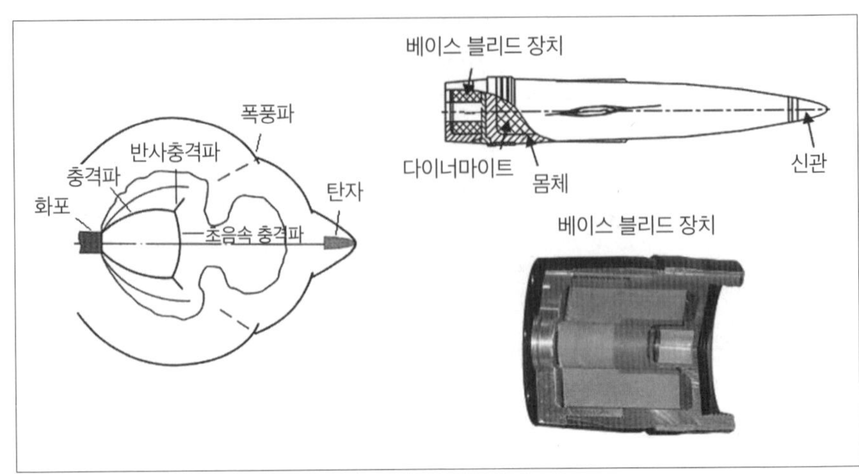

<그림 8-8>
공기항력감소탄(Base Bleed)

다. 이 기능은 RAP탄과는 달리 추진력을 제공하는 기능이 아니고 포탄 비행간 발생되는 후미 진공상태 제거 정도의 기능만 수행하는 것이다.

이와 같은 3가지 방법이 강외탄도학적 방법으로 사거리 신장 방안을 찾는 기술 개발 방향이다. 기타 미래군사과학기술의 발전을 통해 고체추진제나 액체추진제 개선을 통해 사거리를 신장시키는 방안과 전자기력에 의한 추진 등 다양한 대안의 개발을 시도하고 있다.

2) 정확도(Accuracy)

정확도 향상 문제는 과거 지역표적 무력화 위주로 관심이 높아 화력지원 임무로 정확도의 중요성이 낮았었다. 그러나 과학기술 발전에 따라 소규모 탄으로 요망효과를 달성하기 위해 정확성의 중요성이 증대되었다. 그뿐만 아니라 전차, 장갑차 등 이동표적에 대한 화력운용이 요구되고 소형표적에 대한 정확성이 지속적으로 요구된다.

화력무기체계의 정확도에 대한 문제는 오랜기간 관심의 대상이 되어왔다. 정확도는 화력무기체계에서 표적을 중심으로 탄착상태에 발생하는 오차를 통계적으로 처리함으로써 정량화하고 있다. 이때 오차의 종류에는 〈그림 8-9〉[8]

8 Morris Driels, *Weaponeering : Conventional Weapon System Effectiveness Course1*, U.S. Naval Postgraduate School Monterey, 2012, p. 7.

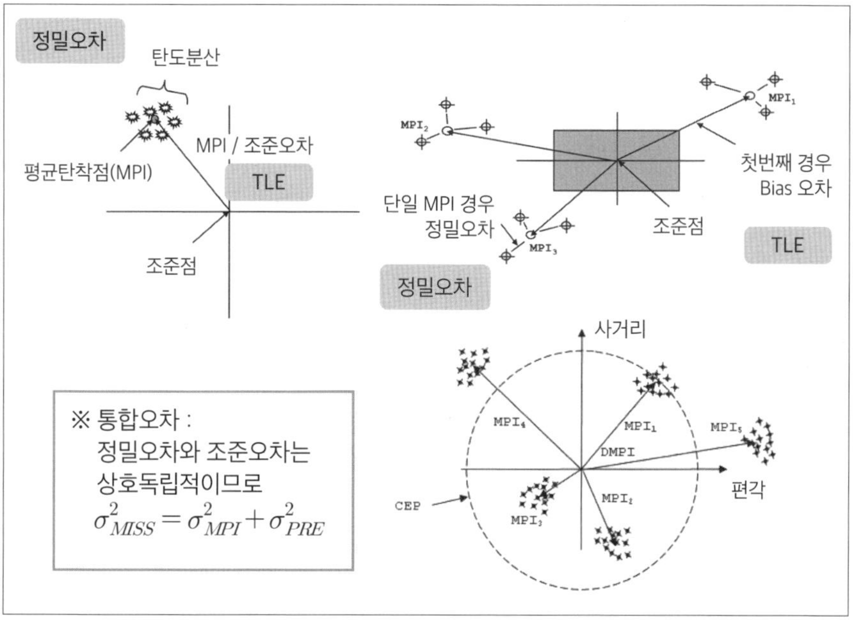

<그림 8-9>
화력무기체계의 오차 요소

처럼 평균탄착점을 중심으로 형성되는 탄착군정밀오차(Precision error, Random error, Ballistic error)와 표적(요망탄착점)과 평균탄착점 간 이격거리를 의미하는 조준오차(Aiming error, MPI error, Occasion error)가 있다. 여기서 조준오차를 표적위치오차(TLE : Target Location Error)로 적용한다.

만약 표적과 탄착점간 이격 거리를 확률변수 X라 하고, 그 X가 정규분포를 따른다면 사거리오차는 $REP = 0.6745\sigma_x$를, 편각오차는 $DEP = 0.6745\sigma_y$로 알려져 있다. 확률변수 X에서 30개 이상의 표본의 평균($\overline{x}$)은 (식 8-3)과 같이 모평균(μ_x)과 같다.

$$\overline{x} = \mu_x \text{ (식 8-3)}$$

여기서 표본의 분산은 (식 8-4)와 같다.

$$\sigma_{\overline{x}}^2 = \frac{\sigma_x^2}{n} \text{ (식 8-4)}$$

신뢰구간 95%에서 표본평균의 범위는 (식 8-5)와 같다.

$$(L,U)_{0.95} = \mu_{\bar{x}} \pm 1.96\sigma_{\bar{x}} = \mu_{\bar{x}} \pm 1.96\frac{\sigma_x}{\sqrt{n}} \text{ (식 8-5)}$$

미지의 모평균, 분산에서 신뢰구간이 95%의 경우 Bias가 없는 확률변수 X의 평균 $\bar{x}$과 샘플의 표준편차(S_x)를 활용하여 (식 8-6)처럼 탄착거리 범위 계산이 가능하다.

$$(L,U)_{0.95} = \bar{x} \pm 1.96\frac{S_x}{\sqrt{n}} \text{ (식 8-6)}$$

일반적인 신뢰구간 범위에 대해 (식 8-7)처럼 계산이 가능하다.

$$(L,U) = \bar{x} \pm z_c\frac{S_x}{\sqrt{n}} \text{ (식 8-7)}$$

탄착군 정밀오차를 생성하기 위한 장치는 〈그림 8-10〉[9]처럼 직사화기를 설치하여 왼쪽처럼 총열만의 오차, 오른쪽처럼 총열에 소총의 부품이 결합된 장치로 사격을 통해 구성품의 정밀오차를 측정을 할 수 있다. 이런 화력무기체계에 대한 정확도 향상 기술에는 표적획득체계 개선을 통해 표적위치오차(TLE)를 감소시켜 초탄 명중을 보장하도록 다음과 같은 대안들이 발전했다. 대안의 첫째, 표적 탐지레이더로 표적거리와 이동속도를 측정한다. 둘째, 야간 열영상 측정기, 영상증폭기를 사용하여 야간에 시계를 확보한다. 셋째, 무인항공기를 이

<그림 8-10>
직사화기 정밀오차 측정 장치

9 Morris Driels, *Weaponeering : Conventional Weapon System Effectiveness Course1*, U.S. Naval Postgraduate School Monterey, 2012, p. 8.

용하여 정찰하거나 레이저로 표적을 지시하고, 표적을 획득하거나, 사격조정에 이용한다. 넷째, 제공권이 확보되지 않았다면 GPS나 비디오를 조합한 체계로 체공기간 5분간 관측기능을 수행한다. 인공위성을 이용하여 종심지역 표적정보를 획득하거나, 실시간 포탄 발사 시 대포병 탐지레이더를 이용하여 발사원점을 추적한다.

탄도오차 감소를 위해 다음과 같은 방안을 적용할 수 있다. 매 사격 간 포구속도를 측정하여 탄도계산에 반영되도록 하고, 실제탄도를 측정하여 보정한다. 고가이지만 유도포탄으로 탄도추적체계(TRAC)를 이용하여 실제 탄도를 측정하고, GPS를 내장하여 탄도오차를 보정하고 있다.

3) 탄두위력

탄두위력은 화력무기체계에 있어서 가장 중요한 특성이다. 화력무기체계는 표적별로 작전임무와 상황에 부합되게 요망상태를 결정하여 화력을 운용한다. 따라서 탄두 위력과 특징 등에 따라 부여된 작전을 수행하는 데 소요되는 탄약의 종류와 양을 결정하게 된다. 이때 화포를 포함하는 미사일 등 다양한 탄종은 탄약효과를 계산할 수 있어야 한다. 재래식 무기에 있어서 탄약효과는 폭풍(Blast), 파편(Fragmentation), 성형작약(Shaped Charge) 등의 종류로 크게 구분된다.

(1) 폭풍에 의한 화력효과

폭풍에 의한 화력효과는 표적에 주로 고기압(과압 : Overpressure)에 의한 손상을 달성하는 데 중점을 두고 설계한다. 고폭탄이 폭발하는 경우 순식간에 가스로 변환되어 매우 높은 압력과 열로 변한다. 가스가 발생하면서 고폭탄을 둘러싼 케이스는 부서지면서 파편으로 변한다. 일반적인 고폭탄의 경우 폭발지점은 200kbars(1bar : 1기압)에 5,000℃에 다다른다. 탄착지점으로부터 폭풍 파는 〈그림 8-11〉[10]의 (a)와 같이 신속하게 상승했다가 대기압 이하로 기하급수적으로 감쇠된다. 피크압력은 폭파지점으로부터 폭풍 파는 폭풍 파를 따른 체적의

10 Ibid., pp. 25~27.

<그림 8-11>
폭풍(Blast) 효과

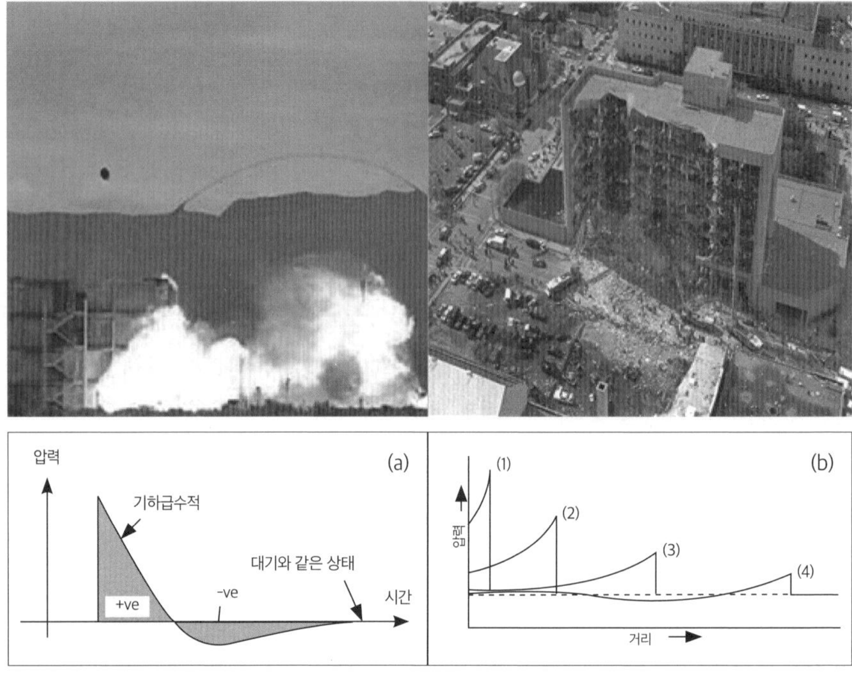

확장정도에 비례하여 감쇠한다.

즉, 폭풍압력은 〈그림 8-11〉의 (b)와 같이 폭발원점으로부터 거리에 역비례한다. 표적 외부가 폭풍파에 노출되면 저기압이 뒤따르는 고기압(과압)과 부딪히게 된다. 이때 〈그림 8-11〉의 사진과 같은 진행형 붕괴(progressive collapse)가 발생한다. 만약에 구조물 내에서 폭발이 발생했다면 초기 폭풍파는 크고 교대로 구조물 내에서 폭풍파의 반사가 더욱 폭풍파를 증폭시킨다. 따라서 하중은 반사파를 포함하는 충격파에 준정적(quasi-static) 가스압력이 통합된다. 이와 같은 2개 압력이 가스를 적절히 배출하지 못하거나 구조물이 적절히 강화되어 있지 않다면 충격파가 없어도 구조물을 파괴할 수 있다. 폭풍(Blast)은 강화건물과 지상에 개방된 인원과 폭발지점과 인접한 지역의 장비에 파괴효과를 제공할 수 있다.

(2) 파편에 의한 화력효과

파편효과는 폭발 시 약 30%의 에너지가 탄 케이스를 파편화하고 파편 운동에너지를 전달하는 데 사용된다. 파편은 단거리를 고속으로 비산하여 충격파를 통과해서 날아간다. 공기마찰로 인하여 파편과 폭풍이 함께 발산될 경우 폭풍의 감쇠정도가 파편보다 크다. 효과적인 파편손실 반경은 표적에 의존적이지만 공중폭발 시 대략 효과적인 폭풍손실 반경을 초과한다. 폭탄이나 포탄이 기폭하면 폭파되어 분리되기 전 부피 대비 정적차원의 2~3배로 확장한다. 일반목적탄은 비정형 형상 파편으로 분해되며 다양한 질량과 속도를 갖는다. 특정 표적유형에 적합한 파편효과가 발생하도록 사전에 탄두 표면의 파괴를 예측하여 탄내·외부를 계산하여 폭약을 충진한다. 폭풍효과에 의한 탄두탑재물은 대략 $\frac{1}{R^3}$ 요인에 따라 감쇠하는 반면 파편효과에 의한 감쇠효과는 $\frac{1}{R^2}$에서 $\frac{1}{R}$의 요인범위 내에서 이루어진다. 여기서 R은 폭발지점으로부터 이격거리를 의미한다. 파편은 일반적으로 1차 파편과 2차 파편으로 구분한다. 여기서 1차 파편은 보통 재래식 탄약 표피로 구성되며 주로 작은 크기를 갖고 수천 m/sec의 속도를 갖는다. 한편 2차 파편은 높은 폭압에 의한 표적 구조물 구성요소로 구성되는데, 파편 크기는 1차 파편보다 크고 수백 m/sec의 속도를 갖는다. 충격에너지가 79J 이상이 되면 치사성이 높아 위험하다고 판단한다.[11] 이런 판단의 근거는 표적유형별 소화기의 대략적인 관통에너지는 〈표 8-4〉처럼 알려져 있다.[12] 즉, 방호되지 않는 전투원에 대한 소총탄으로 관통에 필요한 에너지를 고려하여 위험한 파편에너지 기준을 정의했다고 볼 수 있다.

<표 8-4>
소화기 탄자가 표적별 관통에 필요한 에너지(J)

표적	M16소총 탄자(J)	M1소총 탄자(J)
미방호 병사	80	80
9인치 목재	150	200
경장갑차	150	200
철모	420	770
2인치 콘크리트	1,200	1,500
4.5인치 벽돌	2,500	3,000

11 Ibid., p. 13.
12 최윤대·문장열, 『문답으로 알아보는 군사과학기술』, 형설출판사, 2011, p. 51.

(3) 관통에 의한 화력효과

관통능력은 (식 8-8)과 같이 밀도가 높은 탄자이면서 빠른 속도를 갖는 경우 관통 깊이가 길어진다.

$$\frac{T_0}{D_p} = \left(\frac{\rho_p K}{4}\right)^{1/3} V_p^{2/3} \text{ (식 8-8)}$$

여기서 T_0는 관입깊이, D_p는 탄심 직경, V_p는 탄심 충격속도, ρ_p는 탄심 밀도, K는 비례상수가 된다.

$$T_0 = L_p\left(\frac{\rho_p}{\rho_t}\right)^{1/2} \text{ (식 8-9)}$$

여기서 ρ_t는 표적 밀도이다. 따라서 장갑 관통자는 철보다 2.4배, 납보다 1.7배나 무거워(재질의 밀도가 상대적으로 높음) 철갑탄에 비해 약 2배 반 정도로 관통력이 높은 열화우라늄(depleted uranium)탄을 사용하기도 한다.

탄두에 분산탄을 장착하여 사격하면 대상 표적의 방호상태가 취약한 상태에서 넓은 지역에 분포할 경우 살상효과는 극대화된다. 또한 탄착오차 범위가 단일고폭탄의 유효살상반경보다 커서 단일 고폭탄 1발 사격만으로 표적에 요망효과 달성이 제한된다. 이렇게 효과적으로 표적을 제압할 수 없는 경우 분산자탄으로 인한 살상효과는 증대된다. 초기 고폭자탄에서 개인과 장갑상태가 우수하지 못한 경장비에 대해 효과적으로 공격할 수 있는 이중목적탄을 발전시켰다. 탄두위력을 증가시키는 노력은 근본적으로 포탄의 유효살상면적을 증대시키는 방향으로 발전하고 있는데, 먼저 탄 파열 시 적당한 크기의 파편으로 만들어지게 선가공하여 포탄 효과면적을 증대시키거나 기체폭약(FAE)처럼 탄 폭발 시 넓은 지역에 분산시켜 폭발면적을 증가시키기도 한다.

4) 신속성

(1) 반응성(임무반응시간 : Mission Response Time)

화력무기체계 특성 중에 반응성(반응시간)에 관한 성능은 사격명령 접수 후 초탄발사 소요시간을 의미한다. 초탄발사 시간이 신속해지면 적보다 먼저 사격을 통해 군사표적을 제압함으로써 아군손실을 감소시킬 수 있다. 따라서 비유한다면 서부활극에서 총을 먼저 뽑아 사격할 수 있는 능력이 된다. 예를 들어 〈그림 8-12〉처럼 함정무기체계의 생존을 위해 중첩방어체계를 구축된다.

SPY-1D탐지 레이더에서 탐지하면 장거리방공무기 SM-2가 교전해야 하는 최대~최소 교전거리가 판단되고 전자전체계가 교전해야 하는 거리, 근접방어무기체계인 CIWS체계가 대응해야 하는 체계가 순차적으로 있다. 이렇게 순차적으로 대응하는 무기체계의 최소교전거리를 탄약이나 미사일 비행속도를 적용한 시간과 탐지-결심에 소요되는 지체시간을 임무반응시간(Mission Response Time)으로 산정할 수 있다.

일반적으로 모든 화포는 측지반이 사전에 측지한 위치에서만 사격을 실시하며 측지점에서 방향틀을 이용하여 화포방향을 정렬하고 화포 사각을 조정한다. 초탄 사격이후 오차 보정을 위해 수정사격을 실시하며 이후 겨눔대 설치 후 조정하여 사격하는 절차를 갖고 있었다. 그러나 최근 가속도계나 자이로를 이용한 화포 위치정보 자동계산으로 이전 절차가 불필요해졌다. 최신 자주포는 기동 간 표적제원을 접수한 이후 1분 이내에 초탄을 발사할 수 있다. 미래에는 디지털 사격통제체계로 표적영상정보를 접수하고 처리속도를 단축시키는 방향으로 발전하고 있다. 또한 탄약과 추진장약이 자동장전 방식으로 발전하고 레이저 격발장치를 적용함으로써 총체적인 반응시간의 단축 노력을 더하

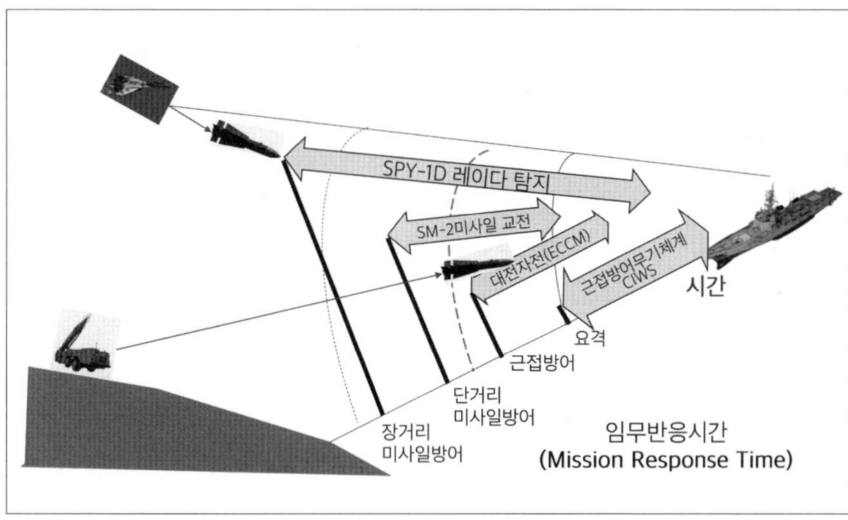

<그림 8-12>
임무반응시간 예

고 있다.

(2) 발사속도(Rate of Fire)/무기발사율(Weapon Launch Rate)

발사속도/무기발사율은 수적 열세에 있는 화력전투에 직접적인 영향을 미친다. 이것은 단위시간당 화력 우세효과를 결정할 수 있는 성능특성으로 척도는 분당발사속도(RPM : Rounds Per Minute)를 사용한다. 소구경 지상 화포는 전투 수행 간 초탄에는 화포수가 많은 쪽이 다량의 화력을 집중할 수 있기 때문에 유리하지만 일정 시간이 지속되면 발사속도가 빠른 쪽은 수적 열세를 만회할 수 있다. 이와 같이 발사속도를 향상시키는 방법 중 첫 번째는 포탄장전방법, 발사장치 및 포미 폐쇄장치의 변경을 통해 성능개선을 시도하고 있다. 두 번째는 사격통제장치, 포 방열장치의 보완을 통해 발사속도 개선이 가능하다. 통상적인 발사속도는 포 구경에 반비례하지만 자동 또는 반자동 장전을 통해 향상된다. 자동장전, 탄 적치대, 이송장치, 포미 밀폐기구 자동화, 뇌관 자동 삽입을 통해 발사속도의 개선이 가능하며 이런 부분의 개선을 통해 분당 4발에서 분당 6~8발로 단축하기도 했다. 그러나 발사속도 개선 시 접하게 되는 기술적 한계는 열충격(Thermal Shock)에 의한 총열이나 포신이 휘는 쿠킹오프(Cooking-off)나 포신구조 변형에 있다. 이런 문제를 극복하기 위해 포신과 주퇴복좌기에 냉각장치를 적용하는 방법을 사용하기도 한다. 이외에도 탄약과 추진 장약의 자동장전 기능을 구현함으로써 발사속도를 단축하기도 한다. 그뿐만 아니라 다기능 신관을 장입하여 이송 중 사격이 가능하도록 개선하는 방법도 개발하고 있다. 레이저 뇌관을 적용하면 분당 10발로 단축이 가능할 것으로 추정한다.

미사일체계에 발생하는 예를 들어보면 〈그림 8-13〉[13]처럼 장거리아음속 순항미사일의 경우 10분에 100마일을 비행한 반면 장거리초음속미사일은 800마일을 비행한다. 여기서 지상표적이 약 300마일 지점에 위치하고 있다면 초음속미사일은 슛룩슛(shoot- look-shoot), 즉 교전결과를 보고 실패 시 재사격을 수행할 기회가 높은 반면 아음속 미사일은 그 기회가 적어진다.

---

13 https://3.bp.blogspot.com/-H4lnaBDW8aA/VteMb6w7n8I/AAAAAAABHHg/Mdyp2nqNQ-Y/s1600/hypersonicvcruisemissile.png

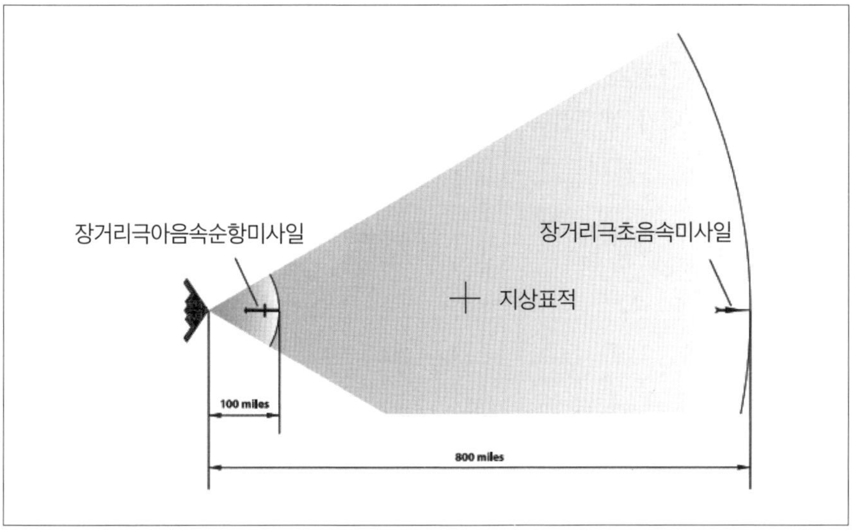

장거리극아음속순항미사일

장거리극초음속미사일

지상표적

100 miles

800 miles

<그림 8-13>
무기발사율
(Weapon Launch Rate)

따라서 이와 같이 무기발사율(Weapon Launch Rate)은 전투효과에 직접적인 영향을 미치는 주요 성능특성으로 볼 수 있다. 한편 공중전력의 통합적 특성에 소티율(Sortie Rate)이 있다. 이런 특성은 전력의 배분과 통합측면에서 중요한데 개별항공무기와 무장 성능으로만 결정할 수 없으며 통합적인 전력운용능력을 산출해야 한다.

소티율 산정에는 종심차단 및 근접항공지원(Interdiction-CAS), 정찰, 방공, 항공전자전(AEW : Air Electronic Warfare), 지상미사일, 연료재보급 등의 통합된 임무로 구성된다. 여기서 화력지원임무에 해당하는 종심차단 및 근접항공지원 등에 대한 임무수행이 화력지원 임무수행에 중요한 구성요소가 된다. 상대적인 화력을 비교하기 위해서는 동일한 항공기를 보유하더라도 항공기 소티율이 높을수록 화력밀도가 높아질 수 있어서 화력우세를 달성할 수 있다.

(3) 화력무기체계에 있어서 신속성

화력무기체계에 있어서 신속성은 대단히 중요한 특성이다. 화력전투에서 화력자산의 보유량보다 더욱 결정적인 효과를 달성할 수 있기 때문이다. 상대보다 먼저 사격하여 무력화시키거나 높은 재사격율이나 소티율을 이용하여 양적 우위를 달성할 수 있기 때문이다. 이런 신속성의 문제는 탄의 이동속도 뿐 만 아니라 탐지, 결심 단계의 신속성과 연계되어 있다. 즉 감시정찰 및 지휘통제체계의 신속성과 연계되어 있기 때문에 소위 복합체계(System of Systems)에 대한 중요성이 증가되고 있다. 먼저 보고 먼저 결심해서 먼저 사격하고 표적에 먼저 도달하면 내가 상대편 화력으로부터 피격될 위협을 제거할 수 있기 때문이다.

5) 파괴확률

(1) 개념

화력무기체계가 궁극적으로 지향하는 것은 〈표 8-1〉에서와 같이 대상 표적별 요망효과를 달성하는 것이다. 즉, 표적의 기능이 파괴되어야 한다. 이렇게 전장에서 기능이 파괴되도록 하는 것이 화력무기체계의 요구능력이고 이를 위해 필요한 무기체계 성능이 핵심성능이 된다. 병력표적에 대해서는 공격, 방어, 보급활동 등 병력이 수행하는 주요 임무를 특정시간 범위 내 활동하지 못하도록 하는 기준을 정의하고 있다. 이것을 위해서는 탄약이나 폭발물 등이 인체의 특정기능을 저하시켜야 하는데 이런 상태를 인체에 대해 적용하고 있다. 물론 무기체계에 대해서도 이동이 불가하거나 조원이 정비복구 불가 상태인 M-Kill, 주화력 장비에 대한 작동불가나 조원의 정비복구 불가 상태인 F-Kill, 수리정비 불가 상태인 K-Kill 상태로 구분한다. 이와 같은 Kill 상태로 되는 것은 표적에 명중될 확률과는 다른 개념이며 종종 혼동하고 있다. 우리가 흔히 이야기 하는 명중확률(P_h)은 표적의 노출면적과 화력무기체계의 정확도간에 관계에 의해 결정된다. 반면 파괴확률(P_k)은 표적에 명중되었을 때 해당표적의 취약성으로 인해 발생되는 조건부 파괴확률($P_{k/h}$)을 의미한다. 체계 자체취약성이 없어서 튼튼하다면 표적에 명중하여도 파괴되지 않을 수 있다.

(2) 파괴확률(P_k)

통상적으로 단일표적에 대해서는 파괴확률(P_k)을 사용한다. 예를 들어 대전차화기로 적전차 1대를 파괴할 확률을 계산한다면 일단 표적에 명중해야 하며 명중되었을 때 부여된 임무기능 수행이 불가하도록 하는 상태를 의미한다.

(3) 기대파괴확률(*EFD*: Expected Fractional Damage)

면적을 갖고 있는 표적에 대해 화력무기체계를 운용한 결과 파괴효과를 산정할 때 적용하며 특히 건물표적에 대한 파괴확률을 산정할 때 사용하는 효과척도이다. 〈표 8-1〉에서 건물표적에 대한 파괴정도를 평가하는 기준은 3가지가 있다. 그중 첫째, "건물의 지붕이나 바닥면적의 몇 %"로 표현되는 평가기준이 있다. 〈그림 8-14〉[14]처럼 기대파괴확률(EFD)와 같이 건물의 면적과 공격하는 화력무기체계의 살상면적의 중첩부분을 기하학적 관계로 계산하는 방법이다.

둘째, 전장경험에 의거 보편적으로 50%가 파괴되면 건물로서 기능이 마비된다는 경험적 요소를 근거로 건물의 50%가 파괴될 확률을 판단하는 방법이 있다. 셋째, 트러스, 빔, 컬럼, 로드베어링 웰 등 하중을 받는 구조물이 파괴될 확률을 산정하는 방식이다. 정밀유도무기 운영효과를 예측하고 산정하는 방식으로 특정 표적에 대한 정확한 정보가 획득되어야 가능하다. 따라서 보편적으로 군사적 운용 시에는 개략적인 건물표적의 크기만으로 미사일이나 탄약 소요산정이 가능하도록 첫 번째 기준을 적용한다. 이런 기대파괴확률(EFD)은 핵심성능변수 후보군에 포함하여 운용한다.

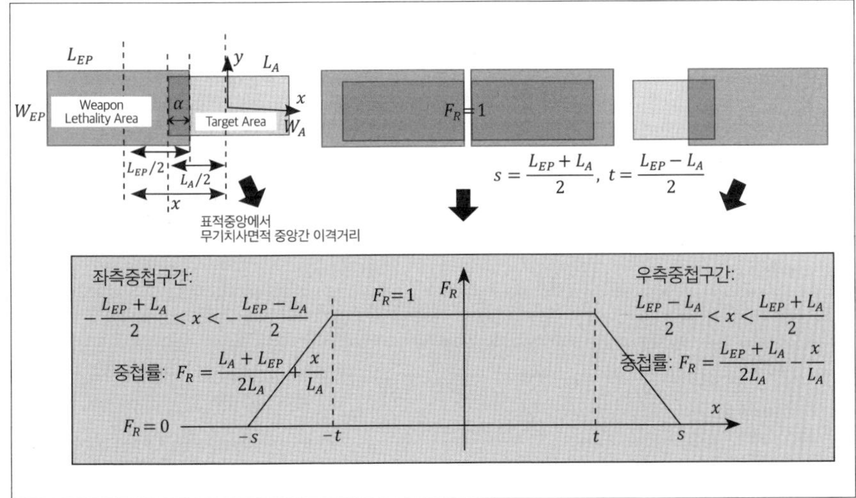

<그림 8-14>
기대파괴확률(EFD : Expected Fractional Damage) 산정

14 박진호, 『건물표적의 피해평가 방법에 대한 비교분석』, 아주대학교 박사학위 논문, 2016, p. 57.

5. 주요 화력무기체계

1) 화포

(1) 박격포

박격포 중 구경이 큰 120mm급을 기준으로 비교하면 〈표 8-5〉와 같이 사거리가 5.6~7.2km이고 중량이 인력에 의한 운반이 제한되기 때문에 공통적으로 장갑차 탑재 형이다. 사격통제장치는 공통적으로 광학식이다. 미국은 전자식으로 개발하고 있으며 사거리 증대를 위해 활강 박격포용 날개안정 로켓보조 기능을 연구개발하고, 유효살상면적의 확장을 위해 이중목적 분산탄을 연구개발하고 있으며, 초탄의 명중확률 향상을 위해 날개안정 정밀유도 박격포탄을 연구개발하고 있다. 다음 가장 일반적인 구경 81mm급 박격포를 비교해보면 구경이 러시아의 경우 약간 큰 82mm인데 장점은 자국탄약을 적성국이 사용하지 못하게 하면서 자국은 적성국의 탄약 노획 시 사용이 가능한 특성을 갖는다.[15] 사거리는 5.6~7.2km 정도로 보병 대대급 작전능력으로 볼 수 있다. 체계중량은 대략 41.9~42.3kg 정도로 휴대운반이 가능한 수준으로 보병부대에서 차량적재 없이도 운용이 가능한 수준이다.

한편 다양한 박격포 사양을 보유하고 있는 러시아의 경우 스프링식 주퇴장치가 장착되어 있으며 한때 개발했던 자동박격포의 경우 고사각으로 사격할 때는

<표 8-5>
120mm급 박격포

구분	미국	러시아	대한민국
대표모델	120mm M121	120mm 2S31	4.2인치 KM30
사거리(km)	7.2	7.2	5.6
중량(kg)	-	19.5톤	303kg
사각(°)	45~85도	-4~85도	-
사통장치	광학식	-	광학식
운반형태	장갑차 탑재형	장갑차 포탑형	장갑차 탑재형
전력화 연도	1994년	-	1977년

15 정동윤 외, 『최신 무기체계학』, 청문각, 2014, p. 116.

구분	미국	러시아	대한민국
대표모델	81mm M252	82mm 2B14	81mm KM187
형 상			
사거리(km)	5.7	4.1	6.3
중량(kg)	42.3	41.9	42
사각(°)	45~85	45~85	-
사통장치	광학식	광학식	광학식
운반형태	휴대운반	휴대운반	휴대운반
전력화 연도	1984년	-	1995년

<그림 8-15>
81mm급 박격포

포구장전, 저사각으로 사격할 때는 포미장전을 할 수 있도록 설계되어 있다. 자동사격 시 분당 170발, 지속사격 시 분당 120발 사격이 가능하다. 초기 개발 시 견인형이지만 이후 차량 탑재형을 시도하는 것으로 알려져 있다(〈그림 8-15〉).[16]

대한민국의 박격포는 모방생산에서 독자개발을 성공하여 모두 국산화했으며 구경 4.2인치 박격포를 대체할 120mm 박격포를 개발하고 있으며 자주화를 고려하고 있다. 한편 북한은 러시아의 대구경 박격포체계를 수용하여 160mm 박격포 모방생산과 240mm 박격포 전력화에 노력하고 120mm급 이상 박격포에 대해 자주화를 추진하고 있다.

(2) 야포

야포는 서방진영과 러시아 및 중국이 상이한 표준을 갖고 있다. 서방진영은 105mm, 155mm를 주로 전력화하고 있으며 러시아와 중국은 122mm,

16 81mm: https://upload.wikimedia.org/wikipedia/commons/f/ff/160808-F-VH066-018.jpg
82mm: https://en.wikipedia.org/wiki/2B14_Podnos#/media/File:2B14_Podnos_at_"Engineering_Technologies_2010"_forum.jpg
81mm KM187: https://nownews.seoul.co.kr/news/newsView.php?id=20100208601016

152mm 곡사포와 180mm 평곡사포를 운용한다. 따라서 서방측의 155mm급은 러시아와 중국의 152mm급과 동급으로 비교가 가능하다.

〈그림 8-16〉[17]처럼 미국, 러시아, 한국의 155mm급 화포를 비교해보면, 사거리는 18~45km 정도고 RAP탄을 사용하면 최대 60km까지 가능하다. 분당발사속도는 1~8발 발사 가능하고 K-9은 다중사격동시탄착(MRSI : Multiple Rounds Simultaneous Impact) 기능과 K-10탄약운반차량이 있어 작전지속성이 상대적으로 우수하다.

<그림 8-16>
155mm급 화포비교

구분	미국	러시아	대한민국
대표모델	155mm M109A6	152mm 2S19	155mm K-9
형 상			
길이/폭/높이(m)	9.1 / 3.15 / 3.25	11.9 / 3.58 / 2.98	12 / 3.4 / 2.73
사거리(km)	18 / RAP 30	45 / RAP 62	30 / RAP+BB 56
구경/구경장	155mmL/39Caliber	152mm/	155mm / 52 Cal
발사율(rpm)	최대 4 / 지속 1	6 ~ 8	-
부무장	Cal50 기관총	12.7mm대공화기	Cal50기관총 / K-6
엔진(마력)	450	840	1000
중량(톤)	27.5	42.5	47
톤당마력	18.7	20	21
운용거리/속도	350km / 56km/h	500km / 60km/h	480km / 67km/h
조작인원(명)	6	5	5
전개시간(분)	-	22	-
전력화 연도	1960년	1988년	1999

17 M109A6: https://en.wikipedia.org/wiki/M109_howitzer#/media/File:Kings_of_battle_keep_the_fire;_1-9_FA_fires_its_last_rounds_140910-A- CW513-046.jpg
2S19 : https://ko.wikipedia.org/wiki/2S19
K-9자주포 : https://www.australiandefence.com.au/defence/land/self-propelled-howitzers-back-on-the-cards

(3) 다련장 로켓

〈그림 8-17〉[18]처럼 다련장 로켓은 동시에 여러 발을 사격할 수 있어서 화력 밀도의 우수성을 극대화할 수 있어서 미국과 러시아는 지속적으로 발전시켜왔다.

미국은 12연장의 발사대를 2발의 미사일 발사가 가능하도록 되어 있으며 대한민국도 동일한 개념을 적용하고 있다.[19] 동시사격능력이 뛰어나서 광범위한

<그림 8-17>
230mm급 다련장 비교

구분	미국	러시아	대한민국
대표모델	M270A1	BM30	KN-09
체계형상			
길이/폭/높이(m)	6.85/2.97/2.59	12/3/3	-
사거리(km)	32~300	90	190
탄두	DPICM자탄, 고폭탄, 대전차지뢰	대인, 대전차분산자탄 관통탄, 고폭파편탄, 열압력탄	재래식탄두 중량 150/190kg 고폭 위력 75kg
로켓 Cal	227mm	300mm	300mm
재장전시간	3~4분	20분	-
Barrels	12	12	8
발사율(rpm)	12r/40s, 미사일2r/s	salvo time : 12r/38s	재장전 30분
엔진(마력)	500	525	-
중량(톤)	24.95	43.7	
정확도			위성항법/30~45m
운용거리/속도	640km / 64km/h	850km / 60km/h	-
전력화 연도	1980	1989	2019개발 시험사격

18 M270A1: https://commons.wikimedia.org/wiki/File:M270_MRLS_(18963219839).jpg
BM30: https://upload.wikimedia.org/wikipedia/commons/2/2f/RSZO_Smertch.jpg
KN-09: https://missiledefenseadvocacy.org/missile-threat-and-proliferation/todays-missile-threat/north-korea/kn-09/

19 https://ko.wikipedia.org/wiki/

면적을 분산자탄을 이용하여 동시에 화력을 집중하는 능력을 갖추고 있으며 서방진영은 부수적 피해 최소화를 위한 정밀도 향상에 더욱 노력하고 있다.

(4) 함포

함포는 〈그림 8-18〉[20]처럼 국가별 구경이 다양하지만 최근 구축함이나 순양함에 탑재하는 주력 함포는 100mm~155mm급의 구경으로 62 혹은 70구경장의 긴 포신을 갖고 있으며 발사속도가 분당 10발에서 60발까지 성능을 갖고 있다.

함포의 기본적 임무가 대함, 대공, 대지상지원이므로 적합한 성능으로 진화

<그림 8-18>
함포 비교

구분	미국	러시아	대한민국
대표모델	Advanced Gun System	AK-100	Mark 45 Mod 4
체계형상			
사거리(km)	133.5	21(수상/지상)8(대공)	24.1
탄두	LRLAP (Long Range Land Attack)	고폭 타편탄두, 고폭 대공/대함 탄두	LRLAP, ERGM 등 유도포탄 개발 중
Cal	155mm / 62Caliber	100mm / 70Caliber	127mm / 62Caliber
포구초속(m/sec)	825	850~880/갑판 관통	762
CEP	50m이하	-	-
발사율(rpm)	10	50~60	16~20
사격고각	-5~70°	-10~85°	-15~65°
탑재함정	Zumwalt급 구축함	Fregat급 구축함 Kirov급 전투순양함	이지스급 구축함
조작인원(명)		무인, 5~6	무인(Mod 4)
전력화 연도	2010년	1978년 이후	1971년(미국)

20 Advanced Gun System: https://en.wikipedia.org/wiki/Advanced_Gun_System
AK-100: https://upload.wikimedia.org/wikipedia/commons/9/90/Russian_3.9-inch_guns.JPEG
Mark45 Mod: https://en.wikipedia.org/wiki/5%22/54_caliber_Mark_45_gun

했다고 볼 수 있다. 운용요원이 수명에서 무인화 추세로 발전하고 있다.

2) 화력지원장비

(1) 표적탐지화력통제레이더

표적탐지 화력통제 레이더는 〈그림 8-19〉[21]처럼 서방진영이나 러시아, 북한도 집요하게 개발하고 있다.

구분	미국	러시아	대한민국
대표모델	AN/TPQ-37	Zoo-1M	ATHER-K
체계형상			
탐지각도/거리	90도	-	2.5~90/60km
주파수	S-band, 15 freq	-	C(G/H)-band
정밀도	-	표적별	60m(사거리 0.2%)
표적저장	500개 이상 표적관리	동시추적 12개 표적	-
레이더방식	전기적 회전방식	위상배열	수동위상배열
주요 능력	• 박격포, 포병, 로켓, 미사일 발사 위치 • 첫발에 표적위치 산정 • 우군사격 조정 • 전술적사격과 연결 • 적화력 탄착 예측	• 박격포 : 13-17km • 화포 : 10-12km *오차 40m • MLRS : 15-22km *오차 55 m • 미사일 : 40-45km *오차 95m	• 무기위치 장입모드 : 탄도곡선분석을 통한 포병, 로켓, 박격포 분석. 발사 및 예상 탄착점 분석 • 사격방향 모드 : 사격조정

<그림 8-19>
표적탐지 화력통제 레이더 비교

(2) 사격통제장비

화력무기체계의 사격을 통제하는 데 필요한 장비들은 반응시간을 단축

21 AN/TPQ-37: https://en.wikipedia.org/wiki/AN/TPQ-37_Firefinder_radar
Zoo-1M: https://en.wikipedia.org/wiki/Zoopark-1#/media/File:1L259_radar.jpg
ATHER-K: https://upload.wikimedia.org/wikipedia/commons/f/ff/ARTHUR_in_position.JPG

<그림 8-20>
BTCS A1

하는 데 결정적인 역할을 수행한다. 화력무기체계의 양적 능력보다 첨단무기체계의 발전에 따라 더욱더 중요성이 증대되고 있다. 〈그림 8-20〉[22]처럼 BTCS(Battalion Tactical Command System)는 컴퓨터와 유무선통신장비로 구성되어 있다.

컴퓨터는 표적탐지 레이더나 전술지휘통제체계로부터 접수한 표적정보를 이용하여 타격점 공격을 위한 사격제원을 산출하고 이런 제원을 포반에 적시에 전송함으로써 포반에서 정확한 사격이 가능하도록 해준다. 즉, 과거 포병대대나 포대에 위치한 사격지휘기능을 자동화함으로써 보다 효율적이고 정확한 화력집중이 가능해졌다. 이와 같은 사격지휘 기능 외에도 FO-DMD(Forward Observer-Digital Message Device)는 전방보병을 근접해서 화력지원하는 관측소에서 운용하는 장비로 화력을 초기 유도하고 초탄발사를 통해 사격제원의 수정을 유도하는 기능을 종전까지 사람의 육안에 의존하고 전파기능도 사람에 의존하던 것을 자동화함으로써 표적정보에 대한 신뢰성을 더욱 제고시켰다. 이 체계에 내장된 S/W는 Data와 함께 화력무기체계의 성능을 절대적으로 좌우할 수 있을 만큼 중요하다. 작전임무 수행 시 요망효과, 대상표적을 입력하여 최적 타격점과 적합한 부대와 탄약, 사격제원 등을 산출해줌으로써 포반을 통제할 수 있다.

22 https://www.lignex1.com/upload/images/2015/07/27/2015072721212352907.jpg

3) 탄약

(1) 항공탄

항공탄은 항공기에 탑재하는 탄약으로 일반목적폭탄, 유도폭탄, 확산탄 등이 있다. 일반목적폭탄은 항공기에서 자유낙하에 의해 투하하여 폭발시키는 탄약이다. 주로 건물, 교량, 벙커 등 고정표적을 대상으로 하며 MK-80계열과 같은 탄약을 의미한다. 이런 MK80계열의 저항력 일반목적폭탄(LDGP : Low Drag General Purpose)은 주로 최대폭풍과 요망효과를 충족시키는 데 사용된다. 〈그림 8-21〉[23]은 미군의 항공탄 MK-80계열의 일반목적폭탄인데 충전물은 공통적으로 TNT혼합물로 구성된 고폭탄이며 차이는 충전물의 무게에 따라 구분된다. 자유낙하 방식에 의한 투하가 진행되기 때문에 외형과 꼬리날개, 무게중심 등이 중요한 형상이 된다. 또한 모든 항공유도탄도 이런 탄별 형상을 기준으로 발전되었다.

항공유도 폭탄은 이와 같이 MK-80계열의 일반목적폭탄에 유도기능을 추가한 형태인데 GPS/INS항법장치에 방향조정 플랩을 부착하여 위치에너지를 이

명칭	Mark 84/ BLU-117	Mark 83/ BLU-117	Mark 82/ BLU-112	Mark 81
형상				
무게	925kg(2,039lb)	459kg(1,014lb)	227kg(500lb)	119kg(262lb)
길이	3.28m	3m	2.22m	1.88m
직경	0.458m	0.357m	0.273m	0.229m
충전물	Tritonal, Minol 또는 콤포지션 H6			
충전물 무게	429kg(945lb)	202kg(445lb)	87kg(192lb)	44kg(96lb)

<그림 8-21>
항공탄 비교

23 Mark 84: https://en.wikipedia.org/wiki/Mark_84_bomb
Mark 83: https://combatace.com/forums/topic/92334-mk-83-bomb-versions/
Mark 82: https://en.wikipedia.org/wiki/Mark_82_bomb#/media/File:Mk-82_xxl.jpg
Mark 81: https://commons.wikimedia.org/wiki/File:Mk._81,_Mk._82_Bombs_freigestellt.jpg

용한 자유낙하 시 방향을 조정하여 표적을 정밀타격할 수 있도록 개발된 항공폭탄으로 자체추진력이 없고 단지 항공기 속도, 고도, 바람 속도의 영향만 받는다. 〈그림 8-22〉[24]처럼 레이저유도폭탄과 GPS/INS유도폭탄으로 구분되는데 일반목적폭탄의 개량형태를 갖추고 있어서 GBU-24, GBU-31은 MK-84의 개

	명칭	GBU-24B/PavewayIII	GBU-16B/PavewayII	GBU-12D/PavewayII
레이저유도폭탄	형상			
	무게	1,050kg(2,315lb)	-	230kg(510lb)
	길이	4.39m	3.7m	3.27m
	직경	0.460m	0.36m	0.273m
	충전물	Tritonal, Minol 또는 콤포지션 H6		
	충전물무게	910kg(2,000lb)	454kg(1,001lb)	-
	유효사거리	-	14.8km	14.8km
	CEP	-	1.1m	1.1m
GPS/INS유도폭탄	명칭	GBU-31 JDAM	GBU-32 JDAM	GBU-38 JDAM
	형상			
	무게	-	-	230kg(510lb)
	길이	3~3.88m	-	3.27m
	직경	0.460m	-	0.273m
	충전물	Tritonal, Minol 또는 콤포지션 H6		
	충전물무게	924~959kg	454kg(1,001lb)	-
	유효사거리	28km		
	CEP	7~13m		

<그림 8-22>
항공유도폭탄

24 https://en.wikipedia.org/wiki/GBU-24_Paveway_III#/media/File:GBU-24_xxl.jpg
https://commons.wikimedia.org/wiki/GBU-16#/media/File:GBU-16_2_(ORDATA).jpg
https://en.wikipedia.org/wiki/GBU-12_Paveway_II#/media/File:GBU-12_xxl.jpg
https://en.wikipedia.org/wiki/Joint_Direct_Attack_Munition#/media/File:GBU-31_xxl.jpg

선형이고, GBU-16, GBU-32는 MK-83과 유사한 형상을 갖는다.

GBU-12와 GBU-38은 MK-82을 기준으로 개발되었다. 레이저유도폭탄은 레이저를 표적에 조사하는 침투부대 운용이 필수적이라 문제가 있다. GPS/INS 유도폭탄은 폭탄투하 시 장입된 좌표를 향해 비행할 것이다. 항공유도폭탄 중 고정시설에 대한 공격목적 이외의 인원과 장비 등이 노출되고 분산되어 있는 부대표적 공격은 수류탄과 같은 다량의 분산자탄에 의한 파편피해가 더욱 효과적이므로 분산자탄에 의한 효과 극대화를 위해 분산자탄을 사용한다. 간혹 투발수단의 정확도가 낮더라도 분산자탄의 분산범위가 넓어 오차범위를 극복할 수 있도록 하는 경우도 있다. 이와 같은 분산탄은 일명 확산탄이라고도 칭하는데 자탄 불발률은 국제규제에 의해 제한하고 있다. 미군은 CBU(Cluster Bomb Unit)계열 폭탄으로 1963년 월남전 이후 최근 2015년 예멘에서도 운용된 바가 있다. 비인도적인 무기임에도 불구하고 실제 전쟁발발 시에는 사용되고 있고, 북한, 중국, 러시아, 미국 등 거의 주요 군사강국은 모두 개발 및 보유하고 있는 실정이다.

(2) 특수탄약

특수탄약에는 전자기펄스탄, 탄소섬유탄 등 특정효과를 달성하기 위한 탄약이 있다. 이런 특정효과는 소위 효과기반작전(EBO : Effective Based Operation) 교리에 의한 작전임무수행 시 적의 NCW체계를 마비시켜서 보다 수월한 작전여건 조성을 위해 통상 전원을 차단시켜서 효과를 달성하는 방법을 생각한다. 이와 같은 방법에 착안하여 발전소나 변전소 등과 같이 전력을 공급하는 시설에 대해 물리적인 파괴를 시도하는 것보다 특수탄약에 의한 요망효과 달성이 용이한 경우가 많다.

이와 같은 목적으로 개발된 특수탄약에 전자기펄스탄(EMP : Electro-Magnetic Pulse)이 있는데 이것은 장거리유도무기나 항공탄 형태로 투발하고 표적지역 상공에 도달 시 고출력 전자기파가 방출되면 적 통신장비의 송수신 안테나, 케이블 등 배선, 환풍기나 수도관 등 도체를 통해 순간적인 과전압을 흘려보내 전자장비의 기능을 마비시킨다. 체계를 구성하는 핵심기능은 전원공급기, 자장압축발생기, 극초단파 발생기로 구성된다. 여기서 자장압축발생기(FCG : Flux Compression Generator)는 내부 폭약이 폭발하는 순간 튜브 내 시동코일에서 순간적으로 생성된 자장을 압축하여 고출력의 EMP를 방출한다. 이때 주파수의 선택이나 에너지의 집중이 표적에 적합하게 운용할 수 있도록 극초단파 발생기로 극초단파 전자기펄스 에너지로 변환시키고 안테나로 에너지를 집중하여 지향성 펄스로 방출한다. 체계의 제한사항은 EMP탄 투하 항공기의 피해 방지가 중요하며 피해평가(BDA : Battle Damage Assessment)가 어렵고, 피아근접 전투 상황에서의 운용은 제한된다는 점이 있다. 그러나 비살상무기로 인명피해 최소화와 모든 첨단무기에 내장된 전자기기를 단번에 무력화시킬 수 있는 장점이 있다. 같은 유형으로 탄소섬유탄은 전도성 탄소섬유를 전력생산 및 공급시설에 살포하여 전기적 누락, 누전, 방전을 발생시켜 전력시설을 마비시키거나 파괴하여 적 전투력을 저하시키는 비살상무기이다. 체계 구성은 탄소섬유가 충전된 자탄, 신관, 폭발체계로 구성된다. 실제 사례는 1991년 걸프전에서 미 해군이 탄소섬유탄두 장착 토마호크미사일로 이라크 변전소를 공격하여 바그다드 시 전기 공급시설을 마비시키고 통신설비를 무력화시켰다.

(3) 유도탄능동유인체

유도탄 능동유인체에든 대유도탄 기만체(decoy), 채프(chaff) 등이 있다. 기만체는 항공기를 추격하는 미사일이 미끼표적을 추적하도록 기만시킬 수 있는 기능을 갖는다. 채프와 플레어(flare)는 투하형 기만체로 채프는 레이더를 기만하고 플래어는 적외선 탐지기를 기만하는 체계다.

6. 화력무기체계 발전추세

화력무기체계는 사격통제장치를 자동화하여 임무반응성과 무기발사율 등 신속성을 향상시키고 표적제원 및 사격제원의 정확성 향상을 위해 노력하고 있다. 재사격제원, 기상제원, 포대위치, 탄약재고량, 표적 위치와 형태를 자동계산처리 기능 향상을 통해 발전시키고 있다. 포대 표적할당과 우선순위 계산, 최적의 탄종과 사격률 추천 등 향후 IT기술과 4차산업혁명에 따른 ICBM(IoT, Clouding, Big data, Mobile)기술과 인공지능(AI) 기술의 발달로 다수표적 획득 및 통제가 가능해진다.

포병 생존성 향상을 위해서는 포병지역으로 접근한 특작부대요원의 소화기 공격에 취약하고 적 포탄 공중 폭발 시 파편으로부터 장갑방호를 발전시키고 있으며, DP-ICM탄 공격에 대비하여 부가장갑을 추가할 필요성을 갖고 있다. 또한 적 레이더로부터 탐지될 확률을 감소시키기 위해 스텔스 기능을 부여하는 방안도 착안하고 있다. 또한 전자장비 보호를 위해 전자파 수신 경고장치를 부착하거나, 전자파 감소장치를 개발하고 있다. 한편 국방개혁 등에 따른 조작 인원 감소에 대비하여 탄약자동장전, 자동조준, 주행 시 포신 고정 원격조작 시 인원 6명에서 3명으로 감소가 가능하며 미래 조종수가 포탑에서 조종, 사격 시 포수 역할을 연구 중에 있다. 병력절감 시 병사 피로를 경감시키고, 안전을 도모하는 방향으로 발전시키고 있다.

연습문제

1. 수도권을 위협하는 북한 장사정포에 대응하는 "천무"는 무기체계 대분류체계 중 어디에 포함되는가?

2. 적전차 파괴를 위해 보병부대의 소부대 위주에 편성된 "대전차로켓"은 무기체계 대분류시 어디에 포함되는가?

3. 화력무기체계는 전장에서 요망효과를 충족하기 위해 어떤 특성을 지향하는가?

4. 화력무기체계의 주요 작전운용성능에는 어떤 것이 있으며, 정확도 향상과 사거리 연장, 사격범위 확장에 관련된 기술개발 동향을 설명하라.

5. 화력무기체계는 직접 조준하여 사격하는 직접화력 무기체계와 표적정보를 간접적으로 획득하여 사격하는 간접화력 무기체계로 구분된다. 이때 간접화력 무기체계의 구성요소는?

6. 통상 총열 또는 포신 내 폭발로 형성되는 압력에 의해 운동에너지를 얻어 총열이나 포신 이탈 속도를 형성하고 이것이 해당 체계의 사거리까지 도달할 수 있도록 하는 화력무기체계의 경우 주퇴복좌 기능을 설명하라.

7. 사격범위 즉 사거리 연장을 위한 성능개량 방안에는 어떤 것이 있는가?

8. 북한은 서울 불바다를 협박하고 있어서 개전 초 북한 포병에 집중되는 화력에 대응하기 위한 대화력전의 중요성이 대두되고 있다. 적절한 대응을 위해 포병탄약 소요가 과다하여 전투근무지원에 어려움이 많다. 이런 문제 해결을 위해 포병 화력과 관련된 작전운용성능을 향상시키는 방안은 어떤 것을 고려할 수 있는가?

제9장

기동무기체계

1. 전장기능

제4장에서 구분한 바와 같이 지휘통제(C2: Command and Control), 정보 혹은 전장감시(BA: Battle Awareness), 화력(Fire), 이동 및 기동(Movement and Maneuver), 방호(Protection), 지원(Sustainment) 6개의 전장기능 중에 기동무기체계는 이동 및 기동기능을 발휘하기 위해 운용하는 무기체계들이다. 그런데 기동무기체체계는 이동 및 기동의 전장기능 이외에 방호와 화력 등 다양한 전장기능을 갖춘 전차 같은 무기체계도 있다. 이동 및 기동 기능을 수행하는 무기체계에 전차 외에도 전투기, 구축함 등을 포함하는 경우도 있는데, 그 이유는 기동기능을 통해 전장에서 주도적이고, 결정적인 작전을 수행할 수도 있기 때문이다. 통상 전장에서 운용되는 플랫폼은 기동성을 갖추고 있으면서도 화력, 감시정찰, 지휘통제 등 전장기능 분야에 중요한 요구사항이 포함되어 있다. 그래서 전차를 중심으로 하는 기동무기체계 특성을 분석해보면 일반적인 기동무기체계에 대한 이해가 보다 용이하다. 따라서 다양한 기동무기체계를 전반적으로 망라하는 것보다 전차를 중심으로 기동무기체계를 소개한다.

2. 기동무기체계의 분류

기동무기체계에 대한 대한민국의 분류는 〈표 9-1〉[1]처럼 국방부훈령에 의거 중분류를 전차, 장갑차, 전투차량, 기동 및 대기동 지원장비로 구분하고 있다. 그중 전차는 기동무기체계의 대표 무기체계로 알려져 있는데 그 이유는 무기체계가 등장한 제1차 세계대전 이후 전장에서 기동성이 작전적, 전략적 목표를

<표 9-1>
기동무기체계 분류

중분류	소분류	대상장비
전차	전투용	M48A2, M48A3K, M48A5 · 5K. K-1, K1A1, T-80U, K-2전차 등
	전투지원용	K-1 구난전차, M88A1 구난전차 등
장갑차	전투용	K-200 · A1, CM6614, BMP-Ⅲ, LVTP7A1, KAAVP7A1, 차륜형 장갑차, K-281 · A1, K-242 · A1, K-21보병전투장갑차 등
	지휘통제용	K-277, LVTC7A1, KAAVC7A1 등
	전투지원용	• 사격지휘용 : K-77 등 • 화생방정찰용 : K-216 등 • 구난용 : K-288 · A1, KAAVR7A1 등 • 탄약운반용 : K-10 탄약운반장갑차 등
전투차량	전투용	중형전술차량, TOW · 106mm · 제논 탑재차량, K-532 다목적 전술차량 등
	지휘용	5톤 확장식밴, 1¼톤 · 2½톤 사격지휘차 등
	전투지원용	5톤 · 10톤 구난차, 궤도형정비샵, 정비샵차량(1½톤, 2½톤) 통신중계용전술차량(K-534), 1¼톤 통신가설차, 암호차량(1½톤, 2½톤) 등
기동 및 대기동 지원장비	전투공병장비	장갑전투도쟈(M9ACE), 다목적 굴착기, 장애물개척차 등
	간격극복 및 도하 장비	부교(M4T6), 기동부교(RBS), 장간 · 간편조립교, 교량전차(AVLB), 차기전술교량, 자주도하장비 등
	지뢰지대 극복장비	MICLIC, 휴대용 지뢰탐지기(PRS-17K), 지뢰제거장비(Mine Breaker) 등
	대기동장비	한국형 살포지뢰, 원격운용통제탄, 폭파기구 세트 등
	기동항법장비	휴대용 GPS(군사용) 등
	그 밖의 지원장비	항공기 견인차, 유조차(2½톤 이상), 신형정수장비 등
지상무인체계	전투용	무인경전투차량 등
	전투지원용	폭발물탐지/제거 로봇 등
개인전투체계	-	-

1 국방부 훈령 제2338호 「국방전력발전업무훈령」(2019.11.14.), p. 278.

달성할 수 있을 정도로 그 성과를 달성했기 때문이다.

전차는 기동성뿐 아니라 화력과 방호력을 함께 갖추어 전장에서 운용 시 전술적 성과는 상대편에 마비효과를 달성하여 결정적 전투를 수행하는 주력 무기체계로 알려져 있다. 전차에는 직접 사격과 기동을 통해 전투를 수행하는 전차도 있지만 전차가 험지 등에서 기동이 불가능한 경우 견인을 할 수 있는 구난전차도 전투지원용에 포함된다. 전차 차체 프레임이 통상 유사하여 전차로 분류하고 있다. 장갑차는 전차처럼 화력기능을 강조하여 탄약적재공간의 비중이 높은 것을 줄이고 보병의 탑승공간을 충분히 갖추어 1개 분대 약 10명 내외 규모의 병력 탑승을 할 수 있는 수송능력에 주안을 두고 설계했다.

물론 이동 간 전투수행능력을 갖추도록 발전시켜 화력무기체계를 기관총뿐만 아니라 기관포 등, 주포를 장착하는 경우도 있다. 장갑차는 병력을 이동시킬 목적 이외에 내부공간을 지휘통제용이나 전투지원용으로 사용하는 장갑차가 있다. 지휘통제용은 지상지휘소를 장갑차 내부에 편성하여 이동 간 전술 지휘소로 운용 가능하며 전투지원용에는 포병의 사격제원을 계산하는 사격지휘소, 기계화부대 임무수행 간 필요한 화생방 오염 여부를 정찰기능을 갖춘 화생방정찰 장갑차, 구난용, 탄약운반용 등 전투지원 임무용 장갑차로 구분할 수 있다. 가능한 공통적으로 사용할 수 있는 차체 표준을 설계함으로써 정비지원이 수월하게 한다.

전투용 차량은 전투용, 지휘용, 전투지원용으로 구분되는데 장갑차와 차이점은 궤도보다 차륜을 사용한다는 점과 장갑 정도의 차이가 있다. 따라서 전투차량은 장갑차와 같이 병력수송용으로 운용되고 주요 대전차 화력무기체계를 탑재한 전투차량 등이 있다. 다목적 전술차량은 궤도형이지만 전투차량으로 분류하고 있다. 지휘용 차량은 전술지휘소로 사용하는 밴 차량과 사격지휘소 차량이 있다. 전투지원용으로는 구난차, 궤도형 정비샵, 정비샵 차량, 통신 중계용 전술차량, 통신 가설차, 암호차량 등이 있다.

기동 및 대기동 지원장비에는 장갑전투 도자, 장애물개척차 등 전투공병 장비, 부교, 기동부교, 교량전차, 전술교량, 자주도하장비 등 간격 극복 및 도하장비, 지뢰탐지기, 지뢰제거장비 등 지뢰지대극복장비, 살포지뢰, 원격운용통제탄, 폭파기구 세트 등 대기동 장비, 군사용GPS 등 기동항법장비, 항공기 견인차, 유조차, 정수장비 등 그 밖의 지원장비로 분류하고 있다.

지상기동무기체계는 지상군 임무만큼 다양하고 많다. 그중 가장 복합적인 기능을 갖고 대표적인 무기체계를 선정한다면 전차와 장갑차, 전투차량을 제시할 수 있다. 이 3가지 무기체계를 표준으로 필요한 세부적 임무와 기능에 따라 체계 형상을 변경시켜서 모델을 개발했다고 볼 수 있다.

3. 전차체계 운용개념

전차 운용개념의 발전추세를 살펴보면 제1차 세계대전에 최초로 투입될 당시 기관총으로 고착된 진지(Trench) 돌파를 위해 개발된 무기체계였다. 〈그림 9-1〉[2]처럼 제1차 세계대전 진지는 병력이 신체 노출 없이 공격하는 적을 조준사격할 수 있도록 되어 있다.

그리고 전면을 감시할 수 있는 위치에 기관총진지를 구축하여 공격하는 군이 진지전면에 접근할 수 없도록 했다. 진지도는 전투원 전후방에 모래백을 쌓아 올려서 적의 사격으로부터 신체를 보호받도록 했으며 사격하고 은폐가 용

<그림 9-1>
진지전(Trench Warfare)의 진지형태

2 https://www.smore.com/asx99-trench-warfare-in-wwi

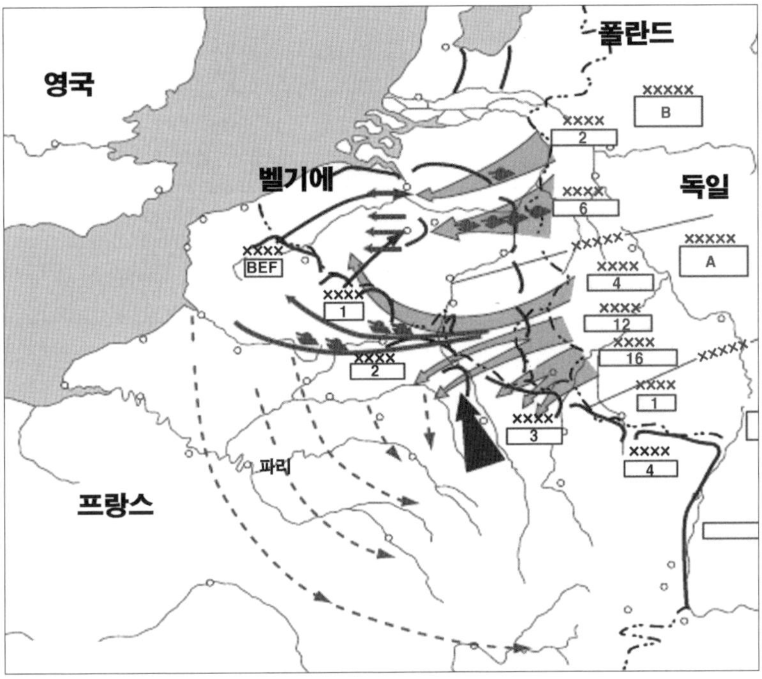

<그림 9-2>
전차 중심의 기동전 교리
전격전과 작전기동단
운용

이한 구조로 부대 편성을 고려하여 지속적인 작전수행이 가능토록 구축했다. 이렇게 완강한 진지를 접하게 되면 공격부대는 손실만 발생된다. 전차는 이런 진지전을 극복하기 위해 제1차 세계대전 당시 최초로 등장하게 된 것이다. 항공기가 발달한 3차원 입체전이 완성되기 직전 제2차 세계대전에서 독일의 폴란드 침공이나 프랑스 전역에서 〈그림 9-2〉와 같이 전차 위주의 전쟁을 수행한 전격전(Blitzkrieg) 등 대담한 기동전을 운용했다.[3] 소련 등 공산권의 작전기동단(OMG : Operational Maneuver Group) 등도 이때 출현했다.

개인 휴대용 대전차화기의 발달로 대전차화기를 보다 효과적으로 제압할 수 있는 보병이 함께 기동하면서 대전차화기를 운용하는 병력을 제압해야 했다. 따라서 보병과 전차 간 협동작전이 필요하게 되었다. 보·전 협동작전의 제한사항은 보병의 도보이동 속도는 4km/h정도인데 전차의 경우 도로상에서는 60km/h, 야지도 약 20km/h 정도의 속도로 이동할 수 있어 보병의 속도를 맞추면 기갑전력 발휘가 제한되어 전차의 기동속도를 맞출 수 있는 기계화 보병

3 https://www.westpoint.edu/sites/default/files/inline-images/academics/academic_departments/history/WWII%20Europe/WWIIEurope09.pdf

<그림 9-3>
전차 운용개념 충족에 필요한 주요 능력

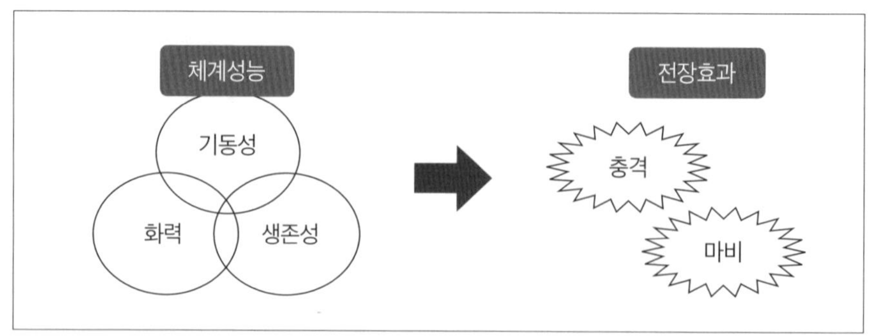

이 등장했다. 이런 기계화보병과 함께 대담한 종심기동전을 수행할 수 있도록 전차와 함께 전투 수행이 가능한 장갑차의 개발이 요구되었다. 이렇게 신속한 지상기동 속도로 인하여 기습적이고 심리적으로는 마비를 달성할 수 있는 전차 무기체계의 급속한 발전에 대응하여 과학기술의 발달로 항공기, 대전차무기, 대전차 공격이 가능한 포병 화력 등의 등장에 따른 전차의 위협 극복능력이 지속적으로 요구되었다. 그리고 전차의 기습효과를 저지하기 위해 대전차지뢰 및 다양한 장애물이 등장함에 따라 이런 체계에 대한 극복능력도 추가 요구되었다. 이와 같은 전차의 운용개념을 충족하는 데 필요한 주요 능력은 대담한 종심기동 작전을 위해 기민성과 속도, 도하 및 간격극복능력 등을 포함한 기동성이 요구된다. 다음 기동 간 접촉하게 되는 전차나 저항하는 진지 등 다양한 표적을 제압할 수 있는 화력기능이 요구된다. 세 번째는 적전차, 대전차무기, 항공기나 포병 위협으로부터 생존할 수 있는 능력, 즉 생존성이 요구된다.

4. 전차체계의 특성과 작전운용성능

1) 전차체계 기동성

미 합참에서 "이동과 기동은 주전장에서 전역을 지휘하기 위해 합동 전력을 재배치하고 기타 우발상황에서 전투작전 개시 전에 유리한 지역을 확보함으로써 전술적 성공을 작전적, 전략적 목표달성에 이용하는 기능"이라고 표현하고 있다. 이런 기능의 주요 특성을 살펴보면, 지상차량(Ground Vehicle)은 기동성(Maneuverability), 안정성(Stability), 도섭 깊이(Fording Depth)가 있다. 기동성에는 많은 세부적 특성을 정의할 수 있으며 안정성도 다양한 세부특성이 정의되어야 한다. 도섭 깊이는 하천이나 계곡이 많은 지형에서 기동성을 정의하는데 중요한 요소가 된다. 플랫폼의 운용거리(Platform Range)에 관한 특성은 최대반경, 최소반경, 전투임무반경(Combat Mission Range) 등으로 정의하는데 무기체계를 어떤 작전에 투입할 수 있는 능력과 정도를 결정하는 데 대단히 중요하다. 한편 기동무기체계가 갖는 다른 특성 중 물리적 상호운용성(Physically Interoperability)은 다른 플랫폼이나 체계, 부체계, 탄두(Warhead), 발사대(Launchers)와 교체하거나 사용함에 있어서 물리적으로 불일치하여 불편함이 없도록 상호운용이 가능해야 한다는 의미를 갖는다. 기동무기체계의 기동성 중에 플랫폼의 속도(Platform Speed)에 대한 정의는 필요에 따라 다양하게 정의할 수 있다. 이때 속도에 대한 구분을 최대, 최소, 순항(Cruise), 지속(Sustained), 가속(Acceleration)과 같이 다양하게 정의할 수 있다.

수송 플랫폼에 적합성(To fit Expected Carrying Platforms)은 수송하는 플랫폼이 적재할 수 있는 능력, 즉 중량(Weight)과 체적(Volume)이 중요한 특성이다. 항공기(Aircraft), 차량(Vehicle), 화물(Cargo), 연료(Fuel), 승객(Passengers), 병력(Troups), 조원(Crew) 등 수송능력(Ability to Transport)에 관련된 특성이 있다. 공수능력(Lift Capacity)과 플랫폼 운반성(Platform Transportability) 특성도 이동 및 기동의 중요한 특성 중의 하나다. 자체전개 능력(Self-Deployment Capability-Range)에 관한 특성은 준비시간 및 복구시간(Time to Prepare, Recover)이 있다. 화물 수송율(Cargo Transfer Rate)과 플랫폼 운용에 제한되는 특정시간대(Platform Specified Timelines) 등도 지상 기동무기체계에서 "이동 및 기동"을 고려해야 하는 주요 특성 요소들이다.

기동성은 전차의 운영개념을 달성하는 데 중요한 능력이다. 기동성에 관한 능력을 보다 세부적으로 구분한다면 전장 기동능력, 전술 기동능력, 전략적 기동능력으로 구분할 수 있다. 전장에 기동성에 관련된 능력은 근거리에서 먼저 적과 교전 시 요구되는 능력으로 주로 민첩성에 관련된 능력이다. 연약 지형, 험지, 개천, 도랑, 참호 등 각종 장애물 통과나 경사지 등판능력 등이 전장 기동에 관한 특성이 된다. 전술 기동능력은 전장에서 근접 전투지역 후방에 있는 종심지역의 목표까지 자체동력으로 포장도로, 비포장도로, 야지, 설상 및 하천 등의 지형을 통과해서 신속히 이동할 수 있는 능력을 의미한다. 전략적 기동능력은 전략적 종심지역에 위치한 목표까지 선박, 철도, 트레일러 차량, 항공기 등에 의한 원거리 수송, 전차 기동성에 영향을 미치는 주요 능력 등을 의미한다. 이런 기동성은 전차 엔진이 갖는 특성이 중요하다. 엔진출력과 관련된 각종 특성이 관련된다. 엔진은 디젤 엔진과 가솔린 엔진이 있는데 가솔린 엔진은 민첩성 측면에 유리하지만 연료효율이 낮아 군수지원에 상대적으로 제한된다. 이처럼 전차를 운용하는 데 요구되는 능력을 종합해볼 때 전차의 기동성을 대표적으로 정의할 수 있는 것은 우선 엔진 출력이다. 전차 엔진 출력은 1,200~1,500마력인데 보통 승용차 소형은 100마력 정도, 중형은 약 200마력 정도임을 고려하면 10배 정도의 출력이다. 그런데 이렇게 엔진 출력만으로 기동성이 좋다고 판단할 수 없다. 높은 엔진 출력을 갖더라도 전차가 무겁다면 민첩성이 저하되기 때문이다. 즉, 이와 같은 능력을 표현할 수 있는 척도, 전차 중량에 비교해서 얼마나 큰 힘을 낼 수 있는지에 관한 성능 척도가 톤당 마력이 된다. 통상 전차 엔진 출력을 전차 전체 중량(ton)으로 나누어 톤당 마력으로 표현하고 있다.

주요 성능은 톤당 마력, 가속성능, 주행특성으로 구분할 수 있다. 톤당 마력 성능은 가속성능과 최대 주행속도에 영향을 미친다. 가속성능은 신속한 지그재그 주행으로 적 전차나 대전차무기의 조준사격 시 전차가 회피할 수 있는 능력이라고 표현하고 있다. 전차 기동성과 생존성에 기여하는 성능이다. 〈그림 9-4〉에서 전차의 톤당 마력성능은 가속성능과 관계가 있다.[4] 톤당 마력이 15인 전차와 30인 전차가 존재한다면 정지 상태에서 48km/h에 도달하는 데 소요시간이 각각 상이한데 〈그림 9-4〉에서와 같이 톤당 마력이 15인 경우는 무려 40초가 소요되지만 톤당 마력이 30인 경우에는 15초면 가능하다. 이와 같은 시간은 적 전차나 대전차무기와 교전 시 적의 대전차탄 발사시점을 기준으로 비과시간을 고려하여 회피할 수 있기 때문에 가속성능은 기민성 또는 민첩성으로 기동성을 대표하는 성능이라고 할 수 있다. 앞에서 거론했던 바와 같이 "전차"를 대표할 수 있는 핵심성능변수(KPP)로 정의할 수 있는 척도라 할 수 있다. 이 가속성능시간이 예측되는 위협의 공격대응시간과 연관시켜 예를 들어보면

4 이재국 · 이용일 편저, 『무기체계학』, 방위산업기술지원센터, 2015, p. 162.

시간(sec)

40

15

토당 마력이 15이면
시속 48km까지
도달하는 데 40초 소요

톤당 마력이 30이면
시속 48km까지
도달하는 데 15초 소요

15 30 톤당 마력(HP/t)

<그림 9-4>
전차 톤당 마력 성능과 가속 성능 간의 관계.

적대전차화기 RPG-7 비행속도는 300m/sec 정도라 전차에 근접하여 사격하면 비과시간이 1초 미만으로 회피가 불가하다. AT-3는 약 130m/sec이고 사거리가 3km 정도 되므로 최대사거리 위치에서 사격하면 약 23초 정도 비과시간이 소요되므로 가속성능이 40초가 소요되는 전차는 AT-3에 취약하고 15초가 소요되는 전차는 대응이 가능하다고 볼 수 있다. 주행특성은 고강도, 유기압식 현수장치에 의해 피칭(pitching), 바운싱(bouncing) 등 동적 특성을 결정하는데 〈그림 9-5〉[5]의 우측과 같이 현수장치는 전차 자세를 자유롭게 변형할 수 있고 야지탑승병력에 대한 충격을 완충함으로써 야지 기동성을 높일 수 있다.

초기 전차는 토선비(스프링)식 현수장치로 댐피, 로드임과 함께 구성되어 부피와 중량이 커진다. 유기압식 현수장치로 변경하여 스프링과 댐퍼를 일치시켜서 유기압식 현수장치가 개발되고 이어 로드암을 일체화하여 내장형 유기압 현수장치를 개발했는데 좋은 승차감 때문에 고가이고 신뢰성이 낮음에도 불구

<그림 9-5>
유기압식 현수장치

5 http://kookbang.dema.mil.kr/newsWeb/20100726/1/BBSMSTR_000000010241/view.do
http://ebook.dema.mil.kr/file/2018/files/20191220_165918/#page=16

하고 군에서 선호한다.

2) 전차체계의 치사성

치사성을 발휘하는 것은 화력 특성이다. 화력 무기체계 특성 중 발사관 형태, 체계 무게, 발사대 수 등이 있지만 전차는 발사차폐각(Weapon-off axis launch angle), 조준오차각(Off boresight angle)이 중요하고, 기상의 영향을 고려해서 악천후(Adverse weather) 및 주야 운용능력 특성이 전술적 관점에서 중요하다. 교전탐지시나리오(Detect to engage scenarios)는 반응시간과 관련된 특성으로 부여된 임무를 고려할 때 교전 절차에 수용가능시간(Acceptable engagement sequence time), 임무반응시간(Mission response time), 전원작동(Power-up), 사격(Fire), 재사격(Re-fire), 무기발사율(Weapon launch rate)이 단위 시간당 발사 탄수에 영향을 주는 중요한 특성이다. 장비 표적에 대한 파괴확률은 작전요망효과에 따라 다양하게 정의하고 있다. 장비의 임무수행이 불가한 파괴상태를 기동불가 파괴(M-kill : Mobility kill), 화력운용불가 파괴(F-kill : Fire kill), 정비수리 등 복구 불가 파괴(K-kill) 상태로 구분하여 요망효과를 적용한다. 이런 파괴확률을 결정하는 데 명중확률(probability of hit), 원형공산오차(CEP : Circular Error Probable)는 중요한 특성이다. 화력체계 플랫폼(Platform)은 체계 발사대(Launchers), 화력저장능력(Firing-Storing Capacity) 특성을 가지며 작업분할구조는 미사일 무기체계와 같다.[6] 전차는 공격을 주요 임무로 하는데 전장에서 전차는 적 전차와 교전 기회가 많고 전차 표적에 대해서는 주포를 사용하여 요망파괴 효과를 달성한다. 전차 주포는 보통 전차 같은 장갑 표적에 명중하여 관통해서 내부 승무원이나 탄약, 주요 구성품 등을 살상하거나 파괴하는 상태까지 달성해야 요망효과를 달성할 수 있다. 전차는 적 표적 무력화를 위해 표적에 탄을 명중시킨 후 대응수단의 충분한 파괴력으로 표적파괴능력이 필요하다. 전차표적은 중장갑에 대한 철갑탄, 대전차 고폭탄에 의한 관통성능이 중요하다. 경표적은 기관총 또는 고폭탄으로 제압하고, 헬기 등 항공표적은 기관총 화망, 유도미사일, 지능형센서 포탄으로 제압한다. 전차 화력에 영향을 미치는

---

6 MIL-STD-881D, *Work Breakdown Structure and Definitions*, 9 April 2018, pp. 52~66.

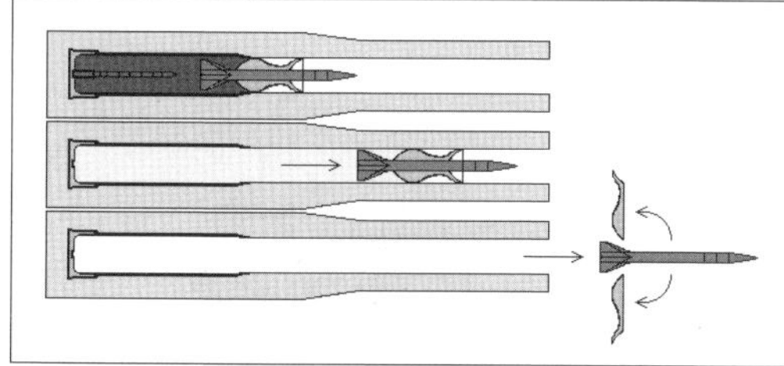
포탄 발사 형상

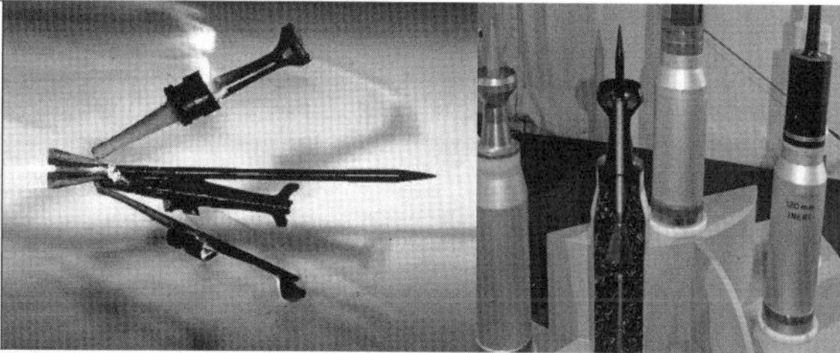
날개 분리 상태　　날개안정분리철갑탄(APFSDS)

<그림 9-6>
날개안정분리 철갑탄 형상과 발사절차

주요 성능은 정확도로 조준경, 자동화 탄도계산, 비행안정성(강선포)이 중요한 작전운용성능 요소가 될 수 있다. 관통성능은 길이 대 직경 비율, 형상이며, 텅스텐 합금, 열화우라늄, 화학에너지탄 등 관통자 재질도 중요하다. 사거리는 활강포의 경우 포구속도가 중요한 성능이 된다. 전차 주포는 1970년대 3세대 이전까지 일반 화포처럼 강선포를 사용했으나 강선으로 인한 화포 직진성이 우수하여 오차가 적은 반면, 강선으로 인한 마찰로 에너지 손실이 커서 표적에 도달하여 관통성능이 저하되는 문제가 있었다. 따라서 3세대 전차부터는 관통성능을 극대화하기 위해 활강포로 변경하여 포구초속을 약 1,740m/sec 정도로 소총의 두 배가 넘는 수준으로 향상시키고 대기 중의 탄도 안정성을 확보하기 위해 탄에 날개가 부착되어 있고 〈그림 9-6〉[7]과 같이 소위 "날개안정분리철갑탄(APFSDS : Armour-piercing fin-stabilized discarding sabot)"으로 운동에너지에 의한 관통효과를 달성하는 데 주안을 두고 설계되었다.

탄약통의 장약이 폭발하면 날개가 달린 샤봇을 포신 밖으로 밀어내고 운동에너지를 제공한다. 이 운동에너지를 갖고 포신을 이탈하면서 포신 압력을 유지하던 샤봇을 분리하여 꼬리날개가 달린 상태의 관통자만 표적을 향해 안정적으로 비행한다.

〈그림 9-7〉[8]처럼 먼로효과(Munroe Effect)에 의한 작약과 라이너가 고온 메탈

---

7 포탄 발사 형상: https://en.wikipedia.org/wiki/Armour-piercing_discarding_sabot#/media/File:TRESPI-5_APFSDS.PNG
날개 분리 상태: https://www.quora.com/How-far-does-the-sabot-on-a-modern-APFSDS-round-travel
날개안정분리철갑탄: https://en.wikipedia.org/wiki/Armour-piercing_fin-stabilized_discarding_sabot#/media/File:IMI120shells.jpg

8 https://fas.org/man/dod-101/sys/land/m830.jpg

<그림 9-7>
성형작약탄(HEAT) 형상

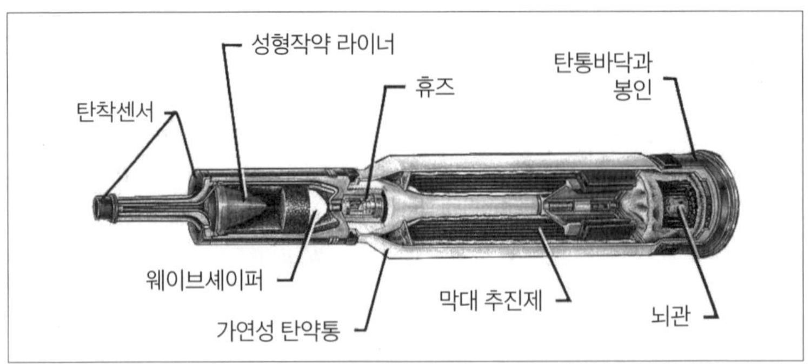

제트(Metal Jet)를 형성하여 장갑을 관통하는 대전차 성형작약탄(HEAT : High-Explosive Anti-Tank)이 있다. 성형작약이 라이너 형상과 같이 오목렌즈 역할을 하여 폭약이 폭파하는 순간 중심부를 향해 폭발 가스가 메탈제트 형상으로 집중되는 압력을 모아 표적 장갑을 관통하는 구조를 갖고 있다.

〈그림 9-8〉[9]처럼 표적 장갑표면에서 파열되어 충격파로 인한 전차 내부 장갑판 파열에 따른 파편이 내부 인원과 장비를 살상하거나 파괴하는 점착유탄(HESH: High Explosive Squash Head)도 화학에너지탄의 일종이다.

개량형 대전차고폭탄(Tandem Charged)은 반응장갑을 부착한 전차표적에 대한 대전차탄 위력 감소 현상을 극복하기 위해 이중탄두를 장착한다. 작약을 직렬 이중으로 구성하여 1차 작약이 반응 장갑을 무력화한 후 2차 작약에 의한 전차 본체 장갑을 관통하도록 설계한다. 전차탄 사거리는 다음처럼 탄약 단면

<그림 9-8>
점착유탄(HESH탄) 형상과 파괴구조

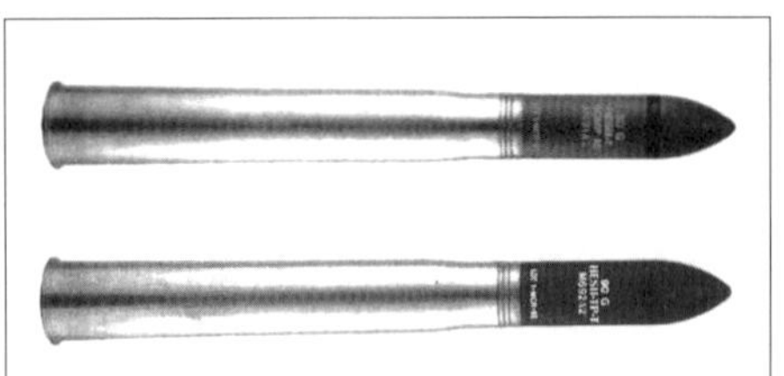

파괴구조

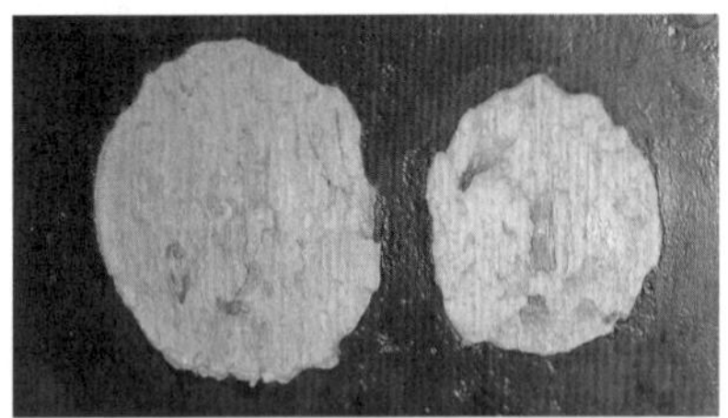
HESH탄 피격 내부표면

9 파괴구조: https://fas.org/man/dod-101/sys/land/90.htm
HESH탄 피격 내부표면 : https://commons.wikimedia.org/wiki/File:Damage_caused_by_HESH_fort_nelson.jpg

적과 포신 길이에 따라 (식 9-1)과 같이 에너지를 계산할 수 있다.

$$W = A\int_{0}^{x_1} Pdx = KE = \frac{1}{2}mV^2 \text{ (식 9-1)}$$

추진가스가 한 일(W), 탄자 운동에너지(KE), 탄자중량(m), 포구속도(V), 탄자 단면적(A), 탄자가 포신 내 이동한 거리(x_1)에 의해 계산된 에너지 크기에 따라 사거리가 결정되므로 구경장이 길면 사거리도 길어진다.

3) 전차체계의 생존성

미 합참에서는 "능동방어수단, 수동방어수단, 기술과 절차 적용과 위기관리와 대응을 통해 합동전력의 전투잠재력을 보존하는 것"으로 정의하고 있다. 이 방호에 대한 특성은 다음과 같이 정의하고 있다.[10] 접근 및 통제(Access and Control), 위협회피(Threat Challenges)는 적이 아군을 탐지하지 못하도록 하는 특성으로 대응수단(Counter Measure)을 강구하거나 센서로부터 유효탐지면적을 감소시키는 특성을 통해 방호를 보장한다. 적 화력으로부터 명중(Hit)되는 것을 회피하거나 근거리에서 폭발(Blast) 시 압력으로부터 버틸 수 있는 내구성이나 방호능력이 있고, 화력으로부터 직간접적인 충격(Shock)에 대한 내구성, 화학, 생물학, 방사능(CBRN)으로부터 방호하는 특성 등이 방호분야에서 저항능력(Ability to Withstand)에 관한 특성이라고 할 수 있다. 아군 주요 무기체계에 대한 접근 및 통제는 방호분야의 기본특성이라 할 수 있다. 방호에 있어서 은밀성(Covertness)에 관한 특성은 방사잡음(Radiated Noise), 능동표적신호강도(Active Target Strength), RCS, 전자침묵(EM Quiet), 무선주파수신호 등이 있다. 전차 생존성에 관련된 특성을 일련의 교전절차를 통해 운영개념을 분석해보면 적을 먼저 신속하게 발견하면 공격하던 회피하던 대응을 통해 생존 확률이 증가한다. 이때 순간 기동력, 즉 가속 성능이 좋으면 적에게 노출되는 시간을 감소시켜서 생존확률을 향상시킬 수 있다. 다음은 피탄 면적을 감소시키거나 위장과 은폐를 통한 탐지회피, 피탄 회피 기능을 조합하여 생존성을 향상시킬 수 있다. 마

---

10 Morris R. Driels, Weaponeering Conventional Weapon System Effectiveness Second Edition, AIAA, Virginia, 2012, p. 548.

지막으로 피탄이 되더라도 관통성능을 저하시키거나, 관통되더라도 조작인원이나 탄약, 엔진 등 주요 기능에 피탄 확률을 감소시켜서 생존성을 향상시키는 방법 등이 가능하다. 생존성과 관련된 특성 분석을 통해 생존성에 영향을 미치는 주요 성능 요소들을 찾아보면 장갑방호, 능동방호, 탐지회피, 순간 기동력, 화생방방호기능 등으로 구분된다. 여기서 장갑방호를 먼저 살펴보면 수동형 장갑과 반응장갑으로 구분할 수 있다. 수동형 장갑은 장갑기술의 발전추세와 함께 진화해 왔다. 장갑의 기본원리는 날아오는 탄의 운동에너지를 "0"으로 만들어주는 데 목표를 두고 있다. 전차의 생존성 향상은 적을 조기 발견해서 공격 및 회피 기회를 증가시키고, 순간 기동력을 증대시켜 공격에 대한 노출시간을 감소시켜야 한다. 또한 피탄면적을 감소시키고, 탐지회피 및 피탄 회피 기능을 조합하여 적절하게 운용이 가능하고, 일단 피탄 시 치명적인 2차 피해를 극소화시켜야 한다. 이렇게 전차 생존에 영향을 미치는 주요 성능은 장갑방호 방법에는 장갑재질과 두께, 복합장갑, 반응장갑, 파괴방호, 능동방호 등이 된다. 탐지회피 방법에는 스텔스, 유도교란 성능이, 순간기동력향상을 위해 톤당마력이 중요한 성능이 된다. 화생방방호는 집단방호체계 구축을 통해 달성한다.

5. 전차에 대한 위협과 대응

1) 휴대용 대전차탄의 위협

적 전차부대를 맞이하여 대응할 수 있는 수단은 전차 외에 하차한 보병이 사용하는 휴대용 대전차무기가 있다. 〈그림 9-9〉[11]는 RPG-7으로 동구권과 북한에서 주로 사용하는 대전차 휴대용 로켓이다. 부스터에 탄두를 결합하여 다양하게 사용할 수 있도록 개발되어 아랍지역 테러요원들이 주로 많이 사용했다.

중동전에서 이스라엘 전차에 대항하여 휴대용 대전차화기가 크게 기여한 바 있다. 이와 같은 대전차무기의 발달로 인해 비용 대 효과 측면에서 전차의 역할과 기능에 많은 영향을 주었다. 한편 무기체계는 탄두와 부스터, 모터로 구

11 https://upload.wikimedia.org/wikipedia/commons/8/8d/Rpg-7.jpg

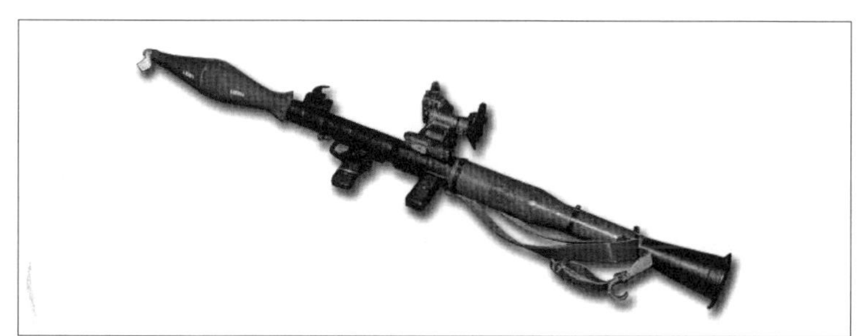

<그림 9-9>
대전차무기 RPG-7

분되는데 작전수행 시 예측되는 대상표적에 따라 다양한 탄두를 결합하여 사용하기 쉽게 개발되어 있다. 좌측에 있는 발사관에 탄두와 부스터를 결합한 상태로 사용하며 조준장치는 이동전차에 선도각을 적용할 수 있도록 하거나 조준경에 의한 조준사격이 가능하도록 되어 있다. 조준장치가 첨단화되기 전까지는 전차에 보다 근접해서 사용될 가능성이 높다. 우측 PG-7M HEAT 탄두는 기본형과 탄두 연장형이 있다. 기본형은 관통력이 대략 260mm이며, 탄두 연장형은 관통력이 약 330mm 정도다. RPG용 HEAT탄은 강화 콘크리트의 457mm 정도를 관통할 수 있다고 한다. 그러나 3세대 전차의 표준 측면 방호력은 350mm를 관통하지 못하는 것으로 알려져 있다. 우측에서 신형 HEAT탄두는 PG-7VR 2중 탄두탄 관통력이 750mm으로 장갑관통력을 향상시키고 반응장갑 관통을 위해 TANDEM 탄두를 장착하여 대부분의 차량과 요새진지 표적에 대해 파괴효과를 달성할 수 있다. OG-7V 등은 국제조약의 제한규정 내 사용하는 대인용 파편형 탄두다. 대전차무기에 사용하는 탄종은 운동에너지탄과 화학에너지탄으로 구분되며 최근 운동에너지탄과 화학에너지탄의 관통성능을 향상시키고 있다.

2) 전차용 대전차탄의 위협

전차 주포로 발사하는 전차탄 중 대전차용 성형작약탄은 〈그림 9-10〉[12]처럼 관통 형태가 여러 겹의 연강판을 관통할 수 있는 정도의 성능을 갖는다.

그 관통 깊이는 원뿔을 형성하는 성형작약의 형상에 따라 영향을 받는데, 성

12 http://toughsf.blogspot.com/2017/05/nuclear-efp-and-heat.html

<그림 9-10>
대전차용 성형작약탄

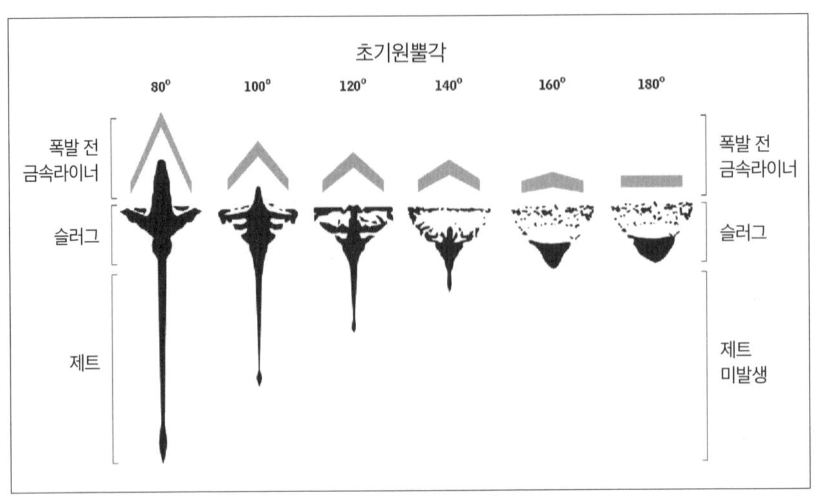

형작약 원뿔 내각이 작을수록 관통 깊이는 깊어지고 반대로 원뿔 내각이 커지면 관통깊이가 얕아지는 관계를 갖는다. 이 관통깊이에 따라 전차의 파괴성능이 결정된다. 대전차탄의 파괴성능은 화력무기체계에서 제시한 장비 파괴정도를 기동불가파괴(M-Kill), 화력기능불가파괴(F-Kill), 완전파괴(K-Kill)로 구분하는데 기동에 관련된 기능을 파괴하거나 무력화한 경우 M-Kill로 평가하고 화력운용이 불가하면 F-Kill로, 정비가 불가능하여 방치해야 할 정도면 K-Kill로 평가한다. 전장에서 이와 같은 요망효과를 달성할 수 있도록 대전차용 성형작약탄의 관통성능을 목표로 설계하고 개발한다.

한편 운동에너지를 이용하여 장갑을 관통하는 탄인 날개안정분리철갑탄(APFSDS : Armor Piercing Fin Stabilized Discarding Sabot)은 탄통케이스 내에 추진제와 뒤쪽에는 뇌관이 있고 앞쪽에는 탄자가 있는데 이 탄자에 관통자를 에워싼 사봇(sabot)이 포구 이탈 시 분리되어 관통자만 비행하는데 비행간 안정을 유지할 수 있도록 한다.

일반적으로 운동에너지탄의 관통성능 향상방법은 탄자의 질량 및 포구속도를 함께 증가시켜 운동에너지를 높여줌으로써 관통력을 2배 이상 향상시킬 수 있다. 이러한 날개안정철갑탄의 관통성능은 구경의 5배, 관통자 길이의 1~1.5배 정도 장갑관통력을 갖는다. 그러나 이때 강선포의 경우에는 포탄의 길이를 길게 해서 관통자의 단위면적당 질량이 증가하는 방식으로 발전시켰으나 포탄 직경 대 길이 비율이 6 : 1을 초과하면 회전이 발생되어 탄의 정확도를 보장할 수 없게 된다. 이런 문제 해결을 위해 운동에너지탄의 관통자는 B처럼 관통자의 비행을 안정시킬 수 있는 날개가 있으며, 이 관통자가 강판에 명중하면 D처럼 완전히 관통할 수 있다.[13]

운동에너지에 의한 관통은 장갑 타격면과 이루는 경사각에 따라 영향을 받는다. 그 관계식은 다음처럼 관통에 관련된 운동에너지 관계식은 다음과 같다. 먼저 관통자 직경(d)과 질량(m)을 알고 있다면, 관통깊이(T)나 관통속도(V)를 다음 관계식을 사용하여 계산할 수 있다.[14]

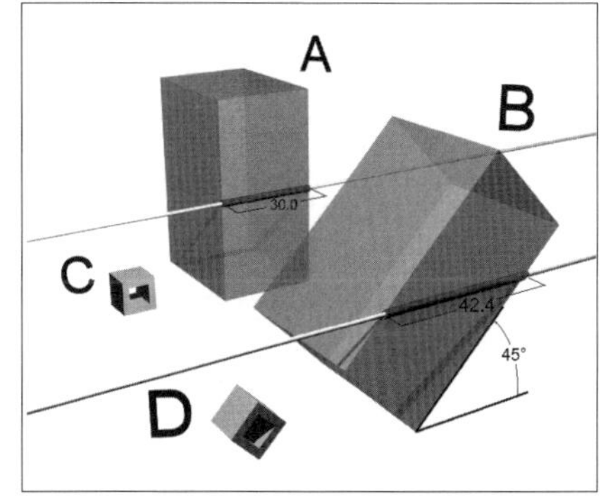

<그림 9-11>
운동에너지에 의한 관통

$$\frac{1}{2}mV^2 = cd^3\left(\frac{T}{d}\right)^n 65), \quad V^2 = \frac{2cd^3\left(\frac{T}{d}\right)^n}{m} \text{ (식 9-1)}$$

V : 관통자의 타격속도(m/sec)

d : 관통자의 지름(m)

T : 장갑의 유효두께(m)

c : De Marre계수(N/m^2)는 표적의 탄도한계 및 장갑의 두께, 탄자의 직경의 크기에 따라 결정되나, 일반적으로 $96 \times 10^7 \sim 144 \times 10^7 N/m^2$의 값을 갖는다.

n : 경험상수, 정상파괴 현상은 n=1.4, 관입형은 2, 투창형은 1을 적용

3) 위협대비 방호기능

전차에 대한 위협은 주로 대전차 탄에 의한 위협이 중요한데 여기에 대응하는 방호체계가 장갑방호체계이다. 전차 장갑방호체계를 원리에 따라 분류하면 다음과 같다. 경사장갑은 경사면 효과를 이용하여 수평관통두께를 두껍게 하는 효과가 발생되도록 하는 방법이다. 유격장갑은 장갑과 장갑 사이에 간격을

13 https://upload.wikimedia.org/wikipedia/en/9/95/Sloped_Armour_Diagram.png

14 이두성 외,"방탄재료의 고속충격 성능 향상에 관한 연구", 한국과학재단, 『특정기초연구』, 2003, p. 19.

두어 관통성능을 감소시키는 방법으로 화학에너지탄 및 운동에너지탄 모두에 효과적이다. 초밤장갑은 강화세라믹 충진제를 이용하여 장갑성능을 향상시키는 방법이다. 폭발식 반응장갑은 장갑에 충돌 시 물리적, 화학적 반응을 동시에 발생시켜 관통력을 약화시키는 방법이다. 하이브리드 장갑은 유격장갑, 초밤장갑, 반응장갑의 특성을 종합적으로 적용하는 방법이다. 전자기장갑(EMA)은 성형작약탄의 메탈제트를 전자장에 의거 분산시키는 방법이다. 능동방어체계는 대전차미사일을 레이더로 탐지하여 대응탄을 발사하여 파괴하는 하드킬(H/K)방식과 원거리에서 탐지되면 연막차장, 적외선 교란 및 회피기동 등을 통해 생존하는 방식을 소프트킬(S/K)이라 한다.

앞 방호체계 중 복잡한 방호구조를 갖는 체계는 전자기장갑(EMA)과 스텔스 방호가 있다. 이스라엘에서 반응장갑의 비효율성을 대체하기 위해 개발한 체계로 성형작약탄이 장갑에 도달하면 금속판 외부에 수천 볼트로 급속히 대전하여 충격 시 강력한 자기장 층을 이용하여 메탈제트를 분산시키는 원리를 적용하고 있다. 방호체계의 중량은 2~3톤에 불과하지만 방호성능은 10~20톤의 장갑재를 부착한 효과를 달성할 수 있어서 채택된 기술이다. RPG로켓을 수회에 걸쳐 발사해도 전차에 손상이나 마모가 없었다고 알려져 있다. 스텔스 방호는 적 레이더, 음향탐지, 적외선 탐지 등 모든 탐지 기술에 대항하는 은폐기술로 좁은 의미로는 상대 레이더망에 포착되지 않는 은폐기술이다.

능동방어체계는 장갑으로 인한 기동성 저하를 방지하고 피탄 전 위협요소를 제거하는 하드킬(Hard Kill) 방법으로 접근하는 미사일 위치를 정확히 측정하여 도달직전 대응파괴탄으로 파괴하는 방법이다. 러시아 ARENA라는 능동방어체계는 50m 전방에서 탐지하여 70°로 대응파괴탄을 발사하여 무력화한다. 한편 소프트킬(Soft Kill)은 적외선 영상정보센서, 방호용 레이더 또는 상부 위협 탐지 레이더, 레이저 경보장치 등으로 원거리부터 위협을 탐지하여 미사일 방향으로 가시광선 · IR · MMW 차장 가능한 복합연막을 분산 · 발사 · 차장하여 순간적으로 관측 · 조준 · 유도 불가능하게 하여 신속한 회피기동으로 생존성을 보장하는 방법이다.

6. 전차체계 구성

기동무기체계의 표준적인 구성은 미국의 군사 표준 MIL-STD-881D (2018.4.9.)에서 다음과 같이 차체(Hull), 구조(Frame), 조종대(Cab)와 체계 생존성(System Survivability) 보장을 위한 장갑, 화력을 운용하고 외부 상황을 비교적 안전하게 감시할 수 있는 포탑이나 총좌(Turret Assembly)로 구분하고 있다. 기동장비가 전장지역의 거친 지면을 주행 간 승무원과 탑승병력이 사격이나 사격지휘 등 임무수행이 제한될 수 있어서 충격완화를 위해 현수장치(Suspension)가 필요하다. 전차처럼 궤도차량의 조종장치(Steering)는 보다 정교한 조작이 필요하다. 특히 도로밀도가 높은 도로 환경과 단기 훈련만으로도 쉽게 조종할 수 있도록 설계한다. 차량전기체계(Vehicle Electronics) 등 동력전달장치(Drive Train)도 필요하다. 다음 화력기능을 수행하기 위해 사격통제(Fire Control)체계와 무장(Armament)은 중요하며 탄약을 지속 공격할 수 있도록 자동탄약공급체계(Automatic Ammunition Handling)가 있다. 항법 및 원격조정체계(Navigation and Remote Piloting Systems)는 특수장비(Special Equipment)와 통신체계(Communications)를 포함한다. 지상기동무기체계의 표준 구성체계 기초로 전차체계의 주요 구성품을 기동성, 치사성, 생존성의 체계특성을 중심으로 재구성해보면 〈그림 9-12〉와 같다.

먼저 기동성은 동력발생 및 전달장치, 현수장치, 유압 및 전기장치를 통해 구현할 수 있다. 화력은 주포장치, 포탑안정화장치와 사격통제장치를 통해 요구되는 특성을 구현할 수 있다. 방호력이나 생존성은 장갑이나 방호장치 등을 통

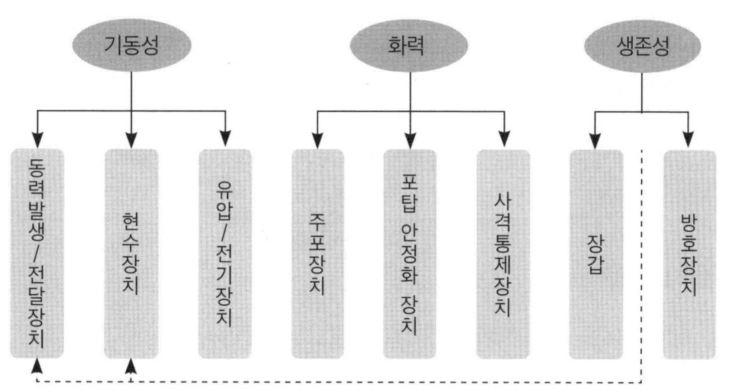

<그림 9-12>
전차 체계특성과 체계 구성

해 구현할 수 있다.

1) 동력발생 및 전달장치

전차 동력발생장치는 엔진과 변속기를 결합한 Power Pack 형태로 개발 및 관리된다. 엔진은 구동장치, 연료 및 오일 공급장치, 냉각장치, 공기장치로 구성된다. 엔진에서 발생된 동력은 변속기를 통해 차체 외부 궤도로 전달된다. 이때 장치는 변속, 조향, 제동 3개 기능을 수행하며 최종적으로 동력 궤도로 동력이 전달되도록 구성되어 있다. K-2전차는 도로에서 70km/h, 야지에서 50km/h를 충족하고 톤당마력을 충족하기 위해 대략 1,500마력이 필요하다.

2) 현수장치

현수장치는 〈그림 9-13〉[15, 16]과 같이 전차 중량을 지지하고 지면의 충격과 진동을 완화하여 흡수할 수 있어야 한다.

이를 위해 현수장치는 궤도, 기동륜, 유동륜, 보기륜, 궤도실린더, 지지롤러, 토션바, 현수결합체로 구성된다. 여기서 기동륜은 변속기부터 전달된 동력을 이용하여 궤도를 구동하는 장치이다. 유동륜은 차체 전방에 위치하여 궤도의 정렬 및 유지를 한다. 보기륜은 지표면 압력이 궤도를 균일하게 작용하도록 정

<그림 9-13>
차체 및 현수장치

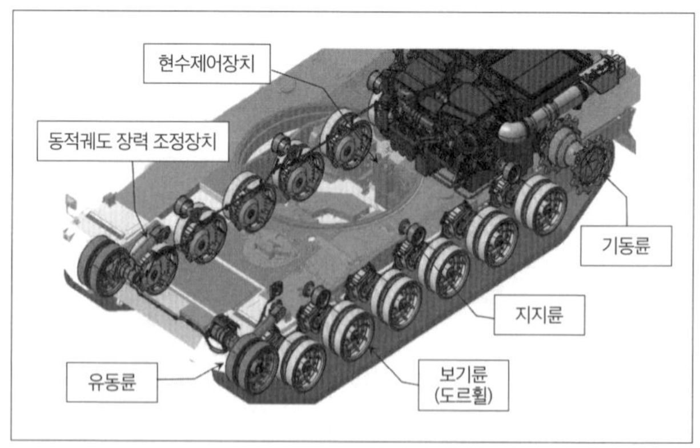

15 http://ebook.dema.mil.kr/file/2018/files/20191220_165918/#page=14
16 https://archive.kaskus.co.id/thread/11059661/11

렬한다. 지지롤러는 궤도가 아래로 처지는 것을 방지할 수 있다.

3) 주포장치

주포장치는 일반적으로 전차포탄 장전·발사장치와 포구감지기, 배연기, 주퇴장치, 포미장치로 구성된다. 포구감지기는 사격 정확도의 향상을 위한 포신의 휨을 측정하여 사격제원을 산출하는 장치이다. 배연기는 사격 후 포강 내 연소가스를 포구 쪽으로 배출시키는 장치며 주퇴장치는 사격 시 발생하는 반동을 흡수하는 장치다. 포미장치는 탄약의 장전, 격발, 사격 후 탄피 추출 기능을 갖고 있다. 전차의 화포는 직사탄도 화기로 현재 탄약 장전과 탄피 방출은 반자동식이며 폐쇄기는 수직으로 활동하도록 설계되었다.

4) 포탑 안정화 장치

기동 간 사격을 위해 주포에 안정화 장치가 필요하다. 안정화 장치는 자이로, 고저 서보장치, 선회 서보장치로 구성된다. 자이로는 기동 간 포탑 및 차체의 상하좌우 요동을 감지하여 포탑과 차체의 자세나 위치 정보를 계산하여 제공하는 체계다. 고저선회 서보장치는 무거운 주포를 상하로 움직이고, 선회서보는 좌우로 움직이도록 전기신호를 유압신호로 전환하는 체계다. 자이로는 차체, 포탑, 포신 각각의 움직임을 감지할 수 있도록 포탑과 차체에 각각의 전방이송자이로가 있고 포신에 대한 자이로가 있어서 3개의 자이로로부터 수신한 정보를 포 및 포탑 구동전자유닛에서 표적에 대한 포신의 지향방향을 계산하여 포수사격통제장치에 제공한다. 이때 사수는 표적을 지향할 수 있도록 전동손잡이로 서보로 포탑과 포신을 구동할 수 있도록 체계가 구성되어 있다.

5) 사격통제장치

사격통제장치는 전차장 조준경, 포수조준경, 탄도계산기를 포함한다. 먼저 조준경의 기능은 표적을 탐지, 식별, 조준을 위한 장치로 구성된다. 조준경은 기본적으로 포수조준경이 중요하지만 첨단전차에는 전차장과 포수가 동시에 임무수행이 가능하도록 각각의 조준경을 설치하여 운용한다. 조준경도 각각의 임무에 적합하도록 설계되어 전차장은 상대적으로 넓게 감시가 가능한 전차장 조준경(CPS : Commander's Panoramic Sight)을 장착하고 있고 포수는 표적을 추적하면서 사격이 가능하도록 포수용 조준경(GPS : Gunner's Primary Sight)을 장착하고 있다. 조준경은 앞서 설명한 바와 같이 포탑 안정화 장치로부터 조준선을 제공받는 장치와 주간 표적 탐지를 위한 광학장치, 야간표적 탐지를 위한 열상장비, 표적 간 사거리를 측정하는 레이저거리측정기로 구성된다. 탄도계산기는 탄약의 종류와 사거리에 따라 사격제원을 산출하는데 앞의 포탑안정화장치에서 계산된 포신지향 방향을 산정하여 조준선의 위치를 나타내고 포구감지기 결과 값까지 적용하여 탄도를 보정함으로써 주포의 정확도를 향상시킨다.

6) 관성항법장치와 자이로

일반적으로 관성항법장치(INS : Inertial Navigation System)에는 2가지 특성을 갖는 센서가 있다. 첫 번째 자이로 센서는 회전을 감지하는 체계다. 원리는 관성의 법칙에 의해 회전력이 작용하는 정도를 감지할 수 있도록 되어 있다. 이때 진행방향인 세로축 중심으로 회전하는 정도를 "Roll"이라 하고 진행방향의 측면 축을 중심으로 회전하는 정도를 "Pitch"라 하며, 진행방향의 수직방향의 축을 중심으로 회전하는 정도를 "Yaw"라 한다. 이런 3개 축 방향에 대한 회전속도를 감지하여 자이로가 부착된 구성품의 자세와 진행방향을 측정하는 체계를 자이로센서라 한다.

회전력을 감지하는 것 외에도 공간상에 존재하는 물체의 운동은 3개 축 방향에 작용하는 힘, 즉 가속도를 측정해야 특정 시간에 어떤 방향으로 이동할 것인지 추정 가능하다. 이와 같이 관성항법체계는 3방향에 대한 회전력과 3방향에 대한 힘과 가속도를 측정함으로써 시간 변화에 따른 이동물체의 상태, 즉 변위를 자동으로 계산할 수 있다. 이와 같은 체계를 관성항법장치라 한다.

7) 장갑방호 및 화생방방호체계

(1) 장갑방호체계

전차 방호체계는 주로 장갑을 통해 구축하는데 수동형 장갑과 반응장갑으로 구분된다. 먼저 수동형 장갑은 주로 재질과 두께에 영향을 받는다. 수동형 장갑에는 탈부착 가능한 덧붙이는 부가장갑이 있고, 기본 장갑과 겉 장갑 사이에 공간이 존재하는 유격장갑이 있다. 또한 산화알미늄 세라믹을 활용한 재질로 HEAT탄에 효과적인 초밤장갑이 장갑판재 사이에 설치된 둔감화약이 폭발하여 금속제트를 차단할 수 있다.

반응장갑은 장갑 충돌 시 물리적, 화학적 반응을 일으키는 것으로 둔감화약에 의한 금속제트의 유동을 방해하고 유동에너지의 감소로 관통력이 저하되는 효과를 달성할 수 있다. 이러한 반응장갑인 HEAT탄은 220%, APFSDS탄은 190%의 방호효과가 증가한다고 알려져 있다. 〈그림 9-14〉[17]에서 전차장갑은

<그림 9-14>
장갑의 종류와 진화

기술발전과 함께 진화했다.

①은 전차에 장갑판재를 덧붙이는 방식을 적용한 부가장갑(Added on Armor)이다. ②는 경사면이 탄착 시 수직면보다 긴 특성을 이용해 관통 깊이를 신장시켜 주는 효과를 얻는 장갑을 경사장갑(Sloped Armor)이다. ③은 외부장갑과 기본 장갑 사이에 공간을 두어 운동에너지탄과 화학에너지탄 관통효과를 감소시키는 유격장갑(Spaced Armor)이다. ④는 영국 초밤(Chobham)연구소에서 여러 가지 복합장갑재질을 혼합하여 전차탄을 방호하도록 개발한 장갑을 연구소 명칭을 사용해서 초밤장갑(Chobham Armor)이라 한다. 장갑의 구성은 산화알미늄 세라믹을 타일형태로 고정하고 알미늄 틀에 넣고 방탄 강판 사이에 삽입했다.[18] 세라믹 재질 특성은 화학에너지탄에 대한 균열이 금속제트의 관통속도보다 더디게 진행되어 흡수 효과를 달성한다. 반대로 운동에너지탄에 대해서는 세라믹 균열이 관통자의 관통속도보다 신속하게 진행되어 방호효과가 떨어지는 현상이 발생되므로 다른 대안을 적용한다.

⑤ 하이브리드장갑(Hybrid Armor)은 앞의 유격장갑, 초밤장갑, 반응장갑의 특징을 살려 장갑방호력을 극대화한 장갑이다. 대전차탄이 충돌하면 장갑판재 사이의 둔감화약이 압축되면서 폭발하여 화학에너지탄이면 금속제트를 차단시키고 운동에너지탄이면 관통자의 진행방향을 변경시킨다. ⑥과 같은 능동방어체계(Active Protection System)는 수동이나 능동장갑 모두 피탄을 전제로 운동에너지를 차단하거나 화학에너지를 산란시키는 방법을 적용하는 반면 능동방어체계는 피탄 전 전차 위협요소를 제거하도록 설계된 방호체계로 ①~⑤까지의 방식으로는 전차중량 한계를 극복할 수 없다고 판단되어 등장한 방법이다. 이 체계는 전차를 위협하는 대전차 로켓, 미사일, SADARM과 같은 전차 상부

---

17 ① https://en.wikipedia.org/wiki/M4_Sherman
② https://en.wikipedia.org/wiki/Sloped_armour#/media/File:T54_Training_Parola_Tank_Museum_3.jpg
③ http://norfolktankmuseum.co.uk/types-of-armour/, https://forums.bharat-rakshak.com/viewtopic.php?t=6389&start=2120
④ https://www.oocities.org/timessquare/tower/8926/m1tank/armor.html
⑤ https://below-the-turret-ring.blogspot.com/2016/11/chinese-tank-composite-armor.html
⑥ https://www.nextbigfuture.com/2016/10/us-catching-up-to-russia-and-israel.html

18 김도수 외, 『최신 무기체계학』, 양서각, 2013, p. 141.

공격용 탄 등을 방호할 수 있도록 간접적으로 공격체계의 센서나 인간의 눈을 교란시키고 회피하는 소프트킬(Soft Kill)체계와 전차로 접근하는 로켓이나 미사일, 탄 등을 직접 파괴하는 하드킬(Hard Kill)체계로 구분한다. Hard Kill체계는 접근하는 미사일을 탐지 방위각, 고각, 속도, 전차 도달 예상시간을 계산해서 적정시간에 대응파괴탄을 발사하여 대전차탄을 파괴한다. Soft Kill체계는 적외선 영상경보센서, 상부위협 탐지레이더나 레이저 경보장치 등의 센서로 원거리에서 대전차탄이 전차에 도달하는 예상시간을 고려해서 IR, MMW, 가시광선 등 대상탄의 조준이나 유도에 필요한 감지체계 교란이 가능한 복합연막을 미사일 방향으로 분산 발사하여 차장한다. 이때 효과는 순간적인 관측·조준·유도가 불가능하고, 높은 순간 기동력(톤당 마력)과 가속성능으로 신속한 회피기동을 통해 생존성을 보장하는 체계다. Hard Kill만으로 달성 가능한 생존확률보다 Soft Kill을 통해 보다 높은 생존성을 보장할 수 있다고 평가된다. 스텔스 기술은 전차를 탐지하려는 적 레이더, 음향, 적외선 등 모든 탐지노력에 대한 은폐기술이다. 스텔스 기술은 전차체계 탐지신호의 발생이나 반사를 감소 혹은 차폐할 수 있도록 위장망, 위장도료를 사용하는 수동은폐 방법과 위협탐지에 따른 연막차장과 회피기동으로 대응하는 능동은폐 방법으로 구분한다. 기본원리는 레이더 전자파 방사에 따른 RCS 감소 노력이 가장 핵심적인 기술이다. 그 외에 반응장갑은 대전차탄이 장갑에 충돌하면 탄의 금속제트가 분사되고 장갑판재 내 둔감화약이 폭발하면서 장갑판재를 폭파시켜 파편을 형성하고 파편이 금속제트의 유동을 교란시켜 유동에너지를 감소시키는 방법으로 관통효과를 방호하는 장갑이다. 전자기장갑(EMA : Electro Magnetic Armor)은 1회용인 반응장갑의 단점을 보완하여 이스라엘에서 개발한 장갑으로 화학에너지탄이 장갑에 충돌하여 메탈제트가 형성되어 강력한 고온 전자장을 발생시키면 메탈제트가 반응하여 분산되도록 한다. 이 장갑은 중량이 2~3톤인데 그 효과는 10~20톤 장갑부착효과를 달성할 수 있다.

(2) 화생방 방호체계

화생방 오염지역에서 임무수행을 위해 〈그림 9-15〉[19]처럼 승무원이 활동하

19 https://milidom.net/index.php?mid=photo&comment_srl=1611&page=290&m=0&document_srl=184742

<그림 9-15>
화생방 방호장치

양압장치식

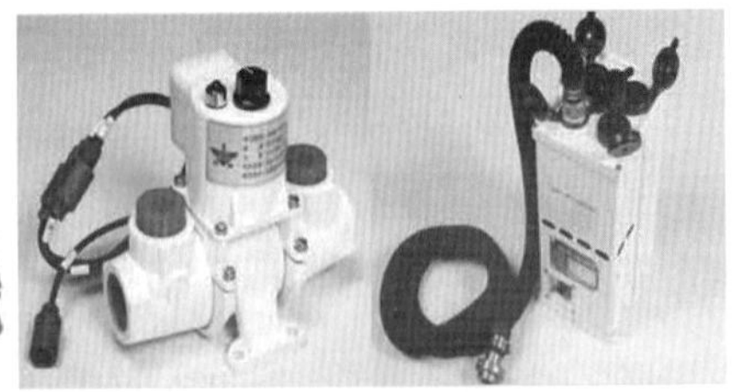

안면환기식(화생방 여과기)

는 전투실과 조종실 내부에 신선한 공기를 공급하는 양압식과 개인별 정화된 공기를 공급하는 안면환기방식이 있다. 양압식은 전차내부 밀폐 공간에 정화된 공기를 지속 유입시킬 수 있도록 외부보다 높은 내부 압력을 유지하여 외부 오염된 공기가 유입되지 않도록 하는 방법이다.

여기서 양압장치는 송풍기로 오염공기를 흡입하고 먼지 분리기로 굵은 먼지를 분리배출하고 입자 여과기에서 입자물질과 에어로졸 작용제를 가스여과기 활성탄 층에서 물리·화학적 흡착으로 완전정화 후 송풍기로 전차 내부에 공급한다. 전차에 장착하는 화생방여과기 성능은 양압능력은 3.7mbar로 공기정화 능력이 180m2/h 정도 된다.

양압식과 안면환기식의 특징 중 장점을 활용하여 전차 내 활동이 장시간이고 긴급한 출입이 필요한 상황에 대비한 체계도 있고, 추가하여 열적 스트레스 감소를 위한 냉방장치를 설치하는 등 다양한 전술상황에 적용 가능한 체계도 개발되고 있다.

7. 주요 특성 비교 및 발전추세

앞에서 살펴본 전차특성 기동성, 화력, 생존성 분야별 주요성능변수(KPP)를 〈표 9-2〉처럼 전차 발전추세에 따라 세대별로 비교할 수 있다.

먼저 제1세대 전차 출력은 500마력에서 800마력 정도였지만 최근 발전추세를 보면 1,500마력 수준까지 향상하고 있다. 민첩성을 비교할 수 있는 톤당 마력의 경우도 14톤당 마력에서 제3세대부터는 26톤당 마력으로 향상되는 추세에 있다. 최대속도는 60km/h 이하에서 점차로 100km/h 수준을 지향하고 있

<table>
<tr><th colspan="2" rowspan="2">구분</th><th colspan="2">제1세대</th><th colspan="2">제2세대</th><th colspan="2">제3세대</th><th>제4세대</th></tr>
<tr><th>M48</th><th>T-55</th><th>M60A1</th><th>T-62</th><th>M1A1</th><th>T-80U</th><th>FCS</th></tr>
<tr><td rowspan="5">기동성</td><td>엔진</td><td>가솔린</td><td>디젤</td><td>디젤</td><td>디젤</td><td>가스터빈</td><td>디젤</td><td>혼용</td></tr>
<tr><td>출력(hp)</td><td>810</td><td>580</td><td>750</td><td>780</td><td>1,500</td><td>985</td><td>1200이상</td></tr>
<tr><td>톤당마력(hp/t)</td><td>18</td><td>16</td><td>14</td><td>19</td><td>26</td><td>23</td><td>-</td></tr>
<tr><td>최대속도(km/h)</td><td>48</td><td>40</td><td>50</td><td>50</td><td>65</td><td>55</td><td>100</td></tr>
<tr><td>항속거리(km)</td><td>113</td><td>450</td><td>500</td><td>480</td><td>465</td><td>400</td><td>-</td></tr>
<tr><td rowspan="7">화력</td><td>주포구경(mm)</td><td>90</td><td>100</td><td>105</td><td>125</td><td>120</td><td>125</td><td>140</td></tr>
<tr><td>주포형태</td><td colspan="3">강선포</td><td colspan="4">활강포</td></tr>
<tr><td>거리측정</td><td colspan="3">광학식</td><td colspan="4">레이저</td></tr>
<tr><td>탄도계산</td><td colspan="2">기계식</td><td colspan="5">전자식</td></tr>
<tr><td>안정화장치</td><td>없음</td><td colspan="6">있음</td></tr>
<tr><td>자동장전</td><td colspan="3">없음</td><td>있음</td><td>없음</td><td colspan="2">있음</td></tr>
<tr><td>야간조준장치</td><td>없음</td><td>적외선 투사</td><td colspan="2">영상증폭</td><td>열영상</td><td>영상증폭</td><td>열영상</td></tr>
<tr><td rowspan="4">생존성</td><td>방호방식</td><td colspan="5">수동장갑</td><td>반응장갑+
반능동</td><td>능동</td></tr>
<tr><td>장갑재질</td><td colspan="4">강판</td><td colspan="3">강판+복합재료</td></tr>
<tr><td>장갑두께</td><td>110</td><td>150</td><td>254</td><td>275</td><td>-</td><td>-</td><td>-</td></tr>
<tr><td>전투중량(ton)</td><td>48</td><td>36</td><td>50</td><td>49</td><td>67</td><td>46</td><td></td></tr>
</table>

<표 9-2>
전차 세대별 작전운용 성능(주요성능변수 : KPP)

으나 항속거리는 최초 M-48전차를 제외하고는 400~500km로 특정 추세가 나타나고 있지 않다. 화력성능은 주포구경이 90mm에서 125mm까지 발전하여 140mm까지 발전추세에 있으며 주포형태는 강선포에서 활강포로 변경되었고 거리측정은 광학식에서 레이저거리 측정기로 전환되며 탄도계산도 기계식에서 전자식으로 변경되어 정밀도가 급격하게 향상되고 있다. 또한 안정화 장치가 장착되어 제2세대 이후 이동하는 전차표적 에 대한 사격뿐 아니라 점차 이동 간 이동전차 표적 사격까지 가능한 상태로 발전하고 있다. 자동장전 장치를 추가하는 추세에 있어서 전투지속 능력과 작전반응시간이 월등하게 단축되고 있으며 야간 조준장치는 영상증폭형 감시장비를 열영상 감시장비로 변환하는 추세에 있다. 한편 생존성 측면에서 주요 특성을 살펴보면 방호방식이 주로 수동장갑에서 제3세대 부터는 반응장갑에 반능동방어체계를 구축했으나 이후 능동방어체계로 전환하고 있는 추세에 있으며 과거 주로 강판재질의 장갑에서 강판에 복합재료를 혼합하여 다양한 전차탄에 대한 대응능력을 구축하는 추세에 있다. 장갑두께는 약 100mm대에서 2세대에는 275mm까지 발전했고 이후 공개되고 있지는 않지만 더욱 높은 장갑두께 효과를 달성하고 있다. 전투중량은 초기 36kg에서 최대 67kg까지 증가했다가 46kg으로 감소하는 등 가능한 전투중량 감소를 통한 민첩성과 기동성 확보를 위해 노력하고 있는 추세다.

연습문제

1. "전차"는 국방부 훈령에서 어떤 무기체계로 분류하고 있는가? (중분류와 대분류체계)

2. 전차는 전장에서 충격과 마비 효과를 달성할 수 있는 무기체계다. 이러한 효과 달성에 필요한 전차의 주요 특성은?

3. 전차의 특성 기동성 중 전략기동, 전술기동, 전장기동을 비교하여 설명하라.

4. 전차는 전장에서 적전차와 조우하게 되는 경우 적전차보다 민첩해야 생존확률이 증대되고 적전차보다 유리한 위치에서 화력을 집중할 수 있다. 이와 같이 민첩한 특성을 정의할 수 있는 작전운용성능은?

5. 전차의 특성 중 생존성을 향상시키는 방법을 설명하고, 생존성 향상을 위한 주요 성능은?

6. 북한군은 최근 우리의 K-2전차에 대응하기 위해 신형 천마호 전차 장갑성능을 개량하고 특히 방호능력을 향상시키고 있는데 우리가 이에 대응하여 화력기능을 개량하기 위해서는 어떤 작전운용성능이 필요한지 제시하라.

7. 북한군은 RPG-7 등 대전차무기 관통력을 증대시켜 아군 전차를 위협하고 있다. 우리는 K-X 전차로 신속한 종심기동 능력을 구비하기 위해 개량 중인데 특히 북한군 대전차무기에 대응하기 위해 두꺼운 장갑을 장착하면 톤당 마력이 감소되어 기동성이 저하된다. 개선 대안으로 제시할 수 있는 기능을 설명하라.

8. 신규 창설되는 기계화부대는 첨단 K-2전차로 편성되어 있다. 이부대가 MDL을 넘어 신속히 공격하기 위해 북한에서 설치한 대규모 대전차 지뢰지대 통과를 위해 통로개척전차를 추가편성해야 한다. 이때 통로개척전차는 어떤 무기체계로 분류할 수 있는가?

제10장 방호무기체계

1. 전장기능과 특성

세계적으로는 방호무기체계를 보편적 항목으로 분류하고 있지 않지만 대한민국은 8대 무기체계에 포함하고 있다. 보편적으로 방호(Protection)는 전장기능의 일부로서 "방호기능"이 거론되고 있으며 이러한 전장기능을 충족하는 "방호특성"이 존재한다. 이 장에서는 이런 방호특성을 먼저 알아보고 대한민국의 8대 무기체계에 포함된 방호무기체계를 알아본다. 이때 대한민국이 분류한 8대 무기체계 중 방공무기체계는 제7장 미사일 및 유도무기체계에서 소개했으므로 제외하고, 화생방무기, 즉 (WMD : Weapon of Mass Destruction) 메커니즘과 이를 방호하는 화생방 방호무기체계 중심으로 구성했다. 방호 기능의 특성과 다른 전장기능과의 차이점은 공통적 특성의 적용범위가 보다 광범위해서 타 전장기능별 무기체계도 보편적으로 갖추어야 하는 특성을 포함하고 있다. 이런 방호특성이 미약하면 무기체계 생존성이 감소되어 전장에서 양적 경쟁에 영향을 미친다. 이런 방호기능은 부대 차원에서 요구되는 부대방호(FP : Force Protection KPP) 특성과 개별 무기체계 차원에서 요구되는 무기체계 생존성 특성인 체계 생존성(SS KPP : System Survivability) 특성이 있다.[1]

---

1 JCIDS Manual, *Manual for the Operation of the Joint Capabilities Integration and Development System*, 31 August 2018, p. BG2.

1) 체계 생존성(SS KPP) 특성

체계 생존성은 그 목적이 물리적이거나 비물리적인 화력으로부터 체계 생존에 필요한 특성이다. 역학적 혹은 비역학적 화력으로부터 피격확률을 감소시키거나, 피격되더라도 물리적 또는 비물리적인 화력과 사이버 효과로부터 취약성을 감소시키는 것이다. 개별 플랫폼이 피격되어도 총체적 전력의 탄력성에 의해 임무완수 가능하게 해야 한다. 적대행동이나 불리한 조건에서도 임무완수에 필요한 기능의 지원을 위한 체계종합능력, 광범위한 시나리오 · 조건 · 위협에 임무성공확률 향상능력과 능력 저하기간이 단축되면 보다 탄력적인 능력이 요구된다. 이 탄력성은 정부, 민간, 국제적 능력 등의 대안이나 영역을 넘나드는 지렛대로 작용한다. 화생방 환경에 운용하거나 노출 시 체계 생존성에 포함해서 핵 생존성은 반드시 반영해야 하며, 결정적 작전에서 임무정보의 전송 · 처리 · 거부 · 파괴 · 저장의 노출 등 사이버경쟁 환경이나 사이버 위협으로부터 체계가 생존할 수 있고, 운용 가능해야 한다. 체계 생존성은 부대방호 특성과 융합 · 중첩될 수 있다. 체계 생존성은 부대방호 특성 중 일부를 포함하지만, 체계 탑승자나 인원 보호보다 무기체계 차원의 임무완수에 중점을 둔다. 잠재적 특성 또는 고려사항은 전체 무기체계에 적용되며, 특정 하부체계 혹은 체계의 다른 부분에 상이한 수준의 생존성에 적용되는 체계 생존성은 다음과 같다.

(1) 명중확률 감소

물리적 혹은 비물리적 화력에 의해 명중될 확률이 감소될 확률로 항공기는 상황인식, 적 미사일 발사 시 경고, 레이저 피 조준 시 경고, 레이더 방사 시 경고, 혹은 적 사격 인지능력 등이 된다. 플랫폼 속도, 기동성, 치사-비치사 정확한 교전, 전기적인 공격으로부터 보호, 접근통제 등의 특성이 포함된다. 가시적, 가청 그리고 혹은 전자 스펙트럼 통제를 포함하는 전자탐지 능력도 포함되며 레이더 주파수 재머, 레이저 실명기, 소모품 분배체계 같은 대응체계를 갖추어 명중확률을 감소시켜서 생존성을 향상시키는 특성이다.

(2) 비물리적·물리적 피격 시 결정적 체계구성요소에 대한 치명성 감소

구성품, 구조에 명중 · 폭발 · 침수, 물리적 화력의 충격, 전자 혹은 비물리적

화력, 사이버 효과로부터 저항력을 의미하는 내구성을 의미한다. 물리적 화력으로부터 구조적 방호 불충분 시 장갑 강화, 전자, 사이버 등 비물리적 화력으로부터 저항력이 약할 때 강화시키는 의미에서 방호증강 등을 의미한다. 비물리적·물리적 화력으로부터 체계능력의 손실 없이 개별 구성품이나 구조물의 능력을 보강하는 기능으로 구성품 등의 중복 혹은 잉여를 통해 달성하는 방안 등이 있다.

(3) 전투력의 복원력 향상

전투력 복원능력 향상을 위해 체계의 일부 손실에도 불구하고 체계운용이 가능한 견고한 체계를 형성하는 것이다. 위치항법시간(PNT) 기능에 의존적인 체계는 PNT 생존정책과 규정을 준수하고, 체계 특정 수량이나 피해 상황 하에도 데이터 사용이 가능해서 네트워크가 운용되도록 하는 것처럼, 화생방 위협에 노출되면 생존하여 운용되도록 해야 한다. 화생방 효과로부터 방호되어야 하고, 화생방 생존성이 필요하면 적합한 화생방 특성을 체계 생존성 핵심성능변수에 반영한다. 핵 생존성이 중요하다면 그 특성을 포함해야 한다. 화생방 환경 하 임무수행이 가능하도록 운용, 관리, 요구하고 체계 생존성 핵심성능(SS KPP)에 포함해야 한다.

2) 부대방호 특성

부대방호 특성은 화력에 의한 물리적 파괴, 화생방을 제외한 비살상 화력, 화생방 효과, 환경적 효과, 충돌사고 등 5개의 일반적 유형의 위협에 노출되는 방호 특성을 무기체계 설계에 반영하거나, 부대병력이 사용하는 보호장비를 편성하는 것이다. 첫째, 화력에 의한 물리적 파괴에 관한 특성들로 먼저 화력무기체계의 관통 특성에 대응하기 위한 장갑방호 수준에 관한 특성이 있다. 관통형 탄약이 파괴 또는 살상효과를 발휘할 수 없도록 하는 탄약효과 무효화 정도에 관한 특성이 있다. 이런 무효화 특성의 일환으로 화력의 살상 및 파괴효과 달성을 위해 일반적인 특성인 폭풍과 충격으로부터 생존 가능한 수준에 관한 특성이 있고, 화염과 화력으로부터 저항능력 또한 방호특성이 있다. 둘째, 화생방을 제외한 비살상 화력으로부터 방호에 관한 특성으로 먼저 레이저나 강렬한 빛으로부터 인원의 눈에 대한 안전방호 기준에 관한 특성이다. 전자공격에 의한 생리적 효과로부터 방호와 고수준의 전자노출 수준이나 전자공격 상황하에 체계기능성을 유지하는 특성이다. 셋째, 화생방 효과로부터 방호와 관련된 특성으로 화생방 작용제 공격에 대비하여 탐지 · 식별이고, 병력이 활동하는 시설이나 장비에 대한 공기여과능력과 압력 등이 중요한 특성이다. 또한 화생방 상황하에서 사전 예방을 위한 의료와 대응, 그리고 오염 시 제거와 복구 능력이 포함된다. 그리고 핵 상황하에서 체계 생존에 대한 특성이 포함된다. 전자공격으로부터 생리적 효과를 통해 높은 수준의 전자 노출이나 전자파 공격이 이루어졌을 때 무기체계 기능을 유지하는 특성도 포함된다. 넷째, 인원에 대한 압력이나 산소결핍으로부터 수용 가능한 수준, 온도나 진동, 소음으로부터 인체 저항 능력, 중력 가속도를 버틸 수 있는 인체 능력도 특성이 된다. 다섯째, 충돌사고로부터 인원의 방호 특성인데 중력 가속도부터 인원에 대한 충돌은 자유낙하 상태로 지면에 떨어질 때 인체 구조에 작용하는 힘에 따라 골격이나 장기의 손상이 발생할 수 있다. 외부충격으로부터 체계 변형이 발생된다면 충격 트라우마 등으로부터 개인방호를 위해 좌석과 유지체계 설계 시 인원이 점유 가능한 공간도 특성이 된다. 탑재체 엔진 등 발화 가능한 구성품에 변형을 초래해서 연료 유출 시 화재 발생으로부터 인원을 보호하는 특성도 있다.

2. 방호무기체계의 분류

방호무기체계는 〈표 10-1〉[2]처럼 분류하는데 중분류는 방공, 화생방, EMP방호로 구분하고 방공은 대공포, 대공유도무기, 방공레이더, 방공통제장비로 소분류하고 있다. EMP방호는 핵공격 시 발생되는 NEMP(Nuclear Electro Magnetic Pulse)로부터 네트워크중심전 수행에 핵심체계인 지휘통제무기체계 보호를 위해 시설이나 장비에 방호기능을 수행한다. 한편 화생방 방호무기체계는 화생방보호, 화생방정찰 · 제독, 화생방예방 · 치료, 연막, 화생무기폐기체계로 소분류하고 있다. 여기서 화생방보호는 개인보호를 위한 장비로 방독면 · 보호의 ·

2 국방부훈령 제2266호 「국방전력발전업무훈령」(2019.3.19.), 별표 2의 7.

<표 10-1>
화력무기체계 분류

구분 및 분류		내용
방공	대공포	20M대공포, 30M대공포, 35M대공포
	대공유도무기	미스트랄, 신궁, 천마, 호크 등
	방송레이더	TPS-830K, DA-05 등
	방송통제장비	TSQ-73, 방공C2A 등
화생방	화생방보호	방독면, 보호의, 정화통 등
	화생방정찰 · 제독	화생방정찰차, 화학자동경보기, 방사능측정기, 신형제독차, 휴대용제독기, 중형제독기 등
	화생방예방 · 치료	개인제독키트, 신경작용제, 예방패치, 탄저해독키트, 방사능해독키트 등
	연막	발연기, 적외선 차폐겸용발연체계 등
	화생무기 폐기	화생무기 분석/검증장비, 화생무기 해체장비, 화생무기 비군사화 장비 등
EMP방호		

정화통 등이 있다. 화생방정찰·제독 무기체계는 화생방정찰차, 화학자동경보기, 방사능측정기, 제독차량과 제독기 등이 있다. 화생방 예방·치료 무기체계에는 개인제독키트, 탄저균에 대한 해독키트, 방사능 해독키트와 신경작용제에 의한 오염대비 예방패치 등이 있다. 기타 WMD를 위해 필요한 분석 및 검증장비와 화생무기 해체장비와 비군사화 장비 등이 화생무기 폐기 무기체계로 분류하고 있다.

3. 대량살상무기란?

대량살상무기(WMD : Weapon of Mass Destruction)는 대규모 손상을 줄 수 있는 핵, 방사, 화학, 생물학 또는 기타무기체계로 표현하며, 대규모 인원에 살상이나 손상을 발생시킬 수 있고, 건물과 같은 인공구조물이나 산과 같은 자연구조물 등 생태계에 영향을 미칠 수 있는 무기로 통상 최초로 제2차 세계대전 시 사용한 화학탄 등을 의미한다. 이러한 대량살상무기는 단시간에 많은 인명을 살상할 수 있는 무기로 군사용어사전이나 UN 총회, 재래식 군축위원회 등에서 원자폭발무기, 방사성물질무기, 치명적 화학무기 및 생물학무기관련 무기효과와 유사한 살상력을 갖는 무기로 정의하고 있다. 종합적 정의는 인간을 대량살상 가능한 화학·생물학, 핵/방사능 무기와 같은 무기효과에 상응하는 고도의 살상력을 가진 무기체계의 총칭이다. WMD외에도 NBC(Nuclear, Biological, Chemical)나 CBR(Chemical Biological, Radio-logical) ABC(Atomic, Biological, Chemical) 등과 같은 약어로 표현하기도 한다. 한편 정치외교 및 전략으로 WMD는 큰 의미를 갖지만 현재까지 조약이나 권위 있는 정의가 포함된 관례적인 국제법은 존재하지 않는다. 다만, WMD라는 표현이 아닌 특정 종류의 무기와 관련체계에 사용되고 있다. 이라크의 쿠웨이트 침공 이후 안보리 결의 687호(1991.3.26.)에서 규제범위를 정의하고 있다. 여기에는 화학무기나 생물학무기 그 외 방사선 물질, 미사일 등 투발체계를 포함하지만 투발체계 중에 항공기는 제외하는 것으로 되어 있다. 여기서 핵무기는 핵무기로 사용 가능한 물질(nuclear weapons usable materials)과 연구개발 및 생산시설 그리고 지원시설도 포함하고 있다. 또한 화학생물무기는 무기와 관련된 인력, 저장고 및 관련 구성품, 연구개발 및 생산과 지원시설을 포함한다. 사거리 150km가 넘는 탄도미사일 관련 주요 부품, 지원 및 생산시설 등을 포함한다. 과거 유럽에서는 전술핵 사용을 고려하여 장갑차나 전차 등의 화생방 방호체계와 관련해서 NBC나 CBR 등의 방호기능이 거론된다. 다음 미국의 민방위 조직에서 화생방 핵 및 폭발물(CBRNE : Chemical, Biological, Radiological, Nuclear, and Explosive)을 정의하고 있는데 여기에는 폭발물, 방화탄, 독가스, 폭탄, 수류탄, 추진제가 4온스(113g) 이상인 로켓, 4온스 이상의 폭발성 혹은 방화성 미사일, 독성가스, 질병, 생물과 관련된 모든 무기 등이 포함되며, 인간 생명에 위험한 수준에서 방사선을 방출하도록 고안된 모든 무기도 포함된다. 미국 정부에서 군사적 정의는 미국 법령 US Code Title 50의 전쟁과 국방 부문에서 법률적으로 배포, 보급 등을 통해 사수 인명의 살상, 상해 유발 가능한 무기 및 장치, 독성 혹은 독성 화학물질 또는 그 이전 물질, 질병을 퍼트리는 생물, 방사선 또는 방사능 등으로 화학, 생물학 및 핵무기와 화학무기, 생물학무기 및 핵무기 생산용 무기로 정의하고 있다.[3]

3 50 U.S. Code, Chapter 40-Defense Against Weapons of Mass Destruction § 2302 Definitions.

1) 기원

대량살상무기(WMD)라는 표현은 1937년 스페인 내전 당시 독일의 게르니카 항공 폭격 사건에서 최초로 사용되었다. 당시 독일은 융커스라는 3발 단엽기 등 총 24대의 항공기로 250kg 폭탄 등 24톤을 게르니카 시에 투하하여 당시 도시 인구의 1/3에 해당하는 1,654명이 사망하고 889명의 부상자가 발생하고 도시는 〈그림 10-1〉[4]처럼 초토화되었다. 이때 캔터베리 대주교가 도시의 참상을 보고 대량살상무기(WMD : Weapon of Mass Destruction)라는 표현을 처음 사용했다고 전해진다.

그런데 용어의 정의와 같이 화학 또는 생물학 작용제가 연구되고 사용된 기원을 찾아보면 제1차 세계대전 전후로는 일본군의 731부대에서 생물무기를 연구한 바 있고, 제1차 세계대전 동안 고착된 유럽의 전선지역에서는 화학무기가 광범위하게 사용되었다. 그래서 제1차 세계대전이 종료되고 1925년 제네바 의정서에서는 사용금지 조항이 포함되었다. 그러나 1935년에서 36년간 이탈리아가 에티오피아 지역에서 유황가스(mustard gas)를 사용한 적이 있다. 제2차

<그림 10-1>
1937년 나치 독일에 의한 스페인 게르니카 항공폭격 결과

4 https://upload.wikimedia.org/wikipedia/commons/c/ca/Bundesarchiv_Bild_183-H25224%2C_Guernica%2C_Ruinen.jpg

세계대전을 전후해서는 미국이 종전을 위해 히로시마와 나가사키에 원자폭탄을 투하했고 1945년 11월 15일 미국, 영국, 캐나다의 해리 트루먼, 클레멘트 애틀리, 매켄지 킹이 핵무기를 평화적 목적으로만 사용하기로 합의한 의사록에서 "Weapons adaptable to mass destruction"이라는 표현을 사용했다. 러시아어도 대량살상무기라는 "оружие массового поражения" *oruzhiye massovogo porazheniya* 표현을 사용했다. 냉전기에는 주로 비 재래식무기(Non-Conventional Weapon)로 표현했으며, 1946년 1월 런던 UN총회에서 채택한 첫 결의안 문구에서 처음으로 공식적으로 사용했다. 이후 1947년 J. Robert Oppenheimer가 대학 강의에서 사용했고, 1950년 미 NSC 68 정부 문서에서 공식적으로 사용하기 시작했다.

2) 화생방전 개념과 위협

화생방전은 화학전(Chemical Warfare), 생물학전(Biological Warfare), 방사능전(Nuclear and Radiation Warfare)으로 구분된다. 먼저 화학전(Chemical Warfare)은 신경작용제, 혈액작용제, 질식작용제, 수포작용제, 구토작용제 등 독성이 강한 화학가스를 사용하는 전쟁을 의미한다. 이때 전장에서 얻으려는 효과는 전투지역에서 인명살상이 발생하거나 보호장구를 착용하게 되어 전투력이 저하될 수 있고, 후방지역의 전쟁지속성을 보장할 수 있는 장비비물자의 사용을 거부할 수 있다. 이와같은 화생방무기체계를 비교하면 〈표 10-2〉처럼 직접적인 효

<표 10-2>
화생방 살상무기 비교

구분	화학무기 (GB 5톤)	생물학무기 (탄저균 190kg)	핵무기(20MT)
직접 효과 범위	260km^2	88,000km^2	190~260km^2 (2도 화상)
인원피해	30% 사상	25~75% 발병	98% 사상
잔존효과	3~36시간	수년	6개월간 낙진
효능발효시간	7.5~30시간	1~7일	수초
사용의 비밀성	약간	큼	적음
검출확인	복잡	곤란, 복잡, 지연	간단
생산비용(톤당 달러)	10,000	연구소 경비	1,000,000

과범위나 인원피해, 잔존효과, 효능의 최초 발효시간 등 치명성과 생산에 소요되는 비용 등의 차이가 있다.[5]

이런 무기를 도시지역에 사용한다면 사회의 혼란과 불안감을 조성하여 국가적인 사기를 저하시키고 전쟁의지를 현저히 감소시킬 수도 있다. 생물학전은 콜레라, 장티푸스 등 세균바이러스와 미생물과 탄저균 같은 독소를 사용하는 전쟁으로 이런 생물무기로 공기나 수원지에 살포하여 인원의 호흡기, 피부를 통해 질병을 유발할 수 있다. 방사능전은 핵무기나 방사선을 사용하는 전쟁으로 핵무기 폭발 시 전장효과는 열 복사선, 방사선, 폭풍으로 인해 건물이 파괴되고 인명이 살상되며, 장비가 파괴되고 낙진은 장기간 방사는 피해로 지역이 오염되어 지역의 사용을 거부할 수 있다.

정부에서 북한은 1980년대 부터 약 2,500~5,000톤의 화학무기를 생산하여 저장하고 있는 것으로 추정되며, 탄저균, 천연두, 페스트 등 다양한 종류의 생물무기를 자체적으로 배양하고 생산 할 수 있는 능력도 보유하고 있는 것으로 보고 있다.[6] 부르스 베넷 박사는 "Jane's Sentinel Security Assessment"을 인용해서 "북한은 백신개발 명분하에 다양한 생물무기를 개발했는데, 지난 10년 동안 중앙위생센터(Central Hygiene Center)와 보건성(Ministry of Health) 연구원들이 독감, 사스, 탄저병 등의 백신과 진단 키트 개발을 위해 노력했고, 2004년 탄저균 신속진단 키트를 자체 생산한 것은 생물학전 방호 목적으로 사용할 뿐 아니라 공격작전에 직접 사용할 수 있다."[7]고 북한 생물학무기의 도전이라는 제목의 연구보고서에서 발표했다. 이런 화생무기는 미사일은 물론이고 화포에도 쉽게 장전할 수 있어서 수도권에 대한 초전 사용 가능성이 항상 대두되고 있다. 따라서 북한은 가시화된 핵무기 이외에도 화생무기를 실전에 사용할 수 있는 만반의 준비를 갖추었다고 볼 수 있다.

---

5 국방부, 『WMD 대량살상무기에 대한 이해』, 2007, p. 118.

6 대한민국 국방부, 『2018 국방백서』, 2018, p. 26.

7 Bruce W. Bennett, "The Challenge of North Korean Biological Weapons", International Symposium, Korea Military Academy, 2011. 11. 26, p. 3.

4. 화학작용제와 방호체계

1) 화학작용제

화학작용제에 대한 정의는 먼저 1969년 UN의 보고서에서는 사람이나 동물, 식물에 직접적 독성효과를 주는 기체, 액체, 고체 상태의 화학물질이라고 표현하고 있다. 한편 화학무기 금지협약(CWC : Chemical Weapons Convention)에서는 독성 화학물질과 그 원료 물질로 생명 과정에 대한 화학작용을 통해 인간이나, 동물에게 사망, 일시적 무능화, 영구적 상해를 유발하는 화학물질이라고 정의하고 〈표 10-3〉과 같은 종류가 있다.

화학작용제에는 호흡장애, 근육경련, 동공축소, 방분·방뇨 등 신체 신경체계에 작용을 하는 신경작용제가 있다. 또한 피부에 수포를 발생시키고 시력을 상실하도록 하거나 구토·설사 호흡곤란을 초래하는 수포작용제가 있다. 혈액에 작용하여 경련을 일으키거나, 중추신경을 마비시키고 호흡장애를 초래하는 혈액작용제가 있다. 폐수종을 발생시키거나 쇼크를 발생시키는 질식작용제와 중추신경을 마비시키거나 정신착란을 일으키는 무능화작용제가 있다. 이런 화학작용제를 사용 가능한 조건은 먼저 독성이 강하되 저장과 관리 시에 취급이 용이해야 하고 용기를 부식시키지 않고 장기간 저장이 가능해야 한다. 다음 사용하기 위해 대기 중에 살포하게 되면 대기 중의 수분과 산소가 존재하는 가운데 효과가 지속될 수 있어야 한다. 그리고 투발과정에 발생되는 열에 대해 변질되지 않는 내열성이 있어야 한다.

<표 10-3>
화학작용제의 종류

구분	작용제 종류	증상
신경작용제	VX, GA, GB, GD	호흡장애, 근육경련, 동공축소, 방분 · 방뇨
수포작용제	H, HD, HL, HN-1 · 2 · 3, HT, L	시력상실, 수포발생, 구토 · 설사, 호흡곤란
혈액작용제	AC, CK, SA	경련, 호흡장애, 중추신경 마비
질식작용제	CG, DP, PS	쇼크, 폐수종
무능화작용제	BZ	정신착란, 중추신경 마비

(1) 신경작용제(Nerve Agent)

호흡장애, 근육경련, 동공축소, 방분·방뇨 등 신체 신경체계에 작용을 하는 신경작용제에는 타분(GA), 사린(GB), 소만(GD)와 VX 등이 있다. 이런 작용제가 신체에 작용하는 메커니즘은 정상인의 신체에 존재하는 아세틸콜린(acetylcholine, ACh)이라는 신경전달물질에 대해 효소 아세틸콜린에스터라아제(AChE : acetylcholine-esterase)가 불활성 형 대사체인 콜린과 아세테이트로 분해하는 작용을 한다. 그래서 이 효소가 시냅스 간극에 많이 붙어 있는데, 자유 아세틸콜린을 시냅스에서 신속히 제거한다. 이렇게 아세틸콜린을 제거하는 작용은 근육을 정상 작동을 하도록 한다. 그러나 신경작용제가 호흡기, 소화기, 피부 등을 통해 체내에 흡입되면 신경작용제가 아세틸콜린에스터라아제(AChE)와 우선 반응하여 디알킬레이션(de-alkylation)이 진행된다. 이로 인해 아세틸콜린에스터라아제의 아세틸콜린 분해작용이 저해되어 중추신경과 말초신경계의 신경절 틈에 아세틸콜린이 과도하게 축적되고 콜린효과가 발생되면서 가수분해 기능이 억제된다. 동시에 신경작용제와 아세틸콜린에스테라아제의 분리를 위한 옥심과의 반응에도 더욱 안정적인 화합물로 변화되어 중독현상이 심화된다. 이런 작용으로 인해 호흡과 심장박동에 필요한 근육을 마비시켜서 박동을 멈추게 할 수도 있다. 이런 신경작용제의 인체 내 메커니즘 때문에 인체기관별 오염 시 증상은 〈표 10-4〉처럼 동공은 축소되고, 시야가 흐려지고, 콧물과 침을 흘리는 등 기관지 액이 증가하며 호흡곤란과 심장박동 수는 감소하고 장과 방광의 변화로 방분과 방뇨를 하게 된다.

이런 신경작용제로부터 보호를 받기 위해서는 방독면과 보호의를 착용해야 한다. 일단 오염되면 신경작용제 해독제 주사를 사용하여 치료가 가능하다.

<표 10-4>
신경작용제 오염 시 증상

구분	부교감신경	교감신경	오염 시 증상
동공	축소	확대	동공축소, 시야 흐림
기관지 분비물	증가	감소	콧물 · 침 흘림, 기관지액 증가
폐기능	위축	활성화	호흡곤란
심장박동	감소	증가	박동수 감소
장	수축	이완	방분, 방뇨
방광	수축	이완	방뇨

(2) 수포작용제(Blister Agent)

피부에 수포를 발생시키고 호흡기관에 상해를 초래하고 구토 및 설사를 유발하는 수포작용제에는 CX, H, HD, HN-1, HN-2, HN-3, HT, L, PD 등이 있다. 수포작용제인 겨자작용제(Mustard Agent)가 호흡기나 피부로 침투하여 일으키는 신체 메커니즘은 1단계에 〈그림 10-2〉처럼 설포니움이온을 형성한다.

$$S \left\langle \begin{matrix} CH2 - CH2 - Cl \\ CH2 - CH2 - Cl \end{matrix} \right. \quad \Rightarrow \quad \left. \begin{matrix} CH2 \\ | \\ CH2 \end{matrix} \right\rangle S - CH2 - CH2 - Cl+$$

겨자작용제(Mustard agent) 설포니움이온(Sulfoniumion)

<그림 10-2>
수포작용제 메커니즘

설포니움 이온으로 인하여 다음 2단계에는 첫째, RNA/DNA와 작용하여 세포치료의 급속한 진행을 통해 세포 사망을 촉진하는 경우가 발생하거나, RNA/DNA선을 파괴하여 돌연변이를 형성하거나, 교차결합을 통해 세포분열을 방해한다. 둘째, 글루타민산과 작용하여 글루타민산을 감소시켜서 자유라디칼을 증가시킴으로써 세포사망을 초래한다. 셋째, 단백질과 작용하는 방법으로 효소를 억제하여 신진대사를 억제하고 단백질 막을 파괴하여 세포사망을 초래한다. 이렇게 3가지 방법으로 세포사망을 촉진하거나 세포사망을 초래하여 피부에 수포를 발생시키거나 호흡기관에 상해를 일으키고 구토 및 설사를 유발함으로써 생체 내 나쁜 결과를 초래한다. 수포작용제로부터 보호하기 위해서는 방독면과 보호의로 호흡기나 피부를 통해 작용제의 체내 침투를 차단하는 방법이 있고, 오염 시 치료방법은 수포가 발생한 부위를 화상치료 절차와 동일하게 처리한다.

(3) 혈액작용제(Blood Agent)

세포에 산소공급을 중지시켜 인체기능을 급격히 저하시키는 혈액작용제의 종류에는 AC(Hydrogen Cyanide), CK(Cynagen Chloride), SA(Arsenic Trihydride)가 있다. 이 작용제가 호흡기를 통해 체내 흡수되면 체내에 존재하는 토크롬 옥시다아제(Cytochrome Oxidase) 효소를 무력화시켜서 세포에 에너지 형성에 필요한 산소공급 역할을 하는 미토콘드리아의 생물학적 산화 호흡과정을 마비시킴으로써 효소작용을 억제한다. 만약 산소 제공이 중지되면 세포 호흡이 중지되고 정상적인 역할이 불가해진다. 특히 중추신경계통의 산소부족을 유발하고 인체기능이 급격히 저하되어 사망을 초래할 수 있다. 급성 상태라면 의식불명, 경련, 거친 호흡, 심장장애, 중추신경 마비를 발생시키고 지연 상태이면 호흡곤란, 경련, 마비, 타액 분비, 현기증, 무기력, 불안상태를 유발한다.[8] 이런 혈액작용제로부터 보호받기 위해서는 방독면을 착용해서 호흡기 계통으로 침투를 차단해야 하는데 정화통 기능을 신속히 파괴하는 특성이 있어서 정화통의 교체 주기를 단축해야 한다. 일단 오염이 되면 맑은 공기를 마실 수 있도록 조치하는 방안 이외의 치료대책은 현재 존재하지 않는다.

(4) 질식작용제(Chocking Agent)

폐수종이나 저산소증, 질식사 등을 초래하는 질식작용제의 종류에는 CG, DP, PS가 있다. 질식작용제는 호흡기를 통해 신체에 침투한다. 체내 침투한 질식작용제는 〈그림 10-3〉[9]과 같이 부산물로 이산화탄소(CO_2)와 염산(HCl)을 생성한다.

이때 이산화탄소는 반사성 호흡 중추를 억제하여 저산소증을 유발하고 심장부전, 쇼크나 질식사를 유발한다. 염산은 폐 모세혈관과 세포 내 혈장을 누출해서 폐수종을 유발하는 등 산소부족으로 인해 사망을 초래한다. 대책은 작용제의 호흡기 침투를 방지하도록 방독면을 착용하여 방지해야 한다.

<그림 10-3>
혈액작용제 메커니즘

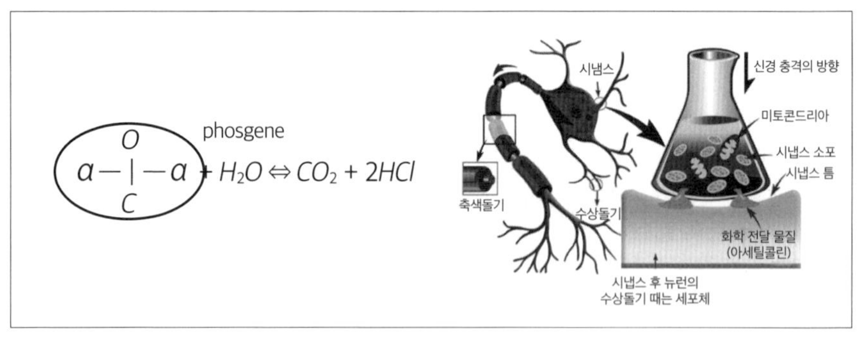

8 국방부, 『WMD대량살상무기에 대한 이해』, 2007, p. 124.
9 위의 책, p. 123.

2) 화학무기체계

화학무기체계는 투발체계를 통해 작전지역에서 요구하는 인원에게 피해를 유발하므로 투발체계가 중요한 무기체계이다. 화학작용제는 통상 재래식 탄약 내에 충전하여 투발하는데 통상 재래식탄에서는 폭발력에 의한 파편효과로 요망효과를 달성하는 반면에 화학작용제를 충전한 탄약은 작용제의 분산에 의한 오염을 통해서 요망효과를 달성하게 된다. 이런 과정에서 화학작용제의 독성물질을 탄체에 충전 상태에서 장기보관을 하게 되면 부식 등 작용제 누출이 가능하므로 생산, 저장, 폐기 시 안전을 고려해서 〈그림 10-4〉[10]와 같은 이원화탄으로 발전했다.

이런 탄약으로는 사린(GB-2)는 메틸포스포닐디플로라이드와 이소프로포폴과 이소그로필라민으로 분리하여 충전하고 소만(GD-2)은 메틸포스포닐디플로라이드와 피나콜릴알콜을 분리하여 충전한다. VX-2의 경우는 O-에틸-O-2-다이이소프로필아니노에틸 메틸포스포나이트와 설퍼를 분리하여 충전한다. 생산, 저장, 폐기 시 통상 안전을 고려해서 이원화탄으로 발전했지만 평소 화학작용제 원료로 전구물질인 두 물질을 분리, 제조, 보관하다가 투발 전에 두 물질을 탄체에 장전하여 발사한다. 발사된 탄약 내에서 비행 중 관성에너지와 열로 탄체 내 전구물질을 혼합하여 화학반응을 일으킨다. 이러한 이원화탄은 안전성이 증가되는 반면 탄체 내 온도, 압력, 운동에너지로만 독성화학물질 생성 기술의 어려움이 상존하여 화학작용제 중 신경작용제 3조만이 존재한다. 그리고 이런 이원화탄 화학무기 독성효과는 기존 작용제와 비교해서 성능이 저하될 수밖에 없다.

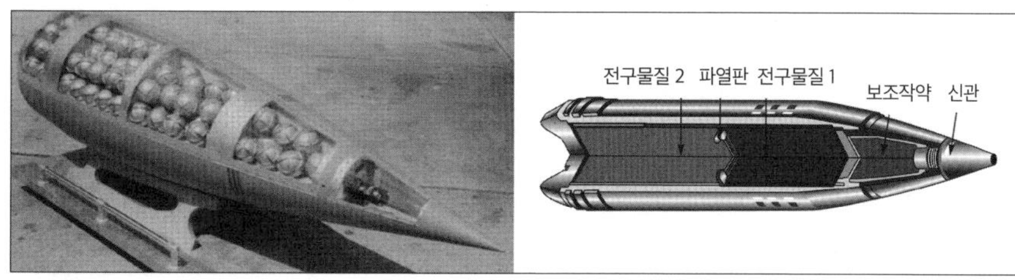

〈그림 10-4〉
이원화탄 형상

10 위의 책, p. 126.

3) 화학작용제 방호체계

이런 화학작용제로부터 인원을 보호하기 위해서는 먼저 작용제를 탐지할 수 있어야 하고, 인원이나 부대를 보호하는 체계가 필요하다. 그리고 오염된 지역에서 정상적인 활동을 할 수 있도록 제독하는 체계도 화학작용제 방호체계의 일부로 볼 수 있다.

(1) 화생방정찰에서 화학작용제 탐지

화생방정찰활동을 통해 화학작용제를 탐지하는 방법은 〈표 10-5〉처럼 접촉탐지(Point Detection), 정찰(Reconnaissance), 원거리탐지(Remote Detection)의 3가지 방법으로 크게 분류한다. 먼저 접촉탐지는 주목적이 특정지점에서 사용된 화학작용제 종류를 식별하는 것인데, 제한적으로 경보기 역할과 충분한 시간을 보유한다면 정찰방법과 같은 기능을 수행할 수도 있다.

다음 정찰(Reconnaissance)은 작전지역의 화학위험 정보를 제공하는 능동적 오염 측정 활동으로 탐지, 식별, 표시, 시료수집을 도보로 수행하거나 화생방 정찰차량으로 수행한다. 마지막으로 원거리 탐지(Remote Detection)는 작용제 운

<표 10-5>
화학작용제 탐지무기 체계

방법	기술의 원리		장비물자	
접촉식	발색탐지법	탐지기	KM8	KM9
		탐지키트	KM18A2	KM256
		가스탐지기	가스탐지기	가스탐지(GASTEC)
	이온이동도법	이온탐지법	화학자동경보기(km8K2)	
		이온이동도법	K-CAM2	APD-2000
	질량분석법		HAPSITE(GC/MS)	MS200
	표면음향파장		Surface Acoustic Wave	
	센서배열기술		Sensor Array Technology	
정찰	이온이동도법	이온탐지법	화학자동경보기	KM8K2/KM8K1
		이온이동도법	화학작용제 탐지장비	K-CAM2
	질량분석법		화학작용제 자동분석기(MM1)	
원거리	원거리탐지법	수동형	분광법 응용기술	
		능동형	라이다(LADAR)	

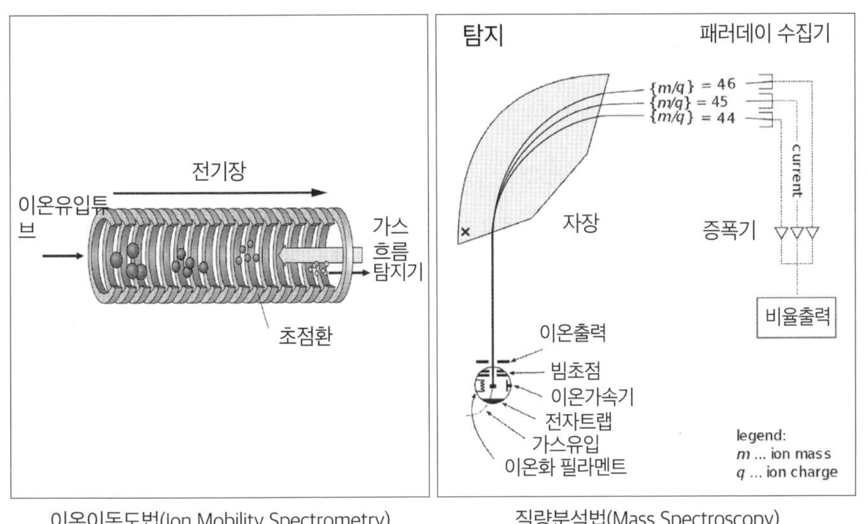

이온이동도법(Ion Mobility Spectrometry) 질량분석법(Mass Spectroscopy)

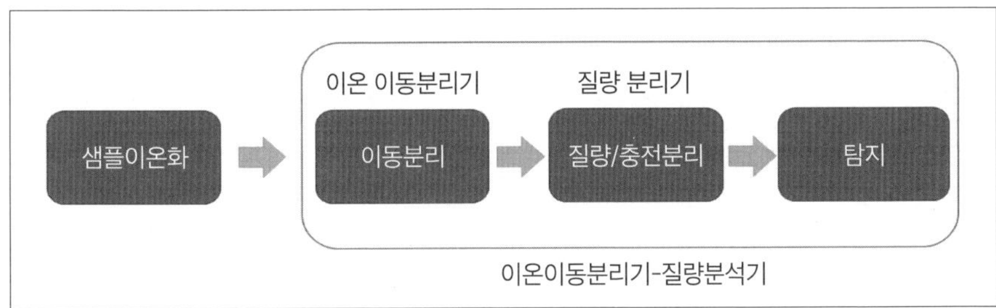

<그림 10-5>
화학작용제 분석방법

(구름)을 레이더로 확인하는 기술을 적용하는데 능동형 및 수동형 적외선 분광기 센서로 최대 5km의 화학작용제를 탐지한다. 접촉식 탐지방법 중 발색탐지법은 시료와 접촉 시 변색여부로 확인하는 방법으로 탐지기, 탐지키트, 가스탐지기 등이 있다. 접촉식과 정찰방법에 공통적으로 적용되는 탐지방법에는 〈그림 10-5〉[11, 12, 13]처럼 이온이동도분석법(Ion Mobility Spectrometry)과 질량분석법(Mass Spectroscopy)이 있는데, 시료를 채취하여 이온이동도분석 및 질량분석법(Ion Mobility Spectrometry-Mass Spectrometry)을 적용하여 최종 탐지한다.

휴대용 장비를 이용할 경우 시료를 오염지역에서 직접 채취하고 탐지하는

11 https://en.wikipedia.org/wiki/Ion-mobility_spectrometry#/media/File:Ion_mobility_spectrometry_diagram.svg

12 https://en.wikipedia.org/wiki/Mass_spectrometry#/media/File:Mass_Spectrometer_Schematic.svg

13 https://en.wikipedia.org/wiki/Ion-mobility_spectrometry%E2%80%93mass_spectrometry#/media/File:Ion_mobility-mass_spectrometry_workflow.jpg

접촉식 방법이 진행되고 정찰차량 등에 탑재하여 운용할 경우 정찰방법을 적용하게 된다. 그러나 체계의 원리는 탐지방법과 무관하게 동일하다.

(2) 화학작용제 방호무기체계

화학작용제 방호무기체계는 〈표 10-6〉처럼 보호대상에 따라 개인보호체계와 집단보호체계로 구분한다. 개인보호체계에는 호흡기관과 피부를 통해 화학작용제가 침투하는 것을 차단할 수 있도록 방독면과 보호의가 있다. 집단보호체계는 집단보호시설과 차량용 양압장치로 구분된다.

<표 10-6>
화학작용제 방호무기체계

<table>
<tr><th>구분</th><th colspan="2">분류</th><th>내용</th></tr>
<tr><td rowspan="2">개인 보호</td><td colspan="2">방독면</td><td>호흡기관 보호</td></tr>
<tr><td colspan="2">보호의</td><td>전신 노출부위 보호</td></tr>
<tr><td rowspan="3">집단 보호</td><td rowspan="2">집단 보호 시설</td><td>장비</td><td>• 외부 오염된 공기를 여과, 흡착 등을 통해 정화시키고 온도와 습도 조절, 공급
• 가스입자여과기, 냉·난방장치, 물공급장치, 발전기 등</td></tr>
<tr><td>시설</td><td>• 내부에 정화된 공기로 양압을 형성시켜 오염공기의 유입 차단
• 출입시설, 공기 폐쇄실, 샤워실, 응급치료실, 대피실 등</td></tr>
<tr><td colspan="2">차량용 양압장치</td><td>• 외부 오염물질이 차량 내부로 유입되지 않도록 정화된 공기를 공급하여 양압 유지
• 가스입자여과기, 공기공급장치(송풍기, 모터) 등</td></tr>
</table>

차량용 양압장치는 외부 오염물질이 전투차량 등의 내부로 유입되지 않도록 정화된 공기를 공급하여 양압을 유지시켜 내부인원 및 장비를 보호한다. 주요 구성품은 가스입자여과기와 송풍기, 모터 등 공기 공급장치로 구성된다. 반면 집단보호시설은 외부 오염된 공기를 여과, 흡착 등으로 정화시키고 온도와 습도를 조절하고 공급하는 가스입자여과기, 냉난방장치, 물 공급장치, 발전기 등이 있다. 시설에는 내부 정화 공기로 양압을 형성시켜 오염공기의 유입을 차단할 수 있도록 되어 있다.

(3) 화학작용제 제독무기체계

화학작용제 제독무기체계는 〈표 10-7〉처럼 제독 대상과 시기, 제독 규모, 제독제 형태 등에 따라 다양하게 구분된다. 먼저 제독 대상이 개인, 장비, 지역 및

<표 10-7>
화학작용제 제독무기체계

	분류	종류
제독 대상	개인(인체) 제독	피부제독키트, 개인제독키트
	장비제독	장비 제독제
	시설 및 지역 제독	지역 제독제, 수용성 제독제
제독 시기	개인 기본제독	개인 피부, 개인장비 및 물자
	급속제독	장비제독, 소규모 부대
	정밀제독	인체 및 장비, 대규모 부대
제독 규모	소형제독	휴대용 제독기
	중형제독	중형 제독기
	대형제독	제독차
제독제	가루, 슬러리	지역 제독제
	액상	장비제독제
	거품	Foam
	수용성	수용성 제독제

시설인지 여부에 따라 구분하는데 개인제독은 피부제독키트와 개인 제독키트가 있고 장비제독은 액상 용액을 사용하며 시설과 지역에 대해서는 가루나 슬러리 형태의 지역 제독제를 사용하거나 수용성 제독제를 사용한다. 개인 피부 등 제독이 가능하고 장비 기본제독 역시 가능하다. 전술제독은 상황에 따라 적절한 방법을 적용할 수 있다. 제독규모는 소형, 중형, 대형 제독기를 이용해서 제독 대상에 적합하게 사용할 수 있다.

5. 생물학작용제와 방호체계

1) 정의 · 종류 · 분류

인간이나 동 · 식물에 질병을 감염시키거나 중독을 통해서 기능을 손상하고 살상을 목적으로 사용하는 작용제로 정의하고 있다. 그 종류는 호흡기 등으로 침입하거나 번식과 잠복기를 통해 감염시키고 질병을 유발하는 병원성 미생물로 곰팡이(fungi), 박테리아(bacteria), 리케치아(rikettia), 바이러스(virus)가 있고

<표 10-8>
법령에 반영된 생물학 작용제와 독소

<table>
<tr><th colspan="3">구분</th><th>병원균 · 독소</th></tr>
<tr><td rowspan="4">생물학 작용제 54종</td><td rowspan="2">인체 · 인수 병원균 27종</td><td>바이러스 16종</td><td>가. 크리미안-콩고 출열 바이러스(Crimean-Congo haemorrhagic fever virus)
나. 동부 마 뇌염 바이러스(Eastern equine encephalitis virus)
다. 에볼라 바이러스(Ebola virus)
라. 라사열 바이러스(Lassa fever virus)
마. 마버그 바이러스(Marburg virus)
바. 원숭이 폭스 바이러스(Monkey pox virus)
사. 리트계곡열 바이러스(Rift Valley fever virus)
아. 참진드기 매개뇌염 바이러스
(Tick-borne encephalitis virus(Russian Spring-Summer encephalitis, Kyasanur Forest, Omsk Hemorrhagic Fever))
자. 두창 바이러스(Variola virus)
차. 베네수엘라 마 뇌염 바이러스 (Venezuelan equine encephalitis virus)
카. 헨드라 바이러스[Hendra virus(Equine morbillivirus)]
타. 남아메리카 출혈열 바이러스
[South American haemorrhagic fever(Sabia, Flexal, Guanarito, Junin, Machupo)]
파. 니파 바이러스(Nipah virus)
하. 증증급성호흡기증후군 코로나 바이러스(Coronaviridae과 Coronavirus)
거. 조류인루엔자 인체감염증 바이러스(Orthomyxoviridae과)
너. 우해면양 뇌병증 병원체(Bovine Spongiform encephalophathy agent)</td></tr>
<tr><td>미생물 11종</td><td>가. 탄저균(Bacillus anthracis)
나. 양 브루셀라균(Brucella melitensis)
다. 보툴리눔균(Clostridium botulinum)
라. 야토균(Francisella tularensis)
마. 비저균(Burkholderia mallei)
바. 콜레라균(Vibrio cholerae)
사. 페스트균(Yersinia pestis)
아. 멜리오이도시스균(Burkholderia pseudomallei)
자. 큐열균(Coxiella burnetii)
차. 발진티푸스균(Rickettsia prowazekii)
카. 홍반열 리치아균(Rickettsia rickettsii)</td></tr>
<tr><td colspan="3">동물병원균(바이러스 13종, 미생물 1종) 14종</td></tr>
<tr><td colspan="3">식물병원균(바이러스 2종, 미생물 11종) 13종</td></tr>
<tr><td colspan="3">독소 13종</td><td>1. 보툴리늄 독소(Botulinum toxins)
2. 웰치균 독소(Clostridium perfringens epsilon toxins)
3. 코노 독소(Conotoxin)
4. 시가 독소(Shiga toxin)
5. 포도상구균 장 독소(Staphylococcus aureus toxins)
6. 복어독(Tetrodotoxin)
7. 베로톡신(Verotoxin)
8. 마이크로시스틴(시안지노신)[Microcystin(Cyanginosin)]
9. 아플라톡신(Aflatoxins)
10. 아브린(Abrin)
11. 디아 세톡시 스키 페놀(Diacetoxyscirpenol toxin)
12. T-2 toxin
13. 볼켄신 독소(Volkensin toxin)</td></tr>
</table>

동식물이나 병원균의 물질대사 과정에서 추출하는 유독성 생화학물질로 독소는 화학작용제와 비슷한 증상을 야기하지만 효과는 더욱 치명적이며 인공적으로 대량생산 가능하다. 이러한 생물학작용제는 군사적 목적에 따라 감염성이 있으나 전염성이 없는(infectious but no contagious) 작용제로 탄저가 있고, 인체 감염성과 전염성이 높은(infectious and contagious) 작용제로 천연두가 있다. 이런 생물학작용제는 국제기구에서 생물무기금지협약(BWC : Biological Weapons Convention)은 생물학 작용제 54종과 독소 13종을 대상으로 지정하고 있고, 정부도 〈표 10-8〉[14]처럼 법률에 반영했다.

NATO에서는 39종을 분류하고, 미국 및 호주에서는 각각 등급을 구분하여 관리하고 있는 것으로 알려져 있다. 정부에서 관리하는 생물학작용제와 독소 중 군사적 의미를 갖는 관리대상에는 인체 · 인수 병원균으로 크리미안-콩고 출열바이러스(Crimean- Congo haemorrhagic fever virus)를 포함한 16종의 바이러스에 의한 병원균이 있고, 탄저균(Bacillus anthracis)을 포함한 11종의 미생물에 의한 병원균이 있다. 그리고 보툴리눔 독소(Botulinum toxins)를 포함한 13종의 독소가 관리되고 있다. 생물학무기나 독소무기의 개발 · 생산 및 비축의 금지, 폐기에 관한 협약의 시행과 그 밖에 생물학무기의 금지나 규제에 관하여 국제적으로 부담해야 하는 의무의 이행을 위해 생물학무기의 제조 등을 금지하고 생물학 무기 제조에 이용될 수 있는 특정 생물학작용제나 독소의 제조나 수출입 규제 등에 필요한 사항을 법령으로 규정하고 있다.

2) 특성

생물학작용제는 바이러스와 미생물과 같은 병원균과 독소로 구성되어 있다. 생물학작용제와 독소별 경로, 잠복기, 치사율 등 주요 특성을 비교하면 〈표 10-9〉[15]처럼 작전 목적에 따라 다양하게 활용될 수 있음을 예측할 수 있다.

먼저 병원균의 종류를 살펴보면 세균, 리케차, 곰팡이와 같은 미생물과 바이러스로 구분할 수 있는데, 바이러스의 경우는 홍역, 감기, 광견병 등 질병의

14 [법률 제15001호] 「생화학무기법」(시행 2018. 5. 1.)

15 국방부, 『WMD대량살상무기에 대한 이해』, 2007, p. 148.

<표 10-9>
생물학작용제 및 독소의 특성 비교

병명	전염	경로	잠복기	치사율	백신유무 (국외/국내)	치료제
탄저병		• 흡입 · 경구 · 피부	• 최대 6일	• 95% 이상	O / X	• Ciprofloxacin • Doxycycline
페스트	강함	• 흡입 · 매개 곤충	• 최대 3일	• 90% 이상	O / X	• Streptomycin • Doxycycline
천연두	강함	• 흡입	• 최대 17일	• 30% 이하	O / X	• Vaccinia • 항혈청
야토병		• 흡입 · 점막 · 피부	• 최대 21일	• 10% 이하	O / X	• Streptomycin • Gentamycin
포도상구균		• 흡입 · 피부 · 경구	• 최대 12h	• 50㎍/㎏	X / X	
콜레라	미약	• 경구 · 흡입	• 최대 5일	• 30% 이하	O / O	• Streptomycin • Doxycycline
보툴리늄 독소		• 흡입 · 피부 · 경구	• 최대 5일	• 0.001㎍/㎏	O / X	• 말항혈청

60%를 차지하고 있다. 세균은 결핵, 장티푸스, 파상풍 등 질병을 유발할 수 있고, 리케차는 세균과 유사하며 발진티푸스, 발진열 등을 유발한다. 곰팡이는 무좀 등의 질병을 유발하여 전투력을 약화시킬 수 있다. 이 같은 병원균들을 무기화하여 갖는 특성은 호흡기, 소화기, 피부 등으로 노출된 지역에서 활동하는 전투원을 쉽게 감염시켜서, 집단활동을 수행하는 부대원들에게 쉽게 확산시킬 수 있으며 잠복기가 있어서 발병 전까지 장시간 전염이 가능하여 부대를 쉽게 무력화할 수 있다. 이런 특성들로 인해 은밀하게 살포하면 전투 시 결정적인 순간에 전투력 마비를 초래할 수 있어 군사작전에 유용할 수 있다. 이런 미생물의 발아 · 증식 · 노쇠 · 소멸의 생존주기를 적절히 이용할 경우 군사작전에 더욱 효과적으로 이용될 수 있다.

3) 주요 생물학작용제와 독소

식물이나 동물에 대한 병원균을 제외하고 군사작전에 영향을 미치는 인체 · 인수 병원균 27종과 독소 13종 중 대표적이라 할 수 있는 병원균을 소개하고 독소에 대한 일반적인 특성을 살펴보았다.

(1) 탄저병

탄저병은 탄저균(Bacillus anthracis)에 의해 사람과 동물이 공통적으로 감염될 수 있다. 포자감염이 주로 이루어지는데 피부를 통해 감염되는 경우에는 손상부분의 접촉을 통해 감염된다. 또는 포자를 흡입하는 경우 호흡기 감염이 이루어지고, 오염된 육류를 섭취할 경우 소화기 감염이 이루어질 수 있다. 잠복기는 대략 평균 5일로 피부손상에 의한 감염 시에는 7일 정도, 포자 흡입에 의한 호흡기 감염은 6일, 오염 음식 섭취에 따른 감염 시에는 7일 이내 정도 된다. 건조, 열, 자외선, 감마선 등 소독제에 저항하는 특성이 있고 토양의 종류에 따라 수십년 잠복이 가능하다. 탄저병은 환자의 피부병변, 혈액, 복수, 대변, 뇌척수액과 혈청학적 검사를 통해 확인할 수 있다.[16] 임상특성은 피부탄저의 경우 구진, 수포성 궤양, 괴사성 가피, 부종, 흉터, 발열, 피로, 두통의 증상이 나타난다. 호흡기 경로로 감염된 폐탄저의 경우 가벼운 감기 증상, 호흡곤란, 토혈, 패혈성 쇼크, 사망 등이 나타난다. 소화기 경로로 감염된 장 탄저의 경우는 구역질, 구토, 식욕부진, 발진, 토혈, 복통, 혈변, 패혈증이 나타난다. 이러한 탄저병의 예방과 치료는 백신 접종이나 항생제를 경구 투여하는 방법이 있다. 일단 폐탄저가 의심되면 사망 가능성이 높아 긴급조치가 요망된다.

(2) 천연두

천연두는 바이러스에 의한 급성 발진성 질환으로 보통 공기로 전파되지만, 수포액, 타액, 호흡기 분비물 등을 통해 직접 전파도 가능하다. 주요 증상은 노출시점부터 발진시까지는 7~19일로 평균 12일이 소요된다. 발열은 대략 10~14일이 소요되고, 발열 후 2~3일 동안 전염성이 극심해지고 발진 변화 시 감소된다. 사망률은 대두창은 15~20%, 소두창은 1%, 무두창은 50~90% 수준이다. 이에 대한 예방 및 치료는 백신 접종만으로 예방이 가능하고, 발병하면 일반적인 외상치료를 시행한다.[17]

---

16 위의 책, p. 149.

17 위의 책, p. 150.

(3) 독소

생물체가 형성하는 물질로 인간이나 동물과 식물에 작용해서 동물은 사망, 질병, 무능화, 영구상해 등을 유발하고 식물에게는 고사시키는 것으로 안정적이고 다루기 쉽기 때문에 생물학전에서 매우 중요한 위협수단이 된다. 독소 작용과 효과는 화학작용제 중 신경작용제, 수포작용제, 구토작용제, 질식작용제와 같은 증상을 나타낸다. 신경독소(neuro toxins)는 신경자극의 전달을 방해하는 독소나 신경작용제 증상과 유사하다. 동공이 축소 또는 확대되고, 경련 및 경직성 마비를 유발하며 전율과 발작, 근육 약화 등의 현상이 나타난다. 이러한 종류의 독소는 보톨리늄, 복어, 양서류, 전갈 등의 독소와 색시톡신, 파상풍 등이 있다. 세포독소(cyto toxins)는 세포 자체 파괴, 단백질 합성, 세포조절 등 세포 활동을 파괴하는 독소다. 증상은 화학작용제 중 수포작용제, 구토작용제, 질식작용제와 유사하거나 식중독 증상과 유사하다. 멀미, 구토, 설사, 발진염증, 수포, 황달, 출혈, 조직의 변패 등이 나타나기도 한다. 이런 독소의 종류에는 트리코테신, 아폴라톡신, 진균독소, 포도상구균 장독소, 대장균 장독소, 바다말벌 독소와 뱀독 등이 있다.

4) 탐지장비

(1) 운영개념

생물학 통합탐지장비의 운영개념은 감시, 수집, 탐지, 식별 절차를 수행하도록 설계되었다. 먼저 감시는 대기 미세입자를 감시하고 부유입자 이상이 되면 샘플링을 지시한다. 샘플링 지시에 따라 분당 1,000ℓ의 속도로 공기 중의 입자를 흡입하고 선별하여 농축한다. 3개의 형광 및 1개의 발광 시약으로 세균, 포자, 바이러스, 단백질 독소를 탐지한다. 이어서 유전자 식별기와 면역 식별 키트로 생물학 작용제를 식별하는데 유전자식별기로는 유전자의 증폭 및 형광기로 세균을 식별하고, 면역식별키트로는 항체가 있는 시약으로 생물학작용제에 양성반응이 나타나는지를 관찰한다.

(2) 주요 생물학 통합탐지장비

주요 생물학 통합탐지장비로는 포털 쉴드(Portal Shield)와 생물학 통합탐지체

<표 10-10>
BIDS체계의 진화적 개발

주요 성능	NDI (Non-Developmental Item)	P3I (Pre-Planned Product Improvement)	JBPDS (Joint Biological Point Detection System)
작동방식	수동	반자동	완전자동
식별작용제	4종	8종	10종
전파 통신	음성	음성	음성, 데이터

계(BIDS: Biological Integrated Detection System)가 있다. 먼저 포털 쉴드는 기지, 항만 등 외곽지역에 설치하여 중앙통제소와 수십 개의 유무선탐지기를 연결하는 탐지체계가 있고 탐지 가능성이 가장 높은 몇 개의 작용제를 사전에 입력하여 탐지하도록 되어 있다. 이때 탐지, 식별이 신속하며, 대당 단가는 약 110억 원 정도다. BIDS는 실시간 탐지장비로 전술적 운용이 가능하여 걸프전 당시에 1개 중대를 배치하여 운용했다. 주요 성능은 탐지, 식별 시간이 더욱 단축되었고 몇 종의 작용제를 탐지할 수 있다. 생물학 탐지장비는 〈표 10-10〉[18]과 같이 주요 성능을 중심으로 진화적으로 개발되었다.

(3) 생물학 탐지장비의 발전추세

미생물체의 다양성, 복잡성, 개체수의 희소성 등으로 인하여 야전운용체계의 개발이 제한된다. 입자의 수집, 농축, 병원성 여부 판별, 작용제의 탐지, 식별 등 단계가 복잡해지고 있다. 일반적으로 현미경의 조사, 배양 기술, 생화학적 분석, 면역학적 방법으로 분석 방법과 세포특성분석, 컴퓨터분석 프로그램, 항원·항체 인식기법 등을 적용해서 생물학작용제 식별의 정확도와 정밀도가 향상되고 있다. 체계 소형화로 휴대성이 점차 향상되고 있다. 화생방 통합 다기능, 야전 고감도, C4I체계와 연동 전 지역 감시 경보전파기능이 추가되었다. 또한 접촉식은 마이크로칩, 나노기술로 탐지감도가 향상되고, 실시간, 경량화, 전력최소화를 추구하고 있고 원거리탐지체계는 UAV에 탑재하여 식별 및 탐지거리를 향상시키고 경량화를 추구하여 단순 조치체계에서 실제 보호체계로 발전하고 있다.

18 위의 책, p. 154.

5) 생물학작용제에 대한 대책

생물학 작용제 공격에 대비해서 사전에 예방을 위한 백신이나 항생제로 대비할 필요가 있다. 먼저 감염 시에 감염증을 일으키는 원인균을 박멸하기 위해 만든 물질로 어떤 세균이 다른 미생물의 성장을 저해하는 천연물질이며, 세균으로부터 자신을 보호하기 위해 형성된 독성물질이다. 다양한 생물학 공격에 대비하여 항생제를 개발하고 적정량을 확보할 필요가 있다. 다음 백신은 무생물과 생물의 중간에 위치한 유기체인 바이러스는 항생제로 박멸할 수 없다. 따라서 치료보다는 활동을 억제하도록 처치하기 위해 백신을 만들었다. 극소량의 비활성화된 바이러스를 침투시켜 인체에 바이러스 항체 생성을 유도하고 바이러스(항원)가 체내 진입 시 신속히 항체 형성을 퇴치하는 기능을 수행한다. 이런 주요 백신은 1798년 영국 에드워드 제너가 우두를 일으키는 바이러스가 천연두를 영구 예방할 수 있는 백신을 발견했다. 1881년 파스퇴르가 탄저병, 광견병 백신을 개발한 바 있다.

6. 핵 및 방사능과 방호체계

1) 핵 폭발 메커니즘

핵분열 혹은 핵융합에 의해 방출되는 에너지를 인원의 살상, 물자의 파괴에 이용하는 무기체계의 폭발 메커니즘을 갖고 있다. 먼저 핵분열탄(원자탄)은 자연상태의 우라늄 U^{235}의 순도 0.7%에서 90%로 농축하거나 폐연료봉 재처리를 통해 추출된 Pu^{235}를 연쇄폭발 임계수준의 고농도로 농축한다. 고폭 기폭제로 고압조건을 달성하고 급속한 연쇄 핵분열에 의한 폭발을 초래함으로써 핵분열탄(원자탄)을 생산할 수 있다.

다음 핵융합탄(수소탄)은 원자핵이 헬륨 원자핵을 형성할 때 방출되는 에너지를 이용하는데 원자탄으로 1억℃ 이상 고온을 달성하고 리튬과 혼합된 중수소 헬륨으로 융합하여 달성한다. 고폭 기폭에서 핵분열(원자탄) 폭발이 진행되고 이어서 핵융합(수소탄) 폭발 순서로 진행하여 살상효과를 달성한다.

2) 살상효과

이와 같은 핵 폭발 시 발생하는 요소는 폭풍파, 열파, 방사선파, 전자기파, 낙진이다. 폭풍파(blast wave)는 살상율이 55%로 핵탄두 폭발 시 고열이 공기를 가열하여 급격히 팽창하여 형성된다. 열복사선(heat wave)은 살상율이 약 35%로 20KT인 경우 2.5km까지 연소를 시킬 수 있다. 원자핵이 헬륨 원자핵을 형성할 때 방출되는 에너지를 이용하며 원자탄으로 1억℃ 이상의 고온에 도달한다. 약 100만분의 1초에 약 30만℃의 적외선, 가시광선, 자외선을 발생시켜서 소이효과를 달성해서 인원에 대한 화상과 실명을 초래할 수 있다. 방사선파(radiation wave)는 살상율 15%로 α, β, γ, 중성자로 구성되는데 폭발 시 발생된 방사능이 먼지나 파편과 함께 지면낙하 하는 낙진(fallout)과 방사능 오염에 따른 원자병은 백혈병, 불임증, 기억상실증, 피부암 등을 유발할 수 있다.

7. 화생방 방호무기체계

1) 화생방 보호

(1) 임무형 보호태세(MOPP : Mission Oriented Protective Posture)

화생방전 상황 하 전투원의 생존성 보장을 위해 적절한 보호수준을 결정하

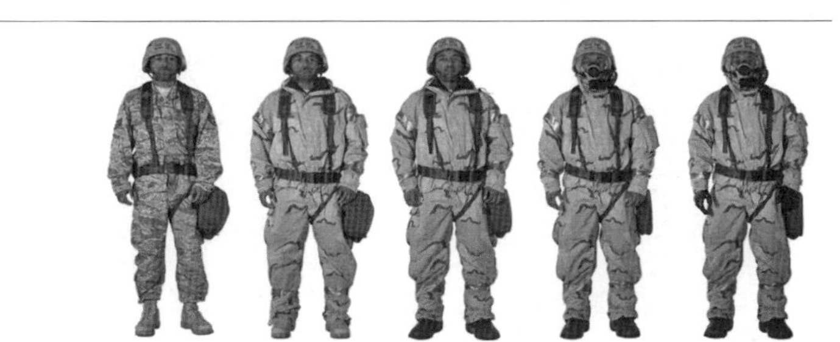

구분	MOPP 0	MOPP 1	MOPP 2	MOPP 3	MOPP 4
보호의	휴대	착용	착용	착용	착용
전투화 덮개	휴대	휴대	착용	착용	착용
방독면/두건	휴대	휴대	휴대	착용	착용
보호장갑	휴대	휴대	휴대	휴대	착용

<그림 10-6>
임무형보호태세(MOPP)

는 융통성 있는 보호방법으로 부대원의 생존성과 효과적인 임무수행을 고려한 방호지침 유형으로 그 단계별 보호는 〈그림 10-6〉[19]처럼 보호의, 전투화 덮개, 방독면 및 두건, 보호장갑을 착용하는 상태로 구분된다. 먼저 화생방 위협이 없을때는 MOPP 0단계로 화생방 개인보호장비를 모두 휴대한 상태가 된다. MOPP1단계에는 보호의만 착용한 상태이고, MOPP 2단계는 보호의에 전투화 덮개를 착용한 상태이다. MOPP 3단계는 보호의, 전투화덮개, 방독면/두건을 착용한 상태가 된다. 마지막 MOPP 4단계는 보호의, 전투화덮개, 방독면/두건에 보호장갑 까지 착용한 상태가 된다.

(2) 방독면(Gas Mask)과 보호의

화학 및 생물학 작용제가 호흡기로 인체유입을 차단하는 장비와 물자로 제1차 세계대전 독일군의 염소가스 공격에 대응하여 최초로 개발되었다. 대한민국은 최초에는 미군의 M9A1장비를 도입하여 사용하다가 이후 통화와 음료가 가능한 K1방독면을 사용하다가 단점을 보완해서 성능 개량형으로 발전되었다. 그 형상은 〈그림 10-7〉[20]처럼 안면을 밀폐할 수 있는 고무 재질로 되어 있고 안구 부분은 외부를 볼 수 있는 재질로 되어 있으며 호흡기 부위에는 정화통을 통해 오염된 공기를 걸러낼 수 있고 날숨을 외부로 배출할 수 있는 구조로 되어 있어서 인원별 두상에 밀착할 수 있도록 고무 밴드가 연결되어 있다. 취수관으로 착용상태에서도 식수 섭취가 가능하도록 되어 있다. 신형방독면은

<그림 10-7>
방독면과 보호의

19 위의 책, p. 130.

20 http://www.sancheong.com/user/product/detail.do?prctseq=33&searchCat1Cd=2
http://www.cijun.co.kr/product/view.php?No=18&Good_Code=C1

정화통을 양쪽 2개를 착용하도록 되어 사용시간이 연장되었으며, 개인별 사용하는 안경 착용상태에서도 착용 가능하도록 개선되었다. 보호의는 화학·생물학 작용제나 세균에 직접 접촉이나 오염을 방지하는 물자로 방사성 물질 및 일부 유형의 방사선으로부터 오염되지 않도록 보호하고 화생방전하 전투원이 장시간 착용 가능하도록 착안했다. 보호의 구성은 〈그림 10-7〉처럼 보호의 상·하의, 장갑, 군화덮개가 있다. 보호의는 내외피로 구성되었으며, 외피는 발수, 발유 처리되어 액상 작용제를 차단할 수 있다. 내피는 충전된 활성탄에 기체나 증기 작용제를 흡착할 수 있다.

2) 화생방 정찰

(1) 화생방 정찰차

화생방 오염여부를 탐지하기 위해서 정찰 및 경보전파체계를 탑재한 차량으로 〈그림 10-8〉[21]처럼 K-216장갑차와 K-316차량형이 있다.

부대는 화생방 정찰 차량으로 오염지역에 대해 신속한 작용제 탐지 및 측정, 오염지역 경계설정, 미지 및 생물학작용제 표본에 대한 시료를 채취할 수 있다. 화학작용제에 대해 원거리 5km에서 독성 27종에 대해 탐지 가능하고 생물학작용제에 대해 독소, 세균 등 13종, 베타 및 감마 방사능 측정이 가능하다. 탑승자는 4명에 시속 70km정도로 이동 가능하다. 차량형의 화생방 정찰성능은 동일한데 기동성이 도로에서 최대 시속 110km까지 가능하다. 또한 작전지

K-216 장갑차

K-316 차량

<그림 10-8>
화생방 정찰차

21 https://www.hanwha-defense.co.kr/kor/mobile/products/maneuver-patrol2.do

역 기상제원을 획득하여 전파하고, 정찰결과에 대한 NBC보고 등을 수행할 수 있다. 따라서 이와 같은 기능을 수행하기 위해 차량에 탑재하는 주요 장비는 화학탐지 및 자동분석장비, 경보기, 시료채취장치, 방사능측정기, 자동경보전송장치가 설치된다. 오염여부가 식별되면 작전부대에 오염지역을 알릴 수 있도록 오염표시기 투척장비를 탑재하고, 오염 확산을 예측할 수 있도록 기상측정 장비가 탑재되어 있다. 그리고 화생방 상황하에서 정찰차량 내부활동이 가능하도록 양압장치가 설치되어 있다.

(2) 화학자동경보기

공기 중 오염된 독성 화학작용제를 자동으로 탐지, 실시간 경보를 제공하는 장비로 전투원의 생존성을 보장하고 부대 전투력의 보존을 위해서 운용한다. 체계는 〈그림 10-9〉[22]처럼 탐지기, 개인 단말기, 경보기로 구성된다. 그 운용은 독성 화학작용제를 탐지 밍 경보하고 개인휴대 및 시설물에 고정 설치하여 운용하고 기동무기체계에 탑재하고 차량제어장치의 종합전시기에 시청각 정보를 제공하고 통신체계를 이용해서 경보를 전파한다. 이런 경보기의 주요 특성은 신경작용제, 수포작용제, 질식작용제, 혈액작용제를 탐지 가능하며, 최저탐지농도(mg/m^2), 탐지경보시간, 운용거리, 상호운용성 등이 있다.

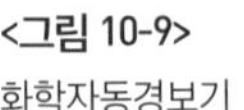
<그림 10-9>
화학자동경보기

22 http://blog.daum.net/_blog/photoImage.do?blogid=0MllW&imgurl=http://cfile234.uf.daum.net/original/1851F5154A5C0EA557A9B0

(3) 방사능정찰

방사능정찰을 위한 장비에는 휴대용 방사능측정기와 차량용 방사능측정기가 있고, 감마선 탐지측정과 개인방사선 피폭선량 측정을 위한 방사능 선량측정기가 있으며 α, β, γ, 중성자에 의한 선율선량 측정이 가능한 다목적 방사능측정기가 있다. 여기서 휴대용 방사능측정기는 병력, 장비, 물자의 오염정도와 방사선 선율, 선량을 탐지하고 측정할 수 있는 장비로 주요 능력은 방사능 오염도를 실시간 측정하고, 누적된 방사선량 측정이 가능하다. 중량은 대략 400여g 크기는 14×8cm로 소형, 경량화되고, 휴대가 용이하며, 조작이 간단하다. 자체고장진단기능이 내장되는 등 운용편의성이 최대화되었다. 그리고 차량용 방사능측정기는 병력, 장비, 물자 오염과 방사선 선율과 선량의 탐지 및 측정장치를 차량에 탑재하여 운용한다. 주요 능력으로는 액정LCD에 차량 외부 선율과 누적 선량이 표시되고, 차량 및 장갑차 내부설치 외부상황 파악이 가능하며 베타, 감마 방사선 선율과 선량 측정이 가능하다는 것 등이 있다.

3) 화생방 제독과 예방 및 치료

(1) 화생방 제독차량

화생방제독차량은 화생방작용제에 오염된 인원, 장비, 물자, 지역, 시설을 제독하는 차량이다. 화생방제독차량은 오염된 인체와 장비를 정밀제독하거나, 지역제독을 실시하거나 대 화생방 테러작전을 지원하고, 급수 및 야전 인체샤워 등 지원업무를 수행하는 데 사용된다. 장비의 구성품은 물탱크, 크레인, 양수기, 보일러, 제독장치, 제독제 등이다. 종류로는 $2\frac{1}{2}$톤 차량에 장비를 탑재하는 KM-9, 5톤 차량에 탑재하여 운용하는 K-10과 K-721가 있다. 화생방제독차량의 주요 특성은 인체제독(명/시간), 장비제독(대/시간), 지역제독(㎡/시간), 제독제 생성량(/분), 온수 및 증기 공급능력이 된다.

(2) 신경작용제 예방 및 치료제

신경작용제 예방 및 치료제는 작용제 해독제에는 처치제, 치료제, 뇌 보호제가 있다. 형태는 〈그림 10-10〉[23]처럼 경구용 알약, 자동주사제, 피부부착형 패치형태로 발전하고 있으며 흡입제(nasal spray) 형태도 개발하고 있다. 주요 특

<그림 10-10>
신경작용제 예방 및 치료제

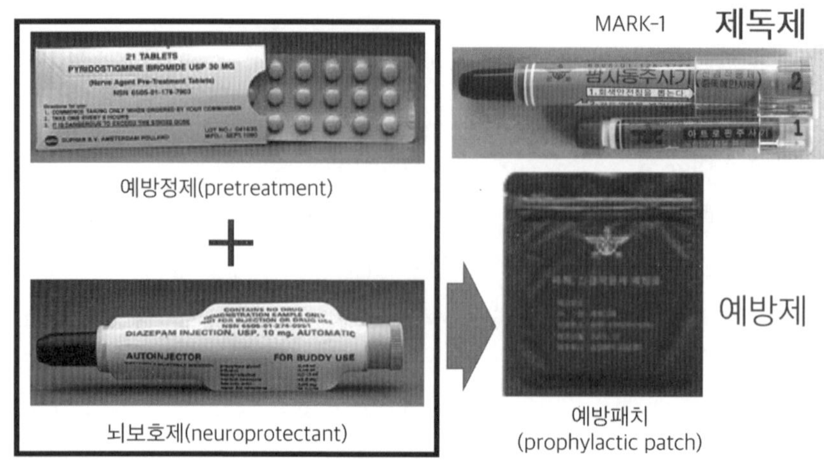

성은 약효가 나타나는 데 소요되는 시간, 약효의 지속시간, 인체 부작용 유발 가능성 등이 있다.

23 조영, "신경작용제 해독제의 약리기 연구개발", 『한국군사과학기술학회지』 제14권 제5호, 2011년 10월, p. 924.

제11장

함정무기체계

1. 운용개념

함정 무기체계는 군사 목적에 사용되는 모든 선박을 의미한다. 함정 자체가 무기체계이면서 다양한 센서와 화력무기체계 등 무장을 탑재하는 복합무기체계다. 함정을 운용하는 해군은 〈그림 11-1〉처럼 대함작전, 대잠작전, 기뢰작전, 상륙작전 등을 수행한다. 함대사령부는 구축함, 호위함, 초계함, 고속정 등의 전투함을 운용하여 책임 해역 방어임무를 수행하며, 잠수함사령부는 잠수함 작전을 수행한다.[1]

해군은 수상·수중·항공 입체해상작전 수행이 가능하고, 전방위 안보위협에 대비하여 해양관할권과 해상교통로 등 해양에서의 국가이익을 수호하기 위해 수상·수중·항공 입체전력의 효율적 운용이 가능하도록 발전시킬 것이다. 기동전단은 원·근해 해양에서의 국가이익 보호를 위해 구축함 전력 증강과 연계하여 기동함대사령부로 발전시키고, 항공전단은 넓은 해역에 대 한 해상항공작전의 완전성을 보장하기 위해 해상초계기 및 해상작전헬기 등 전력 증강 및 임무 확대와 연계하여 항공사령부로 발전시킬 것이다.[2] 함정을 운용하는 해군은 제해권 장악 및 국제평화를 유지하는 임무뿐 아니라, 해군외교, 즉 함정 외

1 대한민국 국방부, 『2018 국방백서』, p. 44.

2 위의 책, p. 85.

<그림 11-1>
함정무기체계 운영개념

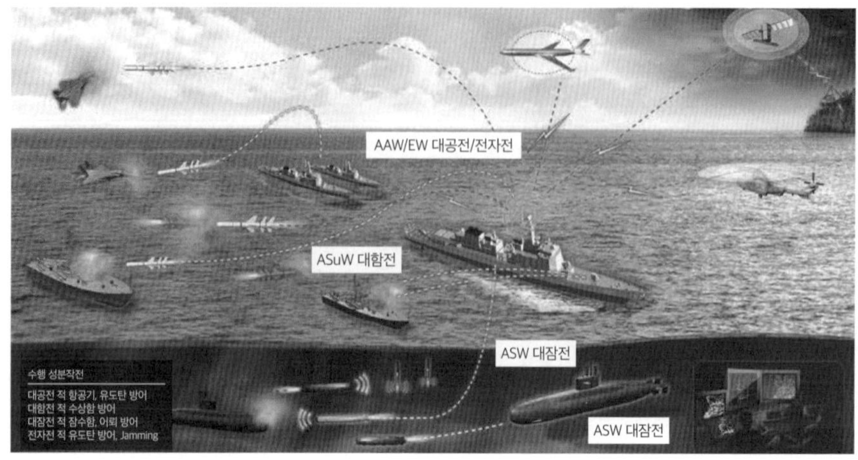

국방문 등을 통한 국위선양, 해양탐색 및 구조 활동, 어로보호 지원, 해상테러 및 해적행위 차단, 해난 구조 및 해양오염 방지 등의 임무를 수행한다.[3] 과거 해군 단독작전, 근해작전 위주로 시행하던 전장에서 역할이 육군 또는 공군과 협조된 합동작전, 원해작전으로 역할이 점차 확장되고 있다.

2. 함정무기체계의 발전

해상전에 운용하는 함정무기체계는 당시에 사용되는 지상무기체계 중 가장 강력한 것을 탑재하는 추세였다. 따라서 지상에서 대구경 화포가 개발되면 함정에는 당연히 대구경 화포를 다량 탑재한다. 따라서 이렇게 적의 화포 공격이나 어뢰, 기뢰 등의 공격에 대비하여 방호할 수 있도록 선체 주요 부위인 선수나 갑판, 주 포탑에 두꺼운 장갑을 부착하면서 선체가 대형화되었다. 물론 모든 군함을 그렇게 만들 수도 없고 그럴 필요가 없어서 소수 대형함만을 그런 형태로 생산했다. 1880년대 이후 이런 형태의 함정을 통칭해서 전함(Battleship)이라 칭했다. 전함은 제2차 세계대전까지는 규모가 가장 큰 함정으로 당시 해상전력의 주력이었다.

열강들 간의 거함거포주의 경쟁으로 인해 드레드노트가 등장하여 해군 군비

3 http://www.navy.mil.kr/mbshome/mbs/navy/subview.do?id=navy_010400000000

경쟁이 격렬해졌으나, 제2차 세계대전 중 해전은 이런 전함들의 대함거포주의가 무의미해졌다. 함포 사거리 밖에서 공격하는 수평 또는 급강하 폭격기나 어뢰 공격기에 전함들은 제대로 대응하지 못했다. 태평양 전쟁에서 어렵게 거포를 장착한 전함들의 대 전함의 포격 전투는 겨우 10여 회 정도였던 반면, 항공모함은 오히려 해전의 주역으로 등장했고, 전함은 항공모함의 보조적 존재로 격하되었다. 제2차 세계대전 중 항공기와 항공모함이 해군의 주 전력으로 대두되어 전함의 전술적 가치는 쇠퇴하고 각국에서는 전후 점차적으로 이를 모두 퇴역시키고 미 해군이 보유한 아이오와(Iowa)급 4척까지 마저 퇴역되어 전 세계적으로 전함은 존재하지 않는다.

제1차 세계대전 당시에 등장했던 잠수함은 보다 성능이 향상되어 수상함과 잠수함간의 경쟁이 더 치열하게 전개되었다. 또한 이 시기 초기의 함정들은 워싱턴 군축조약으로 인해 배수량의 제한을 받게 되어 원래 계획과는 달리 용도 변경이 된 함정들이 상당히 많으며, 일부 국가들은 이 조약으로 인한 배수량을 억지로 맞추려다 보니 전함도 순양함도 아닌 어정쩡한 형태의 함정들이 잠시 등장했던 시기이기도 했다.

제2차 세계대전 이후 해상전 양상은 대양에서 항공모함을 중심으로 한 다수 함정 간 대규모 전투와 상륙작전, 주요 해상교통로에 대한 공격·방어작전 등 더욱 복잡하게 변화되었다. 그리고 제트엔진을 장착한 항공기의 등장으로 해군 항공기가 고속화되고 다량의 무장탑재가 가능하게 되면서 은폐가 곤란하고 속도가 느린 수상함은 대공방어에 더 집중해야 했다. 함정 자체 방어를 위해 주요 무장이 함포에서 미사일로 무게중심이 이동했다. 그뿐만 아니라 함정의 전자전 장비가 보다 정밀해지고 미사일이나 함포 등에도 전자장비가 탑재되면서, 상대 함정의 전자장비를 교란하거나 전자 장비를 방어하는 전자전 능력 역시 점점 더 중요해졌다.

3. 주요 특성과 원리

함정무기체계는 다음 같은 요소들로 구성되어 있다. 선체구조(Hull Structure), 추진체계(Propulsion Plant), 전기장치(Electric Plant), 지휘통신 및 감시(Command,

Communication and Surveillance), 무장, 기타체계 정도로 구분해볼 수 있다. 여기서 다양한 함정체계에 공통적으로 적용되는 추진체계와 배수톤수에 대한 내용을 구체적으로 살펴보았다.

1) 배수량

함정분류에 임무나 기능을 이용하는 것과 함께 배수량은 중요한 의미를 갖는다. 배수량이 크면 다량의 임무와 기능을 수행할 수 있는 체계들을 탑재할 수 있다. 그래서 함정의 기능과 배수톤수를 함께 매칭해서 분류에 활용하고 있다. 배수량은 중량톤수(Weight Tonnage)로 기준에 따라 다양하다.

먼저 만재배수량(Full Load Displacement)은 선박이 떠서 평형을 유지할 때 선박이 밀어낸 물의 중량을 톤수로 표현한 것이다. 아르키메데스 원리에 의한 선박중량 측정방법으로, 물에 잠긴 부분의 선체 부피와 같은 부피를 갖는 물의 중량이 선체 중량이 된다. 안전항해를 위해 〈그림 11-2〉처럼 최대한도 흘수를 만재흘수선으로 규정하여 통제한다. 화물, 연료, 청수, 식량 등을 적재하여 하기만재흘수선(Summer Load Draft)으로 떠 있는 상태에서의 배수중량을 의미한다.

경하배수량(Lightship Displacement)은 선박이 떠서 평형을 유지할 때 선박이 밀어낸 물의 중량을 톤수로 표현한 것이다. 선박 자체의 무게만을 톤수로 표현하는 것으로 각종 기기, 파이프, 탱크 내 최소한의 기름과 물도 경하배수량에 포함된다. 화물, 연료, 승무원, 소지품, 청수, 식량 등은 포함하지 않는다. 재화중량(DWT : Deadweight)은 선박에 적재 가능한 최대 화물의 무게를 의미하며 만재 배수톤수에서 경하 배수톤수를 제외한 톤수로 선박 건조계약, 매매, 용선 등 상업적 거래에 적용된다. 다음으로 기준배수량(Standard Displacement)은 워싱턴 조약에서 정한 군함의 배수톤수 기준으로 병기, 탄약, 승무원, 식량 등을

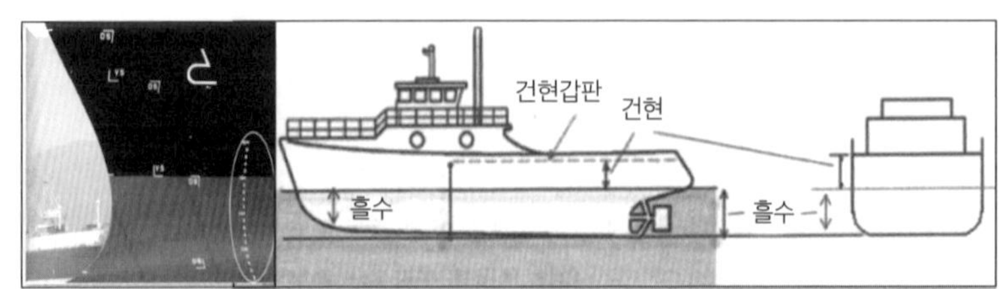

<그림 11-2>
배수량 측정을 위한 건현과 흘수

포함하되 연료 및 급수는 제외한 상태를 기준으로 한다.

2) 추진체계

추진체계는 원자력추진체계와 디젤·가스터빈추진체계로 구분할 수 있다. 미국 항공모함의 추진체계는 원자력추진을 위한 원자로가 설치되어 있으나, 원자로가 정상 작동하지 않을 때를 대비해서 디젤엔진 4기를 추가 탑재하고 있다.

(1) 핵추진체계

원자로는 〈그림 11-3〉[4] 같은 가압수형 핵추진체계로 원자로에서 발생하는 열을 이용, 물의 온도를 상승시켜 발생되는 증기로 터빈을 회전시키고 감속기어와 클러치, 전기추진 모터 등 동력전달체계로 프로펠러를 회전시켜 함정을 추진하는 체계다.

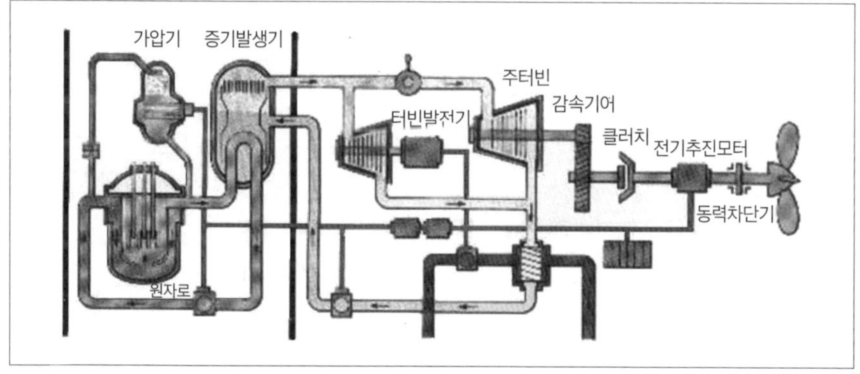

<그림 11-3>
함정용 가압수형 핵추진체계

이때 냉각기관은 발생된 증기를 증기발생기로 다시 순환시키는 기능을 수행한다. 가압수형(Pressurized-water) 경수로는 압력을 가한 물을 냉각제와 중성자 감속제로 쓰는 원자로다. 명칭처럼 냉각수 순환계통에서는 물에 압력을 가해 끓지 않는 상태를 유지한다. 가압수형 원자로는 전 세계에서 가장 보편적 원자로로, 대부분의 원자로는 전력생산에 사용되고 수백 개의 원자로는 해군함정

4 https://fas.org/man/dod-101/sys/ship/eng/reactor.html

을 추진하는 데 사용된다.

(2) 디젤 및 가스터빈 추진체계

가스터빈이나 디젤엔진을 복합적으로 연결해서 작전요구능력을 충족시킬 수 있도록 다양하게 설계한다. 〈그림 11-4〉의 복합가스터빈(COGAG : Combined Gas Turbine and Gas Turbine)[5]은 2개의 가스터빈의 동력을 프로펠러에 전달할 때 동시에 전달 가능한 설계한 구조다. 이종가스터빈조합(COGOG : Combined Gas Turbine or Gas Turbine)[6]은 순항용 가스터빈을 주로 운용하다가 가속 필요 시 가스터빈을 더해 기동성을 향상시키는 구조다. 디젤가스터빈조합(CODOG : Combined Diesel or Gas Turbine)은 디젤엔진의 동력을 주로 사용하다가 가스터빈을 추가하여 기동성을 급격히 향상시킬 수 있는 구조다.[7] 디젤과 가스터빈조합(CODAG : Combined Diesel and Gas Turbine)[8]은 2개의 프로펠러 샤프트가 있

<그림 11-4>
함정용 디젤 및 가스터빈 추진체계

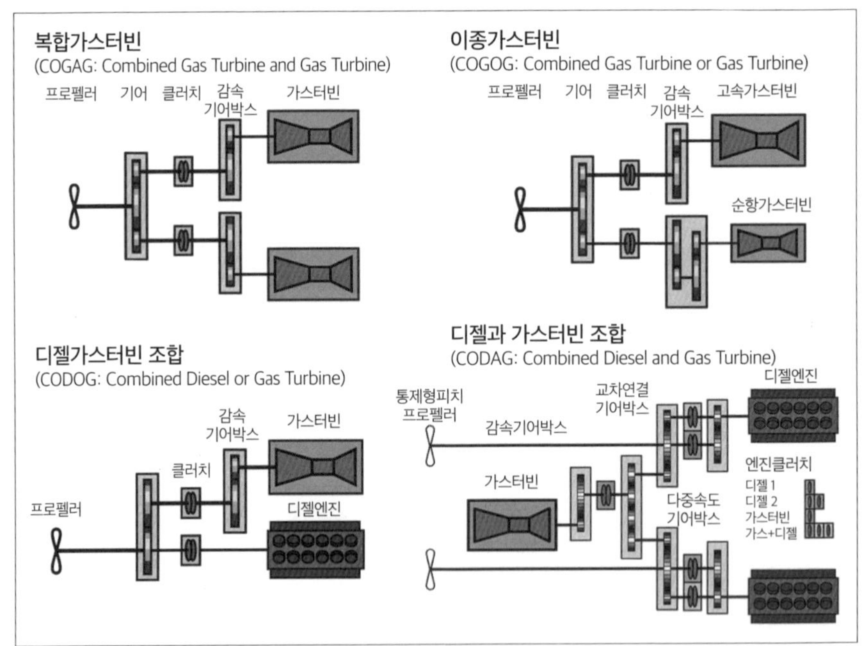

5 https://en.wikipedia.org/wiki/Combined_gas_and_gas
6 https://upload.wikimedia.org/wikipedia/commons/9/94/COGOG-diagram.png
7 https://en.wikipedia.org/wiki/Combined_diesel_or_gas#/media/File:CODOG-diagram.png
8 https://en.wikipedia.org/wiki/Combined_diesel_and_gas

고 2개의 디젤엔진과 1개의 가스터빈이 설치되어 있다.

디젤엔진 1개 혹은 2개를 이용해서 추진하거나 1개의 가스터빈으로 2개의 프로펠러를 돌려서 추진할 수 있고, 2개의 디젤엔진과 1개의 가스터빈을 모두 가동하여 최대한의 동력을 사용하여 추진하는 방법을 적용할 수 있도록 설계했다.

4. 함정무기체계의 분류

대한민국에서는 〈표 11-1〉처럼 함정을 분류하고 있다. 해상작전 양상이 복잡·다양해지고 군사기술이 발전함에 따라 함정의 전문화, 특화가 진행되었고 수행하는 작전임무의 다양성은 더욱 증대되고 여기에 맞춰 새로운 형태의 함정도 계속 개발되고 있다.

<표 11-1>
해군 함정 분류

중분류	소분류	대상장비
수상함	전투함	구축함, 호위함, 초계함, 유도탄고속함, 고속정 등
	기뢰전함	기뢰부설함, 소해함, 기뢰탐색함 등
	상륙함	대형수송함, 상륙함, 고속상륙정 등
	지원함	군수지원함, 잠수함구조함, 수상함구조함, 정보함, 잠수정모함 등
잠수함(정)	잠수함	잠수함, 소형잠수함 등
	잠수정	잠수정 등
전투근무 지원정	경비정	항만경비정, 도하경비정 등
	수송정	항만수송정, 군수지원정 등
	보급정	청수정, 유조정, 냉동정 등
	근무정	항무지원정, 예인정, 기중기정, 청소정, 준설정, 토운정, 근무주정 등
	지원정	고속정지원정, 초소지원정, 계류지원정, 폐유지원정, 상륙부교 등
	상륙지원정	상륙부교, 부교예인정 등
	특수정	잠수지원정, 구조지원정, 반잠수정모함, 시험지원정 등
해상전투 지원장비	함정전투체계	WM-28, WSA-423, WCS-86, WCS-10 등
	함정사격통제장비	UPX-27, TPX-54, APX-72 등
	함정피아식별장비	MX-1105GPS, WRN-7GPS, SRN-15A 등

해상전투 지원장비	함정항법장비	수영자이송정(SDV) 등
	침투장비	무인기뢰처리기 등
	소해장비	심해잠수구조정(DSRV) 등
	구난 및 구명장비	전술자료처리장치(TDS)

함정 분류에 있어서 함정의 기본임무에 따라 사용하고 있는 선체분류기호(hull classification symbol)가 있고 전력화 시 기능임무를 추가하여 정확한 함정 명칭을 정한다. 예를 들어 DDG에서 "DD"는 구축함을 의미하고 "G"는 유도탄을 의미하여 "DDG"는 유도탄을 탑재하여 공격임무를 수행하는 함정을 의미한다.

1) 수상함

(1) 전투함

항공모함(CV : Carrier Vehicle)은 바다에서 항공기를 운용을 위해 넓은 갑판과 격납고, 수리설비를 갖춘 대형군함으로 해상 항공기지다. 대공·대함·대잠·대지 임무를 수행하면서 탑재 항공기운용 극대화를 위해 항공기 이·착함 설비, 통제체계 및 항공유 공급, 수리설비 등 지원설비 등이 갖춰져 있다. 배수량은 통상 30,000톤 이상 되며 그 이하로 항공모함 기능을 수행 시 경항공모함이라 칭한다. 순양함(CC : Cruiser)은 전투함 분류상 전함과 구축함의 중간 수준의 다목적전투함이며, 순항거리가 멀고 속력이 빠르다. 임무는 적의 수상함 및 항공기의 공격으로부터 주력함정을 보호하는 호위작전 및 지상 함포지원도 포함된다. 배수량이 10,000톤 이상이며 원거리에서 단독임무수행이 가능하고 유도탄으로 무장한다. 구축함(DD : Destroyer)은 대양에서 독자적으로 작전할 수 있는 수상함으로 순양함보다 상대적으로 크기가 작고, 무장장착도 적고 항속거리가 짧다. 기능은 전투, 선단 호송, 해상 화력지원 등 다양하고, 대잠·대함·대공 방어가 가능하고 한 가지 임무를 수행하도록 설계된 호위함과 달리 작지만 다양한 임무를 수행할 수 있다. 배수량은 3,000톤에서 약 7,000톤급으로 대공·대함·대잠작전을 독자적으로 수행할 수 있다. 호위함(FF : Frigate)은 대잠작전을 주로 수행하며, 상륙부대와 해상보급체계, 혹은 민간 선단을 호위하는 등의 임무를 수행하는 수상 전투함으로 국가별로 규모를 확대시키고 탑재무장 및 장비를 대폭 첨단시켜서 연안 국가들의 주력전투함 역할을 수행하고 있다. 배수량은 통상 1,500톤에서 3,000톤급으로 대공·대함 기능도 갖추고 있다. 초계함(PCC : Patrol Corvett)은 대함 및 대잠전 수행이 가능하고 우군 전력을 보호하기 위해 주로 연안경비 임무를 수행하는 함정이다. 배수량이 통상 400~1,500톤 내외로 대함·대공·대잠·대기뢰전 등의 특정 기능을 수행할 수 있다. 미국은 본토방어 비중을 증대시켜서 해군작전의 중심이 연안으로 이동함에 따라 연안 해전에 필요한 작전임무를 전담할 수 있는 초계함을 연안전투함(LCS : Littoral Combat Ship)으로 정의하고 설계·건조를 추진하고 있다. 유도탄고속함(PKG : Patrol Killer Guided Missile)은 유도탄이 장착된 고속함을 지칭하며 배수량이 500톤 이상이다. 고속정(PKM : Patrol Killer Medium)은 연안경비 임무용이며, 배수량이 500톤 이하이고, 속력은 24kts 이상이다. 어뢰정에서 고속유도탄정으로 발전했다. 1969년 중동전에서 작전효과가 입증되어 수요가 증대되고, 발전을 거듭했다.

(2) 기뢰전함

기뢰부설함(MLS : Mine Laying Ship)은 해상 작전에서 기뢰 부설이나 기뢰대항을 수행하는 함정이다. 소해함(MSH : Mine Sweeper and Hunter)은 수중에 부설된 기뢰를 제거함으로써 다른 함정의 안전한 통행을 확보하기 위한 함정으로 통상 기뢰 탐색용 음탐장비를 보유하고 있다.

(3) 상륙함

대형수송함(LPX : Landing Platform Experimental)은 공격부대와 장비, 보급품 등을 실어 적의 해안에 상륙시키는 데 이용하는 함정이다. 상륙함(LST : Landing Ship Tank)은 장거리를 항해하며 인원과 장비를 신속하게 수송하기 위한 함정으로, 냉전 종식 후 소규모 분쟁이 빈발하여 해군 임무가 다양하고 복잡해져서 이를 충족할 수 있도록 개발과 건조를 하고 있다. 고속상륙정(LSF : Landing Ship Fast)은 상륙작전 수행 시 함안이동 단계에 상륙군의 인원, 장비, 무기 및 보급품을 고속으로 상륙 수송함에서 기습적으로 수송하는 공기부양선이다.

(4) 지원함

군수지원함(AOE : Combat Support Ship)은 함정에 유류, 탄약, 보급 등 전투지속 물자를 공급한다. 구조함(ATS : Salvage Ship Ocean Tug)은 조난함정이나 승조원을 구조하고, 필요시 침몰된 수상함 및 잠수함을 인양하는 함정이다. 정보함(AGS : Surveying Ship)은 해양자료 및 정보를 수집분석하기 위한 함정이 있다. 그 외 실습 및 훈련지원함 등의 수상함이 있다.

2) 잠수함

잠수함 체계는 수중 잠항 시 우수한 은밀성을 이용하여 독자적인 작전 혹은 기동전단과 협조된 작전 등을 수행할 수 있는 해군무기체계로 장거리 대지공격 능력을 보유하여 전쟁 억제 및 보복 전력으로 운용하기도 한다. 잠수함은 어뢰와 기뢰, 수중발사미사일 등을 탑재하며, 최근 무인잠수정(UUV) 탑재를 통한 정보수집, 전장감시 및 정찰 등 수중 은밀작전을 수행한다. 평시 작전해역에서 감시정찰기능 수행이 가능하며, 전시 수상 및 수중 세력 위치 탐지 · 분석 · 식별 · 교전, 정보수집, 감시정찰, 기동전단 대잠방호, 육상표적 공격, 적 핵심 항만시설이나 해협봉쇄를 위해 기뢰부설작전, 특수작전지원 등을 수행하도록 운용개념을 수립하고 있다. 잠수함은 일반적으로 배수량, 추진방식, 작전임무에 따라 분류한다. 배수량이 300톤 미만인 잠수정은 특수부대의 침투나 정찰 목적으로 사용한다. 추진방식에 따라서 원자력 및 전기-디젤추진 잠수함으로 구분된다. 원자력추진 잠수함은 원자력을 추진동력으로 하는 잠수함이다. 디젤발전기로 충전한 축전지를 이용하여 추진하는 디젤-전기추진 잠수함은 재래식 잠수함이라고도 한다. 공기불요추진(AIP : Air Independent Propulsion)시스템 탑재 잠수함은 원자력엔진 없이 수중연속 잠항시간을 연장시킨 잠수함이다. 1990년대 후반 스웨덴에서 최초로 실용화한 이후 독일에서도 다수 건조되었으며 운용 국가가 지속적으로 증가하고 있다. 임무에 따라 전략잠수함과 전술잠수함으로 구분하며, 전략잠수함은 탄도유도탄이나 순항유도탄을 발사할 수 있는 원자력추진 잠수함으로 원자력추진 탄도유도탄잠수함(SSBN : Ballistic Missile Submarine, Nuclear-powered)과 원자력추진 순항유도탄잠수함(SSGN : Guided Missile Submarine, Nuclear-powered)이 있다. 또한 전술잠수함은 어뢰, 기뢰, 수중발사 유도탄 등의 재래식 무장을 탑재하여 대잠, 대지 및 대공작전을 수행하는 잠수함으로 공격잠수함(SSK : Hunter-Killer Submarine), 순항유도탄잠수함(SSG : Guided Missile Submarine) 등으로 구분하기도 한다.

5. 항공모함

1) 분류

항공모함의 분류는 동력추진 방식, 크기(배수톤수), 용도에 따라 분류할 수 있다. 동력추진방식에 따라 원자력추진 항공모함 또는 재래식 추진 항공모함으로 구분할 수 있다. 함정의 선체분류기호에서 "SSN"은 핵추진항공모함이고 "N"이 없으면 재래식추진 항공모함으로 판단할 수 있다. 크기에 따른 보편적인 구분은 배수톤수를 기준으로 대형 항공모함은 8만 톤급 이상이면 대형 항공모함으로 분류하고, 5만톤급 내외로 대략 3만톤급 이상이면 중형항공모함으로 분류할 수 있다. 3만톤급 이하 1만5천 톤급이면 경항공모함이라고 분류할 수 있다. 경항공모함은 순양함 혹은 상륙함들과의 경계가 모호하다. 그래서 위협이 약할 때는 순양함이나 상륙함으로 운용하다가 위협이 강화될 때나 원해작전 등의 필요성이 증대될 때 항공모함으로 기능을 조정하기도 한다. 일본이 중국에서 5척의 항공모함 건조를 추진함에 대비해서 가가급 경항공모함 건조계획 발표와 대한민국의 대형수송함(LPH) 소요를 결정한 내용이 언론에 보도되기도 했다. 용도에 따라 헬기항모와 정규항모로 구분하는데 헬리콥터와 수직이착륙 전투기를 주로 탑재하는 경우 헬기항공모함이라 하고 전투기를 탑재 제공작전을 수행하고, 적 후방 타격 등의 임무를 수행하는 항공모함을 정규항공모함이라 구분할 수 있다.

2) 세계 항공모함 전력

항공모함은 선체분류기호를 "CV"라고 사용한다. 여기서 "C"는 Carrier를 "V"는 "fixed wing aircraft"를 의미한다. 그리고 "N"이 있으면 핵추진을 "A"가 있으면 공격항공기를 수송한다는 의미를 갖는다. 다음 주요 국가에서 배치하여 운용하고 있는 항공모함의 현황은 〈표 11-2〉와 같다. 미국은 제2차 세계대전 이후 세력균형을 통한 전쟁을 억제 하면서 전장에서 약 100대에 가까운 전투기의 탑재가 가능한 항공모함으로 강압전략과 억제전략을 자유롭게 구사하고 실전에 투입되어 그 성과를 명확하게 확인할 수 있었다. 이와 같은 미국의 군사외교적 역할 구사에 필요한 만큼 전력화를 하여 운용하고 있다.

미국의 경우 척당 전력화비가 약24조 원, 연간운영유지비 약15조 원으로 평가되고, 약 3만톤급 이하의 LPH 정도라면 획득비가 3조3천억 원 정도 소요되고 유지비는 750억 원 정도 소요된다고 추정 및 예측을 했던 적이 있다. 이와 같이 엄청난 규모의 재원이 소요되는 만큼 보다 정확한 전략적 운영개념을 정립하고 전력화를 추진해야 한다.

따라서 각 국가가 구축한 항공모함 전력은 각 국가가 처한 전략적환경과 역량에 따른 선택한 군사전략이 영향을 미친다. 러시아, 프랑스, 영국, 중국

<표 11-2>
세계 각국의 항공모함 전력화 현황

국가	함등급	주요 제원				보유 (척)	함재기 탑재능력	사출 방식	추진 체계
		배수 톤수	전장 (m)	전폭 (m)	최고 속력 (knot)				
미국	니미츠	91,487	333	41	30	11	F/A-18E/F항공기등 85대탑재	C13-1/2 증기식4	A4W 원자로2 증기터빈4 194MW
러시아	쿠즈네초브	58,500	280	72	30	1	Su-33/MIG-29K. 카모프등 42대탑재, 강력한자체무장	스키점프	스팀터빈2 디젤발전15 150MW
프랑스	샤를드골	42,000	262	64	27	1	Dassault Rafale 스텔스설계	C13-3 증기식 캐터펄트2	K-15가압수형 원자로2 300MW
영국	퀸 엘리자베스	65,000	284	39	26	2	JSF-35B(또는C) 탑재예정	스키점프 or 전자기식	가스터빈2 디젤엔진4 113MW
중국	랴오닝	67,500	300	73	32	2	J-15(추정), 헬기포함 40~50대	스키점프	스팀터빈2 디젤발전15 150MW
일본	이즈모, 카가	27,000	248	38	30	2	F-35B등20여대	미정	가스터빈 COGAG
인도	INS 비크라마 디티야	45,400	284	60	30	2-3	MIG-29K (26), Ka-27(10), 총30여대	스키점프	가스터빈4 100MW

은 원자력추진 잠수함은 없고 6만 톤에서 4만 톤급의 항공모함을 1~2척 정도씩 보유하고 있다. 중국 랴오닝호는 최초 1985년 구소련 니콜라예프조선소에서 60,000톤급으로 건조하던 쿠즈네초프급 항공모함의 2번함이다. 구소련이 1991년 붕괴 후, 재정난으로 1992년 공정률 70%에 건조가 중단되어 우크라이나 정부가 구입한 것을 1998년 홍콩의 소형 회사를 통해 중국이 마카오 해상카지노로 활용한다는 명목으로 2,000만 달러에 구매하여 2002년 다롄조선소에서 개량을 통해 건조한 최초의 항공모함이다. 항공모함을 운용중인 국가 중에 가장 많이 운용하고 있는 미국의 실태를 이해하는 것이 세계 군사력의 흐름을 이해하는 데 도움이 된다. 미국에 전력화된 항공모함이나 계획된 항공모함은 모두 CVN, 즉 원자력추진 항공모함으로 총 11척이 배치되어 있다. 함정의 수명주기는 최초 조선소에서 건조하고, 구축이 완료되면 무장을 탑재해서 진수시킨다. 진수 이후 부대원에 의해 시운전을 마치면 취역한다. 취역 이후 배치운용하다가 퇴역을 하게 된다. 취역과 퇴역은 함정을 부대나 병력의 의미로 취역이 되면 정상적인 전투력을 발휘할 수 있는 상태로 본다. 현재 미군이 운

<표 11-3>
미국 항공모함의 전력화 현황

명칭	모델명	취역	도태예정
엔디프리이즈	CVN-65	61.11.25	2017
니미츠	CVN-68	75.5.3	2025
드와이트D. 아이젠하워	CVN-69	77.10.18	2027
칼빈슨	CVN-70	82.3.13	2032
시어도어루즈벨트	CVN-71	86.10.25	2036
에이브러햄링컨	CVN-72	89.11.11	2039
조지워싱턴	CVN-73	92.7.4	2042
존C. 스테니스	CVN-74	95.12.9	2045
해리S. 트루먼	CVN-75	98.7.25	2048
로널드레이건	CVN-76	03.7.12	2052
조지H.W. 부시	CVN-77	09.1.10	2059
제럴드R. 포드	CVN-78	17.6.22	-
존F. 케네디	CVN-79	2020(CVN-68 대체)	-
엔터프라이즈	CVN-80	2025(CVN-69 대체)	-

용중인 첫 번째 함인 니미츠 함은 1975년 5월 3일 취역했다. 이후 아이젠하워함과 9.11테러를 주도한 오사마 빈 라덴을 수장한 칼빈슨함에 이어 11번째 함은 제럴드 R. 포드함을 운용하고 있다. 취역시기와 도태 예정 연도를 살펴보면 항공모함의 수명은 대략 50년이 된다. 미군은 2020년부터는 12척의 항공모함을 유지하도록 계획하고 있다.

3) 항공모함의 능력

항공모함은 항공기를 이륙시키는 함정이므로 〈표 11-4〉처럼 몇 대의 항공기를 탑재할 수 있고 이륙시킬 수 있는지에 따라 작전능력을 평가할 수 있다. 다수의 항공기를 탑재하기 때문에 배수톤수 능력에 따라 탑재 항공기 수가 결정되므로 중요한 비교척도가 된다. 또 사출장치에 대한 부분이 이륙시간에 영향을 미치기 때문에 역시 중요한 요소가 된다. 그리고 장기간 연료 재보충 없이 순항할 수 있도록 엔진추친체계는 항공모함의 중요한 특성이 된다. 원자력추진 항공모함의 경우 대부분 2개의 원자로를 갖추고 있으며, 보조적으로 증기터빈을 갖추어 원자로 작동 제한 시 대체할 수 있도록 되어 있다. 대형함정이라 쉽게 노출되므로 〈표 11-4〉처럼 자체 방어를 위한 대잠·대공 능력을 갖추는데 수중, 수상, 공중 위협으로부터 표적을 획득하기 위한 다양한 레이더를 장착

<표 11-4>
미국 원자력추진 항공모함의 능력

배수량	100,000t 이상
전장/선폭/흘수	333m / 78m / 12m
추진	• 웨스팅하우스 A4W 원자로(2), 증기터빈(4) • 5개의 블레이드로 된 가변 핏치형 프로펠러(2)
속력	30노트(시속 약56km/h) 이상
승조원	6,000여 명
무장	• 방공 : RIM-7 시스패로우(3~4), 팰랑스 CIWS(4), RIM-116 램 • 대잠 : 3연장 324mm Mk.32 어뢰발사관(2)
탐지장비	• 항공 수색레이더 : ITT SPS-48E 3차원 (E/F-밴드사용) 레이더, SPS49(V)5(C/D-밴드)레이더, Mk-23 TAS(D-밴드) 레이더 • 수상 수색레이더 : SPS-67V(G-밴드) 레이더
함재기	전투폭격기 : F/A-18E/F 슈퍼 호넷 조기경보기 : E-2C 호크아이 대잠헬기 : SH/HH-60 시호크 전자전기 : EA-18G 그라울러

하고 있고, 거기에 대응할 수 있도록 해상, 수중, 공중표적과 교전이 가능한 미사일과 함포 등을 모두 갖추고 있다. 그뿐만 아니라 함재기의 경우도 미국 같은 경우에는 80여 대 이상의 항공기로 공격편대군(Strike Package)를 구성하여 1개 국가를 상대로 전쟁을 수행할 수 있을 정도로 항공전력을 갖추고 있다. 그리고 추진체계에 따라서 작전범위와 운영개념에 중요한 영향을 미칠 수 있다.

(1) 배수톤수와 함재기

〈표 11-2〉처럼 통상 만재배수톤수가 미국의 항공모함은 10만 톤에 다다르고 여기에 탑재 가능한 함재기는 80여 대 수준이다. 중국의 랴오닝함이나 영국의 퀸엘리자베스함의 경우 만재배수톤수가 6만 톤인데 랴오닝함은 고정익기 26대, 헬기 24대로 약 50대 정도 탑재 가능하다. 퀸 엘리자베스급 항모는 F-35C와 다양한 헬기를 포함해서 최대 60대의 항공기를 탑재할 수 있다. F-35C를 운용하면 전자기식 사출기를, F-35B를 운용하면 스키점프식으로 결정될 것이다. 다음 러시아 쿠즈네초프 항공모함은 만재배수톤수 최대 6만 톤으로 고정익기 36대, 헬기 24대 탑재를 시도하고 있으나 현재는 41대를 운용하고 있다. 프랑스 샤를드골함은 만재배수톤수 4만 톤으로 라팔 등을 포함한 40여 대의 함재기를 운용할 수 있다. 일본이 추진하고 있는 경항모는 이즈모, 가가(DDH)로 만재배수톤수 2만톤 수준으로 수직이착륙형 F-35B를 탑재할 예정이며 약 20여 대 규모가 될 것으로 예상된다. 일본의 경우는 공세적인 의도를 갖는 것으로 보기에는 규모가 상대적으로 적다. 중국의 위협이 커지면 상대적으로 증강될 것으로 예측된다.

(2) 사출장치(Aircraft catapult)

〈표 11-1〉처럼 사출장치는 크게 증기식 사출장치와 스키점프방식의 사출장치로 구분된다. 그런데 최근 증기식사출장치 단점을 극복하기 위해 전자기식 사출장지를 개발하여 전력화 추세에 있다. C-13 증기식사출기는 35톤의 함재기를 76m 구간에서 시속 256km까지 가속한다. 따라서 주간은 37초, 야간은 1분 간격으로 함재기를 이륙시키는 것이 가능하다. 그런데 이런 C-13 증기식사출기는 1,500톤이다. 미국의 니미츠급 항공모함에는 C-13 증기식사출기 4세트를 장착하고 있다. 배수톤수가 약 10만 톤이지만 6천 톤의 사출기 구성품을 무

리 없이 장착할 수 있다. 그래서 이후 전력화를 추진하는 항공모함은 사출기의 경량화를 통해 필요한 무장과 기능을 추가할 수 있을 것으로 예측된다. 영국 퀸 엘리자베스급 항공모함에 전자기식사출기를 설치할 것인지 여부는 함재기를 F-35B나 F-35C 획득대안 선택 여부에 따라 항공모함 사출방식을 스키점프식 혹은 전자기식을 선택할 것으로 보인다.

(3) 항공모함 탑재 무기체계

미 항공모함전단은 위기대응이나 어떤 위협으로부터 미국과 동맹의 이익의 보호를 위해 전투지휘관에게 해양전력 투사를 위한 즉응적이고 유연한 능력을 제공한다. 여기에 탑재하는 무기체계는 〈그림 11-5〉[9]처럼 다양하다.

항공모함에 주요 탑재항공기 〈그림 11-6〉[10]과 같은 전투기/공격기 F/A-18이고, 조기경보기 E-2C, 전자전기 EA-6B, 대잠초계헬기 SH-60F가 탑재된다.

항공모함 순항속도는 시속 60km미만 저속으로 이동하는 300m이상 거대한 해상표적이라 공중공격에 취약하기 때문에 다양한 방공무기체계를 갖추고 있다. 함대공미사일 Sea Sparrow, RAM이 있고 근접방어를 위해 팔랑스 기관포체계(Phalanx CIWS)를 탑재하고 있다. 미군 항공모함에 탑재하는 함재기 F/A-18E/

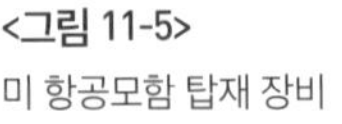
<그림 11-5>
미 항공모함 탑재 장비

9 https://www.navalanalyses.com/2016/12/infographics-23-us-navy-carrier-strike.html
10 https://upload.wikimedia.org/wikipedia/commons/f/f1/Four_Super_Hornets.jpg

길이/폭/높이(m)	18.3 / 13.6 / 4.9
단가	650~750억원
최대이륙중량/ 순기체중량(kg)	29,900 / 13,864
엔진	제너럴일렉트릭/ 터보팬/ 2대
레이더	AN/APG-73, AN/APG-79 AESA
최대속도	고고도마하1.8이상
최고상승고도/ 전투행동반경	15,000m / 1,095km
주요 미사일	• AIM-7,9,120 • AGM-45, 62, 65, 84, 84E, 88 • JSOW, JDAM
폭탄	• B57 또는B61 자유낙하폭탄 • LGB, Mk80계열일반폭탄, Mk-20 • CBU계열, BLU(네이팜폭탄)계열 • 70mm 하이드라70 공대지무유도로켓용

<그림 11-6>
미 항공모함 탑재 함재기 F/A-18E/F

F는 〈그림 11-6〉 같은 제원과 특성을 갖고 있다. 공대공 미사일 뿐 아니라 AGM 계열과 JSOW나 JDAM, LGB 등 정밀유도무기를 장착할 수 있고, MK계열 일반 폭탄과 로켓 등 재래식 무기, B61과 같은 핵폭탄도 장착이 가능하며 AESA레이더를 장착하여 첨단 기능을 갖추고 있다. 〈그림 11-7〉[11]처럼 러시아는 Su-33, 중국은 J-15와 같은 함재기를 운용하고 있다. 중국은 러시아로부터 도입한 항공모함을 운용하기 때문에 함재기 규격이 유사하다. J-15의 원형으로 보이는 Su-27 계열은 러시아, 우크라이나에서 운용하고 있다. 이어서 성능 개량된 Su계열 전투기는 Su-33로 러시아 쿠즈네초프급 항공모함의 함재기로 운용되고 있다.

2개 함재기 기종은 길이, 폭, 높이의 외적 형상과 최대이륙중량이 일치되는데 이것은 중국의 랴오닝호는 러시아의 쿠즈네초프급 항공모함을 모체로 했기 때문으로 추정된다. 함재기의 최대이륙중량을 비교할 때 F/A-18은 J-15, Su-33과 순항속도를 비교하면 현격한 차이가 나타나지 않지만 Su-33은 마하 2.2이고 F/A-18은 마하 1.8로 약간 우수한 반면 F/A-18은 공대지 정밀유도무기 탑재능력 측면에서는 월등하다. 현재까지 중국과 러시아 함재기 능력만으로 비

11 https://en.wikipedia.org/wiki/Sukhoi_Su-33#/media/File:Sukhoi_Su-33_77_RED_(30268117476).jpg
https://en.wikipedia.org/wiki/Shenyang_J-15#/media/File:J-15_03.jpg

<그림 11-7>
러시아, 중국의 항공모함 탑재 함재기 Su-33/J-15

구분	길이 /폭/ 높이	단가	최대이륙 중량/ 순기체 중량	엔진	전자전	최대 속도	최고 상승 고도	전투 행동 반경	주요 미사일	폭탄
J-15	21.9 /14.7 /5.9	-	33/17.5t	WS-10A 2개	ECM 포드	1.98 Mach	20km	3,500 km	PL-12 : 8 R-77: 8 PL-9: 4 R-73: 4	일반
Su-33	21.9 /14.7 /5.9	-	33/18.4t	AL-31F3 2개	EOTS	2.2 Mach 8G	17km	3,000 km	Kh-41/31A Kh-25MP/31P R-27 : 8 R-73: 4	RBK-500 500kg

교할 때 미국의 함재기를 극복할 만한 수준은 되지 않지만 지속적인 개발 노력을 통해 미국과 대등한 수준을 지향할 것으로 보인다.

6. 잠수함

잠수함은 크기별로 잠수함과 잠수정으로 구분하고, 추진방식에 따라 디젤-전기추진과 원자력 추진으로 구분하며, 임무별로 전략 및 전술잠수함으로 분류한다. 잠수함의 발전추세는 기능의 다양화, 성능 최적화 및 모듈화를 위해 선형 최적화 기술과 통합성능 최적화 기술이 개발되고 궁극적으로는 복합임무모듈을 구현하는 방향으로 발전하고 있다. 잠수함 수중방호의 고도화를 위해 고강도 저합금강 복합 선체를 적용하고 내충격 설계를 고도화하며 독자적인 손상대응 안전설계 기준이 정립되고 있는 추세다. 재래식 잠수함용 추진체계는 잠항시간 극대화와 고속화를 위해 공기불요추진체계(AIP) 및 잠수함용 리튬전지의 대용량화, 추진제어기술이 고도화되는 추세다. 그뿐만 아니라 장시간 항해에도 자함 위치를 정밀하게 파악하기 위해 관성항법장치 기술이나 중력구배 측정기술, 중력 · 지자기 DB대조 복합항법기술 등을 개발하고 있다.

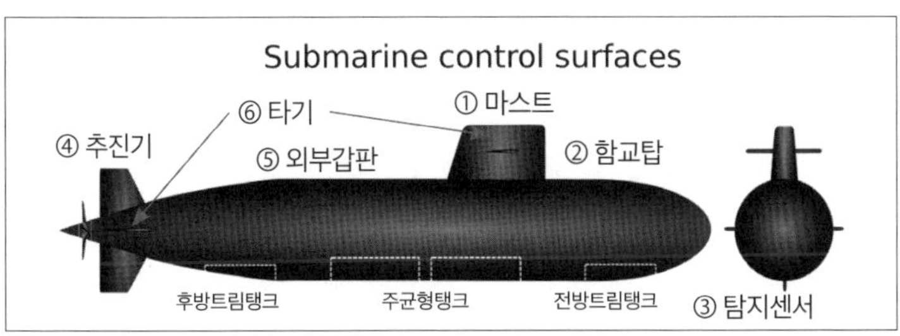

<그림 11-8>
잠수함 구조

1) 체계구성

〈그림 11-8〉[12]에서 잠수함 잠망경, 레이더·전자전 등 탐지장비와 통신장비, 디젤 잠수함 축전지 충전용 스노클 등이 있는 부분을 마스트라고 한다.

함교탑(사령탑)은 잠수함이 부상하여 항해 시 함장, 당직사관이 위치하여 함을 지휘하는 공간으로 각종 마스트들을 올리고 내리는 곳이다. 탐지센서는 물속에서 음파로 표적 탐지 가능한 소나(SONAR : Sound Navigation And Ranging)를 장착하고 있다. 소나의 종류에는 수동소나, 능동소나 등이 있다. 센서 부착 위치는 잠수함별로 다양하다. 추진기는 잠수함을 전진시키기 위해 해수를 밀어내는 장치로 흔히 스크루라 하는데 함미에 설치되어 있다. 외부갑판은 원형 선체 상부에 설치된 평평평한 갑판으로 출·입항 시 부두에 홋줄 연결이 가능하다. 타기는 잠수함 심도 변경 시 사용하는 수평 타와 좌우 방향전환을 조작하는 수직타가 있으며, 대부분 잠수함의 함교와 후미에 설치된다.

2) 주요 특성

(1) 잠수제어

19세기 초기 잠수함 잠항심도는 40~60m에 불과했으나 잠수함의 전술적, 전략적 가치가 증대되면서 잠항심도에 관한 많은 연구가 활발해져서 제2차 세계대전 말에는 100m, 1950년대에는 200m 이상 잠항이 가능해졌다. 현용 러시아의 시에라급 잠수함은 600m 이상을 잠항할 수 있다고 알려져 있다.

잠수함 잠항심도는 선체 재질 강도에 따라 압력을 견딜 수 있는 정도에 따라

12 https://en.wikipedia.org/wiki/Submarine#/media/File:Submarine_control_surfaces2.svg

결정되며, 최대 잠항능력이 클수록 생존성이 높다고 볼 수 있다. 일반적으로 잠수 또는 부상할 경우 잠수함은 주 균형탱크(MBT : Main Ballance Tank)는 〈그림 11-8〉처럼 전방 및 후미 탱크를 사용해서 탱크에 물을 채우거나 공기를 채워서 제어한다. 보다 정밀하고 신속한 잠수제어를 위해 깊이조절탱크(DCT : Depth Control Tank)의 물의 양은 주로 밀도가 변함에 따라 깊이를 변경하거나 일정한 깊이를 유지하도록 제어할 수 있다. 깊이 조절 탱크는 잠수함의 무게 중심 근처에 위치하거나 잠수함 몸체를 따라 분리시켜서 선박이 길이 방향으로 일정 각도로 기울어진 선수 선미간의 흘수(Draft) 차이인 트림에 영향을 미치지 않도록 할 수 있다. 잠수함의 선체가 강철인 경우 수압은 580psi까지 버틸 수 있고, 티타늄인 경우 수압 1,500 psi까지 버틸 수 있다. 염분과 압력상승에 따라 물의 밀도도 깊이에 따라 조금씩 증가한다. 이러한 밀도 변화는 선체압축을 불완전하게 보완하므로 부력은 깊이가 증가함에 따라 감소하므로 잠수함은 불안정한 평형상태라 해저표면에 가라앉거나 떠다닌다. 일정한 깊이를 유지하려면 수심제어탱크나 수위조절을 계속 작동해야 한다. 중성 부력 상태의 잠수함은 원하는 트림을 유지하기 위해 잠수함은 전방 및 후방 트림 탱크를 사용한다. 펌프는 탱크 사이에서 물을 이동시켜 무게 분포를 변경하여 하부를 위·아래로 향하게 할 수 있다. 균형 탱크의 정압 효과만으로 잠수함을 제어하는 유일한 방법은 아니다. 유체역학 기동은 잠수함이 충분한 속도로 움직일 때 유체역학적 힘을 발생시키도록 진행된다. 프로펠러 근처 수평 선미 수면은 트림 탱크와 동일목적을 수행하여 트림 제어가 일반적으로 사용된다. 본체의 닻이나 보우 플레인의 수평면과 수평면은 모두 무게 중심에 가깝고 트림에 영향을 주지 않으면서 깊이를 제어하는 데 사용된다. 잠수함이 급부상하면 보트를 위쪽으로 추진하면서 동시에 모든 트림을 사용하여 매우 신속히 작동하여 시스템을 손상시킬 수 있고 수면 위로 튀어나올 수 있다.

(2) 선체

선체는 잠수 시 유체역학적 항력을 감소시키지만 심도유지 중에는 추진력을 감소시키고 항력을 증가시킨다. 초기 저속인 잠수 속도 때문에, 수중 순항에 대한 증가된 항력을 수용할 수 있었다. 제2차 세계대전 후 잠수함의 속도가 더 빨라지고, 더 오래 작동시킬 수 있게 발전했다. 또한 수상 항공감시가 강화되어 장시간 잠수를 지속 가능하도록 선체를 설계하다 보니 눈물방울 모양으로 변경하여 항력과 소음을 줄였다. 최근 잠수함 외부선체는 피탐확률감소를 위해 흡음고무나 무 반사실 층으로 덮었다.

심해잠수함이 압력 선체는 원통형 대신 구형으로 심해에서 보다 균일한 응력분포를 유지할 수 있도록 설계되었다. 티타늄 프레임은 보통 압력선체에 부착되어 밸러스트 및 트림시스템, 과학 장비, 배터리 팩, 구문 부양 폼 및 조명을 부착했다.

(3) 단일 및 이중선체

현대의 잠수함은 가장 오래된 것뿐만 아니라 보통 하나의 선체를 가지고 있다. 대형 잠수함은 일반적으로 외부에 추가 선체 또는 선체 구역을 갖고 있다. 잠수함의 모양을 실제로 형성하는 이 외부 선체는 압력 차이를 견딜 필요가 없기 때문에 경량선체(Light Hull)라 한다. 외부선체 안에는 압력선체(Pressure Hull)가 있으며, 이는 해수 압력에 견디며 내부에 정상적인 대기압을 유지할 수 있도록 한다.

제2차 세계대전 후에 소련은 독일의 발전에 기초하여 디자인을 변경했다. 모든 소련 잠수함은 이중 선체 구조로 만들어졌다. 미국과 대부분의 다른 서구 잠수함들은 주로 단일 선체로 전환했다. 여전히 주요 밸러스트 탱크를 수용하고 수력학적으로 최적화 형상을 제공하는 선수·선미에서 가벼운 선체 단면을 갖지만 주요 원통형 선체 단면은 단 하나의 도금 층만 갖고 있다.

(4) 잠항 깊이와 압력선체

고압 선체는 일반적으로 구조가 복잡하고 강도가 높은 두꺼운 고강도 강으로 여러 구획의 수밀 격벽으로 되어 있다. 잠수함에는 2개 선체가 있으며, 주요 선체 사이에 미사일 발사 시스템이 있는 제어실, 어뢰 및 조타장치용으로 2개 주요 압력선체와 3개의 작은 선체를 가진 태풍급의 경우가 있다. 잠수함은 적절한 운용심도에서 유인체계의 경우 특히 밀폐된 체적이 대기압상태를 유지할 수 있어야만 인간이 생존할 수 있다. 따라서 잠수하면 잠수심도에 비례하는 수압을 받기 때문에 압력선체 구조는 외부 해수압력과 내부 대기압의 차이를 이길 수 있어야 한다. 가장 안정적인 압력선체가 최소 표면적을 갖는 형상은 구형이지만 수중에서 속력을 갖게 되는 선체의 경우 유체역학적 측면과 공간 활용 측면의 효용성과 제작의 용이성을 고려해서 통상 원통형 구조를 선택한다. 그러나 외압이 현저할 때는 외판만으로는 항복강도까지 압력을 버티지 못하기 때문에 잠수함 압력선체를 구형 외판이나 근사 타원형 외판으로 양쪽을 차단한 원통형이나 원추형 외부판에 원환 늑골로 구조를 보강하는 방법이 발전했다.

(5) 추진체계

디젤-전기 추진체계 잠수함은 디젤 엔진을 가동해 발전기를 구동시키고, 발전기에서 생산되는 전기로 추진모터를 구동하는 잠수함이다. 209급 잠수함에 디젤-전기 추진체계를 사용하는데, 이런 체계는 잠항 중 충전전기 방전 시 흡기통을 물위로 노출시키고 엔진을 재가동하여 충전하는 스노클링을 해야만 한다. 일정주기로 스노클링을 해야 하는데 이때가 가장 취약하다. 충전 시 스노클 마스트가 노출되고, 열과 소음이 발생하여 수상함, 항공기 등에 피탐 확률이 증가한다.

공기불요추진(AIP : Air Independent Propulsion) 잠수함은 디젤-전기 추진 잠수함의 약점인 짧은 잠항지속시간을 향상시킨 잠수함으로 잠항지속시간이 2~3주 정도 연장된다.

원자력 추진 잠수함은 원자로 내 핵분열에 의해 발생된 열에너지를 이용해 추진한다. 고농축 우라늄 U-235를 핵분열에 의한 고온·고압 증기로 터빈을 가동하여 추진하는 원자로를 사용한다. 고농축우라늄 연료 사용 시 퇴역할 때까지 연료 교환이 불필요하여 잠항지속시간에 제한이 없다. 적재 식량의 제한과 승조원들의 정신적 한계만 아니면, 원하는 기간만큼 잠항이 가능하다. 현재 미국, 러시아, 영국, 프랑스, 중국, 인도 이렇게 6개국만 원자력 추진 잠수함을 보유하고 있는데 국제사회의 핵 비확산 추세로 인해 기존 핵보유국 외 원자력추진 잠수함을 보유하는 것은 현실적으로 어렵다.

3) 주요 국가의 잠수함

〈표 11-5〉는 세계 최고선진국인 미국과 최선진권 국가인 러시아, 기술수준 확인은 어렵지만 집요한 노력을 기울이고 있는 북한과 대한민국의 잠수함 현

<표 11-5>
세계 각국의 잠수함

국가	종류	함정명	보유량/예정	배수톤수	탑재미사일/수량	잠항심도(m)
미국	SSBN	오하이오급	14	16,764	Tridient24	170.3
	SSGN		4		Tomahawk24(?)	
	SSN	버지니아급	12/36	7,800	Tomahawk12	115
	SSN	시울프급	2	8,600	Tomahawk12	107.6/240
	SSN	로스엔젤레스급	36	6,920	Tomahawk12	110/290
러시아	SSBN	델타	10	18,200	Sineva/12	
		보레이	3	24,000	R-29RMU/12	170/450
	SSN	오스카	5	19,000	그라니트 CM/24	143/
		시에라	3	9,100		/794
		빅터 III	4	7,250	SS-N-15/2	95/320
		아쿨라	4	13,800	Granat CM	113/600
		야센	1	13,800	VLS 칼리버 CM	120/600
	SSK	킬로	16	3,000	Granat CM	74/300
		라다	1	2,700	SS-N-16	72/300
북한		상어급	40	370	어뢰/4	34/150
		연어급	10	130	어뢰/2	29/
		유고급	25	110	어뢰/2	20/
		위스키급	4(비확인)	1,355	어뢰/16	76.6/200
		신포급	?	2,200	북극성/1~2	67/
대한민국		장보고급(209급)	6	1,350	하푼 대함	55.9/250
		손원일급(214급)	9	1,860	하푼/CM	65/250
		장보고 III급	9(예정)	3,700		83.5/

황이다. 미국은 대부분 원자력추진 잠수함이며 SLBM을 탑재한 원자력추진 잠수함을 운용하고 있다. 러시아도 킬로급 정도 디젤추진 잠수함이고 대부분 핵추진 잠수함을 운용하고 있다. 미국은 잠항심도가 300m 미만으로 러시아에 비해 깊지 않고 러시아는 600m 정도의 잠항능력을 갖추고 있다. 남북한 모두 디젤추진 잠수함으로 잠항심도는 300m 미만이고 북한 신포급만 북극성 SLBM 능력을 갖추었다.

7. 수상함정체계

1) 대한민국 수상함정체계

〈표 11-6〉은 대한민국에 배치하여 운용 중인 수상함정체계들이다. 배수량 기준으로 가장 큰 함정은 구축함이다. 배수량이 대략 3천 톤급 이상에서 만 톤에 이르며 그 수행임무는 해상에서 대공, 대함, 대잠작전을 독자적으로 수행할 수 있고 대지임무까지도 수행이 가능하다. 명칭은 왕이나 장수 등 호국의 인물을 사용한다. 현재 최첨단 전력인 KD-3는 세종대왕급 함정으로 율곡 이이함에 이어 서애 유성룡 함까지 3척이 취역했다.

호위함(FF)은 배수톤수가 3천톤 미만으로 대함, 대공, 대지 등 특정임무를 집중적으로 수행할 수 있는 능력을 갖춘 함정으로 명칭은 도, 광역시 등 지명을

<표 11-6>
대한민국 함정체계 구분

구분	배수량	주요 임무	명칭의 특징
구축함(DD)	• 3천~7천톤급	• 대공, 대함, 대잠작전 독자 수행 가능한 다목적함	• 왕, 장수호국인물 • 세종대왕급(KD-3), 충무공이순신급(KD-2) • 광개토대왕급(KD-1)
호위함(FF)	• 천5백~3천톤급	• 특정임무수행에주안(대함)	• 도, 광역시, 도청소재지명 • 울산급(FF), 인천급(FFG), 대구급(FFG)
초계함(P)	• 4백~천5백톤급	• 연안경비용	• 시단위급중소도시: 포항급(PCC)
유도탄고속함	• 5백7십톤급	• 스텔스설계, 방탄 • 해성대함유도탄탑재 • 초계함과 고속정의 중간	• 해군창설후귀감인물 • 윤영하급(PKG)
고속정(P)	• 2백톤이하	• 연안경비용	• 조류명: 참수리급(PKM)
상륙함(L)	• 4천3백~1만8천톤	• 상륙군, 장비 및 물자수송	• 최외곽도서: 독도급(LPH) • 지명도높은산봉우리명: 고준봉급(LST), 천왕봉급(LST)
기뢰전함(M)	• 3천톤급	• 기뢰부설, 탐색 및 소해	• 한국전기뢰전관련지명 • 해군기지관련지명 • 원산급(MLS), 양양급(MSH)
정보함(A)		• 해양정보수집	• 창조, 개척의미: 신세기(AGS), 신천지(AGS)
군수지원함(A)		• 군수보급	• 담수량이큰호수명칭 • 천지급(AOE)
구조함(A)		• 구조	• 공업도시명 • 해양력확보관련지명: 평택급(ATS)

사용한다. 울산, 인천, 대구함 등이 있으며 피격되었던 천안함도 호위함이었다. 약 500톤 이상으로 유도탄 공격이 가능한 유도탄고속함이 있는데 해군 창설 이후 귀감이 되는 인물 명칭을 사용한다. 예를 들어 윤영하함과 같은 형식으로 명칭을 사용할 수 있다. 다음 배수톤수가 400톤에서 1,500톤에 이르는 초계함과 200톤 이하의 고속정은 연안경비용으로 운용된다. 초계함은 포항급과 같이 시단위급 중소도시 명칭을 사용하며 고속정은 참수리와 같은 조류명을 사용한다. 기타 특수 임무나 기능에 따라 상륙함은 독도함과 같은 끝단 도서명을 사용하고 기뢰전함의 경우는 한국전에서 기뢰전이 집중되었던 지명을 사용해서 원산, 양양 등의 명칭을 사용하고 있다. 기타 함정들의 명칭은 〈표 11-6〉과 같다.

2) 한국형 구축함 세종대왕함

대한민국이 건조한 한국형 구축함 중에 가장 최신함정은 세종대왕함급 구축함이다. 그 임무와 기능은 대함 및 대잠 작전은 물론이고 통제를 받아 지상작전 임무도 수행할 수 있다. 세종대왕함급 구축함은 〈그림 11-9〉[13]처럼 만재 배수량은 약 1만톤을 상회하여 해성미사일 등 대함 및 대지 공격능력을 갖추고 있고 홍상어와 같은 대잠로켓과 어뢰 등으로 대잠전 수행능력을 갖추었다.

또한 2010년도와 2012년도에 각각 취역한 율곡 이이함과 서애 유성룡함은

<그림 11-9>
한국형 구축함 세종대왕함

13 https://upload.wikimedia.org/wikipedia/commons/4/4d/ROKS_Sejong_the_Great_%28DDG_991%29_broadside_view.jpg

SM-2를 장착하고 있고 램(RAM: Rolling Airframe Missile)과 골키퍼(Goalkeeper) 같은 해군근접방어시스템(CIWS : close-in weapon system)도 갖추어 잠수함과 항공기로부터 자체 생존성을 갖추고 있다. 함정의 순항속도는 56km/h 정도로 약 10만 마력의 COGAG엔진에 2개의 프로펠러를 갖추고 있다. 승조원은 약 400여 명이 탑승하며 이지스 전투체계를 구비하여 실시간 효과적인 전투지휘가 가능하여 지역 내 해상첨단전력으로 그 면모를 갖추었다. 세종대왕함은 Kill-Chain, KAMD를 위한 전력에 모두 포함되는 대지공격 및 대탄도방어능력을 갖추었다.

(1) 대잠로켓 : 홍상어

세종대왕함급에 배치된 〈그림 11-10〉[14]의 홍상어는 대한민국 국방과학연구소가 개발한 대잠로켓(ASROC : Anti-Submarine ROCket)으로 해군이 운용하고 있다. 유도탄에 청상어 어뢰를 탑재하여 잠수함이 있는 해상까지 비행한 후 입수하여 잠수함을 공격하는 방식이다. 이러한 대잠로켓은 미국의 RUM-139 VLA에 이어 세계에서 두 번째로 개발되었다.

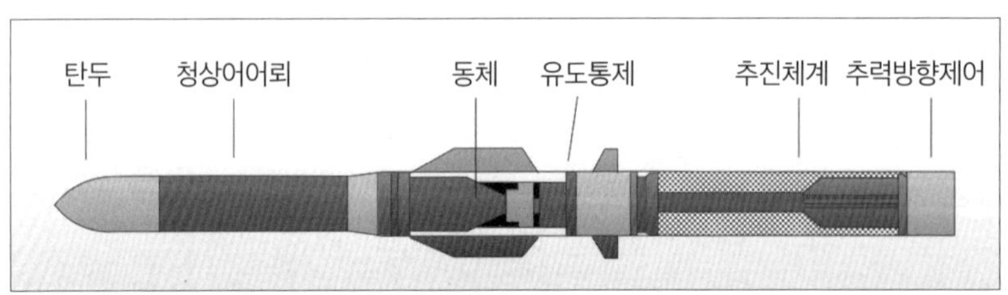

<그림 11-10>
홍상어 대잠로켓

(2) 함대공유도무기

① SM-II

〈그림 11-11〉[15] SM-II 지대공미사일은 미국 레이시온사에서 도입한 지대공미사일로 순항미사일, 항공기, 종말단계 단거리 탄도미사일에 대한 대응능력

14 https://upload.wikimedia.org/wikipedia/commons/0/02/Red-Shark_cutway.png

15 https://missiledefenseadvocacy.org/missile-defense-systems-2/missile-defense-systems/u-s-deployed-intercept-systems/aegis-afloat/ standard-missile-2/

<그림 11-11>
SM-Ⅱ 지대공미사일

을 갖고 있다. 따라서 지대공, 지역전구탄도탄방어(area theater ballistic missile defense) 등을 수행할 수 있다.

② Goalkeeper CIWS(Close-In Weapons System)

골키퍼(Goalkeeper) CIWS는 〈그림 11-12〉[16]처럼 선박 탑재형 단거리방공무기체계로 30mm기관포 7열을 결합한 기관포 GAU-8 어벤져(Avenger)는 미사일로부터 함정을 방호하기 위한 특수 미사일 관통탄을 사용한다.

골키퍼 CIWS는 다른 방공망을 통과한 탄에 대한 최후의 방어선이 된다. 현재 벨기에, 칠레, 네덜란드, 포르투갈, 카타르, 사우스캐롤라이나, 아랍에미리드연합, UAE, UAE, UAE의 해군에 의해 사용되고 있다. 시스템은 완전히 자율화되어 감시, 탐지, 파괴를 수행하고 다음 우선순위 표적을 자동으로 선택할 수 있다. 전투원은 GAU-8 어벤져(Avenger)에서 분당 4,200발의 견고한 텅스텐 샤봇을 발사할 수 있다. 특히 골키퍼는 텅스텐 합금으로 만든 미사일 관통탄

<그림 11-12>
Goalkeeper CIWS

16 https://missiledefenseadvocacy.org/defense-systems/goalkeeper-close-in- weapons-system-ciws/

<그림 11-13>
함대공미사일 RAM

무게	5.8t(발사대), 73.5 kg(미사일)
길이	2.79m (미사일)
탄두	폭풍 및 파편 탄두
탄두중량	11.3kg
사거리	9km
속도	Mach 2 이상(2,450km/h)
유도체계	수동무선/적외선호밍, 적외선, 무선 · 적외선이중
발사 플랫폼	Mk 144 유도탄발대(GML) Mk 49 유도미사일발사대(GMLS)

(MPDS) 또는 연성 미사일 관통탄(FMPDS)을 사용한다. I-밴드 레이더는 이중 주파수 I/K 대역 추적 레이더를 사용하여 모든 기상 감지 기능과 핀 포인트 대상 추적을 보장하기 위해 사용한다.

③ RAM(Rolling Airframe Missile, RIM-116)

RAM은 〈그림 11-13〉[17]처럼 사거리 9km, 마하 2의 속도로 비행하는 지대공 미사일로 탄두는 11kg 정도의 고폭탄에 의한 폭풍 및 파편형 탄두를 사용하고 고체추진제 미사일이다. 유도방식은 수동 무선 및 적외선 호밍유도방식으로 적외선 단독운용하거나 이중모드를 사용하면 무선주파수와 적외선 이중 호밍 방식으로 유도된다. 발사대는 Mk 144 GML이나 Mk 49 GMLS를 사용한다.

(3) 함대함유도무기

〈그림 11-14〉[18] 함대함미사일은 대한민국 국방과학연구소가 개발한 함대함 순항미사일로 기당 생산단가가 약 20억 원이다.

해군 PCC급 이상 함정에 배치운용한다. 함대함 기능 외에도 사거리가 긴 함대지 순항미사일이 있으며, 원거리에서 적 종심표적을 정확히 타격할 수 있다. 함대함미사일 사거리는 보통 180km 이상 순항미사일로 1단계는 고체로켓, 2

17 https://en.wikipedia.org/wiki/RIM-116_Rolling_Airframe_Missile

18 http://kookbang.dema.mil.kr/newsWeb/BBSMSTR_000000100038/weapon/ list.do?bbs_id=BBSMSTR_000000100038&ntt_writ_date=20181205&parent_no=2

엔진	터보 제트 엔진
발사 중량	718 kg
길이	5.46 m
직경	0.54 m
속력	마하0.95
사거리	200 km
비행고도	5 m
유도	관성항법 GPS 등 복합항법
발사 플랫폼	초계함, 호위함, 구축함

<그림 11-14>
함대함미사일 해성

단계는 순항 추력을 갖는 제트엔진을 탑재한다. 유도방식은 관성항법장치의 주 항법체계에 위성항법으로 보정하는 복합유도방식을 적용하고 중간유도 단계에 저고도 시스키밍(Sea Skimming) 기술과 다수 경로점을 설정하여 정확도를 향상시켰다. 그뿐만 아니라 전투원 요구에 부합되게 재공격, 회피기동 같은 다양한 공격모드를 갖추었다. 피탐 레이더 반사면적을 감소하도록 설계했으며, 순발 신관과 적함을 관통하는 지연 신관을 모두 사용한다.

연습문제

1. 함정의 규모를 정의하고 비교하기 위해 사용되는 중요한 척도는 무엇이고 왜 그렇게 판단하는가?
2. 항공모함은 건조되면 수 십년 간 연료보충 없이 운용이 가능하고 내부의 일상적인 활동이 가능하기 위해 채택한 추진 엔진은?
3. 대공, 대함, 대잠작전을 독자 수행할 수 있는 함정으로 배수톤수가 약 3천~7천 톤 급이 되며 대한민국에서는 왕, 장수 등 호국인물의 이름을 부여하는 함정은?
4. 대한민국이 보유하고 있는 잠수함 중에 배수톤수가 대략 1,800여 톤이 되며 하푼과 대함유도탄을 장착한 함정은?

제 12 장

항공무기체계

1. 전장에서의 역할

항공무기체계는 제1차 세계대전에도 사용이 되었지만 전술적 의미를 가진 것은 제2차 세계대전 독일에서 1942년 최초로 제트 전투기를 배치 운용하면서부터였다. 이어 걸프전, 코소보전, 이라크전 등을 거치면서 전술적, 작전적, 전략적 차원에서 전쟁의 주도권 확보와 전쟁억제를 수행하는 중요한 무기체계로 등장했다. 초기 대량살상과 파괴를 지향하던 전쟁양상이 정밀파괴와 인명중시, 최소파괴, 효과중심 작전개념으로 전환되었다. 이를 위해 전장에서 제공권 확보는 전승의 조건으로 등장하기 시작했다. 이전까지 전쟁은 주로 지상 기동전 중심에서 화포만을 효과적으로 운용하는 종심작전 수준이었으나 제2차 세계대전부터 본격적인 3차원 공간을 활용하는 전쟁이 수행되었다. 이런 항공기의 등장은 다음과 같은 군사 혁신적 특성을 갖게 되었다. 첫째, 공중공간을 활용하는 전장으로 변화시켜 확대된 관측범위, 화력과 사거리 확장, 중력활용 등 군사적 이점이 발생했다. 지상은 산악과 수풀 등 많은 장애물로 인해 감시정찰 능력과 화력의 확장에도 불구하고 마찰요인이 존재한다. 둘째, 지상무기체계의 기동속도는 대략 시속 60~100km 정도며, 도로가 아닌 지역에서는 더욱 제한된다. 수상이나 수중무기체계의 경우 시속 50km 내외에 불과한 반면 수상무기체계는 노출이 용이한 취약성도 갖고 있다. 반면 최신 전투기의 경우 마하

2 이상으로 약 2,500km/h 정도라 수십 배 신속한 공격이나 기동이 가능하다. 셋째, 작전반경이 천 km이상 되어 지상화력으로 극복하기 어려운 지역에 화력을 운용하거나 전력 투사가 가능하다. 이런 능력은 종심작전이 가능하여 배치 시 전략적 억제를 달성하는 등 무기체계 자체만으로도 전략적 효과를 시도할 수 있다. 물론 유도무기체계가 고도로 발달하여 많은 역할을 함께하고 있다.

2. 운용개념

항공무기체계를 운용하는 군사작전은 〈그림 12-1〉 같은 유형으로 구분하고 있다. 제공작전(Counter Air Operation)은 전장에서 공중공간을 적보다 유리하게 사용할 수 있는 여건을 조성하는 작전으로 적 지역에 대해 항공 전력을 공세적으로 운용하는 공세제공(OCA : Offensive Counter Air Operation)과 방어적으로 운용하는 방어제공(DCA : Defense Counter Air Operation)으로 구분한다. 공세제공작전(OCA)은 우선 적의 조기경보체계와 지휘통제체계 등을 공격하여 적의 공중공간 통제와 사용을 무력화하는 것이다. 방어제공작전은 아군 항공능력에 대한 공격에 대응해 적 항공력을 원거리에서 공중공격을 차단하고 무력화하기 위해 탐지 · 식별 · 요격하는 작전이다.

전략공격(Strategic Attack)은 전쟁지휘부, 전쟁지속능력 등 적 중심(Center of Gravity)이 되는 합참이 선정한 전략 표적에 대한 공격작전으로 통상 합동작전

작전 유형	내용
제공작전 (Counter Air)	공중우세를 확보하고 유지하기 위해 적 항공력과 방공 체계를 파괴 및 무력화하는 작전으로 공세제공과 방어제공 작전으로 구분
전략공격 (Strategic Attack)	전쟁지휘부, 전쟁지속능력 등 적 중심으로 전략적 타격목표로 설정이 가능한 표적에 대한 공격 작전
항공차단 (Air Interdiction)	적의 군사적 잠재력이 아군에 대해 효과적으로 사용되기 이전 차단 · 교란 · 지연 · 파괴하여 적 증원, 재보급, 기동을 제한하는 작전
근접항공지원 (Close Air Support)	아군과 근접전투중인 지상 적 전투력을 공격하여 유리한 작전여건을 조성하는 등 아군의 지상 공격 및 방어작전을 직접지원 하는 작전
공수작전 (Airlift)	공중수송수단을 이용하여 인원, 장비, 물자를 이동시키는 작전
감시 · 정찰작전 (Surveillance & Reconnaissance)	국방 및 합동작전 수행에 요구되는 정보를 제공하기 위해 수집자산 운용, 정보 개발 및 전파하는 작전

<그림 12-1> 항공작전의 유형

의 일환으로 적의 전쟁목적을 제거하는 합동작전이다. 항공차단작전(AI : Air Interdiction Operation)은 적 종심지역의 표적에 대한 공격을 통해 적의 작전을 교란하고, 적의 전쟁지속능력을 약화시키는 것이다. 대상표적은 적 지상군 및 해군의 예비전력과 집결지, 지휘통제체계, 병참선, 전투물자 보급원 등 전투지속체계다. 지상작전과 연계하여 적의 군사 잠재력을 파괴나 무력화하여 지상작전에 유리한 전장상황을 조성하는 작전으로 지상작전을 지원하는 합동작전이다. 근접항공지원작전(CAS : Close Air Support Operation)은 아군 지상근접작전지역에 대치 중인 적의 군사력에 대한 항공공격을 통해 지상작전에 유리한 여건을 조성한다. 이러한 작전은 기계획이나 긴급 방식으로 진행되고 아군과 근접한 적 지역 표적에 대해 아군 화력 및 기동계획과 긴밀한 협조를 통해 수행한다. 공수작전(Airlift Operation)은 결정적작전이 필요시 신속히 인원, 장비, 물자를 적지종심지역에 공중으로 이동시키는 작전이다. 군사작전에 기민성과 융통성을 제공할 수 있도록 전천후 침투능력이 요구되어 전자전, 지대공 대응능력 등 생존성이 요구된다.

3. 항공무기체계의 분류

1) 목적에 따른 분류

항공무기체계는 고정익항공기와 회전익 항공기로 구분하고, 이를 사용목적에 따라 〈표 12-1〉처럼 일반목적기와 특수목적기로 구분한다.

일반적으로 전투기는 일반목적기를 의미하며 공대공 · 공대지작전 위주로 수행한다. 공대공 작전에는 정찰 · 초계작전(Reconnaissance and Patrol), 요격(Intercept), 유인격멸하는 소탕(Sweep), 공대공 능력이 없는 항공기를 엄호하는 호위(Escort) 작전이 있다. 공대지 작전에는 지상작전을 수행하는 부대에 화력을 지원하는 근접항공지원, 적 공군표적을 파괴하여 공군력을 마비시키는 공세제공, 적 방공제압(SEAD : Suppression of Enemy Air Defense), 적 후방 보급로를 차단하는 항공차단, 적의 전쟁의지를 변경시킬 수 있는 전략폭격이 있다.

구분			임무 및 기능	기종
일반목적기	전투기 (Air Combat Fighter)	다목적전투기 (Multi Role Fighter)	공대공, 공대지작전	F-35, F-15, F-16, F/A-18
		공중우세전투기 (Air Superiority Fighter)	공대공작전	MIG-29, F-22
	공격기(Attacker)		후방차단, 전장차단, 근접항공지원	A-10, Su-25
	폭격기(Bomber)		전략및전술폭격	B-1, B-2, B-52
특수목적기	수송기 (Transport Aircraft)	단거리	1,200km 미만	AN-28 등
		중거리	1,200~3,500km	C-23
		장거리	3,500km 이상	C-17, CN-235M
	공중급유기(Tanker)		공중급유	KC-135, IL-78
	해상초계기(Maritime Patrol Aircraft)		해상감시및통제	P-3C
	정찰기(Reconnaissance Aircraft)		광학및전자정찰	RF-4, U-2, E-8
	공중조기경보통제기 (AWCS : AirborneEarlyWarningand ControlSystems)		조기경보및공중작전통제	E-3, A-50, E-737
	훈련기(Training Aircraft)		조종훈련	T-50, KT-1

<표 12-1>
목적에 따른 고정익항공기 구분

2) 법령에 따른 분류

법령에 따른 항공무기체계 분류는 〈표 12-2〉처럼 회전익과 고정익 항공기로 구분되며, 고정익 항공기는 전투임무기, 공중기동기, 감시통제기 등 기타 지원기로 구분된다.

고정익 항공기는 전투임무기, 공중기동기, 감시통제기 등 기타 지원기로 구분된다. 전투기는 전장에서 최단시간 내 공중우세를 달성하고 유지해야 하는데 그 이유는 적 항공력의 운용은 제한하고, 아군 항공력은 자유로운 운용을 보장함으로써 지상 및 해상 작전의 자유를 보장해야 궁극적인 군사행동의 목표를 달성할 수 있기 때문이다. 따라서 초기 전투기는 공중전을 위해 설계·생산·개발된 항공기라 요격·호위·제공 같은 순수 공대공 임무 위주로만 전장에 투입되었다. 그러나 최근 첨단 전투기는 기체·엔진·항공전자기술 등의 발전으로 공대공 임무뿐 아니라, 공대지 임무까지 수행하는데 이런 항공기들을 통상 전투임무기라 한다. 전투임무기는 현대전에 필수요건인 공중우세 달성에 관건이 되므로 주요 군사 선진국들은 첨단 전투임무기 개발 경쟁이 치열하

<표 12-2>
항공무기체계 분류

중분류	소분류	대상장비
고정익 항공기	전투임무기	F-4, F-5, (K)F-16, F-15K, FA-50 등
	공중기동기	C-130, CN-235, HS-748 B-737 등
	감시통제기	KA-1, E-737, RF-16, RC-800 등
	훈련기	KT-1, T-103, T-50, TA-50 등
	해상초계기	P-3C/CK 등
	그밖의 고정익 항공기	T-11, CARVAN- II 등
회전익 항공기	기동헬기	UH-1H, UH-1N, UH-60, CH-47D 등
	공격헬기	AH-1, 500MD토우기, ALT- III, LYNX 등
	정찰헬기	500MD기본기, BO-105 등
	탐색구조헬기	BELL-412, AS-332, HH-32, HH-47, HH-60 등
	지휘헬기	VH-60, VH-92 등
무인항공기	-	무인전투기, 무인정찰기, 대공제압무인기 등
항공전투 지원장비	항공기사격통제장비	AN. APG-68, AN. APG-63, IRST, HUD 등
	항공전술통제장비	해상초계기 전술컴퓨터(DMS 등)
	정밀폭격장비	LANTIRN, Pave Tack/Spike, TIGER Eyes, SNIPER 등
	항공항법장비	INS, GPS, TACAN, ILS, RDRALT', ADF 등
	항공기피아식별장비	AN. APX-76, AN. APX-101, AN/APX-109 등
	그밖의 지원장비	항공기시동장비, 항공기부양견인장비, 폭탄운반장비, 폭탄 장탈착기 등

다. 공중기동기는 병력과 장비 등을 장거리 대량수송을 목적으로 발전했다. 전력화된 공중기동기 중 최신 항공기술이 적용된 첨단 수송기 C-17은 화물 78톤, 무장병력 144명을 적재 또는 탑승해서 4,500km를 시속 850km의 속도로 운항할 수 있는 수준이다. 초기 군용 수송기는 후방에서 연락하거나 병력, 장비의 소규모 공수에 운용되었으나 점차 항공관련기술과 작전운용개념의 발전을 통해 수송기는 평시 국제평화유지, 재해 및 재난지원, 인도주의 활동지원, 위기 시 분쟁지역에서 자국민의 안전한 철수를 보장하고, 신속한 전투력의 재배치 등 다양한 군사작전에 공중수송능력을 제공하고 있다. 전시 병력 및 물자를 전투지역으로 투입하여 작전지속능력을 보장하고 특수작전, 항공의무 후송작전 등을 수행한다.

4. 체계구성

항공무기체계는 ① 기체 : 동체, 날개, 보조날개, 엔진덮개, ② 추진체계, ③ 비행체 하부체계 : 비행통제하부체계, 기타전력하부체계, 유압하부체계, 전기하부체계, 조원기지 하부체계, 환경통제하부체계, 연료하부체계, 착륙장치, 회전그룹, 조종그룹, ④ 항전체계 : 통신/식별, 항법/유도, 임무 계산/처리, 사격통제, 데이터 전시/통제, 생존성, 정찰, 전자전, 자동비행통제, 건강 모니터링체계, 저장관리 무장/무기투하, ⑤ 탑재/임무체계 : 생존성 · 정찰 · 전자전 · 무장/무기투하 탑재물, ⑥ 지상/주체계 : 지상통제체계, 지휘통제 하부체계, 발사장비, 복구장비, 수송차량 등[1]과 같은 요소들로 구성되어 있으며, 그 작업분할 구조는 MIL-STD- 881D 작업분할구조(WBS) 체계구성으로 5장 감시정찰무기체계에서 제시된 UAV와 같은 체계구성을 갖고 있다.

5. 주요 특성

1) 기동특성

(1) 지상이륙거리(Land Take-off Distance)

이륙거리(Take-off Distance)는 가속 및 정지거리로 주변 장애물을 고려, 지상으로부터 고도 10.7m에 도달하는 거리까지를 의미한다. 이 거리는 엔진을 가속해서 이륙 전까지 모든 엔진이 정상가동 되지 않아 이륙을 포기하고 정지하는 상황 또는 일부엔진의 고장으로 인해 제한된 엔진으로 가동될 경우를 모두 고려하여 조치할 수 있는 거리다. 이 거리는 활주로에 접촉된 상태의 지상이동거리와 활주로로부터 이륙하여 해당고도 도달 시까지 공중이동거리도 포함된다. 착륙거리(Landing Distance)는 활주로 표면에서 고도 15.2m부터 활주로에 접촉(Touch Down)해서 정지할 때까지의 거리를 의미하며 활주로를 사용하는 항공기 특성에 따라 안전율(safety factor)을 고려해서 운용 및 구축한다.

---

1 MIL-STD-881D, *Work Breakdown Structures for Defense Materiel Items*, 9 April 2018, pp. 26~28.

(2) 상승률(Climb Rate-Gradient)

항공기는 활주로 끝단에서 고도 10.7m에 도달할 수 있는 상승률(Climb Rate-Gradient) 성능을 갖춰야 한다. 이때 지상 장애물 소해지역(Obstacle Clearance Surface)은 활주로 끝단으로부터 1NM지점 고도 152ft로 40 : 1의 비율을 갖는 경사공간이고, 상승률의 경사도는 활주로 끝단에서 1NM 지점에서 200ft의 고도를 갖는 경사공간이다. 이 경사면보다 10.7m가 높은 경사면을 최소 가정된 항공기 상승경로(Aircraft Climb Path)로 지정하여 안전관리하고 있다.

(3) 중력부하능력(G-load Capability)

하중계수는 항공기에 작용하는 양력에 대한 항공기 구조가 받는 응력에 대한 의미로 $n(\text{부하율}) = \frac{L(\text{양력})}{W(\text{무게})}$의 관계를 갖는다. 이때 항공기가 회전 비행할 경우 항공기 비행경사 각도가 θ인 균형 회전을 할 때 하중 인자 n은 $n = \frac{1}{\cos\theta}$의 계수를 갖기 때문에 60°라면 부하계수는 2가 된다.

(4) 수직단거리이착륙(Vertical Short Take-off and Landing)

수직단거리이착륙은 항공모함 함재기가 이착륙하는 방법 중 한 가지로 단거리 혹은 수직이륙 및 착륙하는 방법이다. 〈그림 12-2〉[2]처럼 영국의 해리어기만 현재는 유일하게 이 방식을 적용하고 있다. 향후 F-35B를 해리어기로 대체하려다가 설계단계에 심각한 문제가 식별되어 영국정부의 획득계획을 조정했지

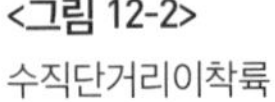
<그림 12-2>
수직단거리이착륙

2 https://upload.wikimedia.org/wikipedia/commons/f/f5/US_Navy_080220-N-5180F-015_A_Marine_Corps_MV-22_Osprey_prepares_to_land_aboard_the_amphibious_assault_ship_USS_Nassau_%28LHA_4%29.jpg

만, 국제공동개발의 최대 참여국으로 수직이착륙 장치를 개발 중이다.

(5) 전투임무반경(Combat-Mission Radius)

전투임무반경은 선박, 항공기 또는 차량이 급유하지 않고 정상하중으로 기지부터 이동할 수 있는 거리로, 이동 간 발생할 수 있는 전술적 및 안전적 요소를 고려한 최대거리를 의미한다. 항공기 작전반경은 비행계획의 고도, 탑재무기체계의 무게 및 연료의 영향을 받는다. 저고도 비행 항공기는 저고도에서 받는 높은 대기압과 공기밀도로 인해 전투임무반경이 감소된다. 무장으로 인한 탑재중량 증가는 연료소비를 증가시켜서 가볍고 무장을 적게 한 항공기 보다 작전반경이 감소된다. 항공기의 전투임무반경은 비행 중 재급유 없이 임무 프로파일과 함께 다음처럼 제시한다. 예를 들면 "F-16전투기 전투임무반경은 450kg 폭탄을 6개 탑재한 공대지 임무 시 550km"의 형태로 제시한다. 작전반경은 항상 최대 전투임무수행 범위와 최대 탑재량으로 비행할 수 있는 가장 먼 거리 또는 재급유 없이 비행거리, 또는 드롭 탱크로 비행할 수 있는 가장 먼 거리, 재급유 없이 항공기 연료를 가득 채운 상태에서 직선으로 비행할 수 있는 거리의 1/3을 가정하기도 한다.

(6) 공중재급유(Aerial Refueling)

비행 중인 항공기 간 연료공급으로 전투임무반경을 확장시키는 특성이다. 통상 공중 급유 가능한 항공기는 작전임무 요구에 적합하게 설계된다. 민간 공중 재급유는 아직 알려져 있지 않다. 최초 공중급유는 1920년 두 대의 저속 항공기가 편대 비행 간 휴대용 연료탱크 호스를 이용하여 다른 항공기 연료주입구에 연결하는 방식이었다. 이후 1935년 재급유 노즐이 개발되어 제트기까지 공중급유가 가능하다. 공중급유는 〈그림 12-3〉[3, 4, 5, 6]처럼 붐과 수신기(Boom and Receiver) 방식과 프로브 앤 드로그(Probe and Drogue) 방식 두 가지가 있다.

---

3 http://www.aerospaceweb.org/question/design/q0213.shtml

4 https://airrefuelingarchive.files.wordpress.com/2009/05/090216-f-0304d-003.jpg

5 http://www.aerospaceweb.org/question/design/q0213.shtml

6 https://upload.wikimedia.org/wikipedia/commons/0/04/Ejercicio_Dissimilar_Air_Combat_Training_-_DACT_2017_-_Base_A%C3%A9rea_de_Gando_%2832641288611%29.jpg

<그림 12-3>
공중재급유 방식

붐과 수신기(Boom and Receiver) 방식　　프로브 앤 드로그(Probe and Drogue) 방식

① 붐과 수신기(Boom and Receiver) 방식

붐 타입은 급유기 꼬리부분에 장착된 길고 단단한 속 빈 붐이 길게 늘어나며, 끝에 연료주입을 통제하는 밸브가 있고, 나비형 작은 V자 모양의 꼬리날개가 있다. 이 날개로 붐이 급유를 받는 항공기까지 정밀 이동이 가능하다. 리시버는 항공기 조종석 후방이나 전방 연료탱크에 연결된 둥근 주입구를 뜻한다. 급유기 붐이 주입구와 연결되면 노즐을 통해 급유하는데 이때 급유기는 고도를 유지하고 일정 속도로 비행하면, 급유받는 항공기는 급유기 후미 하단으로 접근한다. 최신 급유기는 일정지역 범위에 피 급유기가 진입하면 급유받는 항공기 조종사는 붐 조작요원 통제에 따라 비행한다. 붐 조작 요원은 피 급유기에 접근해서 리시버에 노즐이 들어갈 때까지 수압식으로 늘어난다. 전기신호가 붐과 리시버 간 교환되면 양쪽 밸브는 수압식으로 개방되고, 급유기 펌프를 움직여 붐으로 연료를 공급한다. 미국과 네덜란드 KDC-10과 이스라엘 보잉 707을 개조한 공중급유기가 이 방식을 적용하고 있다.

② 프로브 앤 드로그(Probe and Drogue) 방식

프로브 앤 드로그 방식의 공중급유기에는 드로그나 패러-드로그가 플라스틱 셔틀콕 형상이며 유연한 연료호스 끝에 밸브가 달려 있다. 급유받는 항공기 기수부분의 한쪽에 단단하면서도 접히는 프로브가 부착되어 있다. 공중급유기의 드로그는 조종이 가능하지 않기 때문에 급유받는 조종사가 항공기를 조종해서 프로브를 직접 바스켓에 연결해야 한다. 급유받는 동안 피 급유기는 항공기 위치를 유지하면서 적합한 위치에 있는지를 계속 확인하기 위해서 호스를 잘 관찰해야 한다. 급유 종료 후 피급유기 조종사는 프로브가 바스켓에서 급작스럽게 분리되지 않도록 속도를 급격히 줄여야 한다. 이러한 프로브 앤 드로그 방식의 공중 급유는 붐 부착이 가능할 정도의 대형급유기 운용이 불가능한 미 해군과 해병대, 그리고 나토 국가들이 주로 사용한다. 이 방식은 세계적으로 미군은 함재기 S-3, F/A-18에, 프랑스 해군은 라팔에, 러시아는 Tu-95, Tu-160에 각각 프로브 방식을 적용하고 있다. 이 방식은 급유기가 굽어지는 호스를 날개 끝에서 풀고, 급유받은 항공기가 날개 끝의 잠금장치로 호스를 잡아 연결하여 급유한다. Tu-4와 Tu-16에 적용하고 있는데 동종 항공기 간 공중급유보다 효율적으로 운용 가능하다. 별도 공중급유기가 필요 없고 동종 편제로 급유가 가능하여 효율성과 경제성이 높다. 이 방식은 러시아 공군과 해군으로 Tu-4와 Tu-16폭격기 간 버디포드를 이용해서 공중 급유하는 장면이 목격되었고, Tu-22M 폭격기에서도 이 장비가 노출되었다.

(7) 공역등급(Classes of Airspace)

미국의 공역분류 체계는 해당 공역등급 내 운항 유형 및 교통 밀도에 적합한 허용 가능한 수준의 위험 수준 내 비행의 유연성을 극대화하기 위한 것으로, 특히 조밀하거나 고속 비행 지역에서 분리 및 능동적인 통제를 위해 설정한다.

공역은 〈그림 12-4〉[7]처럼 국제민간항공기구(ICAO)에서 공역등급 A에서 G까지를 정의하고 있다. 미국은 그 중에서 중복되는 공역 범주를 정의하고 있다. 공역등급은 상호 배타적이라 동시에 특정 등급 E가 되거나 제한적이 될 수는 있으나, 동일 위치가 동시에 서로 다른 E등급이나 B등급으로 정의될 수는 없

7 https://en.wikipedia.org/wiki/Airspace_class#/media/File:Airspace_classes_(United_States).png

<그림 12-4>
공중공간 등급

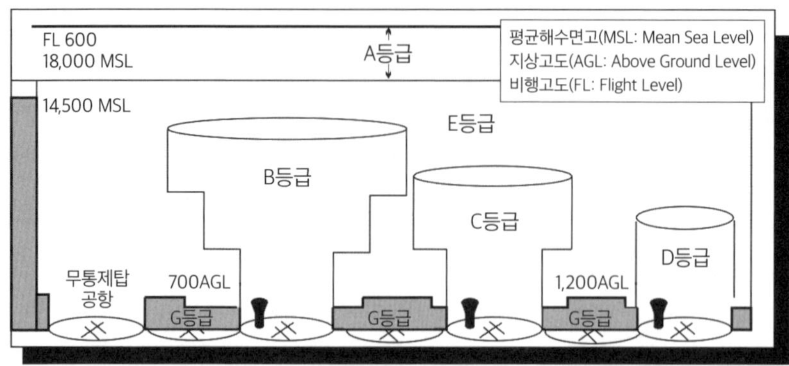

다. 등급 G를 제외한 모든 공중공간에서 계기비행규칙(IFR : Instrument Flight Rules)을 적용하도록 항공교통관제(ATC : Air Traffic Control)에 따라야 한다. 미국에서는 영공을 통제구역 또는 비통제구역으로 구분하는데 그 범주에는 계기비행규칙 항공편 및 일부 시계비행규칙(VFR : Visual Flight Rules) 항공편에 제공되는 항공교통관제로 통제되는 A, B, C, D 및 E 공역과 통제하지 않는 G공역이 있다. 여기서 미국 같은 경우 F공역은 사용하지 않으며 통제나 비통제 공역 구분 이외에도 특별 사용 공역과 기타 공역이 있다. 미국의 경우 A공역은 평균해발 MSL 18,000ft(약 5,500m)에서 6만ft(약 18,000m)까지인데 실제 고도는 지역 대기압 변화에 따라 상이하다. 항공교통관제센터가 별도 승인하지 않는 한 A 공역의 모든 비행은 항공교통관제를 받아야 하며 입국 전에 받은 허가에 따라 계기비행규칙을 적용해야한다. B공역은 주요 공항 교통지역, 주로 계기비행규칙 운항 횟수와 승객 수에 따라 미국에서 가장 번잡한 공항지역의 공역으로 정의한다. 공역의 형상은 모두 상이하지만 대부분 〈그림 12-4〉와 같은 선반형상을 갖는다. B 공역의 상한선은 일반적으로 MSL 10,000ft(3,000m) 정도이다. B 공역은 모든 공역에서 가장 엄격한 규칙을 따르며 B공역에는 조종 인증에 대한 엄격한 규칙이 적용된다. B공역에서 운항하는 조종사는 조종사 자격증이나 14 CFR 61.95의 요건을 충족해야 한다. C공역은 B공역과 거의 같은 방식으로 구성되지만 더 작은 규모로 중간 정도의 공항 주변에 설정한다. 비행당 100명 이상의 승객이 정기적으로 상용여객기 서비스를 제공하는 공항을 C공역으로 한다. C공역에 대한 FAA 요구사항은 운영관제탑, 레이더접근통제체계 및 연간 최소 계기비행규칙로 접근하는 항공기 수에 따라 결정된다. 공역등급 지정은 주요 공항에서 타워나 접근통제 작업 시간만 고려되며 접근통제가 불가하면 공역 등급 D로, 타워가 없으면 공역 등급 E로 분류된다. D공역은 일반적으로 기능통제탑이 있는 공항지역에 설정되지만 B공역이나 C공역을 더 적합하게 만드는 중요한 계기비행규칙을 적용하지는 않는다. D공역은 일반적으로 원통형이며 표면에서 2,500ft(760m)까지를 의미한다. 설정된 반경 내를 의미하나 주변 C공역이나 B공역은 제외된다. D공역은 통제탑이 운용되지 않거나 다른 특수 조건하에서 제한된 시간 동안 E등급 혹은 G등급이 된다. D공역 진입 전에 ATC와의 양방향 통신을 설정해야 한다. E공역은 A, B, C 또는 D공역이 아닌 통제된 공역으로 미국 대부분의 비행장의 E공역은 AGL 1,200ft(약 370m)에서 MSL 18,000ft(약 5,500 m)다. A공역의 하한에 있는 클래스 E 공역에는 지표면 또는 700AGL에서 시작하는 영역이 있으며, 이 영역은 터미널과 경로가 없는 공간 사이를 전환하는 데 사용된다. 대부분의 공역은 E공역으로 VFR 비행에는 ATC 허가 또는 무선 통신이 필요하지 않다. G공역에는 별도 통제하지 않는 것으로 분류되지 않은 MSL 14,500ft(4,400m) 미만의 모든 공역이 포함된다. G공역은 일반적으로 1,200ft 혹은 그 미만으로 지상 E공역과 가깝고 공역과 E공역 아래, 그리고 탑 비행장 주변의 B, D공역 실린더 사이의 공역이다. IFR통제 중에도 G공역에서는 무선 통신이 불필요하며, 통제하지 않는다.

(8) 상호운용성

항공기는 함정에 탑재하여 운용하는 경우가 많은데 항공모함이나 일반 함정에 탑재해서 특정지역에서 운용하는데 이때 지상활주로와 달리 다양한 제약조건에 따라 항공기 형상이 영향을 받을 수 있다. 이러한 부분에 대한 상호운용성이 항공기 설계 시 고려되어야 한다.

2) 화력특성

항공기가 갖는 대부분의 화력특성은 제8장 화력무기체계의 특성과 같다. 다만, 항공 플랫폼으로 인한 화력특성과 관련된 특성 위주로 살펴보았다.

(1) 조준이탈각(Off Boresight Angle)

여기서 조준각(Boresight)과 조준이탈각(Off Boresight) 간의 관계는 조종사가 조종석 전방을 기준으로 볼 수 있는 시계범위의 한계치까지의 각도를 조준이탈각이라고 한다. 공대공전투에서 조준이탈각(Off boresight angle)은 중요한 특성이다. 공대공 전투에서 조준이탈각 범위가 협소할 경우 교전기회가 감소되고 확장될 경우 교전기회가 확장되기 때문에 레이더 큐를 적용하거나 헬멧 큐잉시스템을 적용함으로써 조준이탈각을 확장시켜서 보다 긴 사거리 효과를 달성할 수 있게 된다. 물론 항공기의 기동성을 보다 향상시켜서 이와 같은 문제를 극복할 수 있으나 항공기 플랫폼 전체에 소요되는 비용을 고려한다면 이와 같은 특성을 고려해서 상대적으로 적은 비용이 소요되는 대안을 찾을 수 있다.

(2) 사격 및 재사격 무기발사율(fire/re-fire/weapon launch rate)

스텔스기에서 발사되는 극초음속 장거리미사일과 아음속 장거리미사일이 동시에 발사되어 10분이 경과되면 속도가 빠른 미사일은 동일 지점을 공격할 때 수차례의 기회가 부여되어 확인 후 재타격이 가능한 반면 속도가 느린 아음속 미사일의 경우는 상대적으로 기회가 적다. 보편적으로 지상 무기체계에서 무기 발사율은 분당 발사속도(RPM : Round Per Minute)로 단위시간당 발사탄수를 의미하지만, 항공무기체계의 경우 이렇게 무장 자체속도가 빠르면 표적에 대해 작전요망효과 달성 여부를 확인 후 재사격하는 슛룩슛(shoot-look-shoot)이 가능해진다. 반면 무장 자체속도가 느리면 슛슛룩(shoot-shoot-look)을 통해서 작전요망효과를 높일 수 있으나 비용낭비가 발생할 수도 있다.

(3) 소티율(sortie rate)

소티(Sortie)는 1일 한 대의 항공기가 하나의 임무를 수행하는 횟수의 의미를 갖는다. 그런데 소티율(Sortie rate)에 관한 문제는 단순하지 않고 공군의 제기능을 통합해서 이 비율을 상승시키기 위한 노력을 기울이고 있을 정도로 공군전력에 중요한 영향을 미치는 특성으로 볼 수 있다. 이러한 소티율 분석에는 임무계획과 준비, 항공기의 준비와 정비, 사전비행, 시행, 임무보고, 조원 등 많은 요인이 포함된다.

소티율(Sortie rate)을 미 RAND연구소에서는 한 대의 항공기가 1일 간 지상과

절차	소요시간(분)
착륙과활주(Land and Taxi)	10
지상운용을위한항공기안전조치(Make Aircraft Safe for Ground Ops)	5
체계의전원차단(Shut Down Systems)	2
사전비행검사및디브리핑지휘(Conduct Post-Flight Inspection/Debrief)	15
재무장(Re-arm)	50
근무(Service)	20
재급유(Refuel)	30
사전비행검사지휘(Conduct Pre-Flight Inspection)	15
엔진가동(Start Engine)	5
최종체계점검완수(Perform Final Systems Check)	5
무장(Arm)	5
활주(Taxi)	10
대기행열에기다리다.(Walt in Queue)	5
이륙(Take off)	3
Total	180

<표 12-3>
출격소요시간
(Turnaround Time)

공중에서 수행할 수 있는 임무의 숫자로 정의하고 있다. 그래서 그것을 수식으로 다음 식과 같이 표현하고 있다.

$$SR = \frac{24h}{FT + GT} \text{ (식 12-1)}$$

* 여기서 SR : Sortie Rate, FT : 비행시간, GT : 지상시간

$$FT = \frac{2 \times \text{표적까지 거리}}{V(\text{항공기속도})} \text{ (식 12-2)}$$

$$GT = TAT + MT \text{ (식 12-3)}$$

* 여기서 $TAT \approx 3h$: 준비시간 약 180분, MT : 정비시간

항공무기체계를 운용하는 공군은 화력밀도를 의미하는 소티율이 중요하기

때문에 소티율을 높이기 위해 공군의 제반활동과 노력을 집중하고 있다.

(4) 비행 중 표적 재할당(Weapon in-flight re-targeting)

비행 중 표적 할당(In-flight targeting)은 장거리 타격무기체계로 지상 이동표적을 타격하는 데 있어서 비행 중 표적처리 갱신체계는 대단히 중요한 분야다. 한편으로는 off-board targeting체계의 지리적 정확성과 보고주기 성능향상에 대한 부담과 무기와 그 추적기의 탐지의 통합적 성능에 적절한 균형을 유지하게 한다. 추력-활공에 의한 미사일 혹은 극초음속 순항미사일은 안정적이고 정확한 이동표적을 포착하기 위해 표적에 대한 안정적 위치보고가 이루어져야 한다. 비행 중 표적할당 방법에 의한 표적갱신은 추력-활공에 의한 미사일이나 극초음속 순항미사일로 하여금 정확한 표적에 근접하도록 함으로써 표적파괴 및 살상을 위해 추적기가 불필요(이동표적에 대한 기술적 한계로 인해)하게 한다. 재 표적처리와 체공능력(Re-targeting and Loitering Capability)은 비핵신속광역타격(CPGS : Conventional Prompt Global Strike)무기가 발사된 이후 주 표적이 지하로 사라지거나 등의 이유로 접촉유지가 안 되면 2차 표적에 대한 표적처리가 더욱 요구될 경우가 발생될 수 있다. 이런 경우 지휘관에게 유연성을 제공하기 위해 비행 중 통신은 대단히 중요하다. 추력-활공 미사일과 극초음속 순항 미사일은 발사 후에 갱신된 표적좌표로 이동할 수 있는 중요한 이점을 갖고 있다. 비행 중 통신은 발사 전에 탐지하지 못한 표적이 등장할 때 이용할 수 있다. 무기체계의 고가성 때문에 급속한 표적의 발생이 없다면 충분히 가치 있는 표적이 존재해야 한다.

(5) 살상확률(Probability of Kill)

살상확률은 표적처리를 계획할 때 사용하는 값으로 특정 무기에 특정 유형의 표적을 파괴할 확률로 표현한다. 예를 들어 동일 표적에 대해 10회 사격하여 8회의 살상이나 파괴가 발생하면 해당 무기는 해당 표적에 대해 살상 또는 파괴확률(P_k)은 0.8이라고 표현할 수 있다. 여기서 명중확률(P_h)과 파괴 또는 살상확률(P_k)은 구분되며, 파괴확률(P_k)은 표적에 명중되어 체계가 특정 기능을 상실한 상태를 의미한다. $P_k = P_{k/h} \times P_k$ 여기서 P_k는 표적파괴확률, $P_{k/h}$는 명중 시 표적파괴확률, P_h는 표적명중확률이다. 파괴확률(P_k)은 명중되어 기동기능을 상실한 상태, 화력기능을 상실한 상태, 체계복구가 불가능한 상태로 구분해서 기동불가파괴(M-kill), 화력불가파괴(F-kill), 완전파괴(K-kill)로 평가한다. 별도 구분이 없다면 표적이 완전히 파괴된 상태(K-kill)로 판단할 수 있다. 즉, 별도의 구분이 없으면 파괴확률(P_k)은 표적이 완전히 파괴된 상태(K-kill)로 판단할 수 있다. 여기서 단일표적을 수회에 걸쳐 공격 시 대상표적이 파괴될 확률은 1회 공격으로 파괴확률과 다른 값을 갖는다. P_k + $1-(1-P_k)^N$ 여기서 P_k: 단발사격 시 표적파괴확률, P_k : N회 사격 시 표적파괴확률, N : 사격횟수다.

3) 종합적 특성과 발전방향

항공기 탑재장비는 공대공전투와 공대지공격 임무를 동시에 수행하기 위한 다기능레이더, 장거리항법장비, 지상 공격을 위한 공격장비와 자체 생존성을 보장하기 위한 전자전장비로 구성된다. 기본 무장은 공대공을 위해 기관포와 단거리 공대공 미사일인데 정찰이나 전자전 장비를 탑재하면 정찰·전자교란·대공제압 임무 수행도 가능하다. 기체(Airframe)의 경우 기존 항공기는 공기 역학적 성능을 고려해서 유선형으로 설계해온 반면, 최근 비행제어 컴퓨터가 발전하면서 RCS 감소를 지향하는 기체로 향상되고 있다. 현용 스텔스 항공기는 주익 전방과 수평·수직 미익 후퇴각이 동일하게 하는 등, 전자파 반사를 최소화하도록 항공기 경사면들이 특정 각도로 설계되었다. 기체 표면은 레이더 흡수 도료를 사용하고, 무장은 기체 내부에 장착하여 반사율을 감소시키고, 엔진 배기가스는 냉각 후 배출하여 적외선 방사를 감소시켰다. 첨단전투기 기체설계는 생존성 향상을 위한 RCS 감소에 집중되고 있다. 대공포와 지대공 미사일 유효사정 내 지체시간을 최소화하고 고공 초음속 비행과 지대공미사일로부터 회피가 용이하도록 첨단전투기의 엔진은 기동성이 높은 터보팬 엔진을 지향하고 있다. 엔진 및 연소 제어 기술의 발달로 초음속 순항이 가능해졌고, 항속 시간 및 거리를 월등하게 향상시켰다. 추력 편향 노즐에 의한 선회성능을 발전시켜 급격한 피치 기동 등 기동성을 현저히 향상시켰다. 항전장비는 레이더, 전자광학장비, 전자전장비, 피아식별장비에서 수집한 정보를 정보전시체계에 통합 전시하여 조종사의 신속한 전장상황 판단을 지원하도록 발전했다. 수송기는 항속거리와 탑재 능력을 증가시키기 위해 충분한 내부공간을 확보할 수 있도록 통합날개동체(BWB : Blended Wing Body)형이나 전익형 형태로 설계 시 양항비 감소, 연료 소모율 감소, 운용하중이 감소되는 효과를 추구하고 있다. 항공기 운영유지비 절감을 위해 연료 비중량을 감소시켜 효율성과 경제성을 향상시키도록 기체에 복합재를 사용한다. 수송기 엔진은 터보프롭 이나 터보팬이 사용되는데, 터보프롭 엔진은 터보팬이나 터보제트 엔진보다 연료 소모율이 적은 장점이 있으나, 속도가 증가할수록 프로펠러 회전면적 저항으로 인해 최대속도 마하 0.8 이상이 곤란하다. 디지털 전자 엔진 및 프로펠러 제어체계의 등장으로 터보팬이나 터보제트 엔진과 유사한 추력 특성을 갖는 터보프롭 엔진이 등장했다. 터보팬 엔진은 연료 효율과 저속에서의 안전성이 우수하고 엔진 소음이 적다는 장점이 있는 등 터보제트와 터보프롭 엔진의 장점을 모두 갖추었기 때문에 대형 항공기나 고속 수송기, F-22 같은 첨단 전투기에도 터보팬 엔진을 장착한다는 점을 고려 시, 대부분의 장거리 수송기에는 터보팬 엔진을 장착하는 추세다. 군용 수송기 항전장비는 항공교통관제와 상호운용성을 충족하기 위해 첨단 항공교통관제체계의 통신, 항법장비를 사용하는 민항기의 항전체계를 적용하고 있다. 과거와 달리 군용수송기 대부분 자체보호용 전자전 능력을 구비하고 지대공 위협경보체계와 대응수단도 전투기만큼 향상되고 있다. 이런 항공체계와 관련되는 주요 특성은 기동, 화력, 감시정찰, 방호, 지휘통제처럼 전장기능의 기본적 요소를 모두 갖추고 있다. 전장기능의 특성은 대부분 공통적 특성이지만 공중공간에서 갖는 기동 특성은 지상이나 해상 플랫폼이 갖는 기동적 특성이 현저히 다르고 그로 인해 발생되는 화력특성이 다소 차이가 있다.

6. 주요 항공무기체계

1) 전투기

전투기를 개발하여 보유한 주요 국가는 〈표 12-4〉처럼 미국, 러시아, 중국, 유럽의 영국과 독일, 일본, 대한민국이 있다. 이들 능력을 비행속도, 항속거리, 작전반경과 무장능력으로 크게 구분하여 비교할 수 있다.

국가	전투기	비행속도 (마하)	항속거리 (km)	작전반경 (km)	무장탑재량 (kg)	주요 무장
미국	F-15E	2.5이상	3,900	1,760	10,400	AIM-9, AGM-65/84/88, GBU-10/12/24, JDAM, M61A1/2
	F-16E/F	2.02	4,220	1,500	7,700	
	F-22A	2.5이상	3,219	2,177	10,432	AIM-6/120, JDAM, M61A2
	F-35A	1.6	2,222	1,093	9,330	AIM-9/120, GAU-12/U, 스톰섀도, AGM-88/154/158, GBU-39, JDAM
	F-18E/F	1.8이상		1,098	-	LGB/Mk80/CBU/LAU계열/B-61/57
러시아	MIG-31	2.35	3,300	1,450	5,200	AA-9/13, GSh-6-23, Kh-47M2
	MIG-35	2.2	2,400	1,000	-	R-73/77, Kh계열, KAB계열폭탄
	Su-30	2.35	3,000	1,500	미확인	AA-10/11/12, GSh-6-23
	Su-35BM	2.25	4,500	1,940	-	AA-10/11/12/14/17, KAB계열, GSh-301,AS-14/17/20
중국	J-10	2.2	3,200	1,250	6,000	AA(PL)계열, YJ-9K,LT PGB
	J-20	2이상	6,000	2,000	-	AA(PL)계열, LS-6
영국/독일	EF-2000	2	2,900	1,389	6,500	AIM-9/120/132, JDAM, GBU-12/24, BK-27
일본	F-2A/B	2	2,500	900	-	AA*4, 500LBS
한국	FA-50	1.5	2,592	444	-	AIM-9,AGM-65,JDAM,KGGB
	KF-5	1.64	2,861	889	3,180	AIM-9, 20미리기관포

<표 12-4>
전투기 국가별 주요 성능 및 능력

전투기는 대부분 마하 2 내외의 속도를 갖고 항속거리는 2천에서 4천km까지, 작전반경은 5백에서 2천km까지 다양하다. 무장은 공대공 및 공대지 무장을 갖추며 임무에 따라 다양해서 약 3톤에서 10톤 정도를 탑재하여 운영 가능하다. 또한 스텔스 기능을 구비하기 위해 RCS를 감소시키는 기체구조 설계와 도료를 사용하고 있으며 임무계획 등의 화력기능 수행을 위한 각종 항전장비 체계는 4차 산업혁명 등 관련 과학기술 발전을 통해 첨단화되고 있다.

(1) 미국

〈그림 12-5〉[8]처럼 미 공군, 해군, 해병대, 영국 해군에 전력화할 F-35는 미국

8 F-35A: https://en.wikipedia.org/wiki/Lockheed_Martin_F-35_Lightning_II#F-35C_2
F-35B: https://upload.wikimedia.org/wikipedia/commons/6/65/F-35B_Lighting_II_training_flights_170202-M-RP664-0229.jpg
F-35C: https://upload.wikimedia.org/wikipedia/commons/5/51/Formation_of_F-35_Aircraft_MOD_45157750.jpg

F-35A

기본형

F-35B

추력방향 조정형

F-35C

넓은 날개형

<그림 12-5>
F-35계열 전투기

이 개발하여 생산 중인데 스텔스 및 초음속 기능을 보유한 다목적전투기로 3가지 유형이 있다. F-35는 1,200여개 모듈로 AESA(Active Electronically Scanned Array)와 IR 센서로 데이터 획득장치(DAS : Data Acquisition System)와 다기능 정밀표적 획득·추적체계 내장형 EOTS를 장착하여 모든 방향에서 생성되는 제반 공중표적에 대한 정확한 식별과 위치정보 획득이 가능하다. 스텔스 및 항재밍 등 작전운용능력 이외 정비 용이성과 부품의 공통운용성을 보장하여 군수지원 측면에서 효율성을 제고하여 수명주기비용 절감 노력을 기울였다.

F-35B는 미 해병대와 영 해군 함재기용으로 1,000lbs급 폭탄을 탑재할 수 있다. 단거리 이륙, 수직 착륙형으로 소형 항모나 준항모에서 운용 가능한 유형이다. F-35C는 항공모함 탑재형으로 개발했다. 유형별로 무장탑재능력은 최소 7,500lbs 이상 가능하다. 한국과 영국, 일본, 캐나다, 이스라엘, 이탈리아, 터키, 네덜란드, 노르웨이 등도 획득을 추진하고 있다. F-22 Raptor는 미 공군 F-15를 대체하는 차세대 첨단 전투기로 기체 30~40%를 열경화성 복합소재로 경량화 했다. 이로 인해 뛰어난 공대공 작전 수행능력은 미군의 제공작전에 크게 기여하고 있다. 2011년까지 총 195대 전력화 후 항전장비, 자동백업 산소공급체계 등 지속적인 성능개량을 진행 중이다. F-22와 F-35는 RCS를 최대한 감소시키고 높은 기동성과 기민성을 갖춘 전투기다. 〈그림 12-6〉[9]처럼 미 해군 F/A-18E/F 슈퍼호넷은 함재기, 즉 해상전투기로 호넷을 성능 개량한 전면 동체를 신규 설계함으로써 부품이 적게 소요되고, 항공기에 능동위상레이더를 장

9 F-22: https://upload.wikimedia.org/wikipedia/commons/4/46/Lockheed_Martin_F-22A_Raptor_JSOH.jpg
F-18: https://nationalinterest.org/blog/buzz/fa-18ef-super-hornet-killer-sky-so-why-arent-they-selling-33982

F-22

F-18

<그림 12-6>
F-22 및 F-18 전투기

착 가능하도록 현상을 변경했다. 조종석에 터치형 디스플레이와 대형 다목적 LCD 화면을 장착하여 전술정보전시기능을 향상시켜 사용자 편의성이 현저히 향상되었으나 임무S/W 등은 호넷 모델을 그대로 유지하고 있다. 미 해군은 F/A-18E/F을 1997년부터 배치를 시작해서 2012년에 전력화 완료했다.

(2) 러시아

러시아는 〈그림 12-7〉[10]처럼 MIG-29 기준으로 공대공 능력을 강화하고 공대지 능력을 추가한 다목적 전투기 MIG-35를 개발했다.

MIG-29

MIG-35

<그림 12-7>
MIG-29와 MIG-35

전투기는 항전장비 중 신규정밀유도무기 표적처리기능 및 획기적인 광학탐지체계를 대폭 성능개량하여 지상통제 차단체계에 의존 않고 독립적인 다중임무수행이 가능하도록 AESA레이더를 장착했다. 주요 특징은 5세대 정보시현체계, 기존 러시아 및 외국 무기응용 프로그램과 상호운용성 및 전투생존성 향상

---

10 MIG-29: https://en.wikipedia.org/wiki/Mikoyan_MiG-35#/media/File : MiG-35D_(3861086285).jpg
MIG-35: https://en.wikipedia.org/wiki/Mikoyan_MiG-29#/media/File: Aviamix2015-03_(cropped).jpg

<그림 12-8>
Su-35전투기

을 위해 통합적이고 다양한 방어체계를 갖추었다. MIG-35 신규항전장비는 공중우세 확보와 전천후 정밀지상공격, 광전자 및 레이더장비로 공중정찰과 다목적 임무수행이 가능하도록 AESA레이더와 엔진 및 신규광학탐지 기능을 반영하여 사격통제가능 무기체계 수가 10개로 증가하고 비행거리가 50% 증가했다. MIG-35 온보드 장비형상은 미 국방규격 MIL-STD-1553을 적용한 버스를 사용할 수 있도록 함으로써 친 서방국가도 상호운용성 제한이 없도록 했다. MIG-35는 탑재중량이 7톤으로 MIG-29의 2배이며, 터보팬 2개 엔진으로 냉각팬에 첨단소재를 사용, 기본모델 대비 7% 정도 향상된 9천kg중의 추력을 갖는다. 엔진은 무연으로 적외선 및 광학 가시성을 감소시키고, 추력벡터 노즐로 전투효율이 12~15% 향상되었다. 2축 추력 통제가 가능한데, Su-35에도 적용된다. MIG-35는 레이저 무기장착이 가능성이 있고, Kh-36 순항미사일로 장거리공격 능력도 갖추었다. AESA레이더로 광범위한 주파수를 제공하여 ECM 대응능력이 우수하고, 광범위한 감시능력으로 더 많은 공중·지상표적을 탐지할 수 있게 되었다. RCS 3㎡ 표적을 250km에서 탐지 가능하며 언제든지 최대 30개 표적을 추적하여 최대 6개의 공중표적이나 4개의 지상표적과 동시에 교전가능하다. 전자광학 표적처리체계로 최대 55km의 공중 위협 탐지가 가능하다. 적외선 센서와 TV카메라로 최대 20km의 지상표적과 최대 40km의 해상표적 탐지가 가능하다. 지대공미사일로부터 방호를 위해 소형 능동 재머 파드 장착이 가능하다. Su-35는 12~14개의 무기장착점이 있으며 최신 러시아 공군 전

투기로 4세대 전투기 특징을 갖고 있다.[11]

대부분의 Su-35 항전장비와 무기체계 성능은 F-15 같은 서구 전투기 성능에 도달했으나 F-22나 F-35 같은 5세대 스텔스 전투기 수준에는 못 미친다. Su-35는 F-15 진화모델로 뛰어난 속도와 무기를 동원하는 무거운 2중 엔진을 가진 다목적전투기지만 민첩성을 갖고 있다. Su-35는 MIG-35처럼 추력벡터 엔진을 갖추고, 터보팬엔진 노즐은 전투기가 롤링과 요잉 가능하도록 비행과 다른 방향으로 독립적으로 지향 가능하여 Su-35가 높은 각도로 공격이 가능하도록 한다. 공격 시 높은 각도는 항공기가 더 쉽게 표적을 찾아서 빈틈없이 운용할 수 있도록 해준다. 이 같은 기동은 미사일이 저에너지 상태로 남지만 가까운 범위에서 미사일을 피하는 데 유용할 수 있다. 높은 고도에서 최고 속도로 Mach 2.25를 달성할 수 있고, F-35 또는 F-16보다 더 빠른 속도로 달릴 수 있으며, 가속력이 탁월하다. 그러나 초소형 초음속 비행을 사용하지 않고 지속적인 초음속 비행을 수행할 수 없다. 작전고도의 한계는 F-15와 F-22보다 6만ft, 슈퍼호넷과 라팔 그리고 F-35보다 1만ft 더 높다. Su-35는 연료 용량을 늘렸고, 그것은 내부 연료탱크에 의해 2천2백 마일, 또는 2개의 외부 연료탱크로 2천8백 마일이 확장되었다. 가벼운 티타늄 기체와 엔진 모두 이전 6천, 4천5백 비행시간보다 더 수명이 길어졌다. 스텔스는 아니지만 엔진 인수와 캐노피, 레이더 흡착 물질의 사용은, Su-35의 RCS를 절반으로 감소시킨다. 1~3㎡ 사이로 감소될 수도 있다고 평가한다. 이를 통해 탐지할 수 있는 범위를 감소시킬 수 있지만 여전히 스텔스 전투기가 아니다. Su-35는 레이더유도미사일을 사용하는데 사거리가 120마일 이상으로 알려져 있다. 단거리교전에 사용하는 적외선 유도 미사일은 헬멧의 광 시야각을 통해 "off boresight" 표적을 공격할 수 있다. R-74는 25마일 이상의 사거리를 갖고 있으며 또한 추력 벡터링이 가능하다. 공대지 탄은 최대 17천lbs 탑재가 가능하다. Su-35는 전자대응체계 레이더 전자파를 왜곡하여 적 미사일을 다른 방향으로 전환시켜 피격확률이 현저히 감소되었다. 수동전자스캔배열(PESA : Passive Electronically Scanned Array) 레이더는 최대 30개 항공표적을 추적할 수 있으며, 표적 RCS 3㎡ 최대 30개 항공표적을 탐지·추적 가능하며, 표적 RCS 0.1㎡는 거리 50마일 이상 탐지 가능하다.

11 https://en.wikipedia.org/wiki/Sukhoi_Su-35#/media/File: MAKS_Airshow_2015_(20615630784).jpg

그러나 PESA는 서방세계 AESA레이더보다 전자방해에 취약하다.

(3) 중국

중국 J-10은 〈그림 12-9〉[12]처럼 기존 J-6와 J-7을 대체하여 구소련 MIG-29 수준의 전투기에 대응 가능하도록 유사 성능을 목표로 설계 · 생산하여 2006년부터 전력해서 미국 F-16에 대응하려는 3세대 전투기다. J-10은 화력통제 레이더를 갖추고 10개 표적을 동시 추적하고, 그중 2개 표적에 반능동레이더유도방식의 공대공미사일을 사격하거나 능동레이더유도방식의 공대공미사일 4발을 동시 사격이 가능하다. 조종석은 다기능전시기, 광정면전방전시기, 헬멧 장착조준기로 저고도 항법과 정밀공격을 위한 전방감시 적외선장비와 레이저조사 POD를 내부 장착대에 탑재하고 있고, 항공기를 조종하면서 무장 사용도 가능하다.

J-20은 중국개발 최신 스텔스전투기로 알려졌다. F-22를 위협할 정도로 평가되고 있으며 2019년 전력화된 것으로 알려져 있다. 중국의 항공기 생산기술이 뒤져서 J-20 생산에는 외국 부품이 필수적이고 가격 면에서 미국과 러시아 양국의 50~80% 비용으로 생산이 가능할 것으로 평가했다. 가격경쟁력 때문에 J-20은 중국의 전통적 우방인 파키스탄 같은 제3세계 국가에서 선호할 것이라고 예상하고 있다. 미 군사 전문가들은 주요 무장이 F-35보다 우수하고 F-22

J-10

J-20

J-31

<그림 12-9>
J-10, J-20, J-31 중국 전투기

---

12 J-10 https://en.wikipedia.org/wiki/Chengdu_J-10#/media/File:PLAAF_J-10B_with_PL-12_and_PL-8B_at_ZhuHai_Air_Show_2018.jpg
J-20 https://en.wikipedia.org/wiki/Chengdu_J-20#/media/File:J-20_at_Airshow_China_2016.jpg
J-31 https://en.wikipedia.org/wiki/Shenyang_FC-31#/media/File: Shenyang_J-31_(F60)_at_the_2014_Zhuhai_Air_Show.jpg

에 필적할 수준이라 평가도 있으나, F-22 스텔스 기능보다 뒤떨어지지만 중국의 전략목표 달성은 가능하다는 전망도 있다. J-20 공대공 미사일은 AIM-9X과 유사하다. J-31은 중국 차세대 스텔스기로 〈그림 12-9〉처럼 시제기 완성 후 2012년 첫 비행에 성공했다. 초기 J-60로 J-20보다 먼저 개발되었으며, 중국판 F-35로 불리운다. J-31의 엔진추력은 4.4만lbs로 KFX나 4.3만lbs인 F-35와 유사하다. J-31은 J-7 전투기를 대체하고, J-20은 J-8 전투기와 Su-27 초기형 대체가 예상된다. J-31개발로 5세대, 다목적, 쌍발 엔진의 J-31스텔스전투기 획득하는 중국은 CAS, AI를 위한 첨단능력을 추구한다. J-31은 적 방공제압능력이 있으며 항모 함재기로 활용 가능하다. 동중국해와 남중국해 분쟁지역에서 자국의 입지 강화에 기여할 것으로 평가하고 있다.

2) 공격기 및 폭격기

공격기는 지상군 화력지원 항공기로 CAS, AI 등의 임무를 수행한다. 따라서 공대지 임무수행에 필요한 무장, 공대지미사일, 일반폭탄, 로켓포 위주로 장착한다. 〈표 12-5〉처럼 미국의 A-10, 러시아의 Su-27, 한국의 FA-50이 있다.

폭격기는 주로 핵3축 체계인 ICBM, SLBM, 전략폭격기 등 3개의 핵탄두 부발수단을 전력화한 국가만이 폭격기를 보유하고 있다. 항속거리가 통상 공격기의 두 배 거리이고, 작전반경도 월등하게 길며 무장탑재 역시 최대 57톤, 최

<표 12-5>
공격기 및 폭격기 국가별 주요 성능 및 능력

국가	구분		비행속도 (마하)	항속거리 (km)	작전반경 (km)	무장탑재량 (톤)	주요 무장
미국	공격기	A-10C	0.6	4,150	460	7.2	AGB-65, MK80계열, GBU-10/12, JDAM
		AV-8B+	0.88	3,300	556	6	
	폭격기	B-1	1.2	11,998	5,544	57	JSOW, JASSM, Mk82/84, JDAM
		B-2	0.85	10,400	5,880	18.1	JSOW, JASSM, Mk82/84, JDAM, B61/83
러시아	공격기	Su-25T	0.82		375	4.4	AS-14, LGB500kg, FAB-250/500
	폭격기	Tu-22M	1.88	6,800	2,410	24	Kh-15/22, FAB-250/1,500
		Tu-160	2.05	14,000	7,300	40	Kh-15/22, FAB-250/1500
한국	공격기	FA-50	1.5	2,592	444	5.4	AGM-65, MK84, JDAM, GBU-10/12, 20mm기관포

소 18톤 수준으로 4~7톤에 이르는 공격기 대비 월등한 지상폭격 능력을 갖추고 있다. 따라서 이들은 재래식 폭탄, 정밀유도탄뿐만 아니라 핵폭탄을 투발할 수 있는 능력이 있다. 제2차 세계대전에서 실제 핵무기를 사용한 투발수단이 B-29폭격기였음을 상기해보면 핵3축 체계의 일부로써 그 의미를 갖는다고 볼 수 있다. 이런 폭격기로 미국은 B-1과 B-2폭격기가 운용되고 있고, 러시아는 Tu-22와 Tu-160 폭격기를 운용하고 있다.

(1) 미국

A-10 II는 〈그림 12-10〉[13]처럼 단좌형, 2개 엔진 초음속 항공기로 미 공군 CAS항공기로 전차나 기계화부대, 다른 지상표적들을 최소고도로 비행하면서 공격 가능하다.

<그림 12-10>
A-10 미국 공격기

최대이륙중량은 23톤으로 F/A-18과 동일하며, F-16보다 크다. A-10 공격기의 공허중량이 11톤에 탑재중량은 14톤이고, CAS 임무를 수행 시 21톤, 대 장갑 임무를 수행 시 19톤이다. 전투행동반경은 CAS 임무 시 460km, 대 장갑 임무 시 467km다. 무장은 30mm기관포와 개틀링포 1,174발, 11개 무장장착점에 7.3톤 탑재 가능하다. 14개 로켓파드에 AIM-9 공대공미사일, AGM-65, Mark80 계열 폭탄 장착이 가능하다. Mk-77소이폭탄 혹은 BLU계열과 CBU 계열의 집속폭탄과 페이브웨이 계열, JDAM 또는 바람수정탄(WCMD : Wind

13 https://ko.wikipedia.org/wiki/A-10_%EC%84%A0%EB%8D%94%EB%B3%BC%ED%8A%B8_II

<그림 12-11>
B-1b랜서 미국 전략폭격기

Corrected Munitions Dispenser) 장착이 가능하다. 기타 ECM포드나 스나이퍼 타게팅, 라이트닝 타게팅 등의 장비 장착이 가능하다.

〈그림 12-11〉[14]처럼 B-1b 랜서는 미국 초음속 항공기 B-52를 대체하기 위해 60년대에 개발, 70년대에 생산 배치하다가 한때 생산을 중지했다.

1981년 개량형 생산을 재개하여 단거리전략미사일을 탑재하여 전략공군에 전력화하려고 100여 대를 배치했다. 최고 순항속도는 마하 1.25에 항속거리는 9,400km, B-1 폭격기는 만재중량 148톤으로 F-22급 엔진 4개를 장착하여 초음속이다. B-2 폭격기는 만재중량 152톤에 F-18급 엔진 4개를 장착했으나 속도가 느린 반면 스텔스 특성으로 가격은 2조 원이다. 승무원은 4명이고 화물은 내부무장과 외부무장 56.7톤이다. 최대이륙중량은 216.4톤이다. 저고도에서 마하 0.92, 전투행동반경 5,543 km, 무장하드 파드 6개 외부 23톤, 내부 무장창 3개 34톤으로 Mk계열, CBU계열 분산탄, 바람수정탄(WCMD), GBU계열, JSOW, SDB GPS 유도폭탄, JASSM, B61 혹은 B83 핵폭탄 등이 탑재 가능하다.

(2) 러시아

〈그림 12-12〉[15]처럼 Su-25는 최대이륙중량이 KF-16, A-10과 유사한 20톤이며, 무장탑재량은 4.4톤으로 북한에도 30여 대가 배치되어 있다.

한국군A-10C와 비교되는 아음속 공격기로 북한 순천공군기지에 배치되어

14 https://upload.wikimedia.org/wikipedia/commons/4/4a/B-1B_over_the_pacific_ocean.jpg

15 https://upload.wikimedia.org/wikipedia/commons/d/d9/Sukhoi_Su-25_in_Ukrainian_service_269_n_%28cropped%29.jpg

<그림 12-12>
Su-25 수호이 러시아 공격기

있다. 2011년경 북한 김정일이 수호이 전투기 판매를 러시아에 방문하여 요청한 것으로 추정하고 있다. 참전사례는 2014년부터 시리아 지역의 전투에 참여해서 MIG-29와 함께 공대지 임무를 수행했으며 수회에 걸쳐 IS가 운용하는 러시아제 대공포나, 시리아 반군의 스팅어휴대용 대공미사일에 피격되었다고 알려져 있다. 공격기의 특성으로 승무원은 1명이고, 기체중량은 9.8톤, 탑재중량은 14.4톤, 최대이륙중량은 19.3톤이다. 최대속도는 마하 0.82, 최대항속거리는 1,000km, 전투반경은 750km, 2개의 외부 연료탱크 장착, 기관포는 30mm 2배럴, 하드포인트 11개로 4톤 무장탑재가 가능하다. 80mm 로켓포드, 240mm, 330mm 로켓을 장착할 수 있다. 탑재되는 무장은 AS-7, AS-9, AS-10, AS-14 공대지미사일과 AA-2, AA-8 공대공미사일 장착이 가능하고, 폭탄은 FAB-250/500, KAB-500 레이저 유도 폭탄을 탑재 운용하는 것으로 알려져 있다. 〈그림 12-13〉[16]처럼 Tu-160은 초소형 가변 중형폭격기로 소련의 마

<그림 12-13>
Tu-160 러시아 폭격기

16 https://upload.wikimedia.org/wikipedia/commons/2/26/2013_Moscow_Victory_Day_Parade_%2857%29.jpg

하2 초음속 전략폭격기이고, 가장 신속한 폭격기로 크고 무거운 가변형 날개가 있다.

1972년 소련은 가변형(swing-wing) 중폭격기를 만들기 위해 다중임무폭격기 개발경쟁을 시작했다. 미 B-1폭격기 사업에 대비 최대속도 마하 2.3으로 설계했다. 장거리 Kh-55 핵 순항미사일에 신규 비핵 모델 Kh-101과 Kh-555을 운용하려고 시도했으나, 이를 운용할 수 있는 항전장비를 개발하지 못했다. 2015년 성능개선 엔진을 장착한 Tu-160 생산을 재개했다. Tu-160에는 더 작은 레이더 유효단면적을 갖고 가변흡기램프로 고고도에서 마하2에 도달할 수 있다. 순항속도 마하 0.77로 약 15시간의 지형추적 비행 가능한 레이더를 탑재하고 있다. 폭격기 승무원이 조종사, 부조종사, 폭격담당, 방어담당 4명이 탑승하며, 경하중량은 110톤, 만재중량은 267.6톤이고, 최대이륙중량은 275톤이다. 주요 성능은 최고속도 마하 2, 순항속도 마하 0.9, 순항거리 12,300km이다. 순항속도가 마하 0.77인 상태에서 Kh-55SM 6발 투하가 가능하다. 무장은 폭탄적재량 40톤인데 내부무장창 2개에 AS-15 장거리순항미사일 6발 또는 AS-16 단거리순항미사일 12발 장착 가능한 발사대가 있다.

(3) 대한민국의 공격기

〈그림 12-14〉[17]에서 FA-50은 동급 엔진을 장착한 유사 기종들은 대부분 조종석을 1인승과 2인승 모두 갖추었으나 1인승이 없다. TA-50 엔진을 사용하여 최대추력 8톤급이라 최대속도 마하 1.5이고, 마하 0.7~0.95 속도에서는 F-16과

FA-50

TA-50

<그림 12-14>
한국형 공격기 FA-50와 훈련기 TA-50

17 FA-50: https://upload.wikimedia.org/wikipedia/commons/4/4f/Light_Combat_FA-50_Fighting_Eagle.jpg
TA-50: https://upload.wikimedia.org/wikipedia/commons/b/bb/Lead_In_Fighter_Trainer_TA-50_in_KAI.jpg

유사한 기동능력을 갖는다.

우수한 디지털 제어장치로 신뢰성과 안정성을 확보했다. 레이더는 위협보조장비와 야간작전능력, 전술데이터링크, 정밀폭격능력을 포함하고 있으며, 공대공과 공대지 기능을 갖추어 공격작전에 적합하며, 특히 SAR영상은 정밀유도무기를 결합해서 FA-50의 임무능력을 크게 향상시켰다. AESA레이더는 장착하지 못했지만 적 레이더경보수신기(RWR)와 위협에 대응 가능하도록 채프와 플레어를 투발하는 디스펜서(CMDS)를 이용해서 생존성을 향상시켰다. 야간투시경(NVG)으로 야간비행 시에도 조종사의 착시현상을 방지하고, 야간작전 수행이 가능하다. 전술데이터링크는 Link-K대신 Link-16을 탑재하여 실시간전장정보 공유가 가능하다. 무장은 주익에 9톤을 탑재할 수 있으나, 기체구조 문제로 5.4톤 정도로 운용한다. 무장은 공대공미사일 AIM-9을 공대지는 AGM-65A/B/D형 8발, 합동직격탄(JDAM : Joint Direct Attack Munition), 폭탄은 MK-82 9발, MK-83 5발, MK-20와 CBU-58 확산탄 9발, 바람수정확산탄(WCMD), LAU-68/131/3 로켓포드 8개 등을 장착 운용 가능하다. 사거리 400km의 타우루스 순항미사일도 장착 예정이다.

3) 특수목적기

특수목적기는 일반목적기와는 달리 특수한 목적을 위해 설계 및 생산된 군용항공기로 〈표 12-6〉처럼 정찰기, 공중조기경보통제기, 수송기, 해상초계기, 훈련기 등으로 구분된다.

(1) 정찰기

정찰기는 감시정찰무기체계에서 소개된 바와 같은 전장기능을 수행하는 군용항공기로 탑재중량의 비중이 무장보다 정보수집장비의 비중이 크다. 전술정찰과 전략정찰을 위해 적 방공 위협으로부터 안전한 고고도에서 운용하고 장시간, 광범위한 지역을 정찰해야 하는 임무특성에 부합되게 작전운용성능이 요구된다. 미군의 주요 기종은 RF-4C, U-2S, E-8 JSTARS가 있다. 그중 RF-4C는 전술정찰기로 마하 0.97, 항속거리 3,500km이고 탐지거리가 약 40km정도다. U-2S는 마하 0.66, 항속거리 4,830km, 상승고도는 대략 27km이며, 탐지

<표 12-6>
특수목적기

구분		임무 및 기능	기종
정찰기(Reconnaissance Aircraft)		광학 및 전자정찰	RF-4, U-2, E-8
공중조기경보통제기 (AWCS : Airborne Early Warningand Control Systems)		조기경보 및 공중작전 통제	E-3, A-50, E-737
수송기 (Transport Aircraft)	단거리	1,200km 미만	AN-28 등
	중거리	1,200~3,500km	C-23
	장거리	3,500km 이상	C-17, CN-235M
공중급유기(Tanker)		공중급유	KC-135, IL-78
해상초계기(Maritime Patrol Aircraft)		해상감시및통제	P-3C
훈련기(Training Aircraft)		조종훈련	T-50, KT-1

거리는 162km정도 된다. E-8 JSTARS는 마하 0.79, 항속거리 9,270km, 상승고도 13km에 탐지거리가 300km나 되는 전략정찰기다. E-8 JSTARS는 APY-3 AESA 위상정렬 레이더로 지상표적 탐지추적 등이 가능하여 공대지 임무를 지원하거나 약 천개의 지상표적을 추적하여 해당정보를 지상 지휘통제소에 제공할 수 있는 능력을 갖고 있다.

(2) 공중소기경보통제기

공중조기경보통제기(AWACS : Airborne Warning and Control System)는 적 징후 조기경보 및 항공통제를 목적으로 개발되었으며 전장정보수집, 전장상황평가, 공중작전통제 등을 위한 지휘통제용 항공기다. 조기경보는 탑재장거리레이더로 항공표적에 대한 탐지·추적 정보를 지상지휘통제체계에 전파하여 통합방공작전을 수행하는 것이다. 한편 조기경보통제는 이와 같은 조기경보 기능에 추가하여 지상방공통제 기능을 항공기에서 축소 운용하여 아군 전투기를 통제하는 관제 역할까지 수행하는 것을 의미한다. 이런 기능 수행이 가능하여 공중조기경보통제기는 지상방공통제체계 기능이 저하되거나 마비되면 예비지휘소의 역할을 수행할 수 있다. E-3 AWACS레이더를 운용하는 플랫폼 특성으로 인하여 지상레이더망으로 탐지할 수 없는 저고도 침투 항공기, 미사일을 원거리에서부터 포착 가능하며, 360°전방위 탐지와 아군 항공기에 대한 효과적인 공중작전 통제가 가능하다.

조기경보기는 미국의 E-3는 약 마하 0.7, 항속거리 6,400km로 비행고도는 약 9km에 다다르고 저고도에서는 400km, 수평선상에서는 800km 정도까지 표적탐지가 가능하다. 러시아 A-50은 마하 0.73의 속도로, 항속거리 6,700km, 약 15.5km 고도에서 운용되며 800km까지 탐지가 가능하다. 일본이 보유한 E-767은 마하 0.65의 속도로 항속거리 1만 km이고 비행고도는 12km정도이며, 탐지거리는 800km이다. 대한민국이 보유한 공중조기경보통제기 E-737은 약 마하 0.7, 항속거리 7,000km 비행고도는 약 12km, 탐지거리는 481km이다.

(3) 수송기

수송기는 군용물자, 탄약, 병력 등을 전장지역에서 운반, 낙하 등을 통해 이동시키는 항공기로 필요시 무장을 탑재하여 제한된 공격 및 방호 임무도 수행한다. 수송기는 항속거리와 탑재능력에 따라 구분하는데 크게는 전략 및 전술 수송기로 구분하고, 전략수송기는 미국과 러시아가 운용하고 있다. 전술수송기는 공정부대 침투, 특수전 부대 투입과 철수, 부상자후송, 보급물자 공중투하 등을 수행할 수 있다. 앞의 〈표 12-6〉에서와 같이 항속거리가 3,500km이상이면 장거리 수송기, 1,200km미만이면 단거리 수송기, 1,200~3,500km 범위이면 중거리 수송기로 구분한다.

(4) 공중급유기

공중작전 간 항속거리와 체공시간 연장을 위해 공중에서 연료 재공급이 필요할 수 있다. 이때 재급유 장치를 갖추고 대량의 연료를 탑재한 공중급유기를 운용한다. 최초 미국에서는 B-29전략폭격기를 개조하여 운용하다가 여객기를 개조하여 1957년 KC-135를 개발 전력화했는데, 이 공중급유기는 붐 방식에 의한 급유 체계를 갖고 있다. 화물탑재량은 약 38톤, 연료탑재량은 31,275갤런이고, 항속거리는 약 5,550km다. 미군의 전용 공중급유기로 개발된 KC-10A의 속도는 마하 0.81, 항속거리는 7,032km, 연료탑재량 54,490갤런, 화물탑재량 77톤으로 급유방식은 붐 타입과 프로브 앤 드로그 방식을 모두 적용 가능하다. 러시아 공중급유기 IL-78M은 순항속도가 마하 0.69, 항속거리 7,300km, 연료탑재량 35,674갤런, 화물탑재량 48톤이며, 급유방식은 프로브 앤 드로그 방식을 적용한다.

(5) 해상초계기

적 수상·수중 전력을 감시정찰, 추격, 격파하는 기능을 수행하는 무기체계로, 특히 은닉성과 치명적 기습을 시도하는 수중전력에 대해 함정만으로 이런 기능을 수행하는 것보다 적정 기동속도, 항속거리, 작전행동반경을 갖는 항공기가 더 바람직하다는 판단하에 개발된 무기체계다. 특히 수중전력, 즉 잠수함을 탐지, 추적, 격파하기 위해 자기변환탐지장치, 해저음향부표가 있으며, 해상으로 부상한 잠수함이나 수상함 탐색을 위한 탐색레이더, 야간작전을 위한 적외선탐지장비와 이러한 센서로부터 수집된 표적정보를 처리하기 위한 정보체계와 지휘통제체계, 어뢰, 미사일, 기뢰 등의 무장을 탑재하고 있다. 이러한 무기체계로 미국에는 P-3C는 순항속도 마하 0.61, 항속거리 8,944km, 작전반경 4,407km, 무장탑재량은 약 9톤으로 주요 무장은 공대지미사일 AGM-65/84와 기뢰 Mk62/65 등을 탑재한다. 프랑스의 Atlantque-2는 순항속도 마하 0.53, 항속거리 8,000km, 작전반경은 3,000km에 무장은 3.5톤으로 공대지미사일 AGM-84, 공대함미사일 AM39 Exocet, 어뢰 Torpedo 등을 장착하여 운용한다.

4) 회전익 항공기

회전익 항공기는 양력과 추진력으로 비행하는 항공기로 고정익 항공기에 비해 활주로 등의 시설 없이 이착륙이 가능하다. 고정익 항공기와 달리 수직이착륙과 특정지점의 상공에서 정지하고, 후진과 측방향 이동 등 공중이동이 대단히 자유롭다. 회전익 항공기는 임무에 따라 기동형헬기와 공격형헬기로 구분하는데, 기동형헬기는 공중기동 및 공중수송 등의 임무를 수행하는 헬기이고, 공격형헬기는 대전차공격 등 지상화력지원 기능을 주로 수행하는 헬기를 의미한다. 이와 같은 회전익 항공기는 연락 및 정찰, 전술적 수송, 공격임무 등을 수행한다.

(1) 기동헬기

기동헬기는 〈그림 12-15〉[18]처럼 공지작전을 위한 소규모 병력 수송이나 작전지휘통제 등 다목적으로 운용하는 헬기로 미국에서 개발된 UH-1H, UH-60, 수리온 헬기 등이 있다.

UH-1H는 한국전쟁 이후 필요성을 인지한 후 1959년 미군에 최초로 전력화되었다. 베트남전에 7.62mm기관총과 로켓으로 무장하고 작전에 투입되어 최초 UH-1D 는 승무원 4명, 수송능력은 보병 14명, 혹은 6개의 들것, 이와 동등한 화물 수송이 가능하며, 공허중량 2.4톤, 탑재중량 4.1톤, 최대이륙중량은 4.3톤, 연료 탑재량은 840kg이다. 프로펠러는 터보샤프트 형 1개로 최대속도/순항속도 마하 0.17, 항속거리 510km이다. 무장은 2정의 7.62mm M240기관총이나 GAU-17기관총, 2개의 7발 혹은 19발 2.75inch 로켓 파드를 장착할 수 있다. UH-60은 UH-1헬기 대체용으로 1979년부터 전력화되기 시작한 기동헬기로, 쌍발 터빈엔진, 단발로터, 다목적 헬리콥터로, 보병전술수송, 전자전, 인명구조 등 다양한 작전에 사용가능하다. 1회에 완전군장 보병 11명과 편성장비 수송이 가능한데, 6명의 승무원과 105mm M102 야포와 30발의 탄약을 함께 수송할 수 있으며, 1,170kg의 화물을 수송 가능하다. 수리온은 UH-1, 500MD 노후 대체용으로 2006년 6월에 개발에 착수, 2012년 12월부터 전력화되었다. 육군 병력수송형이 기본형이고, 해병대 상륙기동헬기, 의무후송헬기,

<그림 12-15>
기동형 헬기

UH-1H

UH-60

수리온

18 UH-1H: https://upload.wikimedia.org/wikipedia/commons/f/fc/UH-1D_helicopters_in_Vietnam_1966.jpg
UH-60: https://upload.wikimedia.org/wikipedia/commons/d/dc/UH-60_2nd_Squadron%2C_2nd_Cavalry_Regiment_%28cropped%29.jpg
수리온: https://upload.wikimedia.org/wikipedia/commons/e/ed/KUH-1_Surion_Demo_flight.jpg

AH-1 코브라

AH-64 아파치

<그림 12-16>
공격형 헬기

해상작전헬기, 공군작전헬기 등 파생형이 있다. 민수용 파생형은 경찰 및 해양경찰헬기, 산림청헬기 및 소방헬기 등이 있다. 조종사는 2명, 탑승병력 10~16명, 공허중량 5,136kg, 유효하중 3,572kg, 최대이륙중량 8,709kg, 최대수평속도는 마하 0.23, 최대항속거리 775km의 성능을 갖고 있다. 무장은 2정의 K-12기관총, GPS, INS등 다양한 항전장비 장착이 가능하다.

(2) 공격헬기

AH-1코브라 헬기는 베트남전에 수송헬기 엄호 및 대지공격용 헬기의 필요성은 인지하고 조기 도입을 추진하면서 업체가 개발한 기종을 선정하게 되었다.[19] 1967년 7월부터 7.62mm 기관총 4정과 로켓 장착대가 설치된 실전형 헬기를 미 육군에 전력화하기 시작하여 베트남전에 참전했으며, 1977년에 1,800마력을 갖는 AH-1S형이 생산 배치되었다.

AH-64아파치 헬기는 1983년 개발되어 미 육군에 전력화된 AH-1 대체전력이다.[20] 야간작전 등 전천후 작전수행능력을 갖추었으며, 생존성 측면에서 적외선 열추적 미사일로부터 방호능력을 향상시키고, 장갑은 전체적으로 12.7mm탄으로부터 방호되고, 중요한 특정 부분은 23mm탄으로부터 방호될 수 있도록 설계했다. 화력은 스팅어 대공 미사일과 대지 공격무기로는 헬파이어 16기, 2.75인치 로켓 19기 장착이 가능하며, 30mm 체인건(Chain Gun)을 장착했다. 이라크전에서 실전 검증결과 우수성이 인정되어 대한민국 육군에서 도입을 결정했다.

---

19 https://upload.wikimedia.org/wikipedia/commons/4/4e/AH-1S_Cobra.jpg

20 https://upload.wikimedia.org/wikipedia/commons/9/9b/RNLAF_AH-64_Apache_at_the_Oirschotse_Heide_Low_Flying_Area_%283 6570605232%29.jpg

연습문제

1. 항공무기체계가 갖는 기능 중 이동 및 기동기능 특성을 설명하라.

2. 항공무기체계 기능 중 화력기능 특성을 설명하라.

3. 항공기에는 폭탄이나 미사일 등 무장을 장착하여 다양한 임무를 수행할 수 있다. 이 중 폭탄과 미사일을 구분하는 방법을 설명하라.

참고문헌

국방과학연구소, 『군 통신체계소개(발전방향 및 기술추세)』, 국과연 2기술개발본부 3부, 2012.

국방부, 『WMD 대량살상무기에 대한 이해』, 2007.

_______, 『WMD문답백과』, 2007.

국방부 · 과기정통부 · 방위사업청, 『과학기술 기반 미래국방 발전전략』, 국방부 보도자료, 2018.

국방부 훈령 제2845호, 「국방전력발전업무훈령」, 2023. 9. 25.

국방홍보원, 『한눈에 보는 국군 무기체계 2020』, 2019.

권용수, 『유도무기체계』, 국방대학교, 2003.

대한민국정부, 『2016～2020년 국가재정운용계획』, 2016.

김도수 외, 『최신 무기체계학』, 양서각, 2013.

김열수, 『국가안보 위협과 취약성의 딜레마』, 법문사, 2017.

김찬수, "선진국 및 국내 국방과학기술 개발 동향", 『과학기술정책』, 27(11), 24-33, 2017.

김철환 외, 『전장기능별 무기체계』, 2017.

대통령령 제28784호, 「화학무기 · 생물무기의 금지와 특정화학물질 · 생물작용제 등의 제조 · 수출입 규제 등에 관한 법률 시행령」, 2018. 4. 3.

대한민국 국방부, 『2022 국방백서』, 2022.

_______, 『WMD대량살상무기에 대한 이해』, 2007.

박진호, 『건물표적의 피해평가 방법에 대한 비교분석』, 아주대학교 공학박사학위 논문, 2016. 1.

_______, "도약적 우위능력 확보를 위한 미래전력 소요창출 방향 연구", 육군교육사령부/한국국가전략연구원, 2016.

_______, "첨단 과학기술을 적용한 군사력 건설 방법론", 『제6회 미래 지상군 발전 국제심포지움, 육군의 미래 군사력 건설, 첨단과학기술군』, 2020. 11. 19.

_______, "김정은 시대 북한 핵미사일 위협분석 연구", 『안보학술논집』 제33집, 277-346, 2022. 11. 30.

_______, "북핵 대응을 위한 대응능력 구축과 일치성 여부", 북핵 대응과 국방혁신의 합치성: 북핵 대응 안보 세

미나 미간행 자료집, 35-61, 2023. 5. 11.
박진호 · 김종환 · 천명국 · 이진규 · 양인상, "발사된 탄도미사일 관측자료에 기반한 최대사거리 능력과 사격정보 추정에 관한 연구", 『한국국방경영분석학회지』 제49권 제1호, 1-16, 2023. 4.
방위사업청, "지상군 전장관리체계 성능개량! 더 신속 · 정확한 전투지휘기능", 보도자료, 2017.7.7.
배달형, 『정보작전의 이해』, 국방연구원, 2003.
법률 제15001호, 「화학무기 · 생물무기의 금지와 특정화학물질 · 생물작용제 등의 제조 · 수출입 규제 등에 관한 법률」, 2017. 10. 31.
법률 제15051호, 「방위사업법」, 2017. 11. 28.
서우덕 외, 『방위산업 40년 끝없는 도전의 역사』, 플래닛미디어, 2015.
신영순, "정보 · 감시 · 정찰(ISR)체계", 『국가안보전략』, 한국국가전략연구원, VOL. 03, ISSUE 05, pp. 29~31, 2014. 5.
________, 『신규개발/주요현안 무기체계』, 한국국가전략연구원, 2016.
신인호, "군위성통신시대 개막", 『국방저널』, 2006년 9월호, pp. 18~23, 2006.
이두성 외, "방탄재료의 고속충격 성능 향상에 관한 연구", 한국과학재단, 『특정기초연구』, 2003.
이상길 외, 『무기공학』, 청문각, 2012.
이재국 · 이용일 편저, 『무기체계학』, 방위산업기술지원센터, 2015.
이진호, 『합동성 강화를 위한 무기체계』, 북코리아, 2015.
이태공, "GIG Approach and Characteristics", 아주대학교 강의록, 2010.
________, "Understanding Information Age warfare", 아주대학교 강의록, 2010.
임성훈 외, "화력과 기동의 통합성능을 고려한 미래 전투차량의 해석기반 설계 프레임웍 연구 : (1)통합성능분석모델 개발", 한국CAD/CAM학회 논문집, Vol.19, No.4, pp.316~323, 2014.
정동윤 외, 『무기체계학』, 청문각, 2014.
조영, "신경작용제 해독제의 약리기 연구개발", 『한국군사과학기술학회지』 제14권 제5호, pp. 920~931, 2011.
최상영, 『국방 모델링 및 시뮬레이션 총론』, 북코리아, 2010.
최윤대 · 문장열, 『문답으로 알아보는 군사과학기술』, 형설출판사, 2011.
파커, 배리, 『전쟁의 물리학』, 김은영 옮김, 북로드, 2016.
황진환 외, 『신 국가안보론』, 박영사, 2014.
한국전략문제연구소, 『2016육군전투발전:미래전 승리를 위한 육군의 전투발전방향』, 육군교육사/한국전략문제연구소, 2016.

Albert, David S., *Network Centric Warfare*, DoD C4ISR Cooperative Research Program, February 2000.
Albright, David, "North Korean Nuclear Weapons Arsenal: New Estimates of its Size and Configuration", Institute for Science and International Security Report, April 10, 2023.
US Office of the Secretary of Defense, *2018 Nuclear Posture Review*, 2018.
Bennett, Bruce W., The Challenge of North Korean Biological Weapons, International Symposium, 11 October 2013.
Blanchard, Benjamin S. & Fabrycky, Wolter J., *Systems Engineering and Analysis*, Prentice-Hall

International, Inc, 2010.

CJCSI 5123.01H, "Charter of The JROC and Implementation of The Joint Capabilities Integration and Development System(JCIDS)", 31 August 2018.

Cowen, T., *Terrorism as theater: analysis and policy implications*, Public Choice 128(1): 233-244, 2006.

Driels, Morris R., *Weaponeering : Conventional Weapon System Effectiveness Course1*, Professor U.S. NPS Monterey, California, U.S.A.

_______, *Weaponeering Conventional Weapon System Effectiveness Second Edition*, AIAA, Virginia, 2012.

DoD Command and Control Research Program, *NATO NEC C2 Maturity Model*, February 2010.

JCIDS Manual, *Manual for the Operation of the Joint Capabilities Integration and Development System*, 31 August 2018.

Jenn, David, *Microwave Devices & Radar,* Lecture Notes Volume III, Naval Postgraduate School.

_______, *Radar Fundamentals*, Naval Postgraduate School, Department of Electrical & Computer Engineering.

Jowell, Garth S. & O'Donnell, Victoria, *Propaganda and persuasion*. Sage, Thousand Oaks, 2006.

Ellman, Jesse & Samp, Lisa & Coll, Gabriel, "*Assessing the Third Offset Strategy*", CSIS, pp. 2~5, March 2017.

Frankel, Michael J. & Scouras, James & Ullrich, George, W., *The New Triad Diffusion Illusion, and Confusion in the Nuclear Mission*, Johns Hopkins Applied Physics Laboratory, 2009.

Joint Publication 3-0, 17 January 2017, *Joint Operations*.

Joint Publication 3-60, 31 January 2013, *Joint Targeting*.

Joint Publication 6-0, June 2015, *Joint Communications System*.

Joint Publication 3-12, 15 March 2005, *Doctrine for Joint Nuclear Operations*.

Kristensen, Hans M. & Norris, Robert S., *North Korean nuclear capabilities*, Bulletin of the Atomic Scientists, VOL. 74, NO. 1, pp. 41-51, 2018.

_______, *Russian nuclear forces, 2018*, Bulletin of the Atomic Scientists, VOL. 74, NO. 3, 2018.

_______, *United States nuclear forces, 2018*, Bulletin of the Atomic Scientists, VOL. 74, NO. 2, 2018.

_______, *Global nuclear weapons inventories, 1945-2013*, Bulletin of the Atomic Scientists.

Layton, Peter, "Fifth Generation Warfare : An Evolving Technical Dimension of War", othjournal.com., July 31 2017.

Liotta, P.H. & Lloyd, Richmond M., "From Here to Threre : The Strategy and Force Planning Framework", *Naval War College Review*, Vol. 58, No. 2, Spring 2005.

MIL-STD-881D, *Work Breakdown Structures for Defense Materiel Items*, 9 April 2018.

Park Jinho, Park Hwee Rhak, "Number of North Korea's Nuclear Warheads", Hansun Policy Report 2023-E2, March 24, 2023.

Rowell, Charles R. Jr., *Modeling Computer Communication Network in a Realistic 3D Environment*, Department of the Air Force Air Univ., 2010.

Troxell, John, F., *Force Planning in an Era of Uncertainty : Two MRCs as a Force Sizing Framework*, September 15 1997.

U.S. Army Training and Doctrine Command, "Robotic and Autonomous Systems Strategy", 950 Jefferson

Ave, Fort Eustis, VA 23604, Maneuver, March 2017.
U.S. MIL-STD-881C, "Work Breakdown Structures for Defense Material Items", 9 April 2018.
U.S.C 50, *TITLE 50—WAR AND NATIONAL DEFENSE*.
US Force Transformation, OSD., "*The Implementation of Network-Centric Warfare*", 5 January 2005.
USJSJFD, *Planner's Guide: Cross-Domain Synergy in Joint Operations*, 2016.

http://bemil.chosun.com/
http://defense-update.com/
http://ebook.dema.mil.kr/
http://edition.cnn.com/
http://ffden-2.phys.uaf.edu/
http://highfrontier.org/
http://kookbang.dema.mil.kr/
http://losandes.com.ar/
http://media.defenceindustrydaily.com/
http://missilethreat.csis.org/
https://missiledefenseadvocacy.org/
http://news.sbs.co.kr/news/
http://norfolktankmuseum.co.uk/
http://science.howstuffworks.com/
http://sfaq.us/2015/02/an-internet-of-wars-military-networks-and-network-militarization/
http://spacenews.com/
http://toughsf.blogspot.com/
http://wtkr.com/
http://www.aerospaceweb.org/
http://www.af.mil/About-Us/Fact-Sheets/Display/Article/
http://www.aiirsource.com/
http://www.bbc.co.uk/
http://www.cijun.co.kr/
http://www.donga.com/
http://www.gdnews.kr/news/
http://www.inews24.com/
http://www.militarysystems-tech.com/
http://www.mnd.go.kr/
http://www.munhwa.com/
http://www.navy.mil.kr/
http://www.news2day.co.kr/

http://www.nucleardarkness.org/
http://www.radartutorial.eu/
http://www.ramaccelerator.org/
http://www.sgr.org.uk/
http://www.steelbeasts.com/
http://www.thefreedictionary.com/force+planning
http://www.uasvision.com/
https://airrefuelingarchive.files.wordpress.com/
https://apply.army.mod.uk/
https://below-the-turret-ring.blogspot.com/
https://breakingdefense.com/
https://fas.org/man/dod-101/
https://fas.org/nuke/guide/usa/slbm/
https://forums.bharat-rakshak.com/
https://informnapalm.org/
https://medium.com/
https://milidom.net/
https://missiledefenseadvocacy.org/
https://missilethreat.csis.org/
https://missilethreat.csis.org/missile/
https://nationalinterest.org/
https://niskanencenter.org/
https://nownews.seoul.co.kr/
https://nworeport.me/
https://thias.co.uk/retrofit-projects/
https://trendblog.euronics.de/mobile-web/
https://www.aa.washington.edu/research/
https://www.aereo.jor.br/
https://www.army.mil/article/174013/
https://www.army-technology.com/
https://www.bbc.com/korean/
https://www.csis.org/events/assessing-third-offset-strategy, October28, 2016.
https://www.globalsecurity.org/
https://www.gps.gov/systems/gps/space/
https://www.hanwha-defense.co.kr/
https://www.historynet.com/
https://www.jcs.mil/

https://www.keyence.com/ss/products/marking/marking_central/question/qabasic.jsp
https://www.laculturegenerale.com/11-inventions-ont-change-monde/
https://www.lignex1.com/
https://www.nextbigfuture.com/
https://www.oocities.org/timessquare/tower/
https://www.radartutorial.eu/
https://www.sandia.gov/news/publications/labnews/articles/2017/10-11/w80.html
https://www.simulyze.com/
https://www.smore.com/
https://www.thedrive.com/the-war-zone/
https://www.voakorea.com/
https://www.westpoint.edu/academics/academic-departments/history/

찾아보기

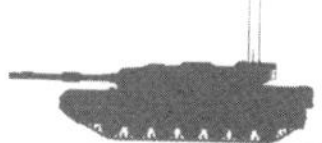

[ㄴ]

[ㄷ]

[ㄹ]

[ㅇ]

[ㅈ]

[ㅊ]

[ㅋ]

[ㅌ]

[ㅍ]

[ㅎ]

군사력 건설과 무기체계론 (제2판)

펴낸날 1판 1쇄 2020년 5월 26일
2판 1쇄 2023년 12월 15일
지은이 박진호
펴낸이 주소현
펴낸곳 이화여자대학교출판문화원
주소 서울특별시 서대문구 이화여대길 52 (우03760)
등록 1954년 7월 6일 제9-61호
전화 02) 3277-2965 (편집), 362-6076 (마케팅)
팩스 02) 312-4312
전자우편 press@ewha.ac.kr
홈페이지 www.ewhapress.com
디자인 정혜진

ISBN 979-11-5890-508-8 93390
값 32, 000원